Lineare und nichtlineare Schwingungen und Wellen

Von Prof. Dr. sc. nat. ETH Fritz Kurt Kneubühl
Eidgenössische Technische Hochschule Zürich

unter Mitwirkung von
Dr. sc. nat. ETH Damien Philippe Scherrer
Assistent an der Eidgenössischen Technischen Hochschule Zürich

Mit 125 Abbildungen und 3 Tabellen

B. G. Teubner Stuttgart 1995

Prof. Dr. sc. nat. Fritz Kurt Kneubühl

Geboren 1931 in Zürich. Studium der Physik an der ETH Zürich: Diplom 1955 sowie Promotion 1959. Anschließend Ramsey Memorial Fellow, University College London und University of Southampton, England. 1960 Graefflin Fellow, The Johns Hopkins University, Baltimore, USA. Ab 1961 Assistent ETH Zürich. 1963 Habilitation, 1966 Assistenz-Professor, 1970 a.o. Professor, 1972 o. Professor an der ETH Zürich. 1976–1978 Vorsitzender Quantum Electronics Division, European Physical Society. 1976 permanentes Mitglied The Johns Hopkins Society of Scholars, Baltimore, USA. 1978–1980 Vorsteher Physik-Departement, 1986 Vorsteher Laboratorium für Infrarotphysik, 1986–1988, 1992–1994 Vorsteher Institut für Quantenelektronik, ETH Zürich. 1989 L. Eötvös Medaille, Ungarische Physikalische Gesellschaft. 1990 auswärtiges Mitglied, Akademie der Wissenschaften der DDR, 1994 Herausgeber „Infrared Physics & Technology", Oxford, England.
Arbeitsgebiete: Quantenelektronik und Infrarotphysik, insbesondere Gaslaser, Detektoren, Spektroskopie der kondensierten Materie, Gase und Plasmen, Solar- und Astrophysik, Bauphysik.

Die Deutsche Bibliothek – CIP-Einheitsaufnahme

Kneubühl, Fritz Kurt:
Lineare und nichtlineare Schwingungen und Wellen : mit 3 Tabellen / von Fritz Kurt Kneubühl. Unter Mitw. von Damien Philippe Scherrer. – Stuttgart : Teubner, 1995
(Teubner-Studienbücher : Physik)

ISBN-13: 978-3-519-03227-4   e-ISBN-13: 978-3-322-89541-7
DOI: 10.1007/978-3-322-89541-7

Das Werk einschließlich aller seiner Teile ist urheberrechtlich geschützt. Jede Verwertung außerhalb der engen Grenzen des Urheberrechtsgesetzes ist ohne Zustimmung des Verlages unzulässig und strafbar. Das gilt besonders für Vervielfältigungen, Übersetzungen, Mikroverfilmungen und die Einspeicherung und Verarbeitung in elektronischen Systemen.

© B. G. Teubner Stuttgart 1995

Meiner Frau Waltraud gewidmet

VORWORT

Dieses Buch habe ich geschrieben, weil ich ein derartiges seit Jahren in Forschung und Unterricht vermisst habe. Schwingungen und Wellen beschäftigen vor allem Physiker*Innen* und Ingenieure*Innen*, obschon sie eigentlich mathematische Phänomene darstellen. Nichtlineare Schwingungen und Wellen sind heute ein Eldorado für Mathematiker*Innen* betreffend Bifurkationen, seltsame Attraktoren, deterministisches Chaos, Solitonen etc. Trotzdem beschränkt man sich im Hochschulunterricht auch heute noch weitgehend auf lineare Probleme, selbst in Anbetracht der Tatsache, dass etwa die moderne Elektronik auf nichtlinearen Prozessen beruht. Die Ursache ist vermutlich der Umstand, dass sich in der Forschung der Graben zwischen eigentlicher Mathematik einerseits und Ingenieurwissenschaften andrerseits ständig verbreitert. Die Mathematiker*Innen* erfinden bemerkenswerte Existenz-, Konvergenz- und andere Allgemeinbeweise, die Experimentalphysiker*Innen* und Ingenieur*Innen* benötigen dagegen einen Überblick und handfeste Formeln, insbesondere dann, wenn sie zur digitalen Rechenmaschine greifen. Existenz, Konvergenz und andere allgemeine mathematische Sätze werden dabei in den Hintergrund gedrängt, solange bis etwas schiefgeht. Kontaktiert ein*e* Experimentalphysiker*In* oder Ingenieur*In* in einem solchen Notfall eine*n* Mathematiker*In* , dann reden die beiden eine verschiedene Sprache. Das vorliegende Buch versucht den erwähnten Graben zu überbrücken. Es gibt einen Überblick und handfeste Formeln, praktisch ohne Beweise. Dies überlasse ich gerne kompetenten Mathematiker*Innen* und hoffe.

Bei der Arbeit an diesem Buch bin ich vielen für Unterstützung und Rat zu Dank verpflichtet. Vor allen verpflichtet bin ich meinem Assistenten Herrn Dr. Damien P. Scherrer für seine tatkräftige Mitwirkung und seinen Enthusiasmus sowie meiner Sekretärin Frau Barbara Blättler für den Einsatz und die Geduld beim Schreiben des anspruchvollen Textes und der zahllosen komplizierten Formeln. Ebenso danke ich den Herren Prof. Dr. L. Jansen, Univ. von Amsterdam und Küsnacht, Prof. Dr. W. Hunziker, Prof. Dr. H. Melchior, Prof. Dr. H. J. Schötzau, PD Dr. J. Bilgram, Dr. R. Monnier, Dr. P. Weiss, dipl. Phys. J. Feng und dipl. El. Ing. S. Hunziker, alle ETH Zürich, für Ratschläge, Hinweise und Animation; Frau I. Wiederkehr und Herrn J.P. Stucki, Physik-Departement, ETH Zürich, für die Zeichnung zahlreicher Figuren sowie Herrn Dr. U. Helg und Frau M. Papadellis, Physik-Bibliothek, ETH Zürich, für Literaturdienste und grosszügige Bücherausleihe.
Besonderen Dank verdienen meine Frau und meine Tochter Agnes für Verständnis und Fürsorge während der langen Zeit, welche ich an diesem Buch wirkte.

Zürich, den 9. August 1994   Prof. Dr. Fritz K. Kneubühl

INHALT

1.	**EINLEITUNG**	11
2.	**FREIE SCHWINGUNGEN**	13
2.1.	**Oszillatoren**	13
2.2	**Harmonische Oszillatoren**	13
2.2.1	Die Schwingungsgleichung	13
2.2.2	Der ungedämpfte harmonische Oszillator	14
2.2.3	Harmonischer Oszillator mit Dämpfung oder Verstärkung	19
2.2.4	Der elektrische Schwingkreis	29
2.3	**Modulierte lineare Oszillatoren**	30
2.3.1	Die Schwingungsgleichung	30
2.3.2	Allgemeine Lösungen	31
2.3.3	Nullstellen und oszillatorisches Verhalten	34
2.3.4	"Chirp" - Oszillatoren	36
2.3.5	Aperiodisch modulierte harmonische Oszillatoren	38
2.3.6	Oszillatoren mit Stufenmodulation	43
2.3.7	Periodisch modulierte Oszillatoren	45
2.3.8	Singularitäten und Approximationen	64
2.4	**Relais - Oszillatoren**	75
2.4.1	Schaltfunktionen	75
2.4.2	Oszillator mit trockener Reibung	77
2.4.3	Oszillator mit Luftwiderstand	79
2.4.4	Oszillator mit konstanter Rückstellkraft	81
2.4.5	Oszillator mit Totzone	83
2.4.6	Oszillator mit Hysterese	85
2.5	**Nichtlineare Liénard-Oszillatoren**	87
2.5.1	Allgemeine Eigenschaften	87
2.5.2	Duffing - Oszillatoren	88
2.5.3	Mathematisches Pendel	95
2.5.4	Smith-Oszillatoren	98
2.5.5	Van der Pol - Oszillatoren	99

3.	**ERZWUNGENE SCHWINGUNGEN**	106
3.1	**Freie und erzwungene Schwingungen**	106
3.1.1	Spezielle Formen der Anregung	106
3.1.2	Lineare Oszillatoren	107
3.2	**Anregung harmonischer Oszillatoren**	108
3.2.1	Die Schwingungsgleichung	108
3.2.2	Der Einschwingvorgang	108
3.2.3	Reelle harmonische Anregung	109
3.2.4	Komplexe harmonische Anregung	111
3.2.5	Subharmonische und Ultraharmonische	113
3.2.6	Periodische Anregung	116
3.2.7	Breitbandige Anregung	116
3.2.8	Stossanregung	117
3.2.9	Einschaltprozesse	119
3.3	**Anregung modulierter linearer Oszillatoren**	121
3.3.1	Green - Funktionen	121
3.3.2	Anregung spezifischer modulierter Oszillatoren	123
3.3.3	Rückkopplung	125
3.4	**Anregung nichtlinearer Liénard-Oszillatoren**	127
3.4.1	Allgemeine Gesetze	127
3.4.2	Periodische Anregung von Duffing-Oszillatoren	128
3.4.3	Harmonische Anregung des van der Pol - Oszillators	134
4.	**SCHWINGUNGEN DER SYSTEME**	140
4.1	**Übersicht**	140
4.2	**Strömungen**	143
4.2.1	Grundbegriffe	143
4.2.2	Potentialströmungen	150
4.2.3	Quellenfreie Strömungen	153
4.2.4	Allgemeine Strömungen	154
4.2.5	Zweidimensionale Strömungen	155

4.3	**Die zweidimensionalen linearen d'Alembert-Systeme**	158
4.3.1	Darstellungen	158
4.3.2	Zugeordnete Differentialgleichungen	160
4.3.3	Stabilität	162
4.3.4	Analyse des kritischen Punkts	163
4.3.5	Propagatoren	169
4.3.6	Höherdimensionale d'Alembert Systeme	172
4.4	**Konservative lineare mechanische Systeme**	173
4.4.1	Lagrange-Mechanik der Systeme	173
4.4.2	Schwingungen	174
4.4.3	Molekülschwingungen	175
4.5	**Zeitabhängige lineare Systeme**	176
4.5.1	Homogene Systeme beliebiger Dimension	176
4.5.2	Stabilität homogener Systeme	180
4.5.3	Zweidimensionale homogene Systeme	181
4.5.4	Inhomogene Systeme	184
4.6	**Grenzzyklen zweidimensionaler nichtlinearer Systeme**	185
4.6.1	Der Grenzzyklus	185
4.6.2	Rotationssymmetrische Systeme	186
4.6.3	Existenz von Grenzzyklen	193
4.7	**Stabilitätskriterien von Ljapunow**	195
4.7.1	Leistung in einem konservativen Kraftfeld	195
4.7.2	Ljapunow-Funktionen und Stabilität	196
4.7.3	Instabilität	197
4.7.4	Hamilton-Funktion als Ljapunow-Funktion	197
4.8	**Populationsdynamik**	200
4.8.1	Modelle	200
4.8.2	Einzelpopulationen	200
4.8.3	Das Lotka - Volterra Modell	201

5.	**SCHWINGUNGEN VON ÜBERTRAGUNGSSYSTEMEN**	205
5.1	**Zeitunabhängige lineare Übertragungssysteme**	205
5.2	**Regel - und Schwingkreise**	209
5.3	**Totzeitsysteme**	212
5.3.1	Normierte Totzeitsysteme	212
5.3.2	Totzeitsysteme in Regel- und Schwingkreisen	213
5.3.3	Nichtlineare Totzeitsysteme	215
6.	**INSTABILITÄT UND CHAOS**	217
6.1	**Bifurkation**	217
6.1.1	Definition	217
6.1.2	Bifurkation autonomer Systeme	217
6.1.3	Heugabel-Bifurkation als Katastrophe	218
6.1.4	Hopf - Bifurkation	221
6.2	**Instabilitäten und deterministisches Chaos**	224
6.3	**Die logistische Abbildung**	228
6.4	**Das Lorenz-Modell**	231
7.	**LINEARE WELLEN**	236
7.1	**Grundlagen**	236
7.1.1	Der Begriff Welle	236
7.1.2	Wellentypen	237
7.1.3	Grundgesetze linearer Wellen	239
7.2	**Harmonische Wellen und Wellengruppen**	240
7.2.1	Komplexe und reelle harmonische Wellen	240
7.2.2	Dispersionsrelationen	242
7.2.3	Wellengeschwindigkeiten	244
7.2.4	Phasen- und Gruppendispersion	249
7.2.5	Enveloppen	251

7. 3	**Lineare Wellen in homogenen Medien**	254
7. 3. 1	Hertz - Gleichung	255
7. 3. 2	Reduzierte Hertz-Gleichung	255
7. 3. 3	Lineare Klein-Gordon-Gleichung	256
7. 3. 4	Lineare Diffusionsgleichung	258
7. 3. 5	Linearisierte Korteweg - de Vries Gleichung	259
7. 3. 6	Lineare Schrödinger-Gleichung	261
7. 4	**Lineare Wellen in periodischen Strukturen und Medien**	262
7. 4. 1	Unendliche Ketten mit gleichen Federn und Massen	263
7. 4. 2	Unendliche Ketten mit gleichen Federn und alternierenden Massen	267
7. 4. 3	Periodische lineare optische Medien	270
7. 4. 4	Wellenmechanik eines Teilchens in einem periodischen Potential	280
8.	**NICHTLINEARE WELLEN**	285
8. 1	**Nichtlineare periodische und solitäre Wellen**	285
8. 2	**Dispersionsfreie nichtlineare Wellen**	289
8. 3	**Nichtlineare Diffusion**	290
8. 4	**Die Korteweg - de Vries Gleichung**	291
8. 4. 1	Aequivalente Gleichungen	291
8. 4. 2	Korteweg - de Vries - Solitonen	294
8. 4. 3	Periodische Korteweg-de Vries Wellen	296
8. 4. 4	Verallgemeinerte Korteweg - de Vries - Gleichungen	297
8. 5	**Nichtlineare Klein - Gordon - Gleichungen**	297
8. 5. 1	Analoge Darstellungen	297
8. 5. 2	Sine - Gordon - Solitonen	300
8. 5. 3	Periodische Sine-Gordon-Wellen	303
8. 6	**Nichtlineare Schrödinger-Gleichung**	305
8. 6. 1	Wellenmechanik	305
8. 6. 2	Das Kerr-Medium	306
8. 6. 3	Solitonen im Kerr-Medium	308
8. 6. 4	Das Kerr-Medium mit Verstärkung	310

8.7	Maxwell - Bloch - Gleichungen	311
8.8	**Die Toda-Kette**	315
8.8.1	Die Bewegungs-Gleichung	315
8.8.2	Toda - Solitonen	316
8.8.3	Toda - Wellen	317
9.	**STEHENDE WELLEN**	318
9.1	**Stehende Wellen und Randbedingungen**	318
9.2	**Die frei schwingende homogene Saite**	319
9.3	**Sturm - Liouville - Systeme**	322
9.4	**Nichtlineare stehende Wellen**	327
9.5	**Erzwungene stehende Wellen**	328
	REFERENZEN	330
B.	**Bücher**	330
Z.	**Publikationen in Zeitschriften**	339
	SACHREGISTER	343

1. EINLEITUNG

Das vorliegende Buch gibt eine Übersicht der wichtigsten linearen und nichtlinearen Schwingungen und Wellen in Physik und Ingenieurwissenschaften. Da das Buch als Einführung gedacht ist, konzentriert es sich auf eindimensionale Schwingungen und Wellen. Für einfache mehrdimensionale lineare Schwingungen und Wellen, wie etwa Molekülschwingungen, Schwingungen von dünnen Platten, elektromagnetische Wellen und Phononen in Kristallen, gibt es genügend Literatur. Dagegen sprengen komplizierte mehrdimensionale nichtlineare Wellen, wie zum Beispiel gewisse Oberflächenwellen auf Wasser, den Rahmen dieses Buches.

Schwingungen und Wellen sind eigentlich mathematische Phänomene, nicht physikalische. Die Mathematik hat in den letzten Jahrzehnten in diesem Bereich drastische Fortschritte gemacht, zum Beispiel mit Gesetzen betreffend Übergang von der Stabilität über Instabilitäten zum Chaos. Viele der in diesem Zusammenhang erzielten Ergebnisse werden in der heutigen Literatur abstrakt präsentiert, meist mit wenig bezug auf Experimentalphysik oder Ingenieurwissenschaften. So findet man viele wichtige Existenz-, Konvergenz- oder Stabilitäts-Gesetze präzise formuliert mit Beispielen, die entweder trivial sind oder fern von Physik und Technologie. Das vorliegende Buch ist eine Einführung unter physikalisch-technischen Gesichtspunkten mit Hilfe von handfesten Gesetzen und Formeln, zahlreichen Illustrationen und charakteristischen Beispielen. Dagegen fehlen praktisch alle der exakten mathematischen Beweise, einerseits aus Mangel an Platz, andrerseits um die mehr anwendungsorientierten Leserinnen und Leser nicht ertrinken zu lassen. Diese Beweise befinden sich in der zitierten Literatur.

Der Inhalt des Buches umfasst freie und erzwungene Schwingungen von linearen und nichtlinearen Oszillatoren inklusive Bistabilität, Schwingungen von linearen und nichtlinearen Differentialgleichungs- und Übertragungssystemen, Übergänge von Stabilität über Instabilität zu Chaos, lineare und nichtlineare Wellen sowie stehende Wellen. Berücksichtigt sind dabei auch aufschlussreiche und erfolgreiche Objekte oder Verfahren, wie etwa der nichtlineare Smith-Oszillator oder das Näherungsverfahren von Shohat. Bei den Differentialgleichungssystemen wird ihre Beziehung zur Strömungslehre hervorgehoben. Die linearen Wellen werden diskutiert anhand der Phasen- und Gruppendispersion, sowie in Hinblick auf die Erweiterung auf nichtlineare Wellen. Diese haben meist die Form von periodischen "cnoidal" Wellen, solitären Wellen oder Solitonen. Die meisten nichtlinearen Schwingungen und Wellen werden analytisch beschrieben durch Jakobische elliptische Funktionen, welche deshalb eine wichtige Rolle spielen.

In diesem Buch werden möglichst einheitliche mathematische Symbole verwendet, welche sich deshalb von denjenigen in den Originalarbeiten oder Lehrbüchern unterscheiden können. Dies ist zu beachten bei Literaturhinweisen auf Formeln. Für physikalische Symbole und Einheiten wird das übliche SI-System benutzt.

Die Formeln sind numeriert mit den Nummern der Kapitel sowie mit Laufnummern und Buchstaben. Formeln mit gleichen Kapitelnummern und Laufnummern jedoch verschiedenen Buchstaben stehen im engen Zusammenhang.

Bei einzelnen Kapiteln mussten Originalarbeiten erstmals zusammengefasst und so formuliert werden, dass sie auch ein Anfänger versteht. Ein Beispiel sind die Maxwell-Bloch-Gleichungen der selbstinduzierten Transparenz. Zudem werden vereinzelt neue Darstellungen verwendet, wie etwa bei den Differentialgleichungssystemen in Kapitel 4.

2. FREIE SCHWINGUNGEN

2. 1. Oszillatoren

Eine *Schwingung* ist eine periodische oder sich repetierende Zustandsänderung eines physikalischen Systems. Ein schwingungsfähiges System bezeichnet man als *Oszillator*. Schwingungen, welche ein Oszillator ohne äussere Anregung ausführt, bezeichnet man als *frei*. Wird ein Oszillator von aussen zu einer Schwingung angeregt, so nennt man diese *erzwungen*. Schwingungen können auch *gedämpft* oder *verstärkt* werden.

Ein Oszillator wird beschrieben durch eine *Schwingungsgleichung* oder ein *System von Schwingungsgleichungen*, welche auf physikalischen Gesetzen basieren. Meistens handelt es sich um *gewöhnliche Differentialgleichungen*. Andere Typen von Gleichungen sind möglich, zum Beispiel *Totzeit-Gleichungen* gemäss Kap. 5.3. Werden die Schwingungen eines Oszillators durch eine oder mehrere lineare Diffentialgleichungen oder lineare andersartige Gleichungen beschrieben, so bezeichnet man ihn als *linear*. Ist die Schwingungsleichung nichlinear oder enthält das System von Schwingungs-gleichungen mindestens eine nichtlineare Gleichung, so ist der Oszillator *nichtlinear*. Das Verhalten von nichtlinearen Oszillatoren ist meist erheblich komplizierter als dasjenige von linearen.

Zur Illustration des unterschiedlichen Verhaltens linearer und nichtlinearer Oszillatoren werden im folgenden die Schwingungen der *linearen harmonischen und modulierten Oszillatoren*, des *mathematischen Schwerependels* und der andern *klassischen nichtlinearen Oszillatoren von Duffing* und von *van der Pol* beschrieben. Die *freien* Schwingungen dieser Oszillatoren sind Thema dieses Kapitels 2, die *erzwungenen* dasjenige des anschliessenden Kapitels 3.

2. 2 Harmonische Oszillatoren

2. 2. 1 Die Schwingungsgleichung

Harmonische Oszillatoren sind definiert durch die folgende lineare Differentialgleichung zweiter Ordnung für die zeitabhängige Variable x(t):

(2.2 - 1a) $$\frac{d^2}{dt^2} x(t) + \frac{2}{\tau} \frac{d}{dt} x(t) + \Omega^2 x(t) = 0$$

oder in der Darstellung der Physiker:

(2.2 - 1b) $\quad \ddot{x}+(2/\tau)\dot{x}+\Omega^2 x=0$

Ω [1|s] ist die konstante *Systems-Kreisfrequenz*, τ[s] die konstante *charakteristische Zeit der Dämpfung* für $\tau > 0$ und *der Verstärkung* für $\tau < 0$. Massgebend für das Verhalten des harmonischen Oszillators ist die *Kreisgüte* Q definiert durch das Produkt von Ω und τ:

(2.2 - 2) $\quad \Omega \cdot \tau = 2Q$

Die durch die Parameter Ω und τ beschriebenen verschiedenen harmonischen Oszillatoren werden entsprechend der Kreisgüte Q gemäss der Tabelle (2.2 - 1) in verschiedene *Typen* eingeteilt.

Tabelle 2.2 - 1 Typen harmonischer Oszillatoren

$\Omega \cdot \tau = 2Q$	Typus des harmonischen Oszillators
$\Omega \tau = \pm \infty$	ungedämpft
$1 < \Omega \tau < +\infty$	unterkritisch gedämpft
$\Omega \tau = 1$	kritisch gedämpft
$0 < \Omega \tau < 1$	überkritisch gedämpft
$-1 < \Omega \tau < 0$	überkritisch verstärkt
$\Omega \tau = -1$	kritisch verstärkt
$-\infty < \Omega \tau < -1$	unterkritisch verstärkt

2.2.2 Der ungedämpfte harmonische Oszillator

a) Charakteristische Gleichung und Phasenraum

Der ungedämpfte harmonische Oszillator mit unendlicher Kreisgüte $2Q = \Omega \tau = \infty$ ist definiert durch die lineare *Schwingungsgleichung*

(2.2 - 3) $\quad \ddot{x}+\Omega^2 x=0$

multipliziert man diese Gleichung mit $\dot{x}$, so findet man die nichtlineare Differentialgleichung erster Ordnung

(2.2 - 4) $\quad \dfrac{1}{2}\dfrac{d}{dt}\left\{(\dot{x})^2+\Omega^2 x^2\right\}=0$

und durch anschliessende Integration über die Zeit t

(2.2 - 5) $\quad \dfrac{1}{2}(\dot{x})^2+\dfrac{1}{2}\Omega^2 x^2 = \dfrac{1}{2}\Omega^2 x_0^2 = const$

mit $x_0 = x(\dot{x}=0)$. Eine andere Herleitung dieser Gleichung erfolgt mit Hilfe der Differentiation nach x:

(2.2 - 6) $$\ddot{x} = \frac{d}{dt}\dot{x} = \frac{d\dot{x}}{dx}\cdot\dot{x} = \frac{1}{2}\frac{d}{dx}(\dot{x})^2 = -\Omega^2 x$$

Die Integration dieser Gleichung über x resultiert wieder in der Beziehung (2.2 - 5). Diese bildet die Grundlage für die Darstellung der Kinematik des ungedämpften harmonischen Oszillators im *Phasenraum*, d.h. in der *Phasenebene*, gemäss Figur 2.2 - 1. In dieser Ebene entspricht die Abszisse der Variablen x und die Ordinate ihrer zeitlichen Ableitung $\dot{x}$. *In der Mechanik* bezeichnet in der Phasenebene x die *Lagekoordinate* und $\dot{x}$ die verallgemeinerte *Impulskoordinate*. In der Phasenebene umlaufen die Kurven x = x(t), $\dot{x} = \dot{x}$(t) den Koordinatenursprung x = 0, $\dot{x}$ = 0 mit zunehmender Zeit t im *Uhrzeigersinn* wegen der Relation

(2.2 - 7) $\quad dx = \dot{x}\cdot dt$

Dies gilt weil für dt > 0 einerseits dx > 0 für $\dot{x}$ > 0, und andrerseits dx < 0 für $\dot{x}$ < 0. Entsprechend der Gleichung (2.2 - 5) wird die Kinematik des unbedämpften harmonischen Oszillators in der Phasenebene durch eine konzentrische Schar von Ellipsen dargestellt, wie Figur 2.2 - 1 zeigt.

b) Das lineare Federpendel

In der *Mechanik* entspricht der ungedämpfte harmonische Oszillator dem ungedämpften linearen *Federpendel*. Dieses besteht aus einer konstanten Masse μ [kg], welche an einer Feder mit der *Federkonstanten* f [N/m = kg/s^2] befestigt ist. Die auf die Masse μ wirkende Kraft F [N = kgm/s^2] ist proportional zur Dehnung x der Feder:

(2.2 - 8) $\quad F = -f\cdot x$

Die Newton'schen Gesetze der Mechanik ergeben folgende *Bewegungsgleichung* für das Federpendel

(2.2 - 9a) $\quad \mu\ddot{x} = F = -f\cdot x$

oder

(2.2 - 9b) $\quad \ddot{x} + \Omega^2 x = 0\,;\;\Omega^2 = f/\mu$

Der erste Term der Gleichung (2.5) entspricht in der Mechanik der *kinetischen Energie* T [J = kg m^2 / s^2], der zweite der *potentiellen Energie* V [J = kg m^2 / s^2]. Für das Federpendel gilt demnach

(2.2 - 10a) $\quad T = (\mu/2)\,\dot{x}^2$
(2.2 - 10b) $\quad V = (f/2)\,x^2$
(2.2 - 10c) $\quad E = T + V = const$

Somit ist die gesamte oder *totale Energie* E [J = kg m^2 / s^2] *konstant*.

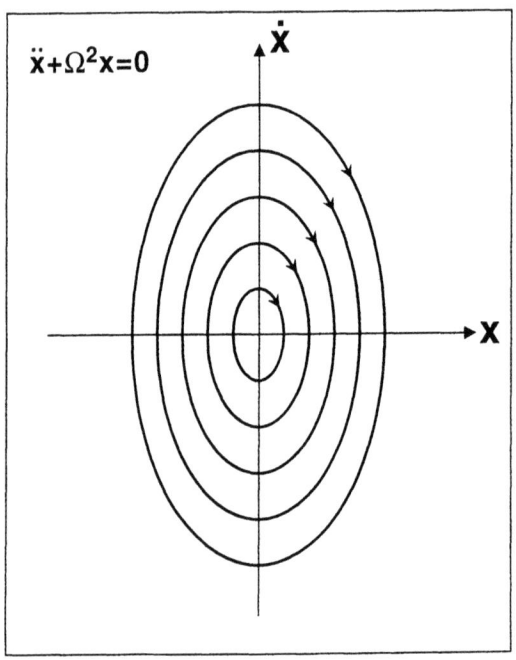

Figur 2.2 - 1: Phasendiagramm des ungedämpften harmonischen Oszillators.

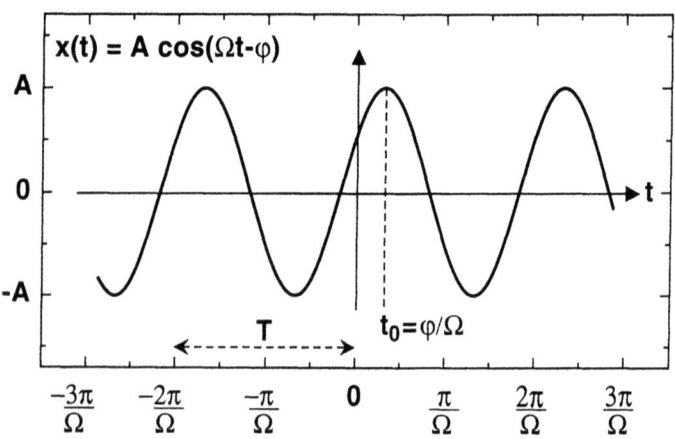

Figur 2.2 - 2: Schwingung des ungedämpften harmonischen Oszillators.

c) Periodizität der Schwingungen

Die geschlossenen Ellipsen in der Phasenebene des ungedämpften harmonischen Oszillators in (Figur 2.2 - 1) zeigen, dass seine Schwingungen zeitlich periodisch sind:

(2.2 - 11) $\quad x(t) = x(t + T)$

wobei T [s] die *Periode* bedeutet. Mit Hilfe der Gleichungen (2.2 - 5) und (2.2 - 7) lässt sich diese berechnen durch Integration um eine Ellipse in der Phasenebene:

(2.2 - 12a) $\quad T = \oint dt = \oint (\dot{x})^{-1} dx = \Omega^{-1} \oint \left[x_0^2 - x^2 \right]^{-1/2} dx =$

$$= \Omega^{-1} \oint \left[1 - u^2 \right]^{-1/2} du = \Omega^{-1} \int_0^{2\pi} d\Phi = 2\pi / \Omega$$

mit $\quad u = x/x_0 = \sin \Phi$

(2.2 - 12b) oder $\quad T = 1/\nu = 2\pi/\Omega$

Dabei bezeichnet ν [Hz = 1/s] die *Frequenz* der Schwingung.

d) Reelle Schwingungen

Die reellen Schwingungen des ungedämpften harmonischen Oszillators entsprechen den *reellen Lösungen* der Schwingungsgleichung (2.2 - 3). Die *allgemeine Lösung* kann in verschiedener Form dargestellt werden. *Wichtig* ist, dass sie wegen der Linearität und Homogenität der Differentialgleichung zweiter Ordnung (2.2 - 3) *zwei unabhängige, frei wählbare reelle Parameter* enthält. Diese können z.B. sein:

α) die reellen Koeffizienten C_1 und C_2 der linearen Kombination von $\cos \Omega t$ und $\sin \Omega t$, welche unabhängige Lösungen der Schwingungsgleichung (2.3) sind:

(2.2 - 13) $\quad x(t) = C_1 \cos \Omega t + C_2 \sin \Omega t$

β) die *positive Amplitude* A und die *Phase* φ der reellen harmonischen Schwingung dargestellt in Fig. 2.2 -2:

(2.2 - 14a) $\quad x(t) = A \cos (\Omega t - \varphi), A > 0$

mit

(2.2 - 14b) $\quad A^2 = C_1^2 + C_2^2; \; tg\varphi = C_2 / C_1$

γ) die Werte der Variablen $x(t_0)$ und ihrer Ableitung $\dot{x}(t_0)$ zur Zeit t_0. Dies ermöglicht eine simultane Bestimmung von $x(t)$ und $\dot{x}(t)$, welche den *Zustand des Oszillators* zur Zeit t definieren. Diese erfolgt durch Matrizenrechnung mit Hilfe von *Propagatoren* oder Propagator-Matrizen **P** (t_0, t):

(2.2 - 15a) $\quad \begin{pmatrix} x(t) \\ \dot{x}(t) \end{pmatrix} = \mathbf{P}(t_0, t) \begin{pmatrix} x(t_0) \\ \dot{x}(t_0) \end{pmatrix}$

Setzt man $\Delta t = t - t_0$ so findet man für den Propagator die Matrix

(2.2 - 15b) $\quad \mathbf{P}(t_0, t) = \begin{pmatrix} \cos \Omega \Delta t & \frac{1}{\Omega} \sin \Omega \Delta t \\ -\Omega \sin \Omega \Delta t & \cos \Omega \Delta t \end{pmatrix}$

Diese Propagatoren erfüllen folgendes *Multiplikationsgesetz*
(2.2 - 15c) $\quad \mathbf{P}(t_0, t_2) = \mathbf{P}(t_1, t_2) \cdot \mathbf{P}(t_0, t_1)$

In Physik und Elektrotechnik ist zu beachten, dass bei einer harmonischen Oszillation einer physikalischen Grösse mit der Grundfrequenz ein periodischer Austausch von zwei Energieformen mit der doppelten Grundfrequenz stattfindet. Beim *Federpendel* der Mechanik ergibt sich für die *Auslenkung* x, die *potentielle Energie* V und die *kinetische Energie* folgende Situation:

(2.2 - 16a) $\quad x(t) = A \cos(\Omega t - \varphi)$

(2.2 - 16b) $\quad V(t) = (f/2) \cdot x^2(t) = \frac{E}{2} \{1 + \cos 2 (\Omega t - \varphi)\}$

(2.2 - 16c) $\quad T(t) = (\mu/2) \cdot \dot{x}^2(t) = \frac{E}{2} \{1 - \cos 2 (\Omega t - \varphi)\}$

Bei diesem periodischen Austausch zwischen potentieller und kinetischer Energie bleibt die *totale Energie* erhalten.

e) **Komplexe Schwingungen**

Die komplexen Schwingungen des ungedämpften harmonischen Oszillators entsprechen den komplexen Lösungen der Schwingungsgleichung (2.2 - 3). Die allgemeine Lösung lautet

(2.2 - 17a) $\quad x(t) = C_1 \exp(-i\Omega t) + C_2 \exp(+i\Omega t)$

mit

(2.2 - 17b) $\quad C_1 = A_1 \exp(+i\varphi_1)$ mit reellem $A_1 \geq 0$
$\quad\quad\quad\quad\quad C_2 = A_2 \exp(-i\varphi_2)$ mit reellem $A_2 \geq 0$

Für reelle Schwingungen x(t) gilt
(2.2 - 18a) $\quad x(t) = x^*(t)$
(2.2 - 18b) $\quad C_1 = A \exp(+i\varphi) \,;\, C_2 = A \exp(-i\varphi) = C_1^*$

wobei * die *konjugiert komplexe Grösse* kennzeichnet.

In der *Physik* und der *Elektrotechnik* werden reelle harmonische Schwingungen x(t)
dementsprechend dargestellt durch
(2.2 - 19a) $x(t) = x^*(t) = Re\{C_1 \exp(-i\Omega t)\} = A \cos(\Omega t - \varphi)$
"Re" bedeutet den Realteil. Dagegen wird in der *modernen Optik* und in der *Quantenoptik*
häufig die Darstellung
(2.2 - 19b) $x(t) = x^*(t) = C_1 \exp(-i\Omega t) + c.c.$
              $= 2A \cos(\Omega t - \varphi)$
verwendet. "c.c." steht für konjugiert komplex.

2.2.3 Harmonischer Oszillator mit Dämpfung oder Verstärkung
Die Schwingungen des freien harmonischen Oszillators sind entsprechend der Definition
im Abschnitt 2.2.1 bestimmt durch die Gleichung
(2.2 - 1b) $\ddot{x} + (2/\tau)\dot{x} + \Omega^2 x = 0$
Die reellen Lösungen dieser Gleichung zeigen, dass die Schwingungen des harmonischen
Oszillators für $\tau > 0$ *gedämpft* und für $\tau < 0$ *verstärkt* sind.

a) Unterkritische Dämpfung und Verstärkung
Für unterkritische Dämpfungen und Verstärkungen gilt
(2.2 - 20) $|\tau| > 1/\Omega$

In diesem Fall entsprechen die reellen Lösungen der Schwingungsgleichung (2.2 - 1a&b)
effektiven gedämpften oder verstärkten Schwingungen x(t) mit der *quasi - Kreisfrequenz*
ω_0 und der *quasi-Periode* T_0, welche durch folgende Beziehungen bestimmt sind:
(2.2 - 21a) $T_0 = 2\pi/\omega_0 > 0$
(2.2 - 21b) $\omega_0^2 = \Omega^2 - (1/\tau)^2$
Die effektiven gedämpften oder verstärkten Schwingungen x(t) sind *nicht periodisch*.
Deswegen bestimmt die quasi-Periode T_0 ausschliesslich die *Periodizität der Nullstellen*
der effektiven Schwingungen x(t) gemäss
(2.2 - 22) $0 = x(t_0) = x(t_0 + \frac{n}{2}T_0)$ mit $n = 0, \pm 1, \pm 2, \pm 3, \ldots$
Die allgemeine reelle Lösung der Schwingungsgleichung (2.2 - 1a&b) kann z.B. wie
folgt dargestellt werden:

α)   als Linearkombination zweier unabhängiger Lösungen mit zwei frei wählbaren
     konstanten Koeffizienten C_1 und C_2:
     (2.2 - 23) $x(t) = \{C_1 \cos \omega_0 t + C_2 \sin \omega_0 t\} \exp(-t/\tau)$

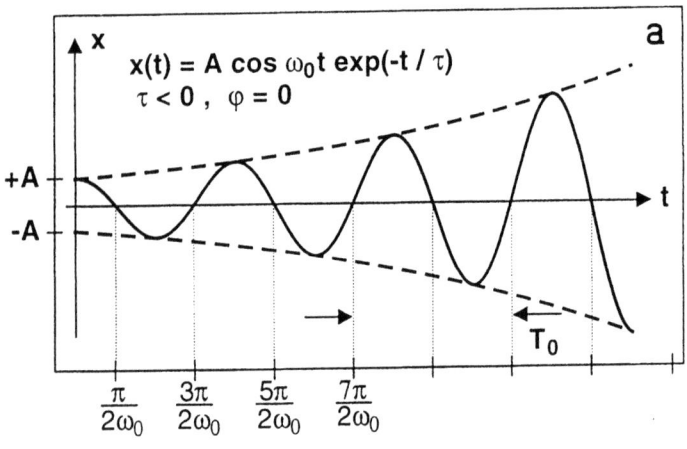

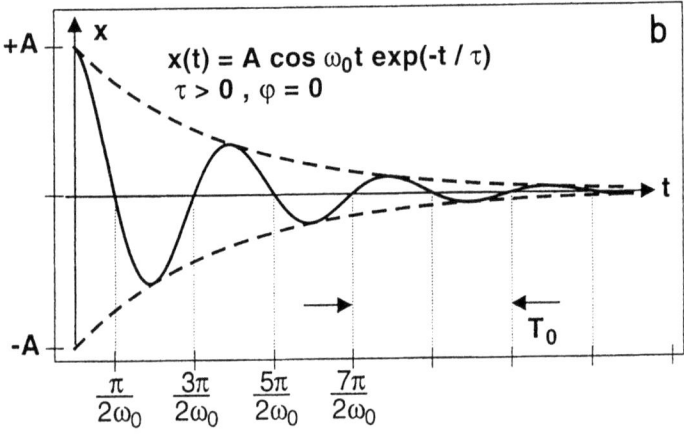

Figuren 2.2 - 3: Schwingungen des harmonischen Oszillators:
a) mit Verstärkung, d.h. $\tau < 0$; b) mit Dämpfung, d.h. $\tau > 0$. Die gestrichelten Linien entsprechen den Enveloppen.

β) mit *Anfangsamplitude* A > 0 und *Phase* φ gemäss den Figuren 2.2 - 3a&b
(2.2 - 24) $x(t) = A\, exp\,(-t/\tau)\, cos\,(\omega_0 t - \varphi)$

γ) mit den Werten der Variablen x(t_0) und ihre zeitlichen Ableitung $\dot{x}$ (t_0) zur Zeit t_0. Mit der Annahme $\Delta t = t - t_0$ gilt

(2.2 - 25) $x(t) = e^{-\Delta t/\tau} \left\{ x(t_0) cos\omega_0 \Delta t + \left[\dfrac{x(t_0)}{\omega_0 \tau} + \dfrac{\dot{x}(t_0)}{\omega_0} \right] sin\omega_0 \Delta t \right\}$

δ) als *Phasendiagramme* $\Phi\,(x, \dot{x}) = 0$ in der Phasenebene $(x, \dot{x})$. Die Figuren 2.2 - 4 zeigen als Beispiele Schwingungen eines gedämpften und eines verstärkten harmonischen Oszillator entsprechend

(2.2 - 26a) $x_a(t) = H(t) \cdot exp\,(-0{,}1t) \cdot \{cos\,t + 0{,}1 \cdot sin\,t\}$
(2.2 - 26b) $x_b(t) = H(t) \cdot exp\,(+0{,}1t) \cdot \{cos\,t - 0{,}1 \cdot sin\,t\}$
(2.2 - 26c) $x_c(t) = H(t) \cdot cos\,t$

wobei H(t) die *Heaviside - Funktion* repräsentiert. Diese ist definiert durch [Bracewell 1986 B]

(2.2 - 27a) $H(t) = \begin{cases} 0 & \text{für } t < 0 \\ 1/2 & \text{für } t = 0 \\ 1 & \text{für } t > 0 \end{cases}$

Die Heaviside-Funktion kann auch durch folgende Relationen dargestellt werden:
(2.2 - 27b)

$$H(t) = \dfrac{1}{2}\,(1 + sign\,t)\,, \quad sign\,t = \begin{cases} +1 & \text{für } t > 0 \\ 0 & \text{für } t = 0 \\ -1 & \text{für } t < 0 \end{cases}$$

(2.2 - 27c) $H(t) = \int\limits_{-\infty}^{t} \delta(t)\,dt$

(2.2 - 27d) $\delta(t) = \dfrac{d}{dt} H(t)$

δ(t) repräsentiert die *Dirac-δ-Funktion* [Braccwell 1986 B].

Beide Schwingungen (2.2 - 26a&b) haben den gleichen Anfangszustand, d.h. $x_a(t) = x_b(t) = 1$, $\dot{x}_a(t) = \dot{x}_b(t) = 0$. Die entsprechenden Phasendiagramme Figuren 2.2 - 4a&b entsprechen Spiralen. Der eingezeichnete Einheitskreis illustriert die Schwingung eines ungedämpften harmonischen Oszillators gemäss Gleichung (2.2 - 26c).

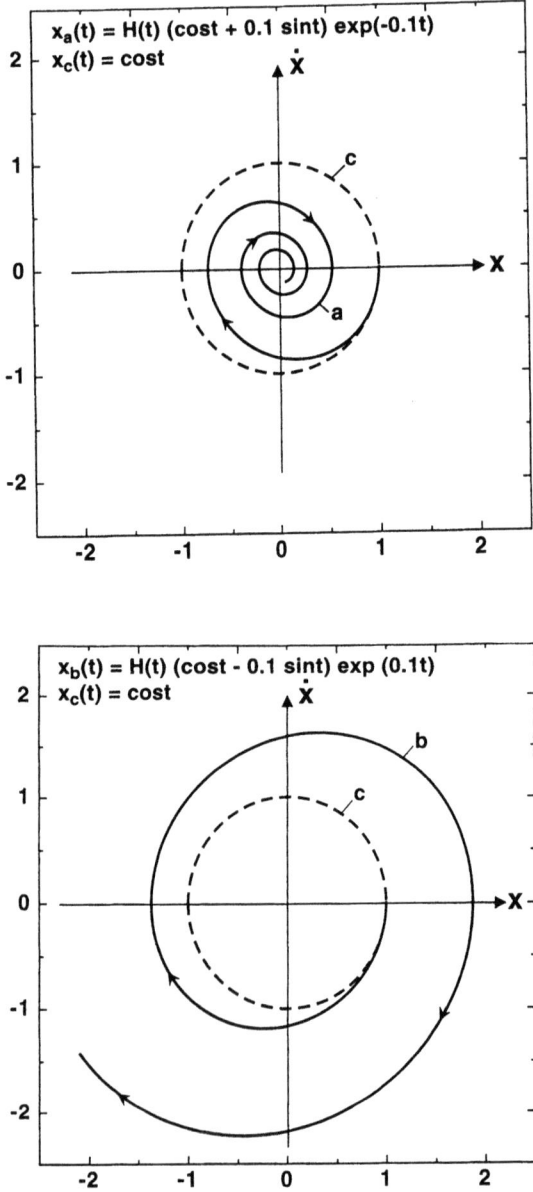

Figuren 2.2 - 4: Phasendiagramme harmonischer Oszillatoren:
a) mit Dämpfung; b) mit Verstärkung; c) ungedämpft.

b) Kritische Dämpfung und Verstärkung

Die Gleichung

(2.2 - 28) $\quad |\tau| = 1/\Omega$

definiert kritische Dämpfung für $\tau > 0$ und Verstärkung für $\tau < 0$. Diese bilden die Grenzen, wo die effektiven Schwingungen des harmonischen Oszillators unterdrückt werden. Unter diesen Umständen kann die Bewegung x(t) eines harmonischen Oszillators z.B. auf folgende Arten beschrieben werden:

α)   als Linearkombination zweier unabhängiger Lösungen der Schwingungsgleichung (2.2 - 1a&b) mit zwei frei wählbaren Konstanten

(2.2 - 29) $\quad x(t) = exp(-t/\tau) \cdot \{C_1 + C_2 t\}$

β)   mit den Werten der Variablen $x(t_0)$ und ihrer zeitlichen Ableitung $\dot{x}(t_0)$ zur Zeit t_0. Mit $\Delta t = t - t_0$ gilt.

(2.2 - 30) $\quad x(t) = exp(-\Delta t/\tau) \cdot \left\{ x(t_0)\left(1 + \frac{\Delta t}{\tau}\right) + \dot{x}(t_0)\Delta t \right\}$

γ)   als *Phasendiagramm* $\Phi(x, \dot{x}) = 0$ in der Phasenebene $(x, \dot{x})$. Figur 2.2 - 5a zeigt als Beispiel das Phasendiagramm eines kritisch gedämpften Oszillators entsprechend

(2.2 - 31) $\quad x_a(t) = H(t) \cdot (1+t) \cdot exp(-t)$

c) Überkritische Dämpfung und Verstärkung

Überkritische Dämpfung und Verstärkung werden definiert durch die Ungleichung

(2.2 - 32) $\quad |\tau| < 1/\Omega$

Unter dieser Voraussetzung ist die Bewegung x(t) bestimmt durch zwei Zeitkonstanten τ_1 und τ_2, welche folgendermassen berechnet werden können:

(2.2 - 33) $\quad (1/\tau_n) = (1/\tau) \pm \{(1/\tau)^2 - \Omega^2\}^{1/2}$ mit $n = 1, 2$

Mit diesen Parametern τ_n lassen sich die Bewegungen x(t) des überkritisch gedämpften oder verstärkten harmonischen Oszillators z.B. wie folgt beschreiben

α)   mit zwei frei wählbaren Konstanten C_1 und C_2:

(2.2 - 34) $\quad x(t) = C_1 exp(-t/\tau_1) + C_2 exp(-t/\tau_2)$

β)   mit den Werten $x(t_0)$ und $\dot{x}(t_0)$ zur Zeit t_0. Für $\Delta t = t - t_0$ gilt

(2.2 - 35) $\quad x(t) = \frac{\{x(t_0) + \tau_2 \dot{x}(t_0)\}}{\{1 - (\tau_2/\tau_1)\}} \cdot exp(-\Delta t/\tau_1) + \frac{\{x(t_0) + \tau_1 \dot{x}(t_0)\}}{\{1 - (\tau_1/\tau_2)\}} \cdot exp(-\Delta t/\tau_2)$

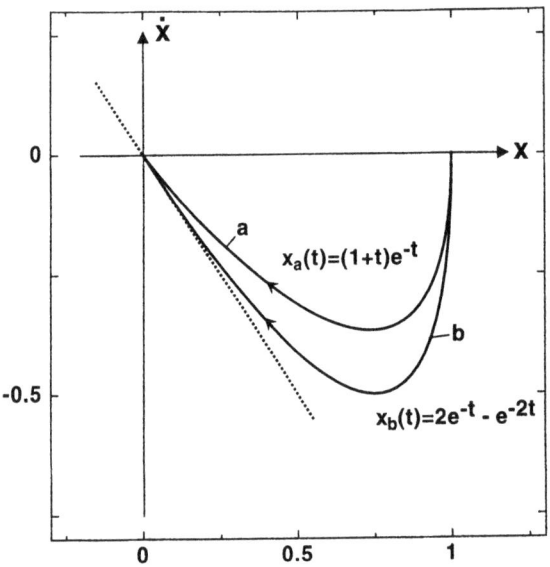

Figur 2.2 - 5: Phasendiagramme harmonischer Oszillatoren: mit a) kritischer und b) überkritischer Dämpfung.

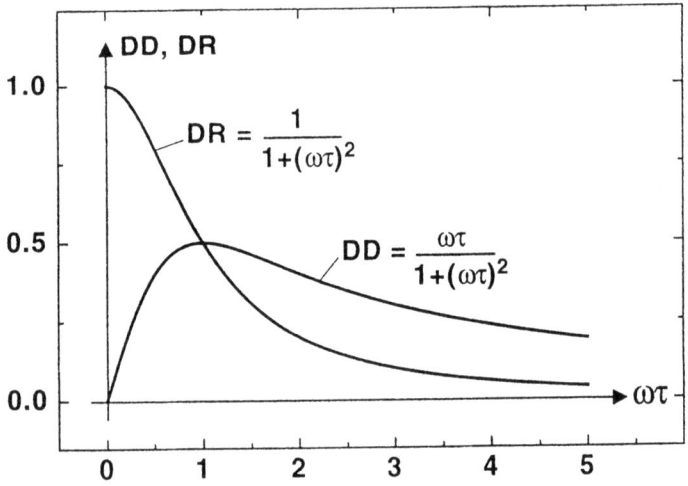

Figur 2.2 - 6: Debye-Relaxation DR $(\omega; \tau)$ und Debye-Dispersion DD $(\omega; \tau)$ mit der normierten Frequenz $\omega\tau$ und der charakteristischen Zeit der Dämpfung $\tau = 2\pi$.

γ) als Phasendiagramm $\Phi(x, \dot{x}) = 0$ im Phasenraum $(x, \dot{x})$. Die Figur 2.2 -5b zeigt als Beispiel das Phasendiagramm der Bewegung
(2.2 - 36) $\quad x_b(t) = H(t) \cdot \{2 \exp(-t) - \exp(-2t)\}$
eines überkritisch gedämpften harmonischen Oszillators.

d) Frequenzspektren

Die Schwingung eines ungedämpften harmonischen Oszillators ist streng monochromatisch und charakterisiert durch die Frequenz Ω. Im Gegensatz dazu umfasst die Schwingung eines gedämpften oder verstärkten Oszillators ein kontinuierliches *Frequenzspektrum*. Frequenzspektren werden mit der *Fourier-Transformation* [Bracewell 1986 B] berechnet. Die Fourier-Transformierte $\mathbf{F}\{x(t)\}$ einer Funktion $x(t)$ ist definiert durch das Integral

(2.2 - 37a) $\quad \mathbf{F}\{x(t)\} = F(\omega) = \dfrac{1}{2\pi} \int\limits_{-\infty}^{+\infty} x(t) \exp(i\omega t) \, dt$

Die entsprechende *inverse Transformation* ist

(2.2 - 37b) $\quad \mathbf{F}^{-1}\{F(\omega)\} = x(t) = \int\limits_{-\infty}^{+\infty} F(\omega) \exp(-i\omega t) \, d\omega$

Im Fall des *gedämpften harmonischen Oszillators* existieren zwei wichtige Typen von Frequenzspektren:

α) *Kritisch und überkritisch gedämpfte* harmonische Oszillatoren sind gekennzeichnet durch das Spektrum der *Debye-Relaxation*. Diese entspricht einer exponentiellen Abnahme einer Variablen $x(t)$ mit einer Zeitkonstanten $\tau > 0$:
(2.2 - 38) $\quad x(t) = H(t) \cdot A \exp(-t/\tau)$

Diese Funktion entspricht z.B. einer Bewegung des kritisch gedämpften harmonischen Oszillators mit $\Omega \tau = 1$.
Die Fourier-Transformation (2.2 - 37a) der Funktion (2.2 - 38) resultiert im komplexen Spektrum
(2.2 - 39) $\quad x(t) = A \cdot DR(\omega; \tau) + iA \cdot DD(\omega; \tau)$

$$= A \cdot \left(\dfrac{\tau}{2\pi}\right) \dfrac{1}{1+(\omega\tau)^2} + iA \cdot \left(\dfrac{\tau}{2\pi}\right) \dfrac{\omega\tau}{1+(\omega\tau)^2}$$

Die Debye-Relaxation DR und die Debye-Dispersion DD sind illustriert in Figur 2.2 - 6. Die Debye-Relaxation ist charakteristisch für das dielektrische Verhalten polarer Flüssigkeiten [Kneubühl 1990 B].

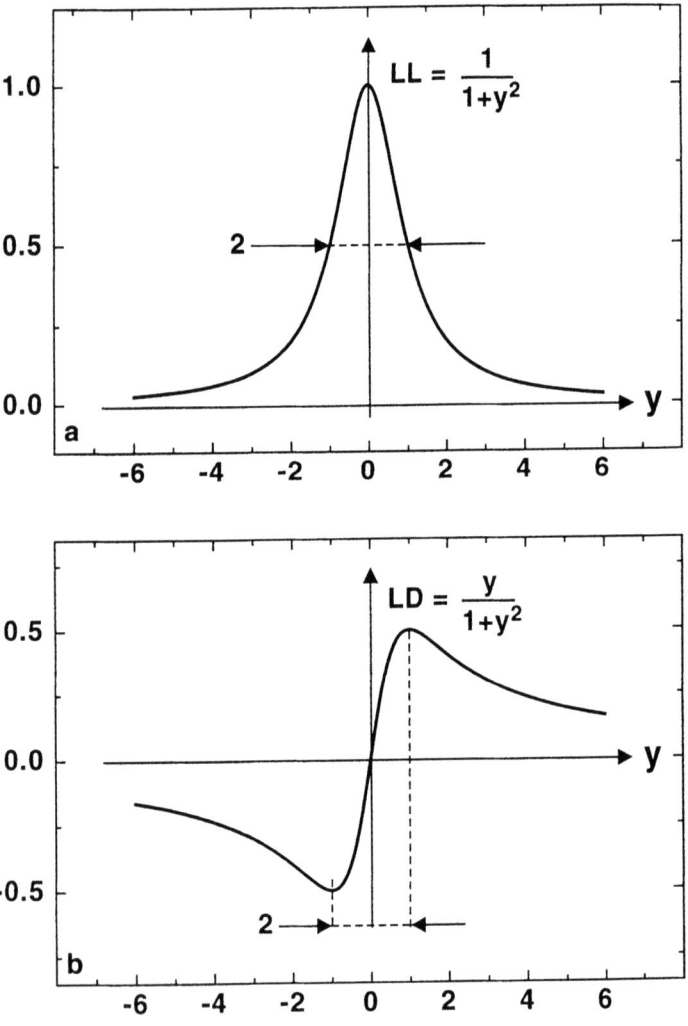

Figur 2.2 - 7: Lorentz-Linienform LL $(\omega; \tau, \omega_0)$ und Lorentz-Dispersion LD $(\omega; \tau, \omega_0)$ mit der normierten Frequenz $y = (\omega - \omega_0)\tau$ und $\tau = 4\pi$.

β) *Unterkritisch gedämpfte* harmonische Oszillatoren zeigen *Lorentz-Linienspektren*. Diese entsprechen gedämpften harmonischen Schwingungen der Form
(2.2 - 40) $\quad x(t) = H(t) \cdot A \cdot \cos \omega_0 t \cdot \exp(-t/\tau)$

Die komplexe Fourier-Transformierte (2.2 - 37a) dieser Schwingungen ist
(2.2 - 41a) $\quad F(\omega) = A \cdot LL(\omega; \tau, \omega_0) + iA \cdot LD(\omega; \tau, \omega_0) +$
$\qquad\qquad\qquad + A \cdot LL(\omega; \tau, -\omega_0) + iA \cdot LD(\omega; \tau, -\omega_0)$

mit $\quad LL(\omega; \tau, \omega_0) = \left(\dfrac{\tau}{4\pi}\right) \dfrac{1}{1 + (\omega - \omega_0)^2 \tau^2}$

und $\quad LD(\omega; \tau, \omega_0) = \left(\dfrac{\tau}{4\pi}\right) \dfrac{(\omega - \omega_0)\tau}{1 + (\omega - \omega_0)^2 \tau^2}$

LL ist die *Lorentz-Linienform*, LD die *Lorentz-Dispersion*. Sie sind in Figuren 2.2 - 7 dargestellt. In der *Spektroskopie* und *Quantenoptik* ist eine Lorentz-Linienform charakteristisch für *homogen verbreitete Spektrallinien* [Kneubühl & Sigrist 1989 B].

Die *Halbwertsbreite* $\Delta\omega$ der Lorentz-Linienform, welche definiert ist durch die Gleichung
(2.2 - 42a) $\quad LL\left(\omega_0 \pm \dfrac{\Delta\omega}{2}; \tau, \omega_0\right) = \dfrac{1}{2} LL(\omega_0; \tau, \omega_0)$

ist bestimmt durch die charakteristische Zeit τ:
(2.2 - 42b) $\quad \Delta\omega = 2/\tau$

Physikalisch und technisch interessanter ist die *relative Halbwertsbreite*
(2.2 - 43a) $\quad \Delta\omega/\omega_0 = 1/Q$

welche der reziproken *Kreisgüte* Q entspricht:
(2.2 - 43b) $\quad Q = \omega_0 \tau / 2$

e) Das gedämpfte Federpendel

In der *Mechanik* entspricht der gedämpfte harmonische Oszillator einem Federpendel mit der Masse μ, der Feder mit der Federkonstante f und einer Bremskraft F_b welche proportional zur Geschwindigkeit $\dot{x}$ ist:
(2.2 - 44) $\quad F_b = -b \cdot \dot{x}$

Das bekannteste Beispiel einer derartigen Bremskraft ist der *Strömungswiderstand* einer Kugel mit dem Radius a [m] in einer laminaren Strömung einer Flüssigkeit mit der dynamischen Viskosität η [kg / ms]. Nach *Stokes* gilt das Gesetz [Kneubühl 1990 B]

(2.2 - 45) $\quad\quad F_b = -6\pi\eta\, a \cdot \dot{x}$

Unter Berücksichtigung der Bremskraft F_b findet man mit Hilfe des Newton'schen Grundgesetzes der Mechanik folgende *Schwingungsgleichung* für das gedämpfte Federpendel

(2.2 - 46a) $\quad\quad \mu\ddot{x} = -fx - b\dot{x}$

oder mit den Parametern

(2.2 - 46b) $\quad\quad \Omega^2 = f/\mu \text{ und } \tau = 2\mu/b$

die bekannte Schwingungsgleichung des gedämpften harmonischen Oszillators

(2.2 - 1b) $\quad\quad \ddot{x} + (2/\tau)\dot{x} + \Omega^2 = 0$

Durch die Bremskraft F_b verliert das gedämpfte Federpendel ständig an Energie E. Die entsprechende *Verlustleistung* P_b ist gemäss den Gesetzen der Mechanik:

(2.2 - 47) $\quad\quad P_b = F_b \cdot \dot{x} = -b(\dot{x})^2 = -\dfrac{d}{dt}E$

wobei

(2.2 - 10a-c) $\quad\quad E = T + V = (\mu/2)\,x^2 + (f/2)\,\dot{x}^2$

Für das *unterkritisch gedämpfte* Federpendel kann die Abnahme der Energie E mit der Zeit t berechnet werden, indem man die gedämpfte Schwingung (2.2 - 40) in die obigen Energiegleichung (2.2 - 10a-c) einführt. So findet man für kleine b oder entsprechend grosse τ

(2.2 - 48) $\quad\quad E(t) \approx E(0)\, exp(-2t/\tau)$

Mit dieser Formel lässt sich die *relative Energieabnahme* des gedämpften Federpendels während einer quasi-Periode $T_0 = 2\pi/\omega_0$ berechnen

(2.2 - 49) $\quad\quad \dfrac{\Delta E}{E} = \dfrac{E(T_0) - E(0)}{E(0)} \approx -2T_0/\tau \approx -2\pi/Q$

Die relative Energieabnahme pro Periode wird somit durch die Kreisgüte Q bestimmt.

2.2.4 Der elektrische Schwingkreis

Ein fundamentales Bauelement der Elektrotechnik ist der passive *lineare Schwingkreis* bestehend aus einem Kondensator mit der Kapazität C [As / V], einer Spule mit der Induktivität L [Vs / A] und einem Widerstand R [V / A] entsprechend Figur 2.2 - 8 in Serie kurzgeschlossen. Die Summe der elektrischen Spannungen über den einzelnen Elementen ist daher null. Diese Bedingung bestimmt die *Schwingungsgleichung*. Bezeichnet q die Ladung auf dem Kondensator so ergibt sich die Gleichung

(2.2 - 50a) $\quad L\ddot{q} + R\dot{q} + C^{-1} q = 0$

Mit der Identifikation q = x und den Parametern

(2.2 - 50b) $\quad \Omega^2 = 1/LC$ und $\tau = 2L/R$

kann (2.2 - 50a) in die Schwingungsgleichung

(2.2 - 1b) $\quad \ddot{x} + (2/\tau)\dot{x} + \Omega^2 x = 0$

des harmonischen Oszillators transformiert werden. Ist der elektrische Widerstand R null, so bildet der Schwingkreis einen *ungedämpften harmonischen Oszillator*.

Die *Energie E* des Schwingkreises ist die Summe von *elektrischer Energie*

(2.2 - 51) $\quad E_{el} = (1/2C)\, q^2$

und *magnetischer Energie*

(2.2 - 52) $\quad E_{magn} = (L/2)\, \dot{q}^2$

Bei einer Schwingung des Schwingkreises mit der Kreisfrequenz Ω respektive ω_0 pendelt die Energie zwischen elektrischer und magnetischer Energie mit der doppelten Kreisfrequenz 2Ω respektive $2\omega_0$ genau so wie die Energie des Federpendels gemäss (2.2 - 16 b & c) zwischen der kinetischen und der potentiellen Energie pendelt.

Die *Dämpfung* des elektrischen Schwingkreises durch den elektrischen Widerstand R wird bestimmt durch die charakteristische Zeit τ oder die Kreisgüte Q, welche gegeben ist durch die Beziehung

(2.2 - 53) $\quad Q = (L/CR^2)^{1/2}$

Dämpfung oder Verstärkung eines elektrischen Schwingkreises, d.h. dessen Kreisgüte Q oder charakteristische Zeit τ, können *verändert* werden durch *Rückkopplung*, in Englisch "feedback". Bei der einfachsten Rückkopplung, welche proportional zum Strom $i = \dot{q}$ ist, verstärkt man entsprechend Figur 2.2 - 9 die Spannung $V_R = Ri$ am Ohmschen Widerstand R um den Faktor und koppelt sie in den Schwingkreis zurück. Daraus ergeben sich für die Spannungen über die verschiedenen Elemente des Schwingkreises folgende Relationen

(2.2 - 54a) $\quad L\ddot{q} + R\dot{q} + C^{-1} q = V$
(2.2 - 54b) $\quad V = a V_R = a R \dot{q}$

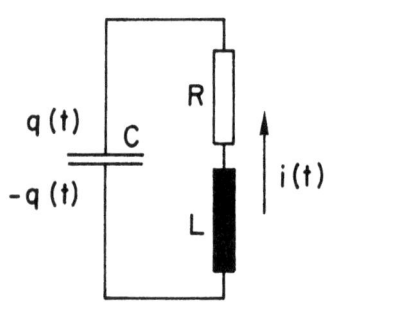
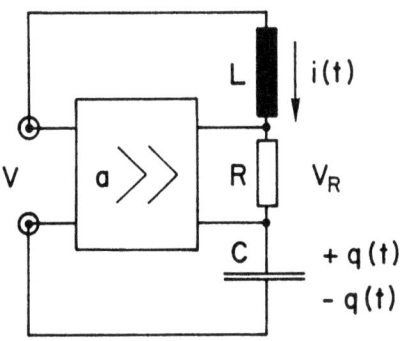

Figur 2.2 - 8:
Elektrischer LCR - Schwingkreis

Figur 2.2 - 9:
Rückkopplungsschaltung

oder
(2.2 - 55a) $\ddot{q}+(2/\tau_R)\dot{q}+\Omega^2 q=0$
mit der modifizierten charakteristischen Zeit
(2.2 - 55b) $\tau_R = \tau/(1-a)$
und der modifizierten Kreisgüte
(2.2 - 55c) $Q_R = \Omega \cdot \tau_R = Q/(1-a)$

Bei a > 0 spricht man von *Mitkopplung*, in Englisch "positive feedback", bei a < 0 von *Gegenkopplung*, in Englisch "negative feedback". Mitkopplung erniedrigt die Dämpfung, Gegenkopplung erhöht sie. Für Mitkopplung mit a = 1 ist die Dämpfung aufgehoben. Der Schwingkreis schwingt ungedämpft.

2. 3 Modulierte lineare Oszillatoren

2. 3. 1 Die Schwingungsgleichung

Zeitlich *modulierte lineare Oszillatoren* sind definiert durch die homogene Differentialgleichung zweiter Ordnung

(2.3 - 1) $\ddot{x}+\{2/\tau(t)\}\cdot\dot{x}+\Omega^2(t)\cdot x=0$

mit der *zeitabhängigen* Systems-Kreisfrequenz $\Omega(t)$ und der *zeitabhängigen* charakteristischen Zeit $\tau(t)$. Für Dämpfung gilt $\tau(\tau) > 0$, für Verstärkung $\tau(t) < 0$. Das Verhalten der harmonischen Oszillatoren mit konstanten Parametern $\Omega(t) = \Omega$ und $\tau(t) = \tau$ wurde im vorangehenden Abschnitt 2.2 beschrieben.

Die Schwingungsgleichung (2.3 - 1) kann in die *Normalform* transformiert werden durch den Ansatz [Birkhoff & Rota 1989 B]

(2.3 - 2) $$x(t) = u(t) \cdot exp\left\{-\int \frac{dt}{\tau(t)}\right\}$$

Der Faktor u(t) erfüllt die normierte Differentialgleichung oder Schwingungsgleichung:
(2.3 - 3) $$\ddot{u} + \Omega_0^2(t) \cdot u = 0$$
bei welcher der zu $\dot{u}$ proportionale Term fehlt. Die *modifizierte Systems-Kreisfrequenz* $\Omega_0(t)$ ist bestimmt durch die Gleichung

(2.3 - 4) $$\Omega_0^2(t) = I(t) = \Omega^2(t) - \{1/\tau(t)\}^2 - \frac{d}{dt}\{1/\tau(t)\}$$

I(t) bezeichnet man als die *Invariante* [Birkhoff & Rota 1989 B] der ursprünglichen Schwingungsgleichung (2.3 - 1).

Der ursprünglichen Schwingungsgleichung (2.3 - 1) und ihrer Normalform (2.3 - 3) können inhomogene quadratische Differentialgleichungen *erster Ordnung* zugeordnet werden, die sogenannten *Riccati-Differentialgleichungen* [Kamke 1956, Zwillinger 1989 B]. Diese Zuordnung findet man, indem man z.B. in der ursprünglichen Schwingungsgleichung (2.3 - 1) setzt [Birkhoff & Rota 1989 B]:

(2.3 - 5a) $$v = \dot{x}/x = \frac{d}{dt} \ln x \quad \text{oder}$$

(2.3 - 5b) $$x = C \cdot exp \int v\, dt$$

Für die neue Variable v(t) findet man die Riccati-Differentialgleichung
(2.3 - 6) $$\dot{v} + v^2 + \{2/\tau(t)\}v + \Omega^2(t) = 0$$
Die Riccati-Substitution (2.3 - 5a & b) reduziert das Problem der Lösung der Schwingungsgleichungen (2.3 - 1) und (2.3 - 2) auf die Lösung einer quadratischen Differentialgleichung erster Ordnung [Zwillinger 1989 B] und einer nachfolgenden Integration.

2. 3. 2 Allgemeine Lösungen

Für die Lösungen der Schwingungsgleichung (2.3 - 1) und ihrer Normalform (2.3 - 3) gelten eine Reihe von Gesetzen unabhängig von den charakteristischen Funktionen $\Omega(t)$, $\tau(t)$ oder $\Omega_0^2(t) = I(t)$. Wichtig sind folgende:

a) Superpositionsprinzip
Sind $x_1(t)$ und $x_2(t)$ Lösungen der homogenen linearen Differentialgleichung (2.3 - 1) sowie C_1 und C_2 Konstanten, so ist die Linearkombination

(2.3 - 7) $\qquad x(t) = C_1 x_1(t) + C_2 x_2(t)$

ebenfalls eine Lösung.

b) Lineare Abhängigkeit
Zwei Lösungen $x_1(t)$ und $x_2(t)$ der Schwingungsgleichung (2.3 -1) sind linear abhängig, wenn zwei Konstanten C_1 und C_2 existieren, so dass

(2.3 - 8a) $\qquad C_1 x_1(t) \;+\; C_2 x_2(t) \;=\; 0$

(2.3 - 8b) $\qquad C_1 \dot{x}_1(t) \;+\; C_2 \dot{x}_2(t) \;=\; 0$

Dieses lineare Gleichungssystem zur Bestimmung der Konstanten C_1 und C_2 hat nichttriviale Lösungen, wenn die *Wronski - Determinante* [Birkhoff - Rota 1989 B]

(2.3 - 9) $\qquad W(t) = \begin{vmatrix} x_1(t) & x_2(t) \\ \dot{x}_1(t) & \dot{x}_2(t) \end{vmatrix} = x_1(t)\dot{x}_2(t) - \dot{x}_1(t)x_2(t)$

null ist. Dies bedeutet:

Zwei Lösungen $x_1(t)$ und $x_2(t)$ der Schwingungsgleichung (2.3 - 1) sind linear abhängig *(unabhängig)*, wenn die Wronski-Determinante null *(nicht null)* ist.

c) Basislösungen
Sind *zwei Lösungen* $x_1(t)$ und $x_2(t)$ der Schwingungsgleichung (2.3 - 1) *linear unabhängig*, dann bilden sie eine *Basis der allgemeinen Lösung* dieser Schwingungsgleichung. Dies bedeutet, dass jede Lösung $x(t)$ dargestellt werden kann als *Linearkombination* dieser linear unabhängigen Lösungen $x_1(t)$ und $x_2(t)$:

(2.3 - 10) $\qquad x(t) = C_1 x_1(t) + C_2 x_2(t)$

C_1 und C_2 sind die entsprechenden Konstanten.

d) Eigenschaften der Wronski - Determinante
Die Wronski-Determinante (2.3 - 9) von zwei beliebigen Lösungen $x_1(t)$ und $x_2(t)$ der Schwingungsgleichung (2.3 - 1) erfüllt die Beziehung

(2.3 - 11) $\qquad W(t) = W(0) \cdot exp\left(-2\int_0^t \frac{d\Theta}{\tau(\Theta)}\right)$

Der Beweis erfolgt durch Differentiation der Definitionsgleichung (2.3 - 9) nach der Zeit t:

(2.3 - 12) $\qquad \dot{W}(t) = x_1 \ddot{x}_2 - \ddot{x}_1 x_2 = -\frac{2}{\tau}\cdot(x_1 \dot{x}_2 - \dot{x}_1 x_2) = -\frac{2}{\tau}W(t)$

Die Gleichung (2.3 - 11) zeigt, dass die Wronski-Determinante W(t) der Schwingungsgleichung (2.3 - 1) entweder *immer null, positiv oder negativ* ist.

Zudem bedeutet die Gleichung (2.3 - 11), dass die *Wronski-Determinante der Normalform* (2.3 - 3) *konstant* ist:
(2.3 - 13) $\tau(t) = \infty$: $W(t) = W(0) = const$

Betrachten wir als *Beispiel* den harmonischen Oszillator mit $\Omega(t) = \Omega$ und $\tau(t) = \infty$, so finden wir für die zwei linear unabhängigen Lösungen
(2.3 - 14a) $x_1(t) = C_1 \cos \Omega t$
(2.3 - 14b) $x_2(t) = C_2 \sin \Omega t$
die Wronski-Determinante
(2.3 - 14c) $W(t) = W(0) = \Omega\, C_1\, C_2$

Die Wronski-Determinante W(t) ermöglicht gemäss den Gleichungen (2.3 - 9) und (2.3 - 11) die Berechnung einer zweiten linear unabhängigen Lösung $x_2(t)$ aus einer Lösung $x_1(t)$ der Schwingungsgleichung (2.3 -1). Dazu benutzt man die zeitliche Ableitung des Quotienten von $x_2(t)$ und $x_1(t)$:
(2.3 - 15) $\dfrac{d}{dt}\{x_2(t) x_1(t)\} = x_1(t)^{-2} W(t)$

Daraus ergibt sich für $x_1(t)$:
(2.3 - 16) $x_2(t) = x_1(t) \int^{t} d\vartheta \cdot x_2(\vartheta)^{-2} \exp\left\{-2 \int^{\vartheta} \dfrac{d\Theta}{\tau(\Theta)}\right\}$

e) Anfangswert - Probleme

Bei Oszillatoren interessieren oft Schwingungen, welche unter bestimmten Anfangsbedingungen auftreten. Da die Schwingungsgleichung (2.3 - 1) zweiter Ordnung ist, können wir als *Anfangsbedingungen* z.B. die Werte der Variablen x_0 und ihrer Ableitung $\dot{x}_0$ zur Zeit t = 0 vorgeben. Die *Existenz* und *Eindeutigkeit* der entsprechenden Lösung der Wellengleichung wird durch das folgende *Eindeutigkeitsgesetz* postuliert [Birkhoff & Rota 1989 B]:

Sind $\Omega(t)$ und $\{1/\tau(t)\}$ in der Schwingungsgleichung (2.3 - 1) kontinuierlich, so existiert maximal eine Lösung x(t), welche die Anfangsbedingungen $x(0) = x_0$ und $\dot{x}(0) = \dot{x}_0$ erfüllt. Sind $u_1(t)$ und $u_2(t)$ zwei linear unabhängige Lösungen der Normalform (2.3 - 3) der Schwingungsgleichung, welche zur Zeit t = 0 die Anfangswerte
(2.3 - 17a) $u_1(0) = 1\,;\,\dot{u}_1(0) = 0$

(2.3 - 17b) $u_2(0)=0\ ;\ \dot{u}_2(0)=1$

aufweisen, so lässt sich jede Lösung u(t) der Normalform (2.3 - 3) der Schwingungsgleichung mit beliebigen Anfangswerten zur Zeit t = 0 mit Hilfe eines *Propagators* darstellen [Zwillinger 1989 B]:

(2.3 - 18a) $$\begin{pmatrix} u(t) \\ \dot{u}(t) \end{pmatrix} = \mathbf{P}(0,t) \begin{pmatrix} u(0) \\ \dot{u}(0) \end{pmatrix}$$

(2.3 - 18b) mit $\mathbf{P}(0,t) = \begin{pmatrix} u_1(t) & u_2(t) \\ \dot{u}_1(t) & \dot{u}_2(t) \end{pmatrix}$

Die *Determinante* dieses Propagators ist die *Wronski-Determinante* (2.3 - 9) von $u_1(t)$ und $u_2(t)$. Weil $u_1(t)$ und $u_2(t)$ nach Voraussetzung die Normalform (2.3 - 3) der Schwingungsgleichung erfüllen, ist ihre Wronski-Determinante W(t) gemäss (2.3 - 13) konstant, d.h. W(t) = W(0). Wegen den Anfangswerten (2.3 - 17a&b) von $u_1(t)$ und $u_2(t)$ ist W(0) = 1. Somit gilt

(2.3 - 18c) $det\ \mathbf{P}\ (0,\ t) = 1$

Der Propagator der Gleichung (2.3 - 18b) ist daher eine *unimodulare Matrix*.

2. 3. 3 Nullstellen und oszillatorisches Verhalten

Die *Nullstellen* der Lösungen der Schwingungsgleichung (2.3 - 1) und ihrer Normalform (2.3 - 3) geben Auskunft über das *oszillatorische Verhalten* des zeitabhängigen harmonischen Oszillators. Von oszillatorischem Verhalten spricht man, wenn eine Lösung x(t) oder u(t) mehrmals oder unendlich oft das Vorzeichen wechselt, d.h. wenn sie mehrere oder unendlich viele Nullstellen hat. Das Auftreten von Nullstellen und ihre Beziehungen werden von Gesetzen bestimmt, welche ursprünglich von Sturm [Hairer et al. 1980 B, Birkhoff & Rota 1989 B] hergeleitet wurden.

a) Sturm'sches Separationsgesetz

Sind $x_1(t)$ und $x_2(t)$ linear unabhängige Lösungen der Schwingungsgleichung (2.3 - 1), so hat $x_2(t)$ eine Nullstelle zu einer Zeit t_k^*, welche zwischen den Zeiten t_k und t_{k+1} von beliebigen zwei einander folgenden Nullstellen von $x_1(t)$ [Birkhoff & Rota 1989 B]. Deshalb gilt folgendes Schema:

(2.3 - 19) $0 = ... = x_1(t_{k-1}) = x_1(t_k) = x_1(t_{k+1}) = ...$

$$0 = ... = x_2(t_{k-1}^*) = x_2(t_k^*) = x_2(t_{k+1}^*) = ...$$

$$<< t_{k-1} < t_{k-1}^* < t_k < t_k^* < t_{k+1} < t_{k+1}^* <<$$

Als *Beispiel* betrachten wir den harmonischen Oszillator mit $\Omega(t) = \Omega$, $\tau(t) = \infty$. Die linear unabhängigen Schwingungen und ihre Nullstellen sind:

(2.3 - 20) $\quad x_1(t) = A_1 \cos \Omega t : \quad t_k = ..., \pi/2\Omega, 3\pi/2\Omega, ...$

$\quad\quad\quad\quad\quad x_2(t) = A_2 \sin \Omega t : \quad t_k^* = ..., 0, 2\pi/2\Omega, 4\pi/2\Omega, ...$

b) Sturm'sches Vergleichsgesetz

Sind u(t) und v(t) nicht-triviale Lösungen der folgenden Schwingungsgleichungen in Normalform (2.3 - 3)

(2.3 - 21a) $\quad\quad \ddot{u} + \Omega_1^2(t) \cdot u = 0$

(2.3 - 21b) $\quad\quad \ddot{v} + \Omega_2^2(t) \cdot v = 0$

wobei

(2.3 - 21c) $\quad\quad \Omega_1^2(t) \geq \Omega_2^2(t)$

dann liegt *mindestens eine* Nullstelle von u(t) zwischen zwei beliebigen einander folgenden Nullstellen von v(t), sofern nicht $\Omega_1(t) \equiv \Omega_2(t)$ und $v(t) = C \cdot u(t)$ [Birkhoff & Rota 1989 B].

Als *Beispiel* betrachten wir zwei harmonische Oszillatoren
mit $\quad \Omega_1(t) = 2\Omega > 0, \tau_1(t) = \infty,\quad$ und $\quad \Omega_2(t) = \Omega > 0, \tau_2(t) = \infty$.
Als nicht-triviale Lösungen wählen wir

(2.3 - 22a) $\quad\quad u(t) = A_1 \cos 2\Omega t$

$\quad\quad\quad\quad\quad v(t) = A_2 \sin \Omega t$

Die Nullstellen dieser Lösungen sind:

(2.3 - 22b) $\quad\quad t_k = ..., -\pi/4\Omega, \pi/4\Omega, 3\pi/4\Omega, 5\pi/4\Omega, ...$

$\quad\quad\quad\quad\quad t_k^* = ..., 0, 4\pi/4\Omega, 8\pi/4\Omega, ...$

Somit liegen zwei Nullstellen von u(t) zwischen zwei einander folgenden Nullstellen von v(t).

c) Absenz der Oszillation

Als Korollar des Sturm'schen Vergleichsgesetzes b) findet man [Birkhoff & Rota 1989 B], dass man *zum voraus feststellen* kann, ob die Lösungen u(t) einer Schwingungsgleichung in Normalform (2.3 - 3) *nicht oszillieren*. Gilt für die Normalform

(2.3 - 23a) $\quad\quad \ddot{u} + \Omega_0^2(t) \cdot u = 0$

(2.3 - 23b) $\quad\quad \Omega_0^2(t) = I(t) \leq 0$

dann hat eine nicht-triviale Lösung u(t) *maximal eine Nullstelle* [Birkhoff & Rota 1989 B]. Somit tritt *keine* Oszillation auf.

Betrachtet man als Beispiel einen harmonischen Oszillator mit $\Omega_0^2(t) = I(t) = -\alpha^2 < 0$, so findet man für die allgemeine Lösung

(2.3 - 24a) $\qquad u(t) = u(0)\, ch\, \alpha t + (\dot{u}(0)/\alpha)\, sh\alpha t$

Die einzige mögliche Nullstelle von u(t) zu einer Zeit t_1 ist bestimmt durch die Gleichung

(2.3 - 24b) $\qquad th(\alpha t_1) = -\alpha \{u(0)/\dot{u}(0)\}$

Entsprechend dieser Gleichung existiert genau eine Nullstelle, wenn der rechte Term im Intervall von -1 bis +1 liegt. Sonst gibt es keine Nullstelle.

2.3.4 "Chirp" - Oszillatoren

Chirp-Oszillatoren schwingen mit einer Frequenz, welche im Verlauf der Zeit linear oder stetig zu- oder abnimmt. In der Elektronik und der Quantenoptik bezeichnet man dieses Phänomen auf English als *"chirp"*. Man spricht von *"up-chirp"* oder *"down-chirp"* für eine mit der Zeit zu- oder abnehmende Frequenz.

Im Folgenden wird untersucht, ob zeitabhängige harmonische Oszillatoren definiert durch eine Schwingungsgleichung in Normalform (2.3 - 3) ein "chirp" produzieren können.

a) "Chirp" und Amplitude

Eine Schwingung eines linearen Oszillators mit "chirp" kann z.B. auf folgende Art dargestellt werden:

(2.3 - 25) $\qquad u(t) = exp - [\vartheta(t) + i\varphi(t)]$

Kombiniert man den Ansatz (2.3 - 25) mit der Normalform (2.3 - 3) der Schwingungsgleichung, so findet man

(2.3 - 26a) $\qquad \Omega_0^2 = \omega^2 - \dot{\vartheta}^2 + \ddot{\vartheta} \quad \text{mit} \quad \omega = \dot{\varphi}$

(2.3 - 26b) $\qquad 2\dot{\vartheta} = \dot{\omega}/\omega = \dfrac{d}{dt} ln\, \omega$

Gleichung (2.3 - 26b) ergibt für einen *"up-chirp"* mit $\dot{\omega} > 0$ eine *abnehmende*, sowie für den *"down-chirp"* mit $\dot{\omega} > 0$ eine *anwachsende Amplitude* der Schwingung. Diese Aussage wird durch den linearen "chirp" illustriert.

b) Linearer "Chirp"

Ein *linearer "chirp"* ist definiert durch den Ansatz
(2.3 - 27a) $\qquad \varphi(t) = \varphi_0 + \omega_0 t \cdot [1 + (t/2\Theta)]$

(2.3 - 27b) $\qquad \omega(t) = \dot{\varphi}(t) = \omega_0 [1 + (t/\Theta)]$

(2.3 - 27c) $\qquad \Theta > 0: \quad up-chirp; \quad \Theta < 0: \quad down-chirp$

Durch Einsetzen der Gleichung (2.3 - 27b) in den Gleichungen (2.3 - 26), Integration und Separation des Realteils von Gleichung (2.3 - 25) erhält man allgemein
(2.3 - 28) $\qquad \Omega_0^2(t) = (\omega_0/\Theta)^2 [t+\Theta]^2 - (3/4)[t+\Theta]^{-2}$
sowie für den *"up-chirp"* mit $\Theta > 0$; $t > 0$:
(2.3 - 29a) $\qquad u(t) = A \cdot [t + \Theta]^{-1/2} \cdot cos [\varphi_0 + \omega_0 t (1 + (t/2\Theta))]$
und für den *"down-chirp""* mit $\Theta < 0$; $0 < t < |\Theta|$:
(2.3 - 29b) $\qquad u(t) = A \cdot [|\Theta| - t]^{-1/2} \cdot cos [\varphi_0 + \omega_0 t (1-(t/2|\Theta|))]$

Im Folgenden beschreiben wir als *Beispiele* weitere "Chirp"-Oszillatoren anhand der Formeln für $\omega(t)$, $\Omega_0^2(t)$ und $u(t)$, welche mit Hilfe der Gleichungen (2.3 - 3) (2.3 - 25) und (2.3 - 26) hergeleitet werden können.

c) Eulerscher "Down-Chirp"
[Kamke 1956 B], Gl. 2.14: Eulersche Differential-Gleichung
(2.3 - 30a) $\qquad \omega(t) = \dot{\varphi}(t) = \Phi/t$

(2.3 - 30b) $\qquad \Omega_0^2(t) = \left[\Phi^2 + (1/2)^2\right] t^{-2}$

(2.3 - 30c) $\qquad u(t) = A \cdot (t/t_0)^{1/2} cos[\Phi ln(t/t_0)]$
$\qquad\qquad$ A und t_0 beliebig

d) "Down-Chirp" der Systems-Kreisfrequenz
[Kamke 1956 B], Gl. 2.342
(2.3 - 31a) $\qquad \omega(t) = \dot{\varphi}(t) = \Theta/t^2$

(2.3 - 31b) $\qquad \Omega_0(t) = \Theta/t^2 = \omega(t)$

(2.3 - 31c) $\qquad u(t) = A \cdot (t/t_0) \cdot cos[\varphi_\infty - (\Theta/t)]$
$\qquad\qquad$ A/t_0 und φ_∞ beliebig

Die Gleichung (2.3 - 31b) zeigt, dass die effektive Kreisfrequenz ω(t) gleich der Systems-Kreisfrequenz Ω_0 (t) ist

e) Exponentieller "Chirp"

(2.3 - 32a) $\quad \omega(t) = \dot{\varphi}(t) = \omega_0 \exp(t/\Theta)$

(2.3 - 32b) $\quad \Omega_0^2(t) = \omega_0^2 \exp(2t/\Theta) - (1/2\Theta)^2$

(2.3 - 32c) $\quad u(t) = A \cdot \exp[-t/2\Theta] \cos[\varphi_0 + \omega_0 \Theta \exp(t/\Theta)]$
A und φ_0 beliebig

2.3.5 Aperiodisch modulierte harmonische Oszillatoren

Bei den "Chirp" - Oszillatoren der vorangehenden Sektion 2.3.4 ändert die Systems-Kreisfrequenz $\Omega_0(t)$ der Normalform (2.3 - 3) der Schwingungsgleichung *aperiodisch*. Dies zeigen die Gleichungen (2.3 - 26), (2.3 - 28b), (2.3 - 29b) und (2.3 - 30b). Es sind jedoch viele weitere harmonische Oszillatoren bekannt, deren Systems-Kreisfrequenz $\Omega_0(t)$ aperiodisch moduliert ist. Die Schwingungen u(t) dieser Oszillatoren lassen sich mit bekannten analytischen Funktionen darstellen. Die unten folgende Aufzählung gibt eine Übersicht.

Die allgemeine Schwingung u(t) lässt sich allgemein durch eine Linearkombination von zwei linear unabhängigen Lösungen $u_1(t)$ und $u_2(t)$ der Normalform (2.3 - 3) der Schwingungsgleichung darstellen
(2.3 - 33) $\quad u(t) = C_1 u_1(t) + C_2 u_2(t),$
wobei C_1 und C_2 Konstanten sind. In einzelnen Fällen ist nur eine Lösung oder Basisfunktion $u_1(t)$ angegeben.

a) Airy Oszillatoren
[Abramowitz & Stegun 1965 B] Kap. 10.4
(2.3 - 34a) $\quad \Omega_0^2(t) = t$

$\alpha)$ *Basis - Funktionen I:*
(2.3 - 34b) $\quad u_1(t) = Ai(-t)$
(2.3 - 34c) $\quad u_2(t) = Bi(-t)$
$\quad Ai(t), Bi(t)$ = Airy Funktionen

β) **Basis-Funktionen II:**

(2.3 - 34d) $\quad u_1(t) \quad = Ac(t) = f(-t) = 1 - \frac{1}{3!} t^3 + \frac{1 \cdot 4}{6!} t^6 - \frac{1 \cdot 4 \cdot 7}{9!} t^9 + -$

(2.3 - 34e) $\quad u_2(t) \quad = As(t) = -g(-t) = t - \frac{2}{4!} t^4 + \frac{2 \cdot 5}{7!} t^7 - \frac{2 \cdot 5 \cdot 8}{10!} t^{10} + -$

$Ac(t), As(t)$ = Airy Kosinus, Airy Sinus

Die beiden neuen Funktionen $Ac(t)$ und $As(t)$ sind in Figur 2.3 - 1 a & b für t > 0 illustriert. Sie sind so definiert, dass gilt

(2.3 - 34f) $\quad Ac(0) = 1, \; \frac{d}{dt} Ac(0) = 0$

(2.3 - 34g) $\quad As(0) = 0, \; \frac{d}{dt} As(0) = 1$

b) **Weber - Oszillatoren**
   [Pöschl 1956 B, Abramowitz & Stegun 1965 B]

(2.3 - 35a) $\quad \Omega_0^2(t) = n + \frac{1}{2} - \frac{t^2}{4} \quad \text{mit} \quad n = 0, 1, 2, 3, \ldots$

(2.3 - 35b) $\quad u_1(t) \quad = \quad exp[-t^2/2] H_n(t)$

$\qquad\qquad\quad H_n(t) \quad = \quad$ Hermite Polynome

c) **Forsyth - Oszillatoren**
   [Kamke 1956 B] Gl. 2. 153

(2.3 - 36a) $\quad \Omega_0^2(t) = \omega_\infty^2 - n(n-1)t^{-2} \quad \text{mit} \quad n = 0, 1, 2, 3, \ldots$

(2.3 - 36b) $\quad u(t) = A \cdot t^n \left[t^{-1} \frac{d}{dt} \right]^n \cos(\omega_\infty t - \varphi_0)$

allgemeine Lösung; A und φ_0 beliebig

Beispiel: $\quad n = 2, \varphi_0 = 0$

(2.3 - 36c) $\quad u(t) = A \omega_\infty \left[t^{-1} \cdot \sin \omega_\infty t - \omega_\infty \cos \omega_\infty t \right]$

d) **Bessel - Oszillatoren**
   [Abramowitz & Stegun 1965 B] Gl. 9.1.49 - 50 - 54
   [Kamke 1956 B] Gl. 2.162 (20)

n = 0, 1, 2, 3, ...
$J_n(t)$ = Bessel-Funktionen 1. Ordnung
$Y_n(t)$ = Bessel-Funktionen 2. Ordnung; Weber-Funktion
$Z_n(t) = A \cdot J_n(t) + B \cdot V_n(t)$ = allgemeine Bessel Funktion

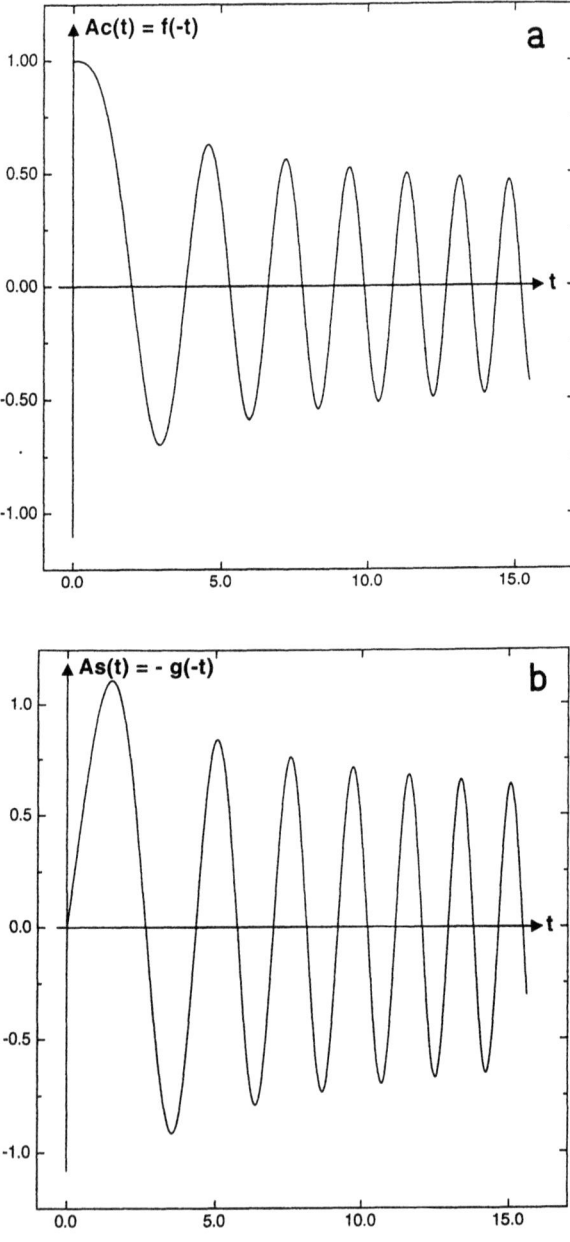

Figur 2.3 - 1: Airy Kosinus (a) und Airy Sinus (b)

α) *Oszillator Typ I:*

(2.3 - 37a) $\quad\Omega_0^2(t)=\omega_\infty^2-\left(n^2-\frac{1}{4}\right)t^{-2}$

(2.3 - 37b) $\quad u_1(t)=t^{1/2}\cdot J_n(\omega_\infty t)$

(2.3 - 37c) $\quad u_2(t)=t^{1/2}\cdot Y_n(\omega_\infty t)$

β) *Oszillator Typ II:*

(2.3 - 38a) $\quad\Omega_0^2(t)=(\eta/2)^2 t^{-1}-(n^2-1)t^{-2}$

(2.3 - 38b) $\quad u_1(t)=t^{1/2}\cdot J_n(\eta t^{1/2})$

(2.3 - 38c) $\quad u_2(t)=t^{1/2}\cdot Y_n(\eta t^{1/2})$

γ) *Oszillator Typ III:*

(2.3 - 39a) $\quad\Omega_0^2(t)=(\omega_0 e^t)^2-n^2$

(2.3 - 39b) $\quad u_1(t)=J_n(\omega_0 e^t)$

(2.3 - 39c) $\quad u_2(t)=Y_n(\omega_0 e^t)$

δ) *Oszillator Typ IV:*

(2.3 - 40a) $\quad\Omega_0^2(t)=t^{-4}[\exp(2/t)-n^2]$

(2.3 - 40b) $\quad u_1(t)=t\cdot J_n(\exp(1/t))$

(2.3 - 40c) $\quad u_2(t)=t\cdot Y_n(\exp(1/t))$

e) **Laguerre - Oszillatoren**
   [Abramowitz & Stegun 1965 B] Gl. 22.6.17-18

α) *Oszillator Typ I:*

(2.3 - 41a) $\quad\Omega_0^2(t)=-(1/4)+(2n+m+1)(2t)^{-1}+(1-m^2)(2t)^{-2}$

$\quad n=0,1,2,3,\ldots,\ m=0,1,2,3,\ldots,n$

(2.3 - 41b) $\quad u_1(t)=\exp(-t/2)\,t^{(m+1)/2}L_n^m(t)$

$\quad L_n^m(t)=$ verallgemeinerte Laguerre Polynome

β) *Oszillator Typ II:*

(2.3 - 42a) $\quad\Omega_0^2(t)=2(2n+m+1)-t^2+(1-m^2)(2t)^{-2}$

$\quad n=0,1,2,3,\ldots,\ m=0,1,2,3,\ldots,n$

(2.3 - 42b) $\quad u_1(t)=\exp(-t^2/2)\,t^{(2m+1)/2}L_n^m(t^2)$

f) Coulomb - Oszillatoren
[Abramowitz & Stegun 1965 B] Kap. 14

(2.3 - 43a) $\quad \Omega_0^2(t) = 1 - 2\eta t^{-1} - L(L+1)t^{-2} \quad$ mit $\quad L = 0, 1, 2, 3, \ldots$

(2.3 - 43b) $\quad u_1(t) = F_L(\eta, t) \quad$ reguläre Coulomb-Funktionen
(2.3 - 43c) $\quad u_2(t) = G_L(\eta, t) \quad$ irreguläre (logarithmische) Coulomb- Funktionen

g) Whittaker-Oszillatoren
[Abramowitz & Stegun 1965 B] Gl. 13.1.31-33

(2.3 - 44a) $\quad \Omega_0^2(t) = -\dfrac{1}{4} + \kappa t^{-1} + (\dfrac{1}{4} - \mu^2)t^{-2}$

(2.3 - 44b) $\quad u_1(t) = M_{\kappa,\mu}(t)$
(2.3 - 44c) $\quad u_2(t) = W_{\kappa,\mu}(t)$

$M_{\kappa,\mu}(t), W_{\kappa,\mu}(t) =$ Whittaker-Funktionen

h) Modifizierter Darboux-Oszillator
[Kamke 1956 B] vgl. Gl. 2.420

(2.3 - 45a) $\quad \Omega_0^2(t) = \omega_\infty^2 - n(n-1) \cdot (cht)^{-2} \quad$ mit $\quad n = 0, 1, 2, 3, \ldots$

(2.3 - 45b) $\quad u(t) = A \cdot (cht)^n \left[\dfrac{1}{cht} \dfrac{d}{dt} \right]^n \cos(\omega_\infty t - \varphi_0)$

allgemeine Lösung, A und φ_0 beliebig

Beispiel: $\quad n = 2, \varphi_0 = 0$
(2.3 - 45c) $\quad u(t) = A \cdot \omega_\infty \cdot [tht \cdot \sin\omega_\infty t - \omega_\infty \cdot \cos\omega_\infty t]$

2.3.6 Oszillatoren mit Stufenmodulation
a) Darstellung

Wir betrachten einen harmonischen Oszillator, dessen Systems-Kreisfrequenz $\Omega_0(t)$ in der Normalform (2.3 - 3) der Schwingungsgleichung stufenweise ändert. Die Zeiten t_k, bei deren diese Änderungen stattfinden, sind derart mit $k = 0, \pm 1, \pm 2, \ldots$ numeriert, dass gilt $t_k < t_{k+1}$. Wir nehmen zusätzlich an, dass die Systems-Kreisfrequenz $\Omega_0(t)$ in jedem Zeitintervall von t_k bis t_{k+1} konstant und grösser null bleibt:

(2.3 - 45) $\qquad \Omega_0(t_k \leq t \leq t_{k+1}) = \Omega_k = const > 0$,

wobei nach Voraussetzung $\Omega_k \neq \Omega_{k-1}$ und $\Omega_k \neq \Omega_{k+1}$. $\Omega_0(t)$ lässt sich in diesem Fall als Summe von Heaviside-Funktionen H(t) definiert in Gl. (2.2 - 27a-d) darstellen:

(2.3 - 46) $\qquad \Omega_0(t) = \sum_k (\Omega_k - \Omega_{k-1}) \cdot H(t - t_k)$

$\Omega_0(t)$ ist in Figur 2.3-2 illustriert.

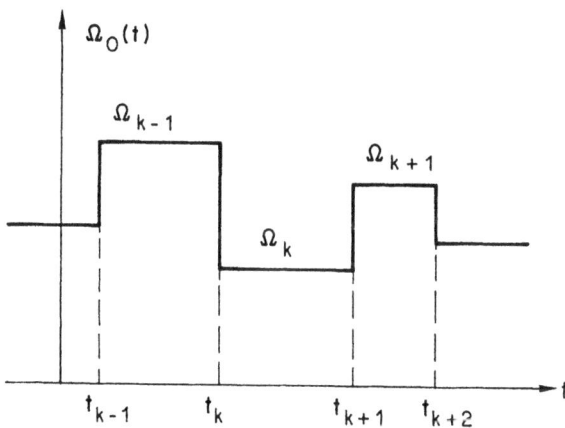

Figur 2.3 - 2: Stufenmodulation der Systems-Kreisfrequenz $\Omega_0(t)$

b) Propagatoren

Die Schwingung u(t) des beschriebenen Oszillators lässt sich mit Produkten der mit Hilfe der Gleichungen (2.2 - 15a-c) eingeführten Propagatoren darstellen. Sind $u(t_0)$ und $\dot{u}(t_0)$ die Werte der Variablen u(t) und ihrer zeitlichen Ableitung $\dot{u}(t)$ zur Zeit t_0, so gilt

(2.3 - 47a) $\qquad \begin{pmatrix} u(t) \\ \dot{u}(t) \end{pmatrix} = \mathbf{P}(t_0, t) \begin{pmatrix} u(t_0) \\ \dot{u}(t_0) \end{pmatrix}$

Liegt die Zeit t im Intervall zwischen t_k und t_{k+1}, dann kann man schreiben
(2.3 - 47b) $\mathbf{P}(t_0, t) = \mathbf{P}(t_k, t) \cdot \mathbf{P}(t_{k-1}, t_k) \ldots \mathbf{P}(t_1, t_2) \cdot \mathbf{P}(t_0, t_1)$
und für $t_n \leq t \leq t_{n+1}$

(2.3 - 47c) $\quad \mathbf{P}(t_n, t) = \begin{pmatrix} \cos\Omega_n(t-t_n) & \dfrac{1}{\Omega_n}\sin\Omega_n(t-t_n) \\ -\Omega_n \sin\Omega_n(t-t_n) & \cos\Omega_n(t-t_n) \end{pmatrix}$

Als Matrizen haben diese Propagatoren folgende Eigenschaften:

α) Sie sind *unimodular*, d.h. die *Determinante* ist eins:
(2.3 - 48a) $\qquad \det \mathbf{P}(t_n, t) = |\mathbf{P}(t_n, t)| = 1$

β) Die *Spur*, auf Englisch *"trace"*, gibt Auskunft über die *Phasenverschiebung* $\Omega_n(t - t_n)$:
(2.3 - 48b) $\qquad \operatorname{tr} \mathbf{P}(t_n, t) = 2 \cos \Omega_n (t - t_n)$

γ) Die zwei *Eigenwerte* $\gamma_{1,2}$ eines Propagators sind *konjugiert komplex:*
(2.3 - 48c) $\qquad \gamma_{1,2} = \exp[\pm i\Omega_n (t - t_n)]$

c) Anwendung

Die Propagator-Darstellung (2.3 - 47a-c) und (2.3 - 48a-c) der Schwingungen u(t) von stufenweise modulierten harmonischen Oszillatoren wird ausser dem bereits Erwähnten z.B. wie folgt angewendet:

α) Eine wichtige Anwendung ist die *digitale Berechnung* der Schwingungen u(t) von kontinuierlich modulierten harmonischen Oszillatoren. Beispiele derartiger Oszillatoren sind in den vorangehenden Sektionen 2. 3. 4&5 beschrieben. Dabei wird z.B. die Zeit t in gleichmässige Intervalle $t_{n+1} - t_n = \Delta t$ eingeteilt und jedem Zeitintervall ein diskreter Wert der kontinuierlich ändernden Systems-Kreisfrequenz $\Omega_0(t)$ zugeteilt:
(2.3 - 49a) $\qquad t_n = t_0 + n \cdot \Delta t$
(2.3 - 49b) $\qquad \Omega_0(t_n) = \Omega_n$

Die schrittweise digitale Berechnung einer Schwingung u(t) wird anschliessend mit den Propagatoren der Gleichungen (2.3 - 47a-c) durchgeführt.

β) Die zweite wichtige Anwendung betrifft die Bestimmung der Schwingungen u(t) von stufenweise *periodisch modulierten harmonischen Oszillatoren*, welche im folgenden Absatz 2. 3. 7 im Absatz d) besprochen werden.

2.3.7 Periodisch modulierte Oszillatoren

a) Schwingungsgleichungen

Periodisch modulierte harmonische Oszillatoren können häufig beschrieben werden mit Hilfe der Normalform

(2.3 - 3) $\quad \ddot{u}(t) + \Omega_0^2(t) \cdot u(t) = 0$

der Schwingungsgleichung und einer periodisch modulierten *Invarianten*

(2.3 - 50a) $\quad I(t+T) = \Omega_0^2(t+T) = \Omega_0^2(t) = I(t)$

T ist die *Periode der Modulation* und

(2.3 - 50b) $\quad \omega = 2\pi / T$

die *Modulations-Kreisfrequenz*.

Derartige Schwingungsgleichungen bezeichnet man als *Hill'sche Differentialgleichungen*. Im Folgenden beschränken wir uns auf *reelle* Hill'sche Differentialgleichungen bei denen die *Invariante* I(t) *rell* ist [Abramowitz & Stegun 1965 B, Magnus & Winkler 1965 B, Jakubic & Starzinski 1975 B, Nayfeh & Mook, 1979 B]. Sie werden verwendet z.B. in der Elektrotechnik [Brillouin 1946 B] und in der Festkörperphysik für die Theorie der *Energie-Bandstrukturen von Elektronen* [Kronig & Penney 1930 Z, Ziman 1965 B; Kittel 1971 B; Blakemore 1974 B, Ashcroft & Mermin 1976 B, Kreher 1976 B, Kachhava 1990 B]. Ebenso spielen sie eine Rolle bei der Lösung von *Stabilitätsproblemen* [Stoker 1957 B]. Hill'sche Differentialgleichungen mit *komplexen Invarianten* I(t), welche z.B. bei der Theorie der "Distributed Feedback" Laser [Sigrist & Kneubühl 1989 B, Kneubühl 1993B] eine Rolle spielen, sind schwieriger und weniger erforscht [Strutt 1949 Z, Meiman 1977 Z]. Oszillatoren bei denen ein frequenzbestimmender Parameter periodisch moduliert wird bezeichnet man allgemein als *parametrische Oszillatoren* [Nayfeh & Mook 1979 B]. Die dabei auftretenden resonanten Verstärkungen und Dämpfungen nennt man *parametrische Resonanzen*.

b) Floquet - Theorie

Die Theorie von Floquet [Stoker 1957 B, Abramowitz & Stegun 1965 B, Magnus & Winkler 1965 B] liefert allgemeine Gesetze und Klassifikationen für die Lösungen u(t) der Hill'schen Differentialgleichungen.

Sind $u_1(t)$ und $u_2(t)$ zwei reelle Lösungen einer durch (2.3 - 3) und (2.3 - 48a) definierten Hill'schen Differentialgleichung, welche den Anfangsbedingungen

(2.3 - 17a) $\quad u_1(0) = 1; \dot{u}_1(0) = 0$

(2.3 - 17b) $\quad u_2(0) = 0; \dot{u}_2(0) = 1$

genügen, so können wir für eine beliebige reelle, nicht-triviale Lösung u(t) entsprechend (2.3 - 18a-c) schreiben [Stoker 1957 B; Zwillinger 1989 B]:

(2.3 - 51a) $\begin{pmatrix} u(t+T) \\ \dot{u}(t+T) \end{pmatrix} = \mathbf{P}(0,T) \begin{pmatrix} u(t) \\ \dot{u}(t) \end{pmatrix}$

(2.3 - 51b) $\mathbf{P}(0,T) = \begin{pmatrix} u_1(T) & u_2(T) \\ \dot{u}_1(T) & \dot{u}_2(T) \end{pmatrix}$

(2.3 - 51c) $det\,\mathbf{P}\,(0,T) = 1$

Die Lösung u(t) bezeichnet man als normal (Stoker 1957 B), als *Floquet - Lösung* oder *Bloch - Funktion*, wenn sie die Relation

(2.3 - 52) $u(t+T) = \gamma \cdot u(t)$

erfüllt. Unter dieser Voraussetzung ergeben die Gleichungen (2.3 - 51a&b) das Gleichungs-System

(2.3 - 53) $\begin{pmatrix} u_1(T) - \gamma & u_2(T) \\ \dot{u}_1(T) & \dot{u}_2(T) - \gamma \end{pmatrix} \begin{pmatrix} u(t) \\ \dot{u}(t) \end{pmatrix} = 0$

Dieses hat nur dann nichtverschwindende Lösungen u(t), wenn die Determinante der Matrix null ist. Diese Bedingung bestimmt die *Eigenwert-Gleichung* für γ:

(2.3 - 54) $\gamma^2 - tr\,\mathbf{P}(0,T) \cdot \gamma + 1 = 0$

wobei für die beiden Eigenwerte γ_1 und γ_2 gilt

(2.3 - 55a) $\gamma_1 + \gamma_2 = tr\,\mathbf{P}(0,T) = u_1(T) + \dot{u}_2(T)$

(2.3 - 55b) $\gamma_1 \cdot \gamma_2 = det\,\mathbf{P}(0,T) = 1$

Die Gleichung (2.3 - 55b) ermöglicht den Ansatz

(2.3 - 56a) $\gamma_{1,2} = exp\left[\pm\left(\frac{1}{\vartheta} + i\omega_s\right)T\right]$

oder

(2.3 - 56b) $\pm\left(\frac{1}{\vartheta} + i\omega_s\right) = \frac{1}{T} ln\,\gamma_{1,2}$

Die Bedeutung von ϑ und ω_s wird im Folgenden mit Gleichung (2.3 - 58c) erklärt. Mit diesem Ansatz kann die Gleichung (2.3 - 55a) ungeformt werden in die *Floquet-Formel*:

(2.3 - 57) $ch\left(\frac{T}{\vartheta} + i\omega_s T\right) = cos\left(\omega_s T - i\frac{T}{\vartheta}\right) = \frac{1}{2} tr\,\mathbf{P}(0,T) = \frac{1}{2}[u_1(T) + \dot{u}_2(T)]$

Die durch die Gleichung (2.3 - 52) definierten *Floquet - Lösungen* oder *Bloch - Funktionen* $u_{1,2}(t)$ existieren nur für die Eigenwerte $\gamma_{1,2}$ der Gleichung (2.3 - 53). Sie haben eine *charakteristische Form*. Zur Herleitung dieser Form betrachtet man die Funktionen [Stoker 1957 B]:

(2.3 - 58a) $\quad w_{1,2}(t) = u_{1,2}(t) \cdot exp\left[\pm\left(\frac{t}{\vartheta} + i\omega_s t\right)\right]$

Die Kombination dieser Gleichung (2.3 - 58a) mit den Gleichungen (2.3 - 52) und (2.3 - 56a) zeigt, dass $w_{1,2}(t)$ *mit der Modulations-Kreisfrequenz* ω *oszilliert*. Somit hat w(t) die Periode T:

(2.3 - 58b) $\quad w_{1,2}(t + T) = w_{1,2}(t)$

Daraus folgt, dass eine Floquet-Lösung oder Bloch-Funktion $u_{1,2}(t)$ als *Produkt einer periodischen Funktion w(t) und einer Exponentialfunktion* dargestellt werden kann:

(2.3 - 58c) $\quad u_{1,2}(t) = w_{1,2}(t) \cdot exp\left[\pm\left(\frac{t}{\vartheta} + i\omega_s t\right)\right]$

$\quad\quad\quad\quad = w_{1,2}(t) \cdot exp\left[\pm\frac{t}{\vartheta}\right] \cdot exp[\pm i\omega_s t]$

Diese Gleichung zeigt auch die Bedeutung von ϑ und ω_s. ϑ ist die *charakteristische Zeit* einer Dämpfung oder Verstärkung. ω_s entspricht der *Kreisfrequenz einer Schwebung*, welche durch Modulation der Oszillation $w_{1,2}(t)$ entsteht.

Nach Voraussetzung sind $u_1(t)$ und $u_2(t)$ reell. Deshalb können wir die *Floquet-Lösungen* oder *Bloch-Funktionen* $u_{1,2}(t)$ in *fünf Kategorien* einteilen. Zu diesem Zweck setzen wir n = 0, ± 1, ±2, ... und als Bragg-Kreisfrequenz:

(2.3 - 59) $\quad \omega_B = \omega/2 = \pi/T$

Mit diesen Annahmen können wir die Kategorien wie folgt beschreiben:

α) mit der charakteristischen Zeit ϑ exponentiell abnehmende und anwachsende Lösungen:

(2.3 - 60a) $\quad ch\left(\frac{T}{\vartheta}\right) = \frac{1}{2} tr \mathbf{P}(0,T) > +1$

(2.3 - 60b) $\quad \vartheta \neq \infty,\ \omega_s = k(gerade) \cdot \omega_B = n\omega$

(2.3 - 60c) $\quad u_{1,2}(t) = w_{1,2}(t)\ exp\left[\pm\frac{t}{\vartheta}\right] exp(in\omega t)$

β) eine periodische Lösung mit der Periode T und der Frequenz ω: [Nayfeh & Mook 1979 B]:

(2.3 - 61a) $\quad \frac{1}{2} tr \mathbf{P}(0,t) = +1$

(2.3 - 61b) $\quad \vartheta = \infty,\ \omega_s = k(gerade) \cdot \omega_B = n\omega$

(2.3 - 61c) $\quad u_1(t) = w_1(t) \cdot exp(in\omega t) = w_1(t) \cdot exp[ik(gerade) \cdot \omega_B t]$

(2.3 - 61d) $\quad u_2(t) = [w_2(t) + (t/T) \cdot w_1(t)] \cdot exp(in\omega t)$

γ)   stabile stationäre Oszillationen:

(2.3 - 62a) $\quad -1 < cos(\omega_s T) = \frac{1}{2} tr \mathbf{P}(0,T) < +1$

(2.3 - 62b) $\quad \vartheta = \infty, \ \omega_s \neq 0$

$$u_{1,2}(t) = w_{1,2}(t) \cdot exp[\pm i\omega_s t]$$

In diesem Bereich sind die *Oszillationen stabil*. Es ist zu beachten, dass die *Schwebungs-Kreisfrequenz* ω_S, nur bis auf ein Vielfaches der Modulations-Kreisfrequenz $\omega = 2\pi/T$ bestimmt ist:

(2.3 - 62c) $\quad \omega_S = \omega_{S0} + n\omega; \quad 0 \leq \omega_{S0} < \omega; \quad n = 0, \pm 1, \pm 2, \ldots$

Diese Periodizität definiert die *Brillouin-Zonen*, welche mit n numeriert werden können.

δ)   eine periodische Lösung mit der Periode 2 T entsprechend der Bragg-Frequenz $\omega_B = \omega/2$ [Nayfeh & Mook 1979 B]

(2.3 - 63a) $\quad \frac{1}{2} tr \mathbf{P}(0,t) = -1$

(2.3 - 63b) $\quad \vartheta = \infty, \ \omega_s = k(ungerade) \cdot \omega_B = n\omega + \omega_B$

(2.3 - 63c) $\quad u_1(t) = w_1(t) \cdot exp[i(n\omega + \omega_B)t] = w_1(t) \cdot exp[ik(ungerade) \cdot \omega_B t]$

(2.3 - 63d) $\quad u_2(t) = [w_2(t) + (t/T) w_1(t)] \cdot exp[i(n\omega + \omega_B)t]$

ε)   mit der charakteristischen Zeit ϑ exponentiell abnehmende und anwachsende Lösungen:

(2.3 - 64a) $\quad -ch\left(\frac{T}{\vartheta}\right) = \frac{1}{2} tr \mathbf{P}(0,t) < -1$

(2.3 - 64b) $\quad \vartheta \neq \infty, \ \omega_s = k(ungerade) \cdot \omega_B = n\omega + \omega_B$

(2.3 - 64c) $\quad u_{1,2}(t) = w_{1,2}(t) exp\left(\pm \frac{t}{\vartheta}\right) exp[i(n\omega + \omega_B)t]$

In den Gleichungen (2.3 - 60c, 61c, 63c, 64c) bezeichnet man den Parameter $k = 0, \pm 1, \pm 2, \pm 3\ldots$ als *Bragg - Ordnung*. In den Fällen β) und γ), für die gilt

(2.3. - 65a) $\quad \frac{1}{2} \mathbf{P}(0,T) = cos\, \omega_S T = (-1)^k$,

treten typische Phänomene auf, welche man als *Bragg-Effekte* bezeichnet.

In den Fällen α) und ε) spricht man in Analogie zur Festkörperphysik von *verbotenen Zonen oder Frequenzbereichen*. In diesen Bereichen wird die Schwingung des Oszillators durch die Modulation mit der Kreisfrequenz ω *gedämpft oder verstärkt* je nach Phasenlage zwischen Schwingung und Modulation, bzw. Anfangsbedingungen.

Entsprechend den Gleichungen (2.3 - 60b) und (2.3 - 64b) sind die *Kreisfrequenzen* ω_P *dieser Schwingungen* das Vielfache der Bragg-Kreisfrequenz ω_B:

(2.3 - 65b) $\quad k = 0, 1, 2, 3, \quad ; n = 0, \pm 1, \pm 2, \ldots$

$$\omega_P = (k + 2n)\, \omega_B = (k + 2n)\, \omega/2$$

Dieses Phänomen bezeichnet man als *parametrische Resonanz,* weil es bei der periodischen Modulation von einem frequenzbestimmenden Parameter des Oszillators auftritt. Diese Resonanz wird am *Beispiel* der Schiff- oder Hängeschaukel im Zusammenhang mit der "square wave" - Modulation unter Absatz d) eingehender besprochen.

c) Periodische Pulsmodulation

Die periodische Pulsmodulation gewährt einen guten Überblick über das Verhalten von periodisch modulierten linearen Oszillatoren weil sie einfache analytische Lösungen u(t) der normierten Schwingungsgleichung (2.3 - 3) mit periodischen Systems-Kreisfrequenzen $\Omega_0(t)$ gemäss (2.3 - 50) anbietet. Die periodische Pulsmodulation wird beschrieben durch

(2.3 - 66) $\quad\quad I(t) = \Omega_0^2(t) = \Omega^2 + p \cdot \sum_{n=-\infty}^{+\infty} \delta(t - nT)$

und die Figur 2.3-3. Dabei repräsentiert $\delta(t)$ die Dirac - δ - Funktion gemäss (2.2 - 27d).

Bei den periodisch modulierten Oszillatoren interessiert man sich meistens für die stationären Schwingungen, d.h. für Floquet-Lösungen u(t) ohne Dämpfung oder Verstärkung und mit definierter Schwebungs-Kreisfrequenz ω_S. Diese Schwingungen werden bestimmt durch die Gleichung (2.3 - 57) mit der Bedingung $\vartheta = \infty$. Ist $\vartheta \neq \infty$ spricht man daher von *verbotenem Frequenzbereich* oder wie in der Festkörperphysik von *verbotener Zone*.

Weil die modulierte Kreisfrequenz von Gleichung (2.3 - 66) eine spezielle Form mit Dirac-$\delta(t)$ - Pulsen an den Perioden-Grenzen aufweist, verschieben wir die Perioden-Grenzen um die Zeit - δt. Die Floquet-Formel (2.3 - 57) ist auch dann gültig.

(2.3 - 67a) $\quad\quad \vartheta = \infty: \quad cos\, \omega_S T = \frac{1}{2} tr\, \mathbf{P}(-\delta t, T - \delta t)$

Zur *Berechnung der Propagator-Matrix* $\mathbf{P}$ (-δt, T-δt) zerlegen wir sie in ein Produkt von zwei einfacheren Matrizen:

(2.3 - 67b) $\quad\quad \mathbf{P}(-\delta t, T - \delta t) = \mathbf{P}(+\delta t, T - \delta t)\, \mathbf{P}(-\delta t, +\delta t)$

Die *erste Propagator-Matrix* beschreibt die harmonische Oszillation mit der Kreisfrequenz Ω ebenso wie der Propagator von Gleichung (2.2 - 15b):

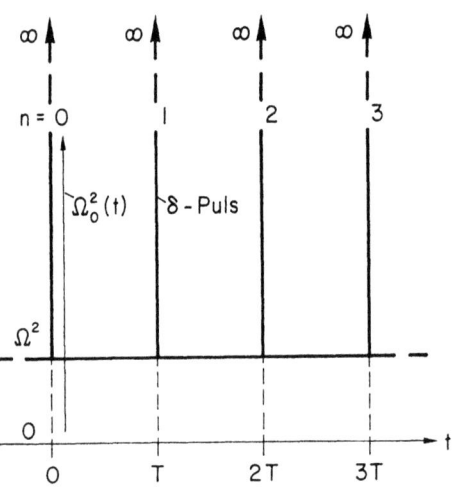

Figur 2.3 - 3: Periodische Pulsmodulation der Systems-Kreisfrequenz $\Omega_0(t)$

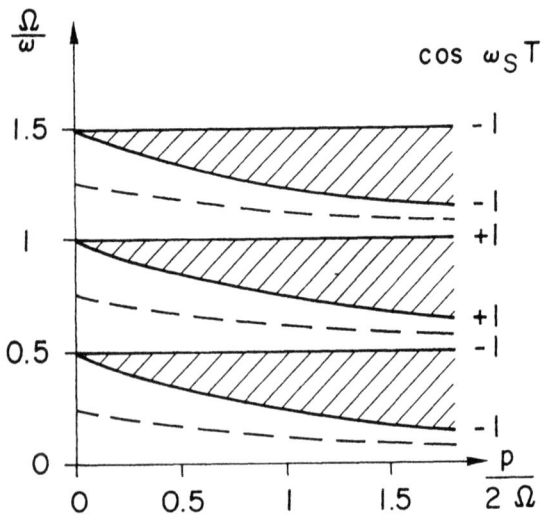

Figur 2.3 - 4: Erlaubte (weiss) und verbotene (schraffiert) Zonen der periodischen Pulsmodulation. Die Mitten der erlaubten Zonen sind als gestrichelte Kurven eingezeichnet.

(2.3 - 67c) $$\mathbf{P}(+\delta t, T-\delta t) \approx \mathbf{P}(0,T) = \begin{pmatrix} \cos\Omega T & \frac{1}{\Omega}\sin\Omega T \\ -\Omega\sin\Omega T & \cos\Omega T \end{pmatrix}$$

Zur Berechnung der *zweiten Propagator-Matrix* integrieren wir die normierte Schwingungsgleichung (2.3 - 3) mit der periodischen Pulsmodulation (2.3 - 66) über die Zeit t von - δt bis + δt:

$$\int_{-\delta t}^{+\delta t} dt \left[\ddot{u} + u \cdot \Omega^2 + u \cdot p \sum_{n=-\infty}^{+\infty} \delta(t-nT) \right] \approx$$

$$\approx \dot{u}(+\delta t) - \dot{u}(-\delta t) + 0 \cdot u(0) \cdot \Omega^2 + u(0) \cdot p = 0$$

Dabei haben wir aus physikalischen Gründen vorausgesetzt, dass u(t) *stetig* ist:

$$u(+\delta t) \approx u(-\delta t) \approx u(0)$$

Somit gilt

$$[\dot{u}(+\delta t) - \dot{u}(-\delta t) + p \cdot u(-\delta t)] \approx 0.$$

Die zweite Propagator-Matrix lässt sich daher darstellen durch

(2.3 - 67d) $$\mathbf{P}(-\delta t, +\delta t) \approx \begin{pmatrix} 1 & 0 \\ -p & 1 \end{pmatrix}$$

Durch Verknüpfung der Gleichungen (2.3 - 67a-d) findet man den Zusammenhang zwischen der Schwebungs-Kreisfrequenz ω_S, der Modulations-Kreisfrequenz $\omega = 2\pi/T$ und der Basis-Kreisfrequenz Ω:

(2.3 - 67e)
für $\vartheta = \infty$: $\quad\quad \cos\omega_S T = \cos\Omega T - \beta\sin\Omega T$

mit $\quad \beta = p/2\Omega; \quad\quad \omega_S = \omega_{S0} + n\omega; \quad\quad 0 < \omega_{S0} < \omega; \quad\quad n = 0, \pm 1, \pm 2, \ldots$

Entsprechend Gleichung (2.3 - 67c) ist ω_S nur bestimmt bis auf ein Vielfaches der Modulations-Kreisfrequenz $\omega = 2\pi/T$.

Gemäss Absatz b) entsprechen die Extremwerte von $\cos\omega_S T$ den *Bragg-Bedingungen:*

(2.3 - 68a) $\quad\quad \omega_S = k\omega_B = k\omega/2; \quad\quad \cos\omega_S T = (-1)^k; \quad k = 0, 1, 2, 3, \ldots$

wobei k die Ordnung des Bragg-Effekts bezeichnet. Setzt man diese Werte in die Gleichung (2.3 - 67e) ein, so findet man nach Einführung von sin ($\Omega T/2$) und cos ($\Omega T/2$) zwei den Bragg-Bedingungen entsprechende *Grenzfrequenzen:*

(2.3 - 68b) $\quad\quad (\Omega/\omega_{1,2}) = k/2 \; und \; k/2 - \frac{1}{\pi}\arctan\beta \; mit \; -\pi/2 \leq \arctan\beta \leq \pi/2$

Zwischen den beiden Grenzfrequenzen $\omega_{1,2}$ liegen die *verbotenen Frequenzbereiche oder Zonen*, wo |cos (ω_2 T - i T/ϑ)| > 1 ist. Diese entstehen *durch die periodischen Störungen* mit der Stärke β = p/2Ω des harmonischen Oszillators mit der Kreisfrequenz Ω. Die Gleichung (2.3 - 68b) zeigt zudem, dass bei der periodischen Pulsmodulation die Breiten $\Delta(\Omega/\omega)$ der verbotenen Frequenzbereiche unabhängig von der Bragg-Ordnung k sind.

(2.3 - 68c) $\qquad \Delta(\Omega/\omega) = \frac{1}{\pi}|arctg\beta| \quad mit -\pi/2 \leq arctg\beta \leq \pi/2$

Dies ist in Figur 2.3 - 4 illustriert. Die verbotenen Frequenzbereiche sind schraffiert.

Die Lage der verbotenen Frequenzbereiche oder Zonen gibt Auskunft über die Frequenzbereiche wo *parametrische Resonanz* durch periodische Pulsmodulation mit der Kreisfrequenz ω = 2π/T am harmonischen Oszillator mit der Kreisfrequenz Ω erzielt werden kann. Entsprechend Gleichung (2.3 - 68b) gilt für kleine |β| = |p/2Ω| < 0,1 , dass die verbotenen Frequenzbereiche bei $\Omega/\omega \approx$ k/2 liegen, wobei k die Bragg-Ordnung bezeichnet. Mit Hilfe von Formel (2.3 - 65b) findet man für die Kreisfrequenzen ω_P möglicher parametrischer Resonanzen:

(2.3 - 69) $\qquad \omega \approx 2\Omega/k$
$\qquad\qquad \omega_P = (k + 2n)\,\omega/2 \approx [1 + (2n/k)]\Omega$
$\qquad\qquad k = 1, 2, 3, ...; \quad n = 0, \pm1, \pm2, ...$

Die *Mitten der erlaubten Frequenzbereiche* werden definiert durch die Bedingung
(2.3 - 70a) $\qquad cos\,\omega_S T = 0$
$\qquad$ oder $\qquad \omega_S = (k + \frac{1}{2})\,\omega_B = (k + \frac{1}{2})\,\omega/2; \quad k = 0,1,2,3,....$

Die entsprechenden Kreisfrequenzen ω sind nach Gleichung (2.3 - 67e) bestimmt durch die Beziehung

(2.3 - 70b) $\qquad (\Omega/\omega) = k/2 + \frac{1}{2\pi}arctg(1/\beta) \quad mit \;-\pi/2 \leq arctg(1/\beta) \leq +\pi/2$

Sie sind in Figur 2.3 - 4 als gestrichelte Linien eingezeichnet.
Für kleine |β| gilt $\Omega/\omega \approx$ (k + $\frac{1}{2}$)/2 und für grosse |β| ist $\Omega/\omega \approx$ k/2.

Das Vorangehende zeigt, dass die periodische Pulsmodulation geeignet ist um den *Einfluss schwacher periodischer Störungen auf einen harmonischen Oszillator* mit der Frequenz Ω zu studieren. Dies bestätigen auch die verschiedenen *Näherungen* der Gleichung (2.3 - 67e).

Für die *nullte Näherung* wählt man p = 0 und findet
(2.3 - 71a) $\qquad cos\,\Omega T = cos\,\omega_S T$
$\qquad\qquad \Omega T = \pm\,\omega_S T - 2\pi n,$
$\qquad\qquad (\Omega/\omega) = \pm\,(\omega_S/\omega) - n, \qquad n = 0, \pm1, \pm2, ...$

In der (ω_S/ω) - (Ω/ω) - Ebene entspricht diese Näherung zwei Scharen paralleler Geraden, deren Schnittpunkte den Bragg-Bedingungen entsprechen. Unter diesen Bedingungen zeigen periodische Störungen meistens die grösste Wirkung. Die nullte Näherung wird auch illustriert durch die Figur 2.3 - 5 welche den *Effekt schwacher periodischer Störungen* darstellt.

Für die *erste und höhere Näherungen* setzt man

(2.3 - 71b) $\qquad (\Omega/\omega) = \pm(\Omega/\omega_S) - n + \frac{1}{2\pi}\varepsilon(\omega_S/\omega); \quad n = 0, \pm1, \pm2, \pm3, \ldots$

Dieser Ansatz transformiert die Formel (2.3 - 67e) in die Gleichung

(2.3 - 71c) $\qquad cos(\pm\omega_S T)\cdot[1 - cos\varepsilon + \beta\cdot sin\varepsilon] =$

$\qquad\qquad = -sin(\pm\omega_S T)\cdot[sin\varepsilon + \beta cos\varepsilon]$

Exakte Lösungen dieser Gleichung existieren für die Bragg-Bedingungen

(2.3 - 71d) $\qquad \varepsilon(\omega_S/\omega) = \varepsilon(k/2) = 0 \; und - 2\,arctg\,\beta;$

mit $k = 0, 1, 2, 3, \ldots$ und $-\pi/2 \leq arctg\,\beta \leq +\pi/2$

und für die Mitten der erlaubten Frequenzbereiche

(2.3 - 71e) $\qquad \varepsilon(\omega_S/\omega) = \varepsilon((k+\frac{1}{2})/2) = -arctg\,\beta$

mit $k = 0, 1, 2, 3, \ldots$ und $-\pi/2 \leq arctg\,\beta \leq +\pi/2$

Für die andern Werte ω resultiert aus der Gleichung (2.3 - 71c) die *erste Näherung*

(2.3 - 71f) $\qquad \varepsilon(\omega_S/\omega) \approx -\dfrac{\beta\cdot tg(\pm 2\pi\omega_S/\omega)}{\beta + tg(\pm 2\pi\omega_S/\omega)}$

Dies zeigt die Wirkung kleiner $\beta = p/2\Omega$, welche in Figur 2.3 - 5 illustriert ist.

Einfache *explizite Lösungen* der massgebenden Gleichung (2.3 - 67e) findet man auch für die relativ *starken periodischen Pulsmodulationen* mit $\beta = p/2\Omega = \pm 1$. Für $\beta = +1$ resultiert.

(2.3 - 72a) $\qquad cos\,\omega_S T = -\sqrt{2}\,sin(\Omega T - \pi/4)$

oder

(2.3 - 72b) $\qquad (\Omega/\omega) = (1/8) - (1/2\pi)arc\,sin\left[(1/\sqrt{2})cos(2\pi\omega_S/\omega)\right]$

Dementsprechend liegen die *erlaubten Frequenzbereiche* zwischen k/2 und (k + 1)/2 und die *verbotenen* zwischen (k + 1/2)/2 und (k+1)/2, wobei k=0, 1, 2, 3, ..die Bragg-Ordnung bedeutet. Diese Verhältnisse für $\beta = p/2\Omega = +1$ sind in Figur 2.3 - 6 dargestellt.

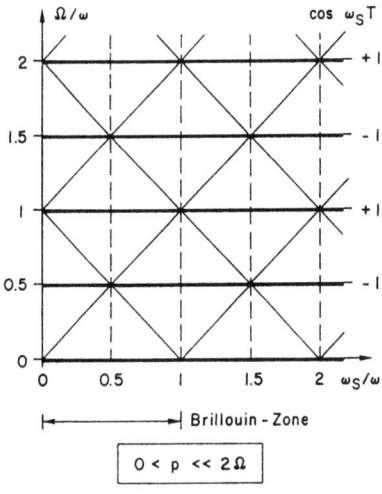

Figur 2.3 - 5: (Ω/ω) - (ω_S/ω)-Relation für schwache periodische Pulsmodulation $|\beta| = |p/2\Omega| \ll 1$. Die verbotenen Zonen sind die horizontalen Geraden bei $\Omega/\omega = k/2$, $k = 0, 1, 2, ...$.

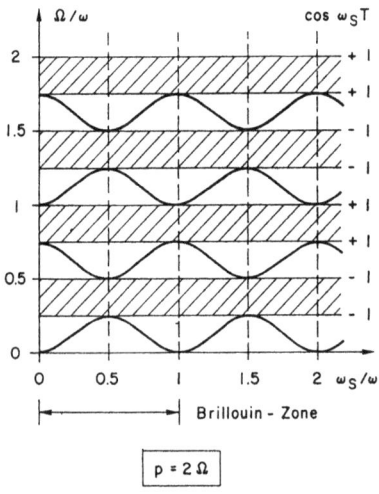

Figur 2.3 - 6: (Ω/ω) - (ω_S/ω) - Relation für starke periodische Pulsmodulation. Die verbotenen Zonen sind die horizontalen schraffierten Bänder.

d) "Rechteck"- Modulation

Bei der Rechteck-Modulation, in Englisch "square-wave modulation", eines harmonischen Oszillators alterniert die Systems-Kreisfrequenz $\Omega_0(t)$ in gleichen Zeitabständen T/2 zwischen zwei Kreisfrequenzen $\Omega - \Delta\Omega$ und $\Omega + \Delta\Omega$, wie in Figur 2.3 - 7 dargestellt. Dementsprechend ist die Modulations-Periode $T = 2\pi/\omega$. Die Systems-Kreisfrequenz $\Omega_0(t)$ lässt sich somit beschreiben als

(2.3 - 73) $\qquad \Omega_0(t) = \Omega - \Delta\Omega \cdot sign(sin\,\omega t)$

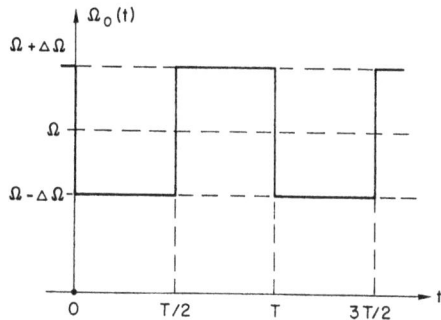

Figur 2.3 - 7: Rechteck-Modulation der Systems-Kreisfrequenz $\Omega_0(t)$.

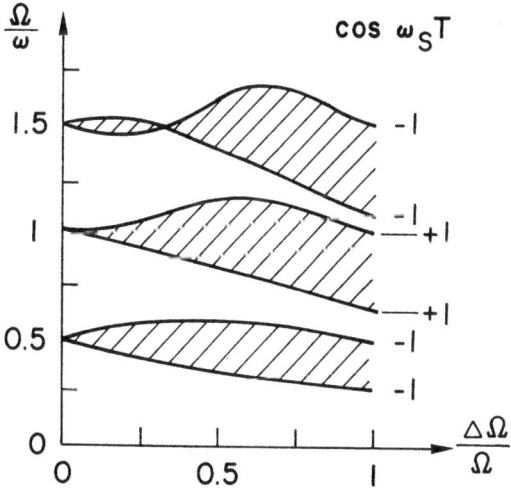

Figur 2.3 - 8: Erlaubte (weiss) und verbotene (schraffiert) Zonen der Rechteck-Modulation.

Der Propagator, welcher bei der Lösung (2.3 - 47a-c) der Schwingungsgleichung für stufenweise modulierten Oszillatoren kann in diesem Fall einfach berechnet werden. Der Propagator $\mathbf{P}(0, T)$ über die Periode T, welcher in der grundlegenden Formel (2.3 - 57) der Floquet-Theorie von periodischen Modulationen auftritt, hat demnach die Form

(2.3 - 74) $\qquad \mathbf{P}(0,T) = \mathbf{P}(T/2,T) \cdot \mathbf{P}(0,T/2) = \prod_{m=1}^{2} \begin{pmatrix} \cos\varphi_m & (1/\Omega_m)\sin\varphi_m \\ -\Omega_m \sin\varphi_m & \cos\varphi_m \end{pmatrix}$

mit $\qquad \Omega_m = \Omega \pm \Delta\Omega; \quad \varphi_m = \Omega_m T/2$

Die Anwendung der Floquet-Formel (2.3 - 57) auf diesen Propagator ergibt für $\vartheta = \infty$:

(2.7 - 75) $\qquad \cos\omega_S T = \dfrac{\Omega^2 \cos\Omega T - \Delta\Omega^2 \cos\Delta\Omega T}{\Omega^2 - \Delta\Omega^2}$

Die *verbotenen Frequenzbereiche* (Ω/ω) dieser Relation sind als Funktion der Modulations-Stärke $\Delta\Omega/\Omega$ in Figur 2.3 - 8 schraffiert eingezeichnet. Sie unterscheiden sich merklich von den verbotenen Frequenzbereichen der periodischen Pulsmodulation von Absatz c), weil sie stark mit der Bragg-Ordnung k variieren. Entsprechend Formel (2.7 - 75) verschwindet der verbotene Frequenzbereich, wenn die Modulations-Stärke $\Delta\Omega/\Omega$ die Bedingung

(2.3 - 76) $\qquad \Delta\Omega/\Omega = 1 - (2n/k) \quad \text{mit} \quad k = 1, 2, 3, \ldots; \; n = 1, 2, 3, \ldots$

erfüllt, wobei k die Bragg-Ordnung bedeutet. In Figur 2.3 - 8 ist dies ersichtlich für k = 3; Ω/ω = 1,5; n = 1; $\Delta\Omega/\Omega$ = 1/3.

Die Grenzfrequenzen (Ω/ω) zwischen erlaubten und verbotenen Frequenzbereichen sind für kleine $(\Delta\Omega/\Omega)^2$ in *zweiter Näherung* der Formel (2.3 - 75)

(2.3 - 77a) $\qquad k$ *ungerade*: $\quad (\Omega/\omega)) = k/2 \pm \dfrac{1}{\sqrt{2}\pi}(\Delta\Omega/\Omega)$

(2.3 - 77b) $\qquad k$ *gerade*: $\quad (\Omega/\omega) = k/2 \pm \dfrac{1}{2\sqrt{2}}(\Delta\Omega/\Omega)^2$

Für ungerade k ist die Abweichung von k/2 linear in $\Delta\Omega/\Omega$, für gerade k quadratisch in $\Delta\Omega/\Omega$.

Die Formeln (2.3 - 77) zeigen, dass sich die schwache Rechteck-Modulation in bezug auf *parametrische Resonanz* ähnlich verhält wie die schwache periodische Pulsmodulation. Die Kreisfrequenzen ω_P möglicher parametrischer Verstärkung oder Dämpfung erfüllen die gleiche Bedingung (2.3 - 69).

Die Rechteck-Modulation gestattet eine einfache Bewegungs-Analyse der in Figur 2.3 - 9 dargestellten *Hänge- oder Schiffschaukel als parametrischer Oszillator*. Die Schwingung der Schaukel wird parametrisch verstärkt oder gedämpft durch periodisches Auf- und Abbewegung des Schaukelnden. Durch diese Bewegung wird der Abstand a des gemeinsamen Schwerpunkts S von Schaukel und Schaukelndem von der Aufhängung A, d.h. dem Drehpunkt der Schaukel periodisch geändert. Unter diesen Voraussetzungen kann die Schaukel angenähert beschrieben werden als mathemtisches Schwerpendel mit konstanter Masse M und variabler Pendellänge a.

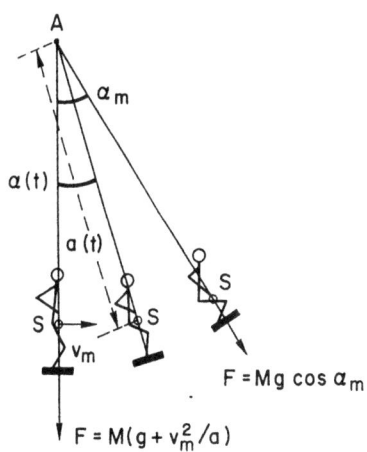

Figur 2.3 - 9: Hänge-Schaukel

Bei konstanter effektiver Pendellänge a und kleinem Auslenkungswinkel α wird die Pendelbewegung beschrieben durch die Differentialgleichung:

(2.3 - 78a) $\qquad \ddot\alpha + \Omega^2 \alpha = 0 \quad$ mit $\quad \Omega = 2\pi/T_0 = (g/a)^{1/2}$

Für die Anfangsbedingung $\alpha(t=0) = \alpha(0) = 0$ die Schwingung

(2.3 - 78b) $\qquad \alpha(t) = \alpha_m \, sin \, \Omega t$

Nimmt man an, dass der Schaukelnde sich in gleichen Zeitabständen T/2 extrem rasch auf- und abbewegt, so entspricht die zeitliche Änderung der effektiven Pendellänge a einer Rechteck-Modulation entsprechend Figur 2.3 - 10.

(2.3 - 79a) $\qquad a(t) = a + \Delta a \cdot sign \, (sin \, (\omega t - \varphi)) \quad$ mit $\quad 0 < \Delta a \ll a$

Beim Schaukeln arbeitet man mit *parametrischer Resonanz in der 1. Bragg-Ordnung*, d.h. man moduliert die Pendellänge mit der doppelten Systems-Kreisfrequenz Ω entsprechend der Beziehung (2.3 - 69):

(2.3 - 79b) $\qquad k=1: \quad \omega = 2\Omega; \quad T = T_0 / 2$

Der Winkel φ in der Gleichung (2.3 - 79a) misst die Phasenverschiebung der periodischen Modulation gegenüber der Pendelschwingung wie in Figur 2.3 - 10 illustriert.

Die Rechteck- Modulation der effektiven Pendellänge gemäss Gleichung (2.3 - 79a) bewirkt eine entsprechende Modulation der Systems-Kreisfrequenz gemäss

(2.3 - 79c) $\qquad \Omega_0(t) = \Omega - \Delta\Omega \cdot sign(sin(\omega t - \varphi))$ mit $\Delta\Omega/\Omega = \Delta a/2a$

die ebenfalls in Fig. 2.3 - 10 aufgezeichnet ist.

Die Phasenverschiebung φ entscheidet ob die Pendelschwingung in der parametrischen Resonanz mit $\omega = 2\,\Omega$ verstärkt oder gedämpft wird. Für die Phasenverschiebungen $\varphi=0$ und π bei denen extreme Dämpfung und Verstärkung auftreten, lässt sich die *Energie* ΔE berechnen, welche pro Periode T_0 der Pendelschwingung dem Pendel zugeführt oder entzogen wird. Bei den Phasenverschiebungen $\varphi = 0$ und π ändern sich die Pendellängen genau bei den Auslenkungen $\alpha = 0, \pm \alpha_m$. Dementsprechend kann man die Arbeit, welche man bei der Änderung der effektiven Pendellänge leisten muss, einfach berechnen. In der vertikalen Lage der Schaukel mit $\alpha = 0$ wirken entsprechend Figur 2.3 - 9 sowohl die Schwerkraft als auch die Zentrifugalkraft. Dementsprechend ist die an der Schaukel geleistete Arbeit bei einer Verkürzung der Pendellänge von $a + \Delta a$ auf $a - \Delta a$ gegeben durch

(2.3 - 80a) $\qquad W(\alpha = 0; a + \Delta a \to a - \Delta a) =$
$\qquad\qquad = +2\Delta a\, M\left(g + \Omega^2\,\alpha_m^2\, a\right) = +2\Delta a\, Mg\left(1 + \alpha_m^2\right)$

Bei den maximalen Auslenkungen $\alpha = \pm \alpha_m$ steht die Schaukel momentan still. Es wirkt entsprechend Figur 2.3 - 9 nur noch die Schwerkraft. Somit ist die bei einer Verlängerung der effektiven Pendellänge von $a - \Delta a$ auf $a + \Delta a$ von der Schaukel geleistete Arbeit:

(2.3 - 80 b) $\qquad W(\alpha = \pm\alpha_m; a - \Delta a \to a + \Delta a) =$

$\qquad\qquad = -2\Delta a \cdot Mg \cdot \cos\alpha_m \approx -2\Delta a \cdot Mg\left(1 - \frac{1}{2}\alpha_m^2\right)$

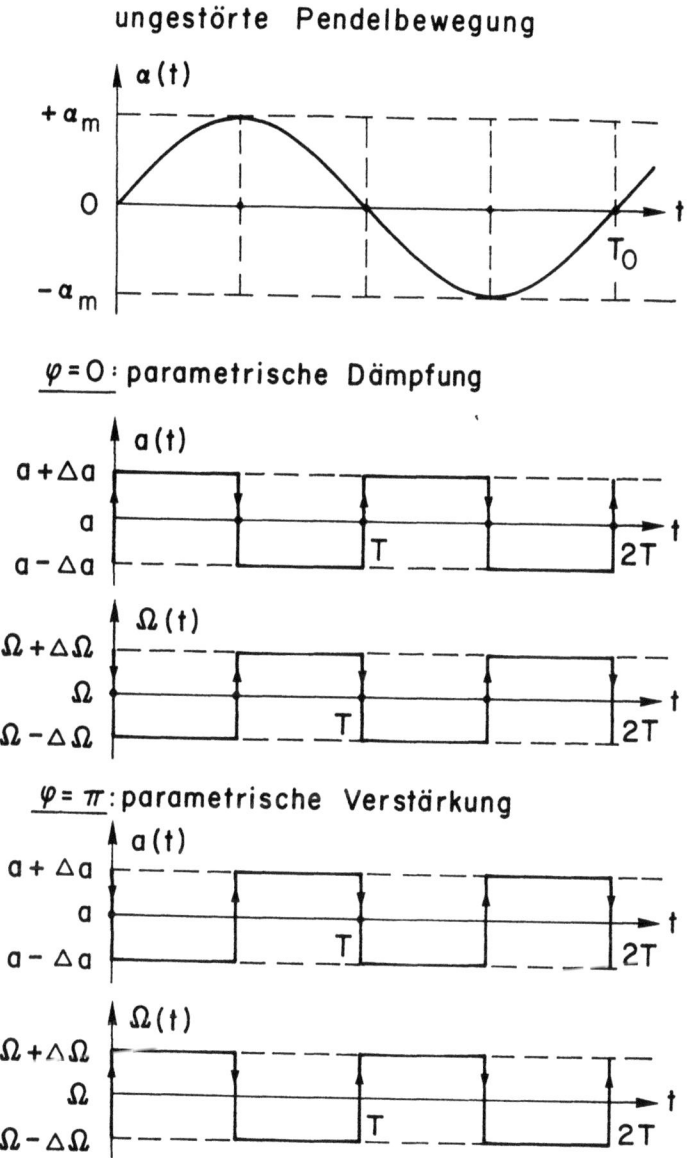

Figur 2.3 - 10: Parametrische Dämpfung und Verstärkung der Schwingung der Hänge-Schaukel durch "square wave"-Modulation der effektiven Pendellänge a.

Die doppelte Summe dieser Arbeiten ergibt die pro Schaukel-Periode T_0 der Schaukel zu- oder abgeführte Energie ΔE:

(2.3 - 80c) $$\Delta E \approx \pm 6 \Delta a \cdot Mg \cdot \alpha_m^2$$

wobei gemäss Figur 2.3 - 10 gilt $\Delta E < 0$ für $\varphi = 0$ und $\Delta E > 0$ für $\varphi = \pi$. Somit wird die Schaukel-Schwingung parametrisch gedämpft für $\varphi = 0$ und verstärkt für $\varphi = \pi$.

e) Harmonische Modulation

Die bekannteste periodische Modulation eines Oszillators ist die *harmonische Modulation* der Systems-Kreisfrequenz $\Omega_0(t)$ entsprechend

(2.3 - 81a) $$\Omega_0^2(t) = \Omega^2 + \Delta\Omega^2 cos\omega t$$

Die dadurch definierte Differentialgleichung ist die *Mathieu Gleichung* [Stoker 1957 B, Abramowitz & Stegun 1965 B, Magnus & Winkler 1966 B, Nayfeh & Mook 1979 B]

(2.3 - 81b) $$\ddot{u} + \left[\Omega^2 + \Delta\Omega^2 cos\omega t\right]u = 0$$

Das positive Vorzeichen von $\Delta\Omega^2$ kann durch eine Zeitverschiebung von ωt um $T/2$ in ein negatives umgewandelt werden, weil
$$cos(\omega t - \pi) = -cos\omega t.$$

Als *Beispiel* dient ein *parametrischer Oszillator* bestehend aus einem passiven *LC-Schwingkreis* mit *harmonisch modulierte Kapazität* $C(t)$. Diese lässt sich konstruieren aus einem Plattenkondensator mit der Plattenfläche A, dessen Plattenabstand d(t) oszilliert.

(2.3 - 82a) $$C(t) = \varepsilon_0 \cdot A / d(t) \quad \text{mit} \quad d(t) = d + \Delta d \cdot cos\omega t$$

Die Schwingungsgleichung eines derartigen LC-Schwingkreises lautet
$$L\ddot{q} + \frac{1}{C(t)}q = L\ddot{q} + \frac{d + \Delta d \cdot cos\omega t}{\varepsilon_0 A}$$

wobei q die Ladung auf dem Kondensator darstellt. Diese Gleichung stimmt mit (2.3 - 81b) überein.

(2.3 - 82b) $$\ddot{q} + \left[\Omega^2 + \Delta\Omega^2 cos\omega t\right] \cdot q = 0$$

mit $\Omega^2 = d / \varepsilon_0 AL, \Delta\Omega^2 = \Delta d / \varepsilon_0 AL$

Die harmonische Modulation von Oszillatoren bewirkt die gleichen Phänomene wie die periodische Pulsmodulation und die Rechteck-Modulation, nur ist ihre Berechnung komplizierter und bedingt erheblichen Aufwand. Wichtig sind auch hier die *erlaubten*

Frequenzbereiche oder Zonen mit stabilen, stationären Schwingungen sowie die *verbotenen* mit exponentiell anwachsenden oder abnehmenden Schwingungen, resp. *parametrischen Resonanzen*. Die Grenzen zwischen erlaubten und verbotenen Frequenzbereichen sind ebenfalls mit der Bedingung

(2.3 - 65a) $$\frac{1}{2} tr\, \mathbf{P}(0,T) = \cos \omega_S t = (-1)^k$$

verknüpft, wobei k die Bragg-Ordnung angibt. Sie sind dargestellt in Figur 2.3 - 11a in Funktion von $(\Delta\Omega/\omega)^2$. Die verbotenen Frequenzbereiche sind wieder schraffiert eingezeichnet. Für *schwache harmonische Modulationen* $(\Delta\Omega/\omega)^2$ ergeben sich folgende *Näherungen* für diese Grenzen bei den niedrigsten Bragg-Ordnungen k [Stoker 1957 B]:

(2.3 - 83a) $$k = 0: \quad (\Omega/\omega)^2 \approx -\frac{1}{2}(\Delta\Omega/\omega)^4$$

(2.3 - 83b) $$k = 1: \quad (\Omega/\omega)^2 \approx \frac{1}{4} \pm \frac{1}{2}(\Delta\Omega/\omega)^2$$

(2.3 - 83c) $$k = 2: \quad (\Omega/\omega)^2 \approx 1 - \frac{1}{12}(\Delta\Omega/\omega)^4$$
$$(\Omega/\omega)^2 \approx 1 + \frac{5}{12}(\Delta\Omega/\omega)^4$$

Diese Näherungen sind in Figur 2.3 - 11b aufgezeichnet.

In Bezug auf parametrische Resonanz verhält sich die schwache harmonische Modulation wie die schwache periodische Pulsmodulation und die schwache "square-wave" Modulation. Dieser Effekt erscheint bei den gleichen Frequenzbedingungen (2.3 - 69).

Der harmonisch modulierte Oszillator und die entsprechende Mathieu-Differentialgleichung sind auch massgebend in der Theorie der *Stabilisierung von invertierten*, d.h. auf den Kopf gestellten *Schwerependeln durch Vibration ihrer Auflage* [Acheson 1993 Z].

f) Die Darboux - Modulation

Die Darboux-Modulation ist definiert durch

(2.3 - 84) $$I(t) = \Omega_0^2(t) = \Omega^2 - (\Delta\Omega)^2 \cos^{-2}(\omega t/2)$$
$$= \Omega^2 - 2(\Delta\Omega^2)[1 + \cos \omega t]^{-1}$$

Diese ungewohnte Modulation ist in Figur 2.3 - 12 dargestellt.

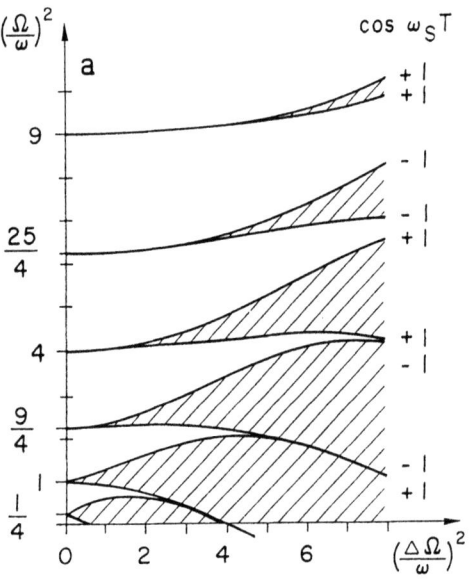
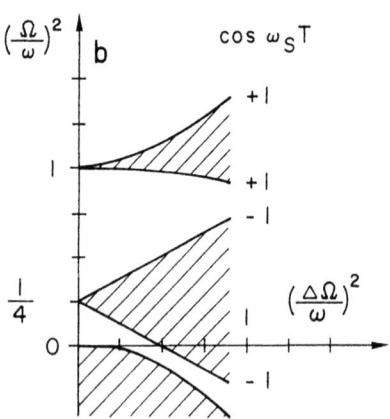

Figur 2.3 - 11: (Ω/ω) - (Ω/ω_S)-Relation der harmonischen Modulation a) für starke und b) für schwache Modulation

Über diese Modulation ist wenig bekannt. Die entsprechende normierte Schwingungs-Differentialgleichung (2.3 - 3) hat jedoch einfache allgemeine Lösungen u(t) für spezielle diskrete Werte der Modulationsstärke [Kamke 1965 B]:

(2.3 - 85) $\quad (\Delta\Omega/\omega)^2 = n(n-1)/4, \quad n = 1, 2, 3, ...$

Diese Lösungen sind

(2.3 - 86a) $\quad u(t,n) = A \cdot cos^n(\omega t/2) \cdot \left(\dfrac{2/\omega}{cos(\omega t/2)} D \right)^n cos(\Omega t - \varphi); \quad D = \dfrac{d}{dt},$

wobei A und φ beliebige Parameter sind.
Speziell einfache Funktionen findet man bei den *Bragg-Bedingungen*

(2.3 - 86b) $\quad (\Omega/\omega) = k/2: \quad k = 1, 2, 3, ...; \quad D = \dfrac{d}{dt}$

$$u(t,n,k) = A \cdot cos^n(\omega t/2) \cdot \left(\dfrac{2/\omega}{cos(\omega t/2)} \cdot D \right)^n cos((k\omega t/2) - \varphi)$$

Diese Lösungen u(t, n) weisen *Pole* bei $t = (m + \dfrac{1}{2})T; \ m = 0, \pm 1, \pm 2, ...$ auf. Diese Pole können durch spezielle Wahl der Phasen φ oder der Anfangsbedingungen vermieden werden, z.B. bei

(2.3 - 86c) $\quad u(t,2,k) = -kA \cdot \left[k \, cos((k\omega t/2) - \varphi) + \dfrac{sin((k\omega t/2) - \varphi)}{cos(\omega t/2)} \right]$

mit n = 2, φ = 0 für k gerade und φ = π/2 für k ungerade.

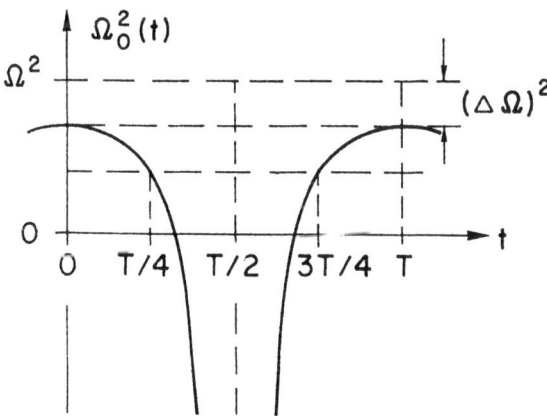

Figur 2.3 - 12:   Darboux-Modulation der Systems-Kreisfrequenz $\Omega_0(t)$

2.3.8 Singularitäten und Approximationen

Approximationen oder Näherungen von Lösungen der Bewegungs-Differentialgleichung (2.3 - 1) von modulierten linearen Oszillatoren werden weitgehend bestimmt durch die Existenz und den Charakter von Singularitäten. Das Verhalten einer Lösung x(t) kann mit der Zeit t stark variieren. Deshalb ist es nötig, jeden Zeitpunkt t_0 in Bezug auf die Bewegungsdifferentialgleichung (2.3 - 1) zu klassifizieren [Kamke 1956 B, Zwillinger 1989B]. Nach der Klassifikation der Zeitpunkte werden die entsprechenden Approximationen besprochen. Eine Approximation, welche erst später im Kap. 3, Absatz 3.3.3b, besprochen wird, betrifft Rückkopplung und Integralgleichungen.

a) Klassifikation der Zeitpunkte

Um die folgende Darstellung zu vereinfachen treffen wir zwei Massnahmen. Erstens verschieben wir die Zeitskala von t auf t-t_0 derart, dass jeden zu klassifizierenden Zeitpunkt t=t_0 der Zeitpunkt t=0 entspricht. Zweitens schreiben wir die Bewegungsdifferentialgleichung (2.3 - 1) in der Form

(2.3 - 86) $\quad \ddot{x} - S(t)\dot{x} + D(t)x = 0$

Den Zeitpunkt t=0 der durch die Gleichung (2.3 - 86) bestimmten Schwingung x(t) bezeichnet man als

α) *regulären Zeitpunkt*

auf Englisch "ordinary point", wenn die Funktionen S(t) und D(t) bei t=0 *analytisch* sind. Unter dieser Voraussetzung kann man S(t) und D(t) in *Taylor-Reihen* entwickeln:

(2.3 - 87a) $\quad S(t) = \sum_{k=0}^{\infty} S^k(0) \cdot \frac{t^k}{k!} = \sum_{k=0}^{\infty} S_k \cdot t^k$

(2.3 - 87b) $\quad D(t) = \sum_{k=0}^{\infty} D^k(0) \cdot \frac{t^k}{k!} = \sum_{k=0}^{\infty} D_k \cdot t^k$

In diesem Fall ist die Lösung x(t) der Bewegungs-Differentialgleichung (2.3 - 86) bei t=0 ebenfalls *analytisch*. Somit kann auch x(t) in eine *Taylor-Reihe* entwickelt werden. Dies ist das Thema des Absatzes c).

Als Beispiel betrachten wir den linear gedämpften oder verstärkten *harmonischen Oszillator* des Kapitels 2.3 als *Grenzfall*. Dieser ist gekennzeichnet durch die Differentialgleichung

(2.3 - 88a) $\quad \ddot{x} - S_0 \dot{x} + D_0 x = 0$

mit den Parametern

(2.3 - 88b) $\quad S_0 = -1/\tau$

(2.3 - 88c) $\quad D_0 = (1/\tau)^2 + s \cdot \omega^2; s = 0, \pm 1$

und den Lösungen

(2.3 - 89a) $\quad s = +1: \quad x(t) = A \exp(-t/\tau) \cdot \sin(\omega t - \varphi)$

(2.3 - 89b) $\quad s = 0: \quad x(t) = [A + Bt] \cdot \exp(-t/\tau)$

(2.3 - 89c) $\quad s = -1: \quad x(t) = [A \exp(+\omega t) + B \exp(-\omega t)] \exp(-t/\tau)$

wobei A, B und φ freie Parameter darstellen.

Zur Illustration ist die Funktion

(2.3 - 89d) $\quad x(t) = \sin t; \quad x(0) = 0, \quad \dot{x}(0) = 1$

in Figur 2.3 - 13 dargestellt gemeinsam mit der Vergleichsfunktion

$$x(t) = \sin(t^2), \quad x(0) = 0, \quad \dot{x}(0) = 0$$

mit ebenfalls regulärem Zeitpunkt t = 0.

β) *schwach singulären Zeitpunkt*

auf Englisch "regular singular point", wenn er *nicht regulär* ist und die Funktionen S(t) und D(t) mit den *speziellen Frobenius-Reihen:*

(2.3 - 90a) $\quad S(t) = \sum_{k=-1}^{\infty} S_k t^k = t^{-1} \sum_{k=0}^{\infty} S_{k-1} t^k$

(2.3 - 90b) $\quad D(t) = \sum_{k=-2}^{\infty} D_k t^k = t^{-2} \sum_{k=0}^{\infty} D_{k-2} t^k$

dargestellt werden können. Weil der Zeitpunkt t=0 nicht regulär ist, muss mindestens einer der Parameter S_{-1}, D_{-1} und D_{-2} von Null verschieden sein. Dagegen gilt S_k (k < -1) = 0 und D_k (k < -2) = 0.

Bei schwach singulären Zeitpunkten sind die Lösungen der Gleichung (2.3 - 86) nicht analytisch. Es treten *Pole* auf. Charakteristisch für schwach singuläre Punkte sind die *Frobenius-Reihen*, welche im Absatz d) beschrieben werden.

Als *Beispiel* erwähnen wir den *Grenzfall* gekennzeichnet durch *Euler's homogene Differentialgleichung* [Birkhoff & Rota 1989 B]

(2.3 - 91a) $\quad \ddot{x} - S_{-1} t^{-1} \dot{x} + D_{-2} t^{-2} x = 0 \quad$ oder $\quad t^2 \ddot{x} - S_{-1} t \dot{x} + D_{-2} x = 0$

mit den Parametern

(2.3 - 91b) $\quad S_{-1} = 2\alpha - 1$

(2.3 - 91c) $\quad D_{-2} = \alpha^2 + s \cdot \beta^2, \quad s = 0, \pm 1$

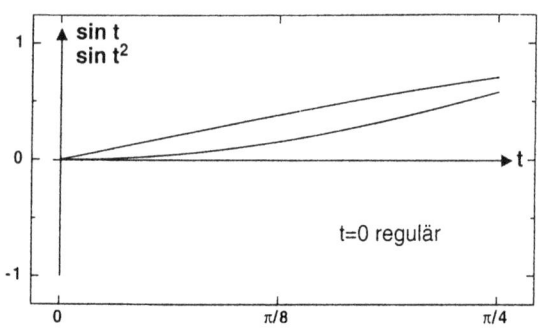

Figur 2.3 - 13: Regulärer Zeitpunkt t = 0 der Funktionen sin t und sin t².

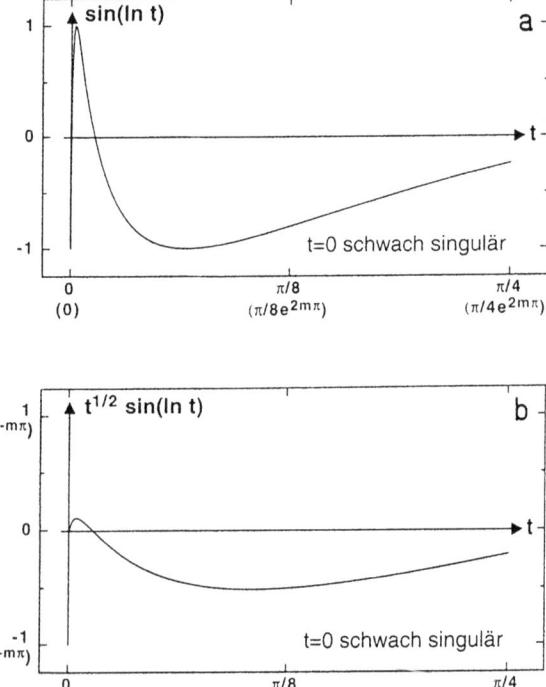

Figur 2.3 - 14: Schwach singulärer Zeitpunkt t = 0 der Funktionen a) sin (ln t) und b) $t^{1/2}$ sin (ln t)

und den Lösungen:

(2.3 - 92a) $s = +1 : x(t) = t^\alpha \left[C t^{+i\beta} + D t^{-i\beta} \right] =$
$= t^\alpha \left[C \exp(i\beta \ln t) + D \exp(-i\beta \ln t) \right] =$
$= A t^\alpha \sin(\beta \ln t - \varphi)$

(2.3 - 92b) $s = 0 : x(t) = t^\alpha [A + B \ln t]$

(2.3 - 92c) $s = 1 : x(t) = t^\alpha \left[A t^\beta + B t^{-\beta} \right]$

Dabei sind A, B, C, D und φ freie Parameter.

Zur *Illustration* ist die Funktion
(2.3 - 92d) $x(t) = \sin(\ln t)$

in Figur 2.3 - 14a dargestellt. Interessant an dieser Funktion ist eine *Selbstähnlichkeit*, welche durch die Beziehung
(2.3 - 92e) $\sin[\ln(t / \exp m 2\pi)] = \sin[\ln t]$; $m = 0, \pm 1, \pm 2, ...$

bestimmt wird. Diese Gleichung zeigt, dass Zeitdehnungen und Zeitkontraktionen mit den Ähnlichkeits-Faktoren exp (m2π) wobei m = ±1, ±2, ... die Funktion reproduzieren.

γ) **stark oder wesentlich singulären Zeitpunkt**
auf Englisch "irregular singular point" wenn er *weder regulär, noch schwach singulär* ist. In diesem Fall können die Funktionen S(t) und D(t) mit *Laurent-Reihen* beschrieben werden:

(2.3 - 93a) $S(t) = \sum_{k=-\infty}^{+\infty} S_k t^k$

(2.3 - 93b) $D(t) = \sum_{k=-\infty}^{+\infty} D_k t^k$

wobei *mindestens einer der Parameter* $S_k(k < -1)$ *und* $D_k(k < -2)$ *von Null verschieden ist*.

Am stark singulären Zeitpunkt t = 0 wird die Lösung x(t) der Bewegungs-Differentialgleichung meistens mit Hilfe einer *Laurent-Reihe*

(2.3 - 94) $x(t) = \sum_{k=-\infty}^{+\infty} x_k t^k$

beschrieben.

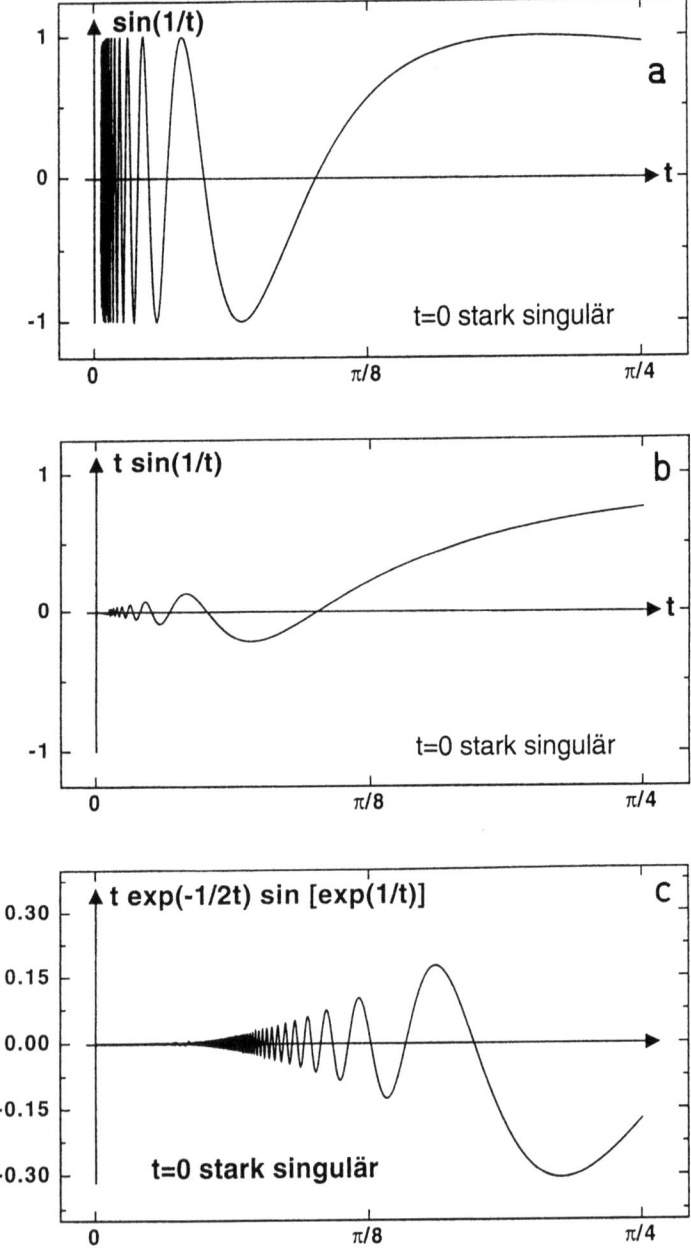

Figur 2.3 - 15: Stark singulärer Zeitpunkt t = 0 der Funktionen
a) sin (1/t), b) t · sin (1/t) und c) t · exp (- 1/2 t) · sin [exp (1/t)].

Als *Beispiel* betrachten wir die Lösung x(t) der Differentialgleichung.
(2.3 - 95a) $\quad\ddot{x}+\sigma t^{-1}\dot{x}+\beta^2 t^{-2\sigma}x=0\,;\quad \sigma>1$
mit den Parametern
(2.3 - 95b) $\quad S_{-1}=-\sigma\,;\ S_k(k\neq -1)=0$

(2.3 - 95c) $\quad D_{-2\sigma}=\beta^2\,;\ D_k(k\neq -2\sigma)=0;$
und der Lösung
(2.3 - 96a) $\quad x(t)=A\,\sin\left[\dfrac{\beta}{\sigma-1}t^{1-\sigma}-\varphi\right]$

Zur *Illustration* ist in Figur 2.3 - 15a die Lösung x(t) für die Parameter $\sigma = 2$, $\beta = 1$, $A = 1$, $\varphi = 0$, dargestellt. Sie lautet:
(2.3 - 96b) $\quad x(t)=\sin(1/t)=t^{-1}-\dfrac{t^{-3}}{3!}+\dfrac{t^{-5}}{5!}-+-$

Für $\sigma = 0$ entspricht die Differentialgleichung (2.3 - 95a) derjenigen des ungedämpften harmonischen Oszillators mit einem *regulären* Zeitpunkt t=0 und einer typischen Lösung (2.3 - 89d) für $\beta = 1$, $A = 1$, $\varphi = 0$.

Dagegen hat die Differentialgleichung (2.3 - 95a) für $\sigma = +1$ einen *schwach singulären* Zeitpunkt t = 0 und eine typische Lösung (2.3 - 92d) für $\beta = 1$, $A = 1$, $\varphi = 0$,

b) **Normierte Schwingungsgleichung**
Die eingehend besprochene normierte Bewegungs-Differentialgleichung
(2.3 - 3) $\quad \ddot{u}+\Omega_0^2(t)\cdot u = 0$
hat bekannte analytische Lösungen u(t) für Kreisfrequenzen $\Omega_0(t)$ vom Typus
(2.3 - 97) $\quad \Omega_0(t)=\Omega\cdot t^{-(1+\gamma)}$

Die Lösungen u(t) für verschiedene Parameter γ illustrieren die verschiedenen Typen des Zeitpunktes t=0. Sie sind vorerst wesentlich verschieden für $\gamma = 0$ und $\gamma \neq 0$.

Im Spezialfall $\gamma = 0$ ist der Zeitpunkt t = 0 *schwach singulär*. Die normierte Schwingungsgleichung (2.3 - 3) hat die Form
(2.3 - 98a) $\quad \ddot{u}+(\Omega/t)^2 u = 0$
mit dem Parameter
(2.3 - 98b) $\quad \Omega^2 = 1/4 + s\cdot\beta^2$

Die Lösungen u(t) bilden drei Klassen [Kamke 1956 B] entsprechend den Werten des Parameters s:

(2.3 - 99a) $\quad s = +1: \quad u(t) = A t^{1/2} \sin(\beta \ln t - \varphi)$

(2.3 - 99b) $\quad s = 0: \quad u(t) = t^{1/2} \cdot (A + B \ln t)$

(2.3 - 99c) $\quad s = -1: \quad u(t) = A \cdot t^{(1/2)+\beta} + B \cdot t^{(1/2)-\beta}$

wobei A, B und φ freie Parameter sind. Zur *Illustration* ist die Funktion

(2.3 - 99d) $\quad x(t) = t^{1/2} \cdot \sin(\ln t)$

in die Figur 2.3 - 14b als spezielle Lösung mit den Parametern s = +1, β = 1, A = 1, φ = 0 dargestellt. Auch diese Funktion zeigt *Selbstähnlichkeit* entsprechend der Formel:

(2.3 - 99e) $\quad m = 0, \pm1, \pm2, \ldots$

$$exp(m\pi) \cdot (t / exp\, 2m\pi)^{1/2} \cdot \sin[\ln(t / exp\, 2m\pi)] =$$
$$= \sin[\ln t]$$

Entsprechend dieser Formel reproduziert sich die Funktion (2.3 - 99d) bei simultaner Multiplikation von t mit dem Ähnlichkeits-Faktor exp (2mπ) und Multiplikation von x mit dem Faktor exp (mπ), wobei m = ±1, ±2, ±3, ...

Lösungen u(t) für *spezielle diskrete Werte* γ ≠ 1 können dargestellt werden dank Formeln von Forsyth & Jacobsthal [Kamke 1956 B] Gl.2.14. Gilt

(2.3 - 100a) $\quad D = d/dt\,; \quad m = -\dfrac{1+\gamma}{2\gamma} = 0, \pm1, \pm2, \pm3, \ldots$

dann sind die Lösungen u(t) für γ < 0:

(2.3 - 100b) $\quad \gamma = -1, -1/3, -1/5, -1/7, \ldots\,; \quad m = 0, 1, 2, 3, \ldots$

$$u(t) = A \cdot t \cdot \left(t^{1+2\gamma} D\right)^{m+1} \sin\left(\dfrac{\Omega}{\gamma} t^{-\gamma} - \gamma\right)$$

und für γ > 0:

(2.3 - 100c) $\quad \gamma = 1, 1/3, 1/5, 1/7, \ldots\,; \quad m = -1, -2, -3, -4, \ldots$

$$u(t) = A \cdot \left(t^{1+2\gamma} D\right)^{-m} \sin\left(\dfrac{\Omega}{\gamma} t^{-\gamma} - \gamma\right)$$

mit den freien Parametern A und φ.

Untersuchen wir als *Beispiel* die Lösung u(t) für m = -1, γ = 1, Ω = 1, A = 1, φ = 3π/2, so finden wir

(2.3 - 100d) $\quad x(t) = t \cdot \sin(1/t) = 1 - \dfrac{1}{3! t^2} + \dfrac{1}{5! t^4} - +$

Diese Funktion ist zur Illustration in Figur 2.3 - 15b dargestellt. Sie zeigt *keine Selbstähnlichkeit*.

Aus den Formeln (2.3 - 100b) und (2.3 -100c) zeigt sich, dass der Zeitpunkt t = 0 für $\gamma < 0$ *regulär* und für $\gamma > 0$ *stark singulär* ist. Wie vorhin erwähnt ist er für $\gamma = 0$ *schwach singulär*.

Eine weitere, allgemeine Darstellung der Lösungen u(t) für $\gamma \neq 0$ beruht auf *Bessel-Funktionen* $Z_\mu(z)$ [Kamke 1956 B, Gradshteyn & Ryzlik 1965 B, Abramowitz & Stegun 1965 B] welche durch die Differentialgleichung

(2.3 - 101a) $\qquad z^2 \cdot Z_\mu'' + z \cdot Z_\mu' + (z^2 - \mu^2) Z_\mu = 0$

definiert sind. Sie können als Linearkombination der Bessel-Funktionen erster Art $J_\mu(z)$ und zweiter Art $Y_\mu(z)$ dargestellt werden:

(2.3 - 101b) $\qquad Z_\mu(z) = A \cdot J_\mu(z) + B \cdot Y_\mu(z)$

wobei A und B freie Parameter sind. Mit Hilfe dieser Funktionen lassen sich die Lösungen u(t) für $\gamma \neq 0$ wie folgt darstellen:

(2.3 -102) $\qquad u(t) = t^{1/2} Z_{-\frac{1}{2\gamma}}\left(-\frac{\Omega}{\gamma} t^{-\gamma}\right)$

Mit Hilfe der Reihenentwicklungen der Bessel-Funktionen $J_\mu(z)$ und $Y_\mu(z)$ um den Punkt z=0 [Abramowitz & Stegun 1965B] findet man, dass für $\gamma<0$ der Zeitpunkt t=0 *regulär* ist.

c) Approximation durch Taylor-Reihen

Die Lösungen der Schwingungsgleichungen von modulierten Oszillatoren in allgemeiner (2.3 - 1 & 86) oder normierter (2.3 - 3) Form können *in regulären Zeitpunkten* mit *Taylor-Reihen* approximiert werden. Als wichtigen Fall untersuchen wir die *normierte Bewegungs-Differentialgleichung*.

(2.3 - 3) $\qquad \ddot{u} + \Omega_0^2(t) u = 0$

mit einem regulären Zeitpunkt t = 0. Gemäss Absatz a) kann $\Omega_0^2(t)$ in eine Taylor-Reihe entwickelt werden:

(2.3 - 103) $\qquad \Omega_0^2(t) = I(t) = \sum_{k=0}^{\infty} I^{(k)}(0) \frac{t^k}{k!} = \sum_{k=0}^{\infty} I_k t^k$

Die Lösung u(t) wird ebenfalls als Taylor-Reihe angesetzt:

(2.3 - 104) $\qquad u(t) = \sum_{k=0}^{\infty} u^{(k)}(0) \frac{t^k}{k!} = \sum_{k=0}^{\infty} u_k t^k$

Durch die Verflechtung der Gleichungen (2.3 - 3) (2.3 - 103) und (2.3 - 104) findet man die Beziehungen:

(2.3 - 105) $$(m+1)(m+2)u_{m+2} + \sum_{k=0}^{m} I_{m-k} \cdot u_k = 0 \quad \text{mit} \quad m = 0, 1, 2, 3, \ldots$$

Damit kann man die unbekannten Koeffizienten u_k der Taylor-Reihe (2.3 - 104) für u(t) berechnen. Mit den *Anfangsbedingungen*
(2.3 - 106a) $\quad u(0) = u_0 \; ; \; \dot{u}(0) = u_1$
findet man
(2.3 - 106b)

$$1 \cdot 2 \cdot u_2 = -I_0 u_0$$
$$2 \cdot 3 \cdot u_3 = -I_1 u_0 - I_0 u_1$$
$$3 \cdot 4 \cdot u_4 = \left(-I_2 + \frac{1}{2}I_0^2\right) \cdot u_0 - I_1 u_1$$
$$4 \cdot 5 \cdot u_5 = \left(-I_3 + \frac{2}{3}I_0 I_1\right) \cdot u_0 + \left(-I_2 + \frac{1}{6}I_0^2\right) u_1$$
$$5 \cdot 6 \cdot u_6 = \ldots\ldots$$

Setzt man als *Beispiel* $I_1 = 1$, $u_0 = 1$, $u_1 = 0$ so findet man für u(t) den *Airy Kosinus*

(2.3 - 34d) $$u(t) = Ac(t) = f(-t) = 1 - \frac{1}{3!}t^3 + \frac{1 \cdot 4}{6!}t^6 - +$$

d) Approximation mit Frobenius-Reihen

Für *schwach singuläre Punkte* t=0 sind die Funktionen S(t) und D(t) in der allgemeinen Schwingungsgleichung (2.3 - 86) spezielle Frobenius-Reihen gemäss (2.3 -90a & b). Daraus ergibt sich die Schwingungsgleichung

(2.3 - 107) $$\ddot{x} - \dot{x}\left[\sum_{k=-1}^{\infty} S_k t^k\right] + x \cdot \left[\sum_{k=-2}^{\infty} D_k t^k\right] = 0$$

Ihre Lösungen x(t) beinhalten ebenfalls *Frobenius-Reihen* [Kamke 1956B, Zwillinger 1989B].

Zur Berechnung dieser Reihen bestimmen wir zuerst die *Index-Gleichung*, auf Englisch "indicial equation". Zu diesem Zweck wählen wir den Ansatz
(2.3 - 108a) $\quad x = t^\alpha$

zur Lösung der obigen Gleichung (2.3 - 107). Daraus resultiert die Gleichung
(2.3 - 108b) $\quad \alpha^2 - \alpha(1 + S_{-1}) + D_{-2} = 0$

für die Koeffizienten von $t^{\alpha-2}$. Die Wurzeln α_1 und α_2 dieser Index-Gleichung, welche als *Exponenten der Singularität* des Zeitpunkts t=0 bezeichnet werden, bestimmen die Art der Reihenentwicklung der Lösungen x(t). Wir beschränken uns auf positive Zeiten.

α) Gilt $\alpha_1 = \alpha_2 = \alpha$ so sind zwei linear unabhängige Lösungen [Zwillinger 1989 B]:

(2.3 - 109a) $$x_1(t) = t^\alpha \left[1 + \sum_{k=1}^{\infty} a_k t^k \right]$$

(2.3 - 109b) $$x_2(t) = x_1(t) \cdot \ln t + t^\alpha \left[\sum_{k=0}^{\infty} b_k t^k \right]$$

β) Gilt $\alpha_{1,2} = \alpha \pm i\beta$, wobei α und β reell sind, so sind zwei linear unabhängige Lösungen:

(2.3 - 110a) $$x_1(t) = t^\alpha \cdot sin(\beta \ln t) \cdot \left[1 + \sum_{k=1}^{\infty} c_k t^k \right]$$

(2.3 - 110b) $$x_2(t) = t^\alpha \cdot cos(\beta \ln t) \cdot \left[1 + \sum_{k=1}^{\infty} d_k t^k \right]$$

γ) Gilt $\alpha_1 \neq \alpha_2$, wobei α_1 und α_2 *reell und die Differenz $\alpha_1 - \alpha_2$ keine ganze Zahl*, dann sind zwei linear unabhängige Lösungen:

(2.3 - 111a) $$x_1(t) = t^{\alpha_1} \cdot \left[1 + \sum_{k=1}^{\infty} e_k t^k \right]$$

(2.3 - 111b) $$x_2(t) = t^{\alpha_2} \cdot \left[1 + \sum_{k=1}^{\infty} f_k t^k \right]$$

δ) Gilt $\alpha_1 \neq \alpha_2$, wobei α_1 und α_2 *reell und die Differenz $\alpha_1 - \alpha_2$ eine positive ganze Zahl M > 0*, dann sind zwei linear unabhängige Lösungen:

(2.3 - 112a) $$x_1(t) = t^{\alpha_1} \cdot \left[1 + \sum_{k=1}^{\infty} g_k t^k \right]$$

(2.3 - 112b) $$x_2(t) = t^{\alpha_2} \cdot \left[\sum_{k=0}^{\infty} h_k t^k \right] + C \cdot x_1(t) \cdot \ln t$$

In Formel (2.3 - 112b) kann C null sein [Zwillinger 1989 B].

e) Die WKB Approximation

Die WKB oder *Wentzel-Kramers-Brillioun* -Methode [Wentzel 1926 Z, Kramers 1926 Z, Pauli 1950 B, Kamke 1956 B, Landau & Lifschitz 1965 B, Blochinzew 1966 B, Schubert & Weber 1980 B, Flügge 1990 B] gibt oft eine gute Näherung der Lösung einer gewöhnlichen linearen Differentialgleichung *in der Umgebung eines stark singulären Zeitpunkts* und bei andersartigen Zeitpunkten. Sie wird vor allem in der Optik und in der Wellenmechanik verwendet.

Als Ausgangspunkt unserer Rechnungen betrachten wir das *Planck-Gesetz*
(2.3 - 113) $\quad E = \hbar \cdot \Omega \text{ mit } \hbar = h/2\pi$
wobei E die Energie eines Teilchens, Ω die entsprechende Kreisfrequenz gemäss Quanten- und Wellenmechanik, sowie h = 6,626 · 10^{-34} Ws^2 ≈ (2/3) · 10^{-33} Ws^2 die *Planck Konstante* bedeuten. Weil $\hbar$ sehr klein ist, wird die Kreisfrequenz Ω oft sehr hoch. Für ein optisches Photon ist z.B. $\Omega \approx 3 \cdot 10^{14}$ s^{-1} und für ein freies klassisches, d.h. nichtrelativistisches. Teilchen mit der Masse m = 1g und der Geschwindigkeit v = 2 cm/s sogar $\Omega = 3 \cdot 10^{26}$ s^{-1}. Deshalb schreiben wir die normierte Schwingungsgleichung (2.3 - 3) unter diesen Umständen als

(2.3 - 114a) $\quad \ddot{u}(t) + \frac{1}{\hbar^2} E^2(t) u(t) = 0$

(2.3 - 114b) mit $\quad \Omega_0(t) = E(t)/\hbar$

wobei $\hbar$ eine kleine Grösse darstellt. Zur Lösung dieser Gleichung machen wir den *Ansatz*

(2.3 - 115a) $\quad u(t) = exp\left(\frac{i}{\hbar}\right) \cdot \sum_{k=0}^{\infty} S_k(t) \left(\frac{\hbar}{i}\right)^k$

Damit dieser Ansatz in einem Zeitintervall $t_1 < t < t_2$ konvergiert, muss dort für die Funktionen $S_k(t)$ gelten [Zwillinger 1989 B]:

2.3 - 115b) $\quad \left|\hbar^k \cdot S_{k+1}(t)\right| << 1 \text{ für } \hbar \to 0$

(2.3 - 115c) $\quad \left|S_{k+1}(t)/S_k(t)\right| \leq C$

Benutzen wir den Ansatz (2.3 - ..) für die Gleichung (2.3 - ...), so erhalten wir

(2.3 - 116a) $\quad E^2 = \dot{S}_0^2$
$\quad\quad\quad\quad 0 = 2\dot{S}_0 \dot{S}_1 + \ddot{S}_0$
$\quad\quad\quad\quad 0 = 2\dot{S}_0 \dot{S}_2 + \dot{S}_1^2 + \ddot{S}_1$
$\quad\quad\quad\quad 0 = 2\dot{S}_0 \dot{S}_3 + 2\dot{S}_1 \dot{S}_2 + \ddot{S}_2$
$\quad\quad\quad\quad 0 = 2\dot{S}_0 \dot{S}_4 + 2\dot{S}_1 \dot{S}_3 + \dot{S}_2^2 + \ddot{S}_3$
$\quad\quad\quad\quad$ etc.

Mit diesen Formeln berechnen wir die Funktionen $S_0(t)$, $S_1(t)$, $S_2(t)$, etc. Als Resultat finden wir u.a.

(2.3 - 116b) $\quad S_0(t) = \pm \hbar \int_\tau^t \Omega_0(t') dt'$

(2.3 - 116c) $\quad S_1(t) = -(1/2) \cdot ln[\Omega_0(t)/\Omega_0(\tau)]$

Die Funktionen bestimmen sowohl die erste Approximation oder sogenannte *Näherung der geometrischen Optik* [Zwillinger 1989 B]:

(2.3 - 117a) $$u(t) = A \cdot sin\left[\int_\tau^t \Omega_0(t')dt' - \varphi\right],$$

als auch die zweite Approximation oder sogenannte *Näherung der physikalischen Optik* [Zwillinger 1989 B]:

(2.3 - 117b) $$u(t) = A \cdot [\Omega_0(\tau)/\Omega_0(t)]^{1/2} sin\left[\int_\tau^t \Omega_0(t')dt' - \varphi\right]$$

A und φ sind freie Parameter. Meistens genügt die zweite Approximation (2.3 - 117b). Die *höheren Approximationen* können mit Hilfe der Funktionen $S_2(t)$, $S_3(t)$, etc. bestimmt werden.

Als *Beispiel* erwähnen wir die Schwingung u(t) des Oszillators mit der Kreisfrequenz
(2.3 - 118a) $\Omega_0(t) = t^{-2} \cdot exp(1/t)$
Diese Schwingung u(t) hat einen *stark* singulären Zeitpunkt t=0. Ihre zweite Approximation lautet:
(2.3 - 118b) $$u(t) = A \cdot t \cdot exp(-1/2t) \cdot sin[exp(1/t) - \varphi]$$

Zur *Illustration* zeigt die Figur 2.3 - 15c diese Funktion für A = 1 und φ = 0.

2.4 Relais - Oszillatoren

2.4.1 Schaltfunktionen

Lineare Oszillatoren werden durch Einbau eines *Relais* oder *Schalters nichtlinear*. Relais oder Schalter sind nichtlineare Elemente mit *Schaltfunktionen* σ, deren Kennlinien aus achsenparallelen geraden Strecken zusammengesetzt sind. Beispiele sind in Figur 2.4 - 1 dargestellt. Eine Schaltfunktion σ transformiert ein Eingangssignal e in ein Ausgangssignal a = σ (e) entsprechend ihren Kennlinien. Sie kann eindeutig sein wie zum Beispiel die Einschalt-Funktion oder mehrdeutig wie die Hysterese. In Figur 2.4 - 1 sind folgende *Schaltfunktionen* illustriert:

α) *Einschalten* , gemäss Figur 2.4 - 1a:
(2.4 - 1a) $a = \sigma(e) = H(e)$
wobei H die Heaviside Stufenfunktion (2.2 - 27a-d) darstellt.
β) *Ausschalten* , gemäss Figur 2.4 - 1b:
(2.4 - 1b) $a = \sigma(e) = 1 - H(e)$
γ) *Umpolen* , gemäss Figur 2.4 - 1c:
(2.4 - 1c) $a = \sigma(e) = sign(e)$

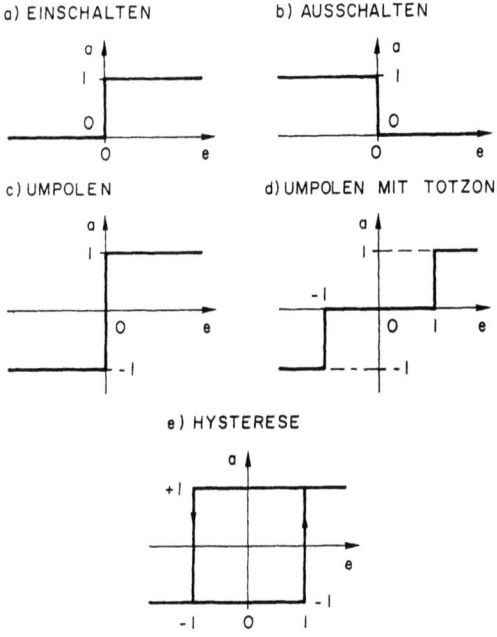

Figur 2.4 - 1: Schaltfunktionen $a = \sigma(e)$

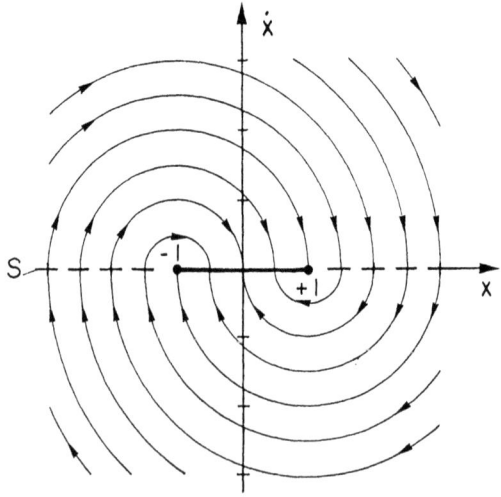

Figur 2.4 - 2: Phasendiagramm eines Oszillators mit trockener Reibung

δ)   *Umpolen mit Totzeit*   , gemäss Figur 2.4 - 1d:
(2.4 - 1d) $\qquad a = \sigma(e) = \frac{1}{2}[sign(e-1) + sign(e+1)]$

ε)   *Hysterese*   , gemäss Figur 2.4 - 1e:
(2.4 - 1e) $\qquad e \cdot a = e \cdot \sigma_H(e) \geq -1$ mit $a = \sigma_H(e) = \pm 1$

Dementsprechend gilt
$$a = \sigma_H(e) = \begin{cases} +1 & \text{für } +1 < e \\ \pm 1 & \text{für } -1 \leq e \leq +1 \\ -1 & \text{für } e < -1 \end{cases}$$

Schaltvorgänge erfolgen, wenn $\quad e \cdot a = e \cdot \sigma_H(e) = -1$
Somit sind dies die zwei Übergänge

$\qquad a = \sigma_H(e) \quad = -1 \longrightarrow +1 \qquad$ für $e = +1$
$\qquad a = \sigma_H(e) \quad = +1 \longrightarrow -1 \qquad$ für $e = -1$

2. 4. 2 Oszillator mit trockener Reibung

Trockene oder *Coulomb Reibung*, in Englisch "dry friction", wird charakterisiert durch eine Bremskraft in der Form
(2.4 - 2a) $\qquad \vec{F}_C = -R \cdot \frac{\vec{v}}{v} \quad$ mit $\quad R > 0$

Beschränkt man die Bewegungen auf die x-Achse, so findet man
(2.4 - 2b) $\qquad F_C = -R \cdot sign(v) = -R \cdot sign(\dot{x})$

Ein harmonischer *Oszillator* mit der Kreisfrequenz $\Omega_0 = 1$ und der Bremskraft $R = 1$ erfüllt daher die Gleichung
(2.4 - 3a) $\qquad \ddot{x} + x + sign(\dot{x}) = 0$

mit der *Schaltfunktion*
(2.4 - 3b) $\qquad \sigma = sign(\dot{x}) = sign(v)$

Die Gleichung der *Trajektorien in der Phasenebene* $(x, \dot{x})$ kann man berechnen, wenn man in Betracht zieht, dass gilt
(2.4 - 4) $\qquad \ddot{x} = \frac{d\dot{x}}{dx} \cdot \frac{dx}{dt} = \dot{x} \cdot \frac{d\dot{x}}{dx} = \frac{1}{2} \frac{d}{dx}(\dot{x}^2)$

und $\qquad x = \frac{1}{2} \frac{d}{dx}(x^2).$

Dies ergibt
(2.4 - 5a) $\qquad \frac{d}{dx}[\dot{x}^2 + x^2 + 2 \cdot sign(\dot{x})] = 0$

und nach einer Integration über x
(2.4 - 5b) $\qquad \dot{x}^2 + [x + sign(\dot{x})]^2 = x_0^2$

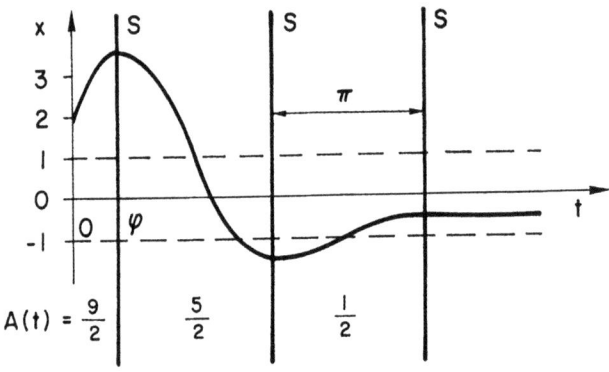

Figur 2.4 - 3: Beispiel einer Bewegung x(t) eines Oszillators mit trockener Reibung

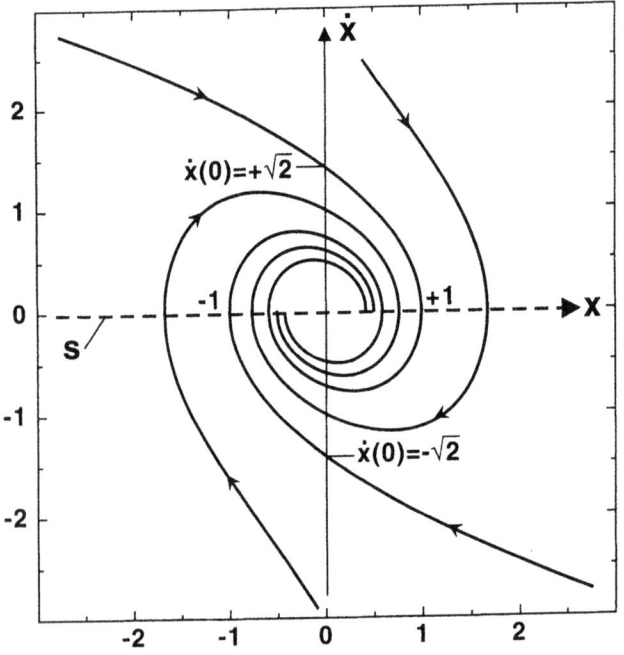

Figur 2.4 - 4: Phasendiagramm eines Oszillators mit Luftwiderstand

Somit sind die Trajektorien in der Phasenebene $(x, \dot{x})$ *Halbkreise* mit den beiden Mittelpunkten bei $(x_M = \pm 1, \dot{x}_M = 0)$ wie in Figur 2.4 - 2 dargestellt ist. Jeder Halbkreis geht auf der *Schaltgeraden*
(2.4 - 5c) $\qquad S: \dot{x} = 0$
in den folgenden über. Die Ausnahme ist die Strecke
(2.4 - 5d) $\qquad -1 \leq x \leq +1, \; \dot{x} = 0$
wo der Oszillator anhält. Diese Strecke umfasst die *Ruhelagen* für genügend grosse Haftreibung. Bemerkenswert ist, dass die Ruhelage des Oszillators mit trockener Reibung von den Anfangsbedingungen abhängt.

Die Bewegungs-Differentialgleichung (2.4 - 3a) kann vollständig gelöst werden mit Hilfe des Integrals
(2.4 - 6) $\qquad t - t_0 = \int_{x_0}^{x} \frac{dx}{\dot{x}} = f(x) - f(x_0)$

Bilden die Trajektorien in der Phasenebene $(x, \dot{x})$ entsprechend Figur 2.4 - 2 Kreissegmente mit den Mittelpunkten auf der x-Achse ($\dot{x} = 0$), dann zeigt die Formel (2.4 - 6), dass die für das Durchlaufen eines Segments benötigte Zeit $\Delta t = t - t_0$ gleich seinem Bogenwinkel ψ ist. Somit gilt für einen Halbkreis $\Delta t = \pi$.

Die *Lösung* der Bewegungs-Differentialgleichung (2.4 - 3a) hat die Form
(2.4 - 7a) $\qquad x(t) = -sign[\dot{x}(t)] + A(t) \cdot cos(t - \varphi)$ mit
(2.4 - 7b) $\qquad 0 \leq \varphi = arctg[\dot{x}(0) / x(0)] = \pi$
(2.4 - 7c) $\qquad A(0) = \left\{ [x(0) + sign[\dot{x}(0)]]^2 + [\dot{x}(0)]^2 \right\}^{1/2} > 0$
(2.4 - 7d) $\qquad A(t) = A(0) - 2 \sum_{n=0}^{\infty} H(t - \varphi - n\pi) > 0$

Für grosse Zeiten t gilt
(2.4 - 7e) $\qquad \lim_{t \to \infty} x(t) = x_\infty = const,$ mit $|x_\infty| \leq 1$

Eine spezielle Lösung (2.4 - 7a - e) ist als *Beispiel* in Figur 2.4 - 3 dargestellt.

2.4.3 Oszillator mit Luftwiderstand

Der Luftwiderstand wird in der Fluiddynamik als *Druck- oder Formwiderstand* $\vec{F}_D$, in Englisch "drag", bezeichnet [Prandtl & Tietjens 1957B, Bohl 1980 B]. Er ist proportional zum Quadrat der Geschwindigkeit $\bar{v}$ und spielt daher bei kleinen Geschwindigkeiten keine Rolle. Er ist ausserdem abhängig von der Dichte ρ des Fluids und dem Spantquerschnitt A des im Fluid bewegten Köpers:

(2.4 - 8a) $$\vec{F}_D = -c_D \, A \cdot \frac{1}{2} \rho \, v \cdot \vec{v}$$

Der Koeffizient c_D bezeichnet den dimensionslosen *Widerstandsbeiwert*, in Englisch "drag coefficient".

Beschränkt man sich auf eindimensionale Bewegungen in der x-Richtung, so findet man folgende Formel für den Druckwiderstand.

(2.4 - 8b) $$F_D = -c_D A \cdot \frac{1}{2} \rho \, v^2 \cdot sign(v)$$

Die Bewegung eines harmonischen *Oszillators* mit der Kreisfrequenz $\Omega_0 = 1$ und einem Druckwiderstand mit $c_D \cdot \rho \cdot A = 1$ erfüllt daher die Gleichung:

(2.4 - 9a) $$\ddot{x} + x + \frac{1}{2} \dot{x}^2 \cdot sign(\dot{x})$$

mit der Schaltfunktion

(2.4 - 9b) $$\sigma = sign(\dot{x}) = sign(v)$$

Die Gleichung der *Trajektorien im Phasenraum* $(x, \dot{x})$ kann man mit Hilfe der Formel (2.4 - 4) bestimmen. So findet man

(2.4 - 10a) $$\frac{d}{dx}\left[\dot{x}^2\right] + \left[\dot{x}^2\right] \cdot sign(\dot{x}) = -2x$$

Diese inhomogene lineare Differentialgleichung erster Ordnung für $[\dot{x}^2]$ als Funktion von x hat die Lösung:

(2.4 - 10b) $$2x \cdot sign(\dot{x}) = \left[(\dot{x}(0))^2 - 2\right] \cdot exp\left[-x \cdot sign(\dot{x})\right] - \left[(\dot{x}(x))^2 - 2\right]$$

Die *Schaltgerade* ist

(2.4 - 10c) $$S: \dot{x} = 0$$

Die Trajektorien $\dot{x}(x)$ sind für verschiedene Werte $\dot{x}(0)$ in Figur 2.4 - 4 dargestellt. Parabelsegmente ergeben sich für

(2.4 - 10d) $$\dot{x}(0) = \pm\sqrt{2}: \quad x = \pm\left[1 - \frac{1}{2}\dot{x}^2\right]$$

Für diese beiden Halb-Parabeln lässt sich die *Zeit* t als Kurvenparameter mit Hilfe der Formel (2.4 - 6) bestimmen:

(2.4 - 11a) $$t = \pm \dot{x}$$

Die entsprechenden *Lösungen* x(t) findet man durch Kombination der Gleichungen (2.4 - 10d) und (2.4 - 11a)

(2.4 - 11b) $\quad x(t) = \pm\left[1 - \frac{1}{2}t^2\right] \quad \text{für} \quad -\infty < t \le 0$

Die Grenzwerte auf den beiden Halbparabeln sind x(0) = ± 1 und x(- ∞) = ∓ ∞.

2. 4. 4 Oszillator mit konstanter Rückstellkraft

Eine *konstante Zentralkraft* $\vec{F}_Z$ in zwei- oder dreidimensionalen Raum entspricht der Formel

(2.4 - 12a) $\quad \vec{F}_Z = -F_Z \cdot \frac{\vec{r}}{r} \quad \text{mit} \quad F_Z > 0$

Auf der eindimensionalen x - Achse erscheint diese Zentralkraft als *konstante Rückstellkraft* F_R :

(2.4 - 12b) $\quad F_R = -F_Z \cdot sign(x) \quad \text{mit} \quad F_Z > 0$

Ein *Oszillator*, der aus einem Massenpunkt mit der Masse m = 1 besteht und auf welchen eine konstante Rückstellkraft F_R mit $F_Z = 1$ wirkt, erfüllt die Bewegungsgleichung

(2.4 - 13a) $\quad \ddot{x} + sign(x) = 0$

mit der Schaltfunktion

(2.4 - 13b) $\quad \sigma = sign(x)$

Die *Trajektorien im Phasenraum* $(x, \dot{x})$ werden bestimmt durch die Gleichung (2.4 - 4) und Integration. Das Resultat ist

(2.4 - 14a) $\quad x = \frac{1}{2} sign(x) \cdot \left[(\dot{x}(0))^2 - \dot{x}^2\right]$

Derartige Trajektorien sind in Figur 2.4 - 5 dargestellt. Die *Schaltgerade* ist

(2.4 - 14b) $\quad S: \quad x = 0$

Die *Periode T* der Schwingungen des Oszillators ist abhängig von der Amplitude, respektive den Anfangsbedingungen:

(2.4 - 15) $\quad T = 4\,\dot{x}(0) = \left[32\,x_{max}\right]^{1/2}$

Dies ist ersichtlich aus der folgenden *expliziten Lösung* der Bewegungsgleichung (2.4 - 13a)

(2.4 - 16) $\quad 0 \le t \le T/2 \; : \; x(t) = -\frac{1}{2}t^2 + \frac{1}{4}Tt$

$\quad\quad\quad\quad\quad T/2 \le t \le T \; : \; x(t) = +\frac{1}{2}\left(t - \frac{1}{2}T\right)^2 - \frac{1}{4}T\left(t - \frac{1}{2}T\right)$

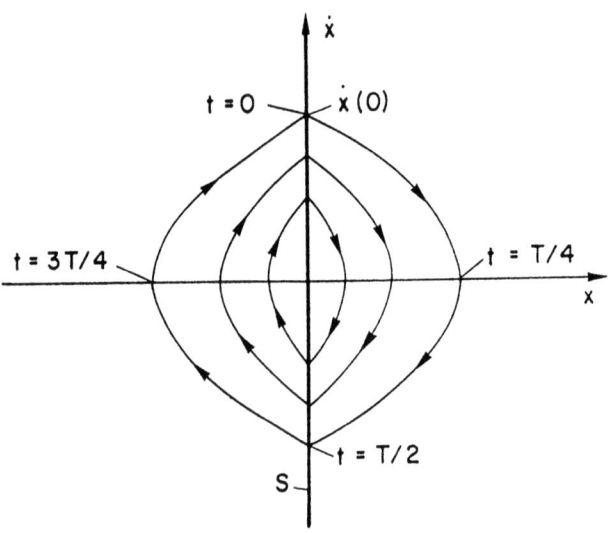

Figur 2.4 - 5: Phasendigramm eines Oszillators mit konstanter Rückstellkraft

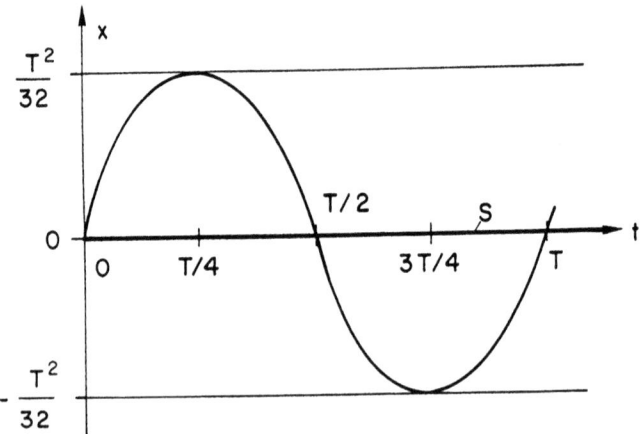

Figur 2.4 - 6: Beispiel einer Bewegung x(t) eines Oszillators mit konstanter Rückstellkraft

Diese Lösung ist in Figur 2.4 - 6 illustriert. In erster Näherung entpsricht sie einer harmonischen Schwingung.

2. 4. 5 Oszillator mit Totzone

Eine konstante *Rückstellkraft* F_R *mit Totzone* wird entsprechend Gleichung (2.4 - 1d) und Figur 2.4 - 1d beschrieben durch die Formel

(2.4 - 17) $\quad F_R = -\frac{1}{2} F_Z \cdot [sign(x - x_0) + sign(x + x_0)] \quad \text{mit} \quad F_Z > 0$

mit der *Totzone* im Bereich $-x_0 < x < +x_0$.

Ein *Oszillator*, der aus einem Massenpunkt mit der Masse m = 1 besteht und auf den eine konstante Rückstellkraft F_R mit einer Totzone definiert durch $F_Z = 1$ und $x_0 = 1$ wirkt, ist charakterisiert durch die Bewegungsgleichung.

(2.4 - 18a) $\quad \ddot{x} + \frac{1}{2}[sign(x-1) + sign(x+1)] = 0$

mit der Schaltfunktion

(2.4 - 18b) $\quad \sigma = \frac{1}{2}[sign(x-1) + sign(x+1)]$

Die *Trajektorien in der Phasenebene* $(x, \dot{x})$, welche mit den Gleichungen, (2.4 - 4) und (2.4 - 18a) berechnet werden können, sind folgende:

(2.4 - 19a) $\quad$ Totzone: $|x| \leq 1$
$\quad\quad\quad\quad \dot{x}(x) = \dot{x}(-1) = \dot{x}(0) = \dot{x}(+1) = const$

(2.4 - 19b) $\quad$ Kraftbereich: $|x| \geq 1$
$\quad\quad\quad\quad x = sign(x) \cdot \left\{1 + \frac{1}{2}[(\dot{x}(0))^2 - \dot{x}^2]\right\}$

Derartige Trajektorien sind in Figur 2.4 - 7 dargestellt. Die *Schaltgeraden* sind
(2.4 - 19c) $\quad S: \quad x = \pm 1$

Die *Periode* T der Schwingungen dieses Oszillators sind abhängig von der Amplitude, respektive den Anfangsbedingungen:

2.4 - 20a) $\quad T = 4\left[\dot{x}(0) + \frac{1}{\dot{x}(0)}\right]$

Somit hat die Periode T ein Minimum
(2.4 - 20b) $\quad T_{min} = 2 \quad \text{für} \quad \dot{x}(0) = 1$

Die Gleichung (2.4 - 20a) für die Periode T findet man zum Beispiel durch explizite Lösung der Bewegungsgleichung (2.4 - 18a). Eine solche *Lösung* x(t) ist

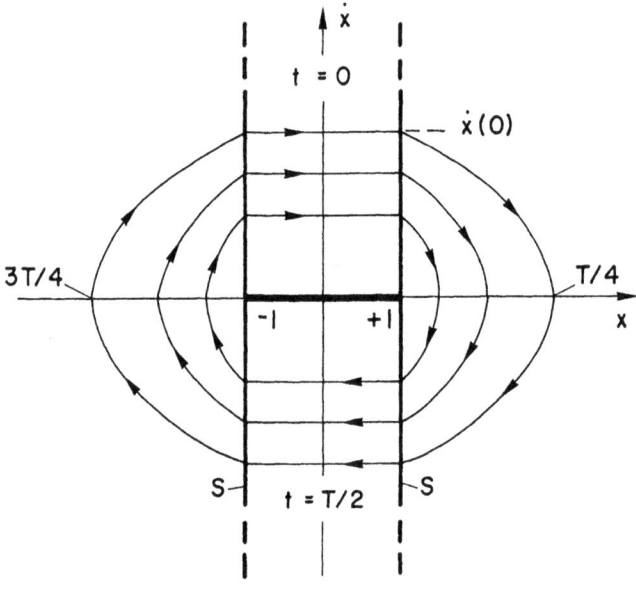

Figur 2.4 - 7: Phasendiagramm eines Oszillators mit Totzone

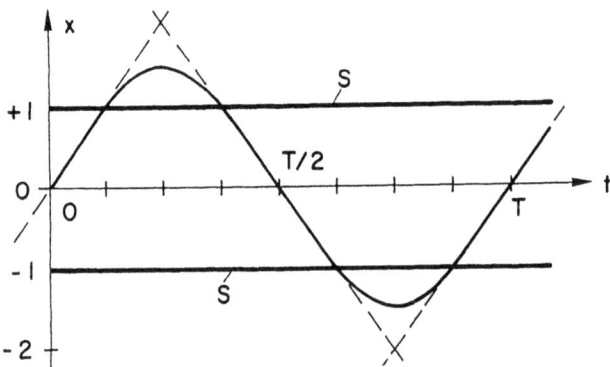

Figur 2.4 - 8: Beispiel einer Bewegung x(t) eines Oszillators mit Totzone

(2.4 - 20) $T_2 = \dot{x}(0) = 1/T_1$ und $T = 4(T_1 + T_2)$

$-T_1 \leq t \leq T_1$: $x = t/T_1$

$T_1 \leq t \leq T_1 + 2T_2$: $x = -\frac{1}{2}(t - T_1)^2 + T_2(t - T_1) + 1$

$T_1 + 2T_2 \leq t \leq 3T_1 + 2T_2$: $x = (2T_1 + 2T_2 - t)/T_1$

$3T_1 + 2T_2 \leq t \leq T - T_1$: $x = \frac{1}{2}(t - 3T_1 - 2T_2)^2 - T_2(t - 3T_1 - 2T_2) - 1$

Diese Lösung ist in Figur 2.4 - 8 illustriert.

2. 4. 6 Oszillator mit Hysterese

Die interessantesten Relais - Oszillatoren sind diejenigen mit einem Schalter, der *Hysterese* aufweist. Als Beispiel dient der *Oszillator* mit folgender Bewegungsgleichung:
(2.4 - 21) $\ddot{x} + x - \sigma_H(x) = 0$

mit der *Hysterese - Schaltfunktion* σ_H, die durch die Gleichungen (2.4 - 1e) und die Figur 2.4 - 1e charakterisiert wird.

Die *Trajektorien in der Phasenebene* $(x, \dot{x})$ können mit den Gleichungen (2.4 - 4) und (2.4 - 21) berechnen. Sie erfüllen die Gleichung:
(2.4 - 22a) $[\dot{x}(x)]^2 + [x - \sigma_H(x)]^2 = [\dot{x}(\sigma_H(x))]^2$

Die Figur 2.4 - 9a zeigt die Phasenebene $(x, \dot{x})$ mit verschiedenen Trajektorien und den *Schaltlinien* :
(2.4 - 22b) $S: \dot{x} > 0, x = 1$ und $\dot{x} < 0, x = -1$

Das Phasendiagramm der Figur 2.4 - 9 zeigt die *Wirkung der Hysterese* zum Beispiel im Punkt A. Zudem demonstriert es, dass für *grosse Zeiten* die Lösungen x(t) der Gleichung (2.4 - 21) in *harmonische Schwingungen* der Form

(2.4 - 23a) $\lim_{t \to \infty} x(t) = \pm 1 + A \sin(t - \varphi)$ mit $0 \leq A < 2$

übergehen. Dies wird zum Beispiel illustriert durch die *Lösung:*

(2.4 - 23b) $t_1 = \arcsin \frac{1}{2} = \pi/6$

$0 \leq t \leq t_1$: $x_0(t) = -1 + 4 \sin t$

$t_2 = t_1 + \pi + \arcsin(1/\sqrt{3})$

$t_1 \leq t \leq t_2$: $x_1(t) = +1 + 2\sqrt{3} \cdot \sin(t - t_1)$

$t_3 = t_2 + \pi + \arcsin(1/\sqrt{2}) = t_2 + 5\pi/4$

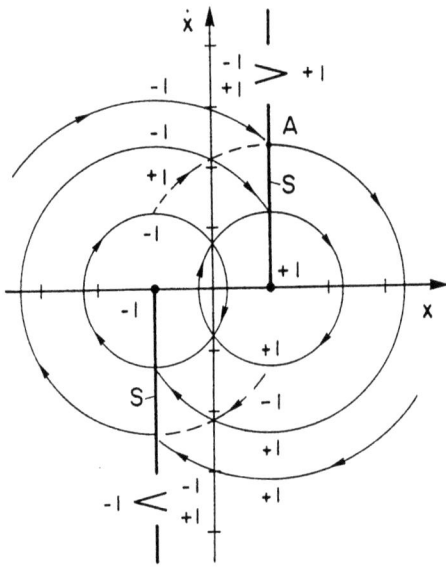

Figur 2.4 - 9: Phasendiagramm eines Oszillators mit Hysterese

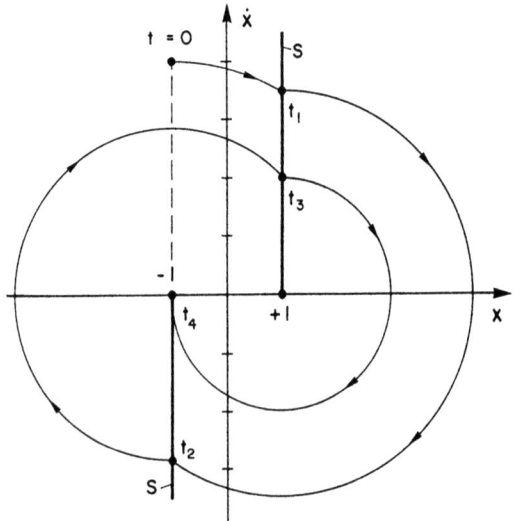

Figur 2.4 - 10: Phasendiagramm der Lösung x(t) gemäss Gleichung (2.4 - 23b) eines Oszillators mit Hysterese.

$$t_2 \leq t \leq t_3 \quad : \quad x_2(t) = -1 - 2\sqrt{2} \cdot \sin(t - t_2)$$
$$t_4 = t_3 + 3\pi/2$$
$$t_3 \leq t \leq t_4 \quad : \quad x_3(t) = 1 + 2\sin(t - t_3)$$
$$t_4 < t \quad : \quad x_4(t) = -1$$

Das Phasendiagramm dieser Lösung ist in Figur 2.4. - 10 aufgezeichnet.

2. 5 Nichtlineare Liénard-Oszillatoren

2. 5. 1 Allgemeine Eigenschaften

Die Liénard-Oszillatoren sind definiert durch die *Bewegungs-Differentialgleichung*
(2.5 - 1a) $\quad \ddot{x} - S(x) \cdot \dot{x} + D(x) \cdot x = 0$
Diese Gleichung ist *nichtlinear*, wenn zumindest S(x) oder D(x) nicht konstant ist.

Der Gleichung (2.5 - 1a) kann ein autonomes zweidimensionales System zugeordnet werden in der Form
(2.5 - 1b) $\quad \dot{x} = u = -U_x + H_y = -U_x(x) + y$
$\quad\quad\quad\quad\quad \dot{y} = v = -U_y - H_x = -H_x(x)$

mit den Potentialen

(2.5 - 1c) $\quad U = U(x) \quad$ und $\quad H = H(x, y) = \frac{1}{2} F(x^2) + \frac{1}{2} y^2$

mit $\quad S(x) = -U_{xx}(x) = +\text{div } \vec{v}$

und $\quad D(x) = dF(x^2)/dx^2$

Dieses System hat einen kritischen Punkt im Ursprung
(2.5 - 1d) $\quad \dot{x}(x=0, y=0) = \dot{y}(x=0, y=0) = 0$
wenn $\quad U_x(0) = H_x(0) = 0$

Nichtlineare Liénard-Oszillatoren zeigen unter Umständen *stationäre Oszillationen*. Diese sind gekennzeichnet durch *Grenzzyklen im Phasenraum* $(x, \dot{x})$. Grenzzyklen von autonomen zweidimensionalen Systemen wie zum Beispiel (2.5 - 1b) werden im Kapitel 4.6 diskutiert.

Das *Auftreten von Grenzzyklen* im Phasenraum $(x, \dot{x})$ der Liénard-Oszillatoren wird bestimmt durch das *Theorem von Levinson und Smith* [Birkhoff & Rota 1989 B]. Dieses Theorem setzt voraus:

(2.5 - 2a) $D(-x) = D(+x)$ und $S(-x) = S(x)$
(2.5 - 2b) $D(x) > 0$
(2.5 - 2c) $S(x) > 0$ für $x^2 < a^2 < \infty$
$S(x) < 0$ für $x^2 > a^2$
(2.5 - 2d) $\int_0^\infty S(x)\,dx = -\infty$

Unter diesen Voraussetzungen gilt:
1) Die Lösungen der Liénard-Gleichung (2.5 - 1a) haben im Phasenraum $(x,\dot{x})$ einen *einzigen Grenzzyklus*.
2) *Jede Lösung* der Liénard-Gleichung strebt für t $\rightarrow \infty$ gegen diesen Grenzzyklus oder bildet selbst diesen Grenzzyklus.

Im Folgenden werden die *bekanntesten Liénard-Oszillatoren* diskutiert. Dies sind die Oszillatoren von Duffing, Smith und van der Pol, sowie das mathematische Pendel. Die Duffing-Oszillatoren und das mathematische Pendel haben *keinen Grenzzyklus*. Im Gegensatz dazu haben die Smith- und die van der Pol-Oszillatoren *einen einzigen stabilen Grenzzyklus*.

2. 5. 2 Duffing - Oszillatoren

Ungedämpfte Duffing-Oszillatoren [Bogoljubow & Mitropolski 1965 B, McLachlan 1950 B, Nayfeh & Mook 1979 B, Stoker 1957 B, Zwillinger 1989 B] sind gekennzeichnet durch die *Bewegungs-Differentialgleichung*.

(2.5 - 3a) $\Omega^{-2}\ddot{x} + x + \varepsilon x^3 = 0$

Somit handelt es sich um ungedämpfte Liénard-Oszillatoren (2.5 - 1a) mit den Koeffizienten

(2.5 - 3b) $S(x) = 0$ und $D(x) = \Omega^2(1 + \varepsilon x^2)$

Für $\varepsilon = 0$ entsprechen die Duffing-Oszillatoren den harmonischen Oszillatoren (2.2 - 3).

Das zugeordnete autonome *System* von Differentialgleichungen
(2.5 - 4a) $\dot{x} = u = H_y(x,y) = +y$
$\dot{y} = v = -H_x(x,y) = -\Omega^2 x[1 + \varepsilon x^2]$

ist ein *Hamilton - System* mit den Potentialen
(2.5 - 4b) $U = U(x,y) = 0$
$H = H(x,y) = \frac{1}{2}y^2 + \frac{1}{2}\Omega^2\left[x^2 + \frac{1}{2}\varepsilon x^4\right]$

Die Hamilton-Funktion H(x,y) entspricht in der *Hamilton-Mechanik* der *gesamten Energie* eines Systems dargestellt durch Lage- und Impuls-Koordinaten. Für das System (2.5 - 4a&b) gilt deshalb

(2.5 - 5a) $$H(x,\dot{x}) = E(x,\dot{x}) = T(\dot{x}) + V(x)$$

mit $\quad T(\dot{x}) = \frac{1}{2}\dot{x}^2 \quad$ und $\quad V(x) = \frac{1}{2}\Omega^2 x^2 \left[1 + \frac{1}{2}\varepsilon x^2\right]$

$T(\dot{x})$ entspricht der *kinetischen Energie* eines Teilchen mit der Masse m = 1. Die Existenz der *potentiellen Energie* V(x), welche in Figur 2.5 - 1 für $\varepsilon = 0, \pm 1$ illustriert ist, charakterisiert die ungedämpften Duffing-Oszillatoren als *konservative Systeme*.

Entsprechend den Beziehungen (4.2 - 42 c&d) repräsentiert $H(x,\dot{x})$ auch eine *Stromfunktion*. Dementsprechend sind die Trajektorien ein Phasenraum $(x, \dot{x})$ bestimmt durch die Gleichung

(2.5 - 5b) $$H(x,\dot{x}) = \frac{1}{2}\dot{x}^2 + \frac{1}{2}\Omega^2 x^2 \left(1 + \frac{1}{2}\varepsilon x^2\right) = H = E = const$$

wobei E die gesamte Energie darstellt.

Die *Lösung der Bewegungs-Differentialgleichung* (2.5 - 3a) des ungedämpften Duffing-Oszillators ist einfach mit der Anfangsbedingung

(2.5 - 6a) $\quad x(0) = x_0 \; ; \; \dot{x}(0) = 0$

Die potentielle Energie V(x) gemäss (2.5 - 5a) und Figur 2.5 - 1 hat ein Minimum für alle ε und zwei Maxima für $\varepsilon < 0$. Somit *oszilliert* ein Duffing-Oszillator für

(2.5 - 6b) $\quad x_0$ beliebig $\quad$ wenn $\varepsilon > 0$

$\quad\quad\quad\quad |x_0| < +\sqrt{-1/\varepsilon} \quad$ wenn $\varepsilon < 0$

Meistens interessieren nur die oszillatorischen Lösungen. Zur Lösung der Gleichung 2.5 - 3a beginnt man mit Gleichung (2.5 - 5b), indem man zur Vereinfachung die Zeitskala ändert:

(2.5 - 7) $\quad \tau = \Omega t$

Dies ergibt bei Kombination mit den Gleichungen (2.5 - 5b) und (2.5 - 6a):

$$2\Omega^{-2} E = (dx/d\tau)^2 + x^2 \left(1 + \frac{1}{2}\varepsilon x^2\right) = x_0^2 \left(1 + \frac{1}{2}\varepsilon x_0^2\right)$$

oder

$$\begin{aligned}(dx/d\tau)^2 &= \left[x_0^2 - x^2\right] \cdot \left[1 + \frac{1}{2}\varepsilon\left(x_0^2 + x^2\right)\right] \\ &= \frac{1}{2}\varepsilon\left[x_0^2 - x^2\right] \cdot \left[x_0^2 + (2/\varepsilon) + x^2\right] \\ &= -\frac{1}{2}\varepsilon\left[x_0^2 - x^2\right] \cdot \left[(-2/\varepsilon) - x_0^2 - x^2\right]\end{aligned}$$

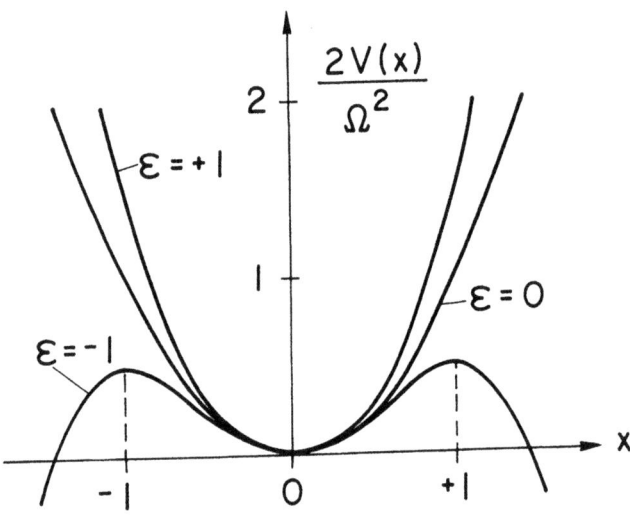

Figur 2.5 - 1: Potentielle Energien V(x) von Duffing-Oszillatoren.

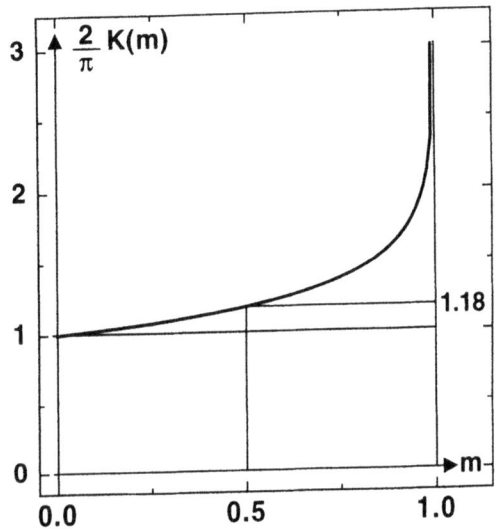

Figur 2.5 - 2: Das vollständige elliptische Integral K(m) normiert auf $\pi/2$.

Die Lösung dieser Differentialgleichungen resultiert in Legendre's elliptischen Integralen und *Jacobi's elliptischen Funktionen* [Milne- Thomson 1931 B, Jahnke & Emde 1952 B, Erdelyi et al. 1952-1954 B, Abramowitz & Stegun 1965 B]. Die Lösungen unterscheiden sich für verschiedenen Vorzeichen von ε:

α) ε *positiv* :

(2.5 - 8) $$x(t) = x_0 \cdot cn\left(\left[1+\varepsilon x_0^2\right]^{1/2} \Omega t \,|\, m\right)$$

mit $$m = \frac{1}{2}\left[1+\left(1/\varepsilon x_0^2\right)\right]^{-1}$$

Die Jacobische Kosinus-Funktion cn (u I m) ist periodisch in u. Ihre Periode ist

(2.5 - 9a) $$T_{cn} = 4K(m) = 4\int_0^{\pi/2}\left[1 - m \cdot sin^2\Theta\right]^{-1} d\Theta$$

wobei K(m) das *vollständige elliptische Integral erster Art* darstellt. (2/π) K(m) ist als Funktion von m in Figur 2.5 - 2 illustriert. Für K(m) existiert folgende Reihenentwicklung [Abramowitz & Stegun 1965 B]:

(2.5 - 9b) $$\frac{2}{\pi}K(m) = 1 + \left(\frac{1}{2}\right)^2 m + \left(\frac{1\cdot 3}{2\cdot 4}\right)^2 m^2 + \left(\frac{1\cdot 3\cdot 5}{2\cdot 4\cdot 6}\right)^2 m^3 + +$$

Dementsprechend gilt für die Periode T (ε, x_0) eines Duffing-Oszillators mit positiven ε:

(2.5 - 9c) $$T(\varepsilon, x_0) = T_0\left(1 + \varepsilon x_0^2\right)^{-1/2} \cdot \frac{2}{\pi} \cdot K(m)$$

mit $$m = \frac{1}{2}\left[1+\left(1/\varepsilon x_0^2\right)\right]^{-1}$$

und $$T(0, x_0) = T_0 = 2\pi/\Omega; \quad T(\infty, x_0) = 0$$

Der Jacobische Kosinus cn (u I m) hat folgende Eigenschaften [Abramowitz & Stegun 1965 B]:

(2.5 - 10a) $$cn(u + 4K(m)\,|\,m) = +cn(u\,|\,m)$$
$$cn(u + 2K(m)\,|\,m) = -cn(u\,|\,m)$$
$$cn(-u\,|\,m) = +cn(u\,|\,m)$$

(2.5 - 10b) $$cn(0\,|\,m) = 1 \; ; \; cn(2K(m)\,|\,m) = -1$$
$$cn(K(m)\,|\,m) = cn(3K(m)\,|\,m) = 0$$

Die Grenzfunktionen von cn (u I m) sind

(2.5 - 10c) $$cn(u\,|\,0) = \cos u \text{ und } cn(u\,|\,1) = \sech u$$

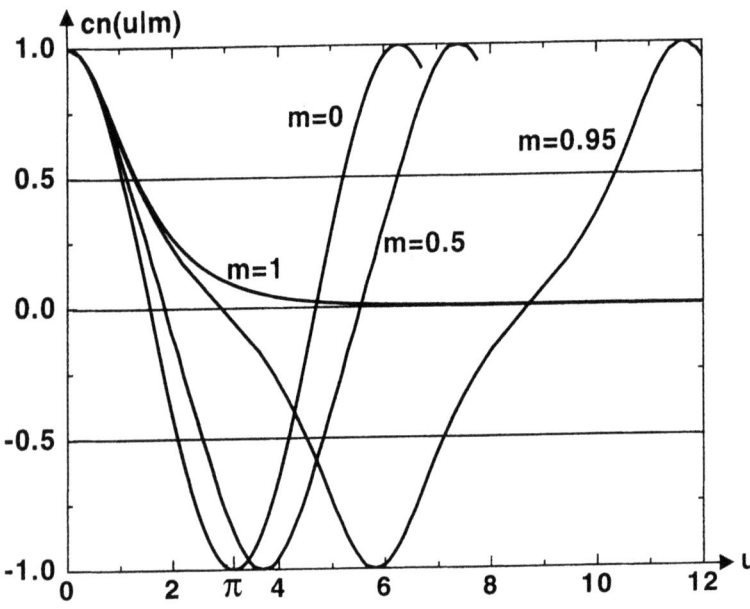

Figur 2.5 - 3: Jacobi's elliptischer Kosinus cn (u | m) für m = 0; 0, 5; 0, 95; 1

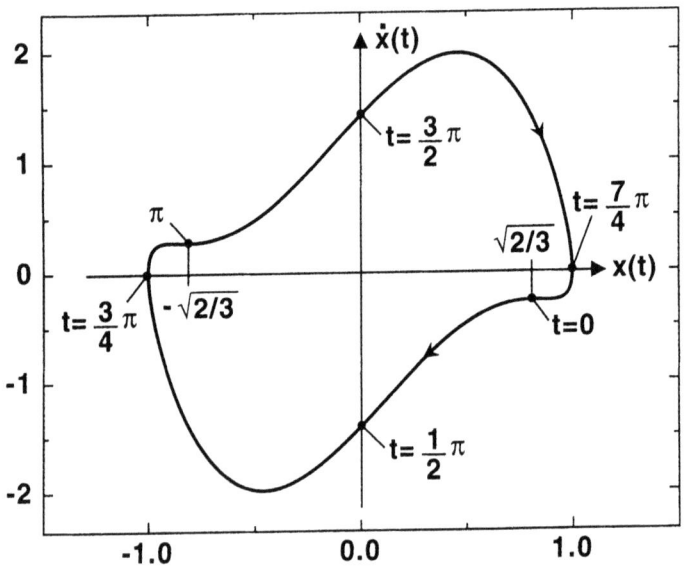

Figur 2.5 - 4: Grenzzyklus des Smith-Oszillators mit n = 2; φ = 0; 2a = b = ω = 1 im Phasenraum.

Die Funktionen cn (u | m) sind in Figur 2.5 - 3 für m = 0; 0, 5 ; 0,95 und 1 dargestellt.
Für m < 1/2 ist cn(u | m) ähnlich cos u.

β) ε *negativ:* $\quad x_0 \leq \sqrt{-1/\varepsilon}$

(2.5 - 11) $\quad x(t) = x_0 \cdot cd\left(\left[1 + \frac{1}{2}\varepsilon x_0^2\right]^{1/2} \Omega t \,|\, m\right)$

mit $\quad m = -\left[1 + \left(2/\varepsilon x_0^2\right)\right]^{-1}$

Die Jacobische elliptische Funktion cd (u | m) hat die gleiche Periode wie cn (u | m):
(2.5 - 12a) $\quad T_{cd} = 4\,K(m) = T_{cn}$
Somit ist die Periode T (ε, x_0) eines Duffing-Oszillators mit negativem ε:

(2.5 - 12b) $\quad T(\varepsilon, x_0) = T_0 \cdot \left(1 + \frac{1}{2}\varepsilon x_0^2\right)^{-1/2} \frac{2}{\pi} K(m)$

mit $\quad m = -\left[1 + \left(2/\varepsilon x_0^2\right)\right]^{-1}$

und $\quad T(0, x_0) = T_0 = 2\pi/\Omega$

Die Funktion cd (n | m) hat ähnliche Eigenschaften wie der Jacobische Kosinus cn (u | m) [Abramowitz & Stegun 1965 B]:
(2.5 - 13a) $\quad cd(u + 4K(m)\,|\,m) = +cd(u\,|\,m)$
$\quad cd(u + 2K(m)\,|\,m) = -cd(u\,|\,m)$
$\quad cd(-u\,|\,m) = +cd(u\,|\,m)$

(2.5 - 13b) $\quad cd(0\,|\,m) = 1; \;\; cd(2K(m)\,|\,m) = -1$
$\quad cd(K(m)\,|\,m) = cd(3K(m)\,|\,m) = 0$

Die Grenzfunktionen von cd(u | m) sind
(2.5 - 13c) $\quad cd(u\,|\,0) = \cos u$ und $cd(u\,|\,1) = 1$

Die zweite Grenzfunktion cd(u|1) = 1 entspricht den konstanten Lösungen x(t) = ± x_0 = ± $\sqrt{-1/\varepsilon}$ mit der unendlichen Periode T(ε, $\sqrt{-1/\varepsilon}$) = ∞. Die Funktionen cd (u | m) sind ähnlich cos u für m < 1/2. Die Funktion cd (u | 1/2) ist in Referenz [Abramowitz & Stegun 1965 B], Figur 16.3 dargestellt.

γ) *kleine* | ε |:
Für kleine | ε | existieren approximative Lösungen der Bewegungs-Differentialgleichung (2.5 - 3a), welche für beide Vorzeichen von ε gelten. Da es meistens periodische Lösungen betrifft, verwendet man zu diesem Zweck Fourier-Reihen. Weil jedoch die

Perioden T dieser Lösungen von ε und x_0 abhängen, muss die Zeitskala im Verlauf der Approximation verändert werden. Dazu benützt man häufig das *Verfahren von Poincaré-Lindstedt-Lighthill* [Lindstedt 1883 Z, McLachlan 1950 B, Andersen & Geer 1982 Z, Hairer et al. 1987 B, Zwillinger 1989 B, Verhulst 1990 B]. Bei diesem Verfahren macht man für die Anfangsbedingungen (2.5 - 6a) den Ansatz:

(2.5 - 14a)
$$\Omega t = \tau = s\left[1 + \varepsilon c_1 + \varepsilon^2 c_2 + +\right]$$
$$x(s) = x_0(s) + \varepsilon x_1(s) + \varepsilon^2 x_2(s) + +$$
mit $\quad x(0) = x_0(0) = x_0 \;;\; x_1(0) = x_2(0) = = = 0$
und $\quad x'(0) = x'_0(0) = x'_1(0) = = = 0$

Verwendet man diesen Ansatz für die Bewegungs-Differentialgleichung (2.5 - 3a) und vergleicht die Termine mit gleichen Potenzen von ε, so ergibt sich eine Sequenz von Differentialgleichungen. Diese werden sukzessive gelöst unter der Bedingung, dass das *Resultat periodisch* ist. Für die Gleichung (2.5 - 3a) liefern die ersten Terme

(2.5 - 14b)
$$\Omega t = \tau = s\left[1 - \frac{3}{8}\varepsilon x_0^2 + +\right]$$
$$x(s) = x_0\left[1 - \frac{\varepsilon}{32}x_0^2\right]\cos s + \frac{\varepsilon}{32}x_0^3 \cos 3s + +$$

Diese Lösung hat die Periode

(2.5 - 14c) $\quad T(\varepsilon, x_0) = T_0 \cdot \left[1 - \frac{3}{8}\varepsilon x_0^2 + +\right]$

mit $\quad T(0, x_0) = T_0 = 2\pi / \Omega$

Ein *Grenzfall der ungedämpften Duffing-Oszillatoren* wird beschrieben durch die Differentialgleichung

(2.5 - 15a) $\quad \Omega^{-2}\ddot{x} + x^3 = 0$

Die Koeffizienten der entsprechenden Liénard-Differentialgleichung (2.5 - 1a) sind:

(2.5 - 15b) $\quad S(x) = div\, \vec{\upsilon} = 0$ und $D(x) = \Omega^2 x^2$

Für die potentielle Energie eines Teilchens mit der Masse m = 1 gilt in diesem Fall

(2.5 - 15c) $\quad V(x) = \frac{1}{4}\Omega^2 x^4$ mit $V_{xx}(0) = 0$

Mit den Anfangsbedingungen

(2.5 - 6a) $\quad x(0) = x_0 \;;\; \dot{x}(0) = 0$

findet man als Lösung von (2.5 - 15a) den periodischen Jacobischen Kosinus [Abramowitz & Stegun 1965 B] entsprechend (2.5 - 10a-c) und Figur 2.5 - 3:

(2.5 - 16a) $\quad x(t) = x_0 \cdot cn(x_0 \Omega t \,|\, 1/2)$

mit der Periode

(2.5 - 16b) $\quad T(\Omega, x_0) = T_0 \cdot \dfrac{2}{\pi} K(1/2) \cdot \dfrac{1}{x_0}$

mit $\quad T_0 = 2\pi/\Omega$ und $T(\Omega, 0) = \infty$

Diese Periode $T(\Omega, x_0)$ strebt für kleine x_0 gegen unendlich weil gemäss (2.5 - 15c) gilt $V_{xx}(0) = 0$.

Der *gedämpfte Duffing - Oszillator* wird beschrieben durch die Bewegungs-Differentialgleichung:

(2.5 - 17a) $\quad \Omega^{-2}\ddot{x} + (\Omega Q)^{-1}\dot{x} + x + \varepsilon x^3 = 0$

mit

(2.2 - 2) $\quad \Omega \tau = 2Q$

Diese Gleichung ist ebenfalls eine Duffing-Gleichung (2.5 - 1a). Sie hat die Koeffizienten

(2.5 - 17b) $\quad S(x) = -(\Omega/Q)$ und $D(x) = \Omega^2(1 + \varepsilon x^2)$

Bei *schwacher Dämpfung* mit $Q \gg 1$ gilt für die Anfangsbedingung

(2.5 - 6a) $\quad x(0) = x_0 \;;\; \dot{x}(0) = 0$

die Näherung [McLachlan 1950 B]:

(2.5 - 18) $\quad x(t) = x_0 \cdot exp(-t/\tau) \cdot cos\left\{\Omega t \cdot \left[1 + \dfrac{3}{4}\varepsilon x_0^2 \, exp(-2t/\tau)\right]^{1/2}\right\}$

2.5.3 Mathematisches Pendel

Ein *mathematisches Pendel* besteht aus einem Massenpunkt mit der Masse m, welcher an einem steifen Faden oder Stab mit der Länge L aufgehängt ist. Unter dem Einfluss der Schwerkraft zeigt das Pendel in der stabilen Gleichgewichtslage senkrecht nach unten. Wird das Pendel ausgelenkt und losgelassen, so vollführt es eine Schwingung. Die Auslenkung des Pendels ist durch seinen Winkel α gegenüber seiner stabilen vertikalen Gleichgewichtslage bestimmt.

Das *reibungslose* mathematische Pendel bildet ein *konservatives mechanisches System* mit der *totalen Energie*

(2.5 - 19a) $$E_{tot} = T(\dot{\alpha}) + V(\alpha) = \frac{1}{2} m L^2 \dot{\alpha}^2 + mgL(1 - cos\alpha) =$$
$$= H(\alpha, \ell) = \frac{1}{2}(mL^2)^{-1} \ell^2 + mgL(1 - cos\alpha)$$

wobei ℓ den Drehimpuls, T ($\dot{\alpha}$) die kinetische Energie, V(α) die potentielle Energie und H(α, ℓ) die Hamilton-Funktion bedeuten. Die stabile Gleichgewichtslage mit $\alpha = 0$ ist gekennzeichnet durch die minimale potentielle Energie V(0) = 0. Die labile Gleichgewichtslage mit $\alpha = \pi$ entspricht der maximalen potentiellen Energie V(π) = 2 mgL. Die total Energie E_{tot} des ungedämpften Pendels ändert sich nicht mit der Zeit. Differenziert man die Gleichung (2.5 - 17a) nach der Zeit t, so erhält man deshalb die *Bewegungs-Differentialgleichung*:

(2.5 - 19b) $\qquad \Omega^{-2}\ddot{\alpha} + sin\,\alpha = 0 \quad \text{mit} \quad \Omega^2 = g/L$

Demnach ist das mathematische Pendel ein Liénard-Oszillator mit den Koeffizienten

(2.5 - 19c) $\qquad S(x) = 0 \quad \text{und} \quad D(x) = \Omega^2 \frac{sin\,x}{x}$

Zur *Lösung* dieser Differentialgleichung dividiert man die Gleichung (2.5 - 19a) durch 2 mgL und findet

(2.5 - 19d) $\qquad \Omega^{-2}(\dot{\alpha}/2)^2 + sin^2(\alpha/2) = const$

Interessant sind die Lösungen für die zwei folgenden Arten von Anfangsbedingungen:

Für die ersten Anfangsbedingungen:
(2.5 - 20a) $\qquad \alpha(0) = \alpha_0 \; ; \; \dot{\alpha}(0) = 0$
findet man
(2.5 - 20b) $\qquad \alpha(t) = 2 \cdot arc\,sin\left[sin(\alpha_0/2) \cdot cd\left(\Omega t | m = sin^2(\alpha_0/2)\right)\right]$

mit Jacobi's elliptischer Funktion cd (u | m) [Abramowitz & Stegun 1965], welche bereits durch die Gleichungen (2.5 - 13a-c) charakterisiert wurde. Die Lösung (2.5 - 20b) hat die *Periode*:

(2.5 - 20c) $\qquad T(\alpha_0) = T_0 \cdot \frac{2}{\pi} K\left(m = sin^2\alpha_0\right)$

$\qquad$ mit $\qquad T(0) = T_0 = 2\pi/\Omega$

Für die zweiten Anfangsbedingungen
(2.5 - 21a) $\qquad \alpha(0) = 0 \; ; \; \dot{\alpha}(0) = \dot{\alpha}_0$
erhält man die Lösung
(2.5 - 21b) $\qquad \alpha(t) = 2 \cdot arc\,sin\left[(\dot{\alpha}_0/2\Omega)\,sn\left(\Omega t | m = (\dot{\alpha}_0/2\Omega)^2\right)\right]$

mit dem Jacobischen elliptischen Sinus sn (u I m) [Abramowitz & Stegun 1965 B]. Diese
Funktion hat folgende Eigenschaften

(2.5 - 22a) $$sn(u+4K(m)|m) = +sn(u|m)$$
$$sn(u+2K(m)|m) = -sn(u|m)$$
$$sn(-u|m) = -sn(u|m)$$

(2.5 - 22b) $$sn(0|m) = sn(2K(m)|m) = 0$$
$$sn(K(m)|m) = -sn(3K(m)|m) = 1$$

Die Grenzfunktionen von sn (u I m) sind

(2.5 - 22c) $$sn(u|0) = sin\, u \quad \text{und} \quad sn(u|1) = tanh\, u$$

Der Jacobische Sinus sn(u I m) ist für m < 1/2 ähnlich zu sin u. Zudem ist er verknüpft
mit der anderen elliptischen Funktion cd(u I m) gemäss

(2.5 - 22d) $$sn(u \pm K(m)|m) = \pm cd(u|m)$$

Der Jacobische Sinus sn (u I 1/2) ist bei der Referenz [Abramowitz & Stegun 1965B] in
Figur 16.1 illustriert. Die Lösung (2.5 - 21b) hat die *Periode*

(2.5 - 21c) $$T(\dot\alpha_0) = T_0 \cdot \frac{2}{\pi} K\left(m = (\dot\alpha_0/2\Omega)^2\right)$$
mit $$T(0) = T_0 = 2\pi/\Omega$$

Somit ist diese Lösung beschränkt auf $\dot\alpha_0^2 \leq 4\Omega^2$.

Für *kleine Auslenkungen* α kann das mathematische Pendel durch einen *Duffing-
Oszillator* mit ε = -1/3! = - 1/6 approximiert werden:

(2.5 - 23a) $$\Omega^{-2}\ddot\alpha + \alpha - \frac{1}{3!}\alpha^3 \approx 0$$

Das *Verfahren von Poincaré, Lindstedt und Lighthill* (2.5 - 14a-h) resultiert in diesem
Fall in der approximativen Schwingung mit

(2.5 - 23b) $$\Omega t = \tau = s\left[1 + \frac{1}{16}\alpha_0^2 + +\right]$$
$$\alpha(s) = \alpha_0\left[1 + \frac{1}{192}\alpha_0^2\right] cos\, s - \frac{1}{192}\alpha_0^3\, cos\, 3s + +$$

mit einer *Periode* entsprechend denjenigen der Gleichungen (2.5 - 9c) und (2.5 - 20c):

(2.5 - 23c) $$T(\alpha_0) = T_0 \cdot \frac{2}{\pi} K\left(m = sin^2(\alpha_0/2)\right) \approx$$
$$\approx T_0 \cdot \left[1 + \frac{1}{4}sin^2(\alpha_0/2) + +\right] \approx T_0\left[1 + \frac{1}{16}\alpha_0^2 + +\right]$$
mit $$T(0) = T_0 = 2\pi/\Omega$$

2.5.4 Smith-Oszillatoren

Smith-Oszillatoren [Smith 1961 Z, Bellman 1966 B] sind definiert durch die *Bewegungs-Differentialgleichung*:

(2.5 - 24a) $$\ddot{x} + \left[(n+2)b\,x^n - 2a\right]\dot{x} + \left[\omega^2 + \left(b x^n - n\right)^2\right]x = 0$$

mit $\quad a > 0;\ b > 0;\ n = 2, 4, 6, \ldots$

Somit handel es sich um eine *Liénard-Gleichung* (2.5 - 1a) mit den Koeffizienten

(2.5 - 24b) $\quad S(x) = 2a - (n+2)b x^n\ $ und $\ D(x) = \omega^2 + \left(b x^n - n\right)^2$

Diese Koeffizienten erfüllen die Voraussetzungen (2.5 - 2a-d) des Theorems von Smith und Levinson. Deshalb hat ein Smitz-Oszillator genau *einen Grenzzyklus*. Grenzzyklen werden im Kapitel 4.6 beschrieben.

Mathematisch haben die Smith-Oszillatoren den *Vorteil*, dass ihre Bewegungs-Differentialgleichung eine *einfache analytische Lösung* hat. Diese ist

(2.5 - 25) $$x^n(t) = \frac{cos^n(\omega t - \varphi) e^{nat}}{\left[\dfrac{cos\,\varphi}{x(0)}\right]^n + nb\int_0^t e^{na\theta} cos^n(\omega\theta - \varphi)\cdot d\theta}$$

Für $n = 2$, $\varphi = 0$ resultiert eine Lösung $x(t)$, welche durch folgende Formel beschrieben wird:

(2.5 - 26a) $$\left(\frac{cos\,\omega t}{x(t)}\right)^2 = \frac{b}{2a}\left[1 + \frac{a^2}{a^2 + \omega^2} cos\,2\omega t + \frac{a\omega}{a^2 + \omega^2} sin\,2\omega t\right] +$$
$$+ e^{-2at}\left[\left(\frac{1}{x(0)}\right)^2 - \frac{b}{2a}\left(1 + \frac{a^2}{a^2 + \omega^2}\right)\right]$$

Für grosse Zeiten $t \rightarrow +\infty$ geht diese Lösung über in eine *stationäre Schwingung*, die einem *Grenzzyklus* im Phasenraum $(x, \dot{x})$ entspricht. Die Periode dieser Schwingung beträgt

(2.5 - 26b) $\quad T_{Sm} = 2\pi / \omega$

Figur 2.5 - 4 zeigt den Grenzzyklus für $n = 2$, $\varphi = 0$, $2a = b = \omega = 1$. Dieser entspricht der stationären Schwingung:

(2.5 - 26) $$x(t) = \pm\sqrt{2}\cdot cos\,t \cdot \left[2 + cos\,2t + sin\,2t + e^{-t}\left(\frac{2}{x(0)^2} - 3\right)\right]^{-1/2}$$

mit $\quad x(0) = \pm\sqrt{2/3}\ $ oder $\ t \rightarrow \infty\ $ und $\ T_{Sm} = 2\pi$.

und der Periode 2π.

2.5.5 Van der Pol - Oszillatoren

Ein *van der Pol-Oszillator* wird gebildet durch einen *LCR-Schwingkreis* mit einem *stromabhängigen Ohmschen-Widerstand* R(I) der Form:

(2.5 - 27a) $$R(I) = R_0\left[\frac{1}{3}(I/I_0)^2 - 1\right]$$

so, dass $R(I) > 0$ für $I^2 > 3\,I_0^2$

$R(I) < 0$ für $I^2 < 3\,I_0^2$

Somit wird die Schwingung des LCR-Kreises verstärkt für kleine Ströme I mit $I^2 < 3\,I_0^2$ und gedämpft für grosse Ströme mit $I^2 > 3\,I_0^2$. Die *Schwingungs-Differentialgleichung* des LCR-Kreises entsprechend (2.5 - 50a) ist

(2.5 - 27b) $$C^{-1}q + I \cdot R(I) + L(dI/dt) = 0$$

wobei q die elektrische Ladung und t die Zeit bedeutet. Durch die Normierung

(2.5 - 27c) $$\Omega = +(LC)^{-1/2};\; \varepsilon = +R_0(C/L)^{1/2}$$
$$\tau = \Omega t\;;\; y = (\Omega/I_0)q$$

reduziert sich die Gleichung (2.5 - 27b) auf die *Rayleigh-Gleichung* [Nayfeh & Mook 1979 B].

(2.5 - 28a) $$y'' + \varepsilon\left[\frac{1}{3}(y')^2 - 1\right]y' + y = 0 \quad \text{mit} \quad y' = dy/d\tau$$

Differenziert man diese Gleichung nach der normierten Zeit τ und setzt x = y', so findet man die *van der Pol-Gleichung* [van der Pol 1926 Z, 1934 Z, Liénard 1928 Z, McLachlan 1950 B, Bellman 1966 B, Guckenheimer and Homes 1983 B, Hairer et al 1987 B, Zwillinger 1989 B, Verhulst 1990 B]:

(2.5 - 28b) $$x'' + \varepsilon(x^2 - 1)x' + x = 0 \quad \text{mit} \quad x' = dx/d\tau$$

Diese Gleichung ist eine *Liénard-Gleichung* (2.5 - 1a) mit den Koeffizienten

(2.5 - 28c) $$S(x) = \varepsilon(1 - x^2) \text{ und } D(x) = 1$$

Somit erfüllt sie die Voraussetzungen (2.5 - 2a-d) des Theorems von Levinson und Smith und besitzt eine *Grenzzyklus* für alle $\varepsilon > 0$.

Die van der Pol-Gleichung (2.5 - 28b) und der Rayleigh-Gleichung (2.5 - 28a) entspricht einem *autonomes zweidimensionales System* von der Form (2.5 - 1b) mit den Potentialen (2.5 - 1c):

(2.5 - 28d)
$$U = U(x) = \frac{1}{12}\varepsilon\left(x^4 - 6x^2\right) \quad \text{und} \quad H = H(x,y) = +\frac{1}{2}\left(x^2 + y^2\right)$$

mit $\quad U_x(x) = \frac{1}{3}\varepsilon\left(x^3 - 3x\right) \quad$ und $\quad U_{xx}(x) = \varepsilon\left(x^2 - 1\right)$

Diese Potentiale ergeben das System

(2.5 - 28e)
$$x' = u = -\frac{1}{3}\varepsilon\left(x^3 - 3x\right) + y$$
$$y' = v = -x$$

wobei x die van der Pol-Gleichung (2.5 - 28b) und y die Rayleigh-Gleichung (2.5 - 28a) erfüllen.

Die *Lösung der van der Pol-Gleichung* (2.5 - 28b) ist schwierig, weshalb viele verschiedene Verfahren dazu verwendet wurden.

Für ε = 0 entspricht die van der Pol-Gleichung (2.5 - 28b) der *linearen* Bewegungsdifferentialgleichung (2.2. - 3) des ungedämpften *harmonischen Oszillators*.
Die Lösung
(2.5 - 29) $\quad x = A \cdot cos(\tau - \varphi) = A \cdot cos(\Omega t - \varphi)$
enthält als willkürliche Parameter die Phase φ und die Amplitude A, welche durch die Anfangsbedingungen bestimmt sind. Dies ist charakteristisch für lineare Differentialgleichungen. Sobald sich ε nur wenig von Null unterscheidet, ist die van der Pol-Gleichung nichtlinear, und die Amplitude A kann nicht mehr willkürlich festgelegt werden. Dies zeigt sich im Folgenden.

Für *kleine* ε ≠ 0 ergibt die *Methode der Mittelung*, in English "averaging", die approximative Lösung [Zwillinger 1989 B, Verhulst 1990 B]

(2.5 - 30) $\quad 0 < \varepsilon \ll 1: \quad x(t) = A(t) \cdot cos(\Omega t - \varphi),$

mit $\quad A(t) \cong 2\left[1 + \left[4A(0)^{-2} - 1\right]exp(-\varepsilon\Omega t)\right]^{-1/2} \quad$ und $\quad A(\infty) = 2$

Somit existiert für kleine |ε| ein *Grenzzyklus* gekennzeichnet durch die Amplitude A ≈ 2.

Für $0 < \varepsilon < 1/4$ erhält man mit dem *Approximationsverfahren von Poincaré, Lindstedt und Lighthill* [Lindstedt 1883 Z, McLachlan 1950 B, Andersen & Geer 1982 Z, Hairer et al. 1987 B, Zwillinger 1989 B, Verhulst 1990 B] für die Anfangsbedingung
(2.5 - 31a) $\quad \dot{x}(0) = 0$
die dem *Grenzzyklus* entsprechende *periodische Lösung*:

(2.5 - 31b) $0 < \varepsilon < 1/4$:
$$x(s) = 2\cos s + \varepsilon \cdot \left[\frac{3}{4}\sin s - \frac{1}{4}\sin 3s\right] + \varepsilon^2\left[-\frac{1}{8}\cos s + \frac{3}{16}\cos 3s - \frac{5}{96}\cos 5s\right] + +$$

mit $\quad s = \Omega t\left[1 - \frac{1}{16}\varepsilon^2 + \frac{17}{3072}\varepsilon^4 + +\right]$

Setzt man $s = 2\pi$ so findet man die *Periode*
(2.5 - 31c) $\quad T(\varepsilon) = T_0\left[1 + \frac{1}{16}\varepsilon^2 - \frac{17}{3072}\varepsilon^4 + +\right]$

mit $\quad T(0) = T_0 = 2\pi/\Omega$

Besser ist das *Approximationsverfahren von Shohat* [Shohat 1944 Z, Bellman 1966 B], welches sich für *fast alle positiven* ε eignet. Für die Anfangsbedingung
(2.5 - 31a) $\quad \dot{x}(0) = 0$
setzt man bei einer *Modifikation* des Approximationsverfahrens von Shohat:
(2.5 - 32a) $\quad r = \dfrac{\varepsilon}{1+\varepsilon} < 1 \;$ und $\; \varepsilon = \dfrac{r}{1-r} < \infty$

und
$$s = \Omega t \cdot (1-r) \cdot g(r)$$
$$g(r) = 1 + rg_1 + r^2 g_2 + +$$
$$x(s) = x_0(s) + r\, x_1(s) + r^2\, x_2(s) + +$$
$$\dot{x}(s) = \dot{x}_0(s) = \dot{x}_1(s) = = = 0$$

Wichtig ist, dass r nur von 0 bis 1 variiert, wenn ε von 0 nach ∞ strebt. Dies bewirkt die gute Konvergenz der beim Shohat-Verfahren auftretenden Reihen. Dieses Verfahren ergibt die dem Grenzzyklus entsprechende *periodische Lösung*:

(2.5 - 32b) $\quad 0 < \varepsilon < \infty$:
$$x(s) = 2\cos s + \left(r + r^2\right)\left[\frac{3}{4}\sin s - \frac{1}{4}\sin 3s\right] +$$
$$+ r^2\left[-\frac{1}{8}\cos s + \frac{3}{16}\cos 3s - \frac{5}{96}\cos 5s\right] + +$$

mit $\quad g(r) = 1 + r + \frac{15}{16}r^2 + \frac{13}{16}r^3 + +$

$$s = \Omega t \left[1 - \frac{1}{16}r^2 - \frac{1}{8}r^3 + +\right]$$

Setzt man s = 2π so findet man die Periode

(2.5 - 32c) $\quad T(r) = T_0 \left[1 + \frac{1}{16}r^2 + \frac{1}{8}r^3 + +\right]$

mit $\quad T(0) = T_0 = 2\pi / \Omega$

Für grosse ε —> ∞ und r —> 1 findet man mit diesem Verfahren

(2.5 - 32d) $\quad T(r \to 1) \approx \frac{T_0}{(1-r) \cdot g(1)} \approx \frac{T_0 \varepsilon}{3,75}$

anstatt den genaueren Wert [Verhulst 1990 B]

(2.5 - 32e) $\quad T(\varepsilon \to \infty) \approx \frac{(3 - 2\ln 2)}{2\pi} T_0 \varepsilon \approx \frac{T_0 \varepsilon}{3,89}$

Für *grosse ε > 10* vollführt der van der Pol-Oszillator *Relaxations-Oszillationen* [Verhulst 1990 B]. Relaxations-Oszillationen sind periodische Vorgänge bei denen der Oszillator vorerst während einem grossen Interval der Periode praktisch in Ruhe verharrt und sich anschliessend während kurzer Zeit rasch bewegt. Dieser Bewegung folgt wieder ein grosses Intervall der relativen Ruhe. Ein extremes Beispiel einer Relaxations-Oszillation ist das Signal eines *Rechteck-Generators*.

Zur Berechnung des Verhaltens des van der Pol-Oszillators mit grossem ε > 10 während dem *langen Zeitintervall der relativen Ruhe* muss die *Zeitskala verkürzt* werden, um Änderungen festzustellen. Deshalb setzt man

(2.5 - 33a) $\quad \theta = \tau / \varepsilon = \Omega t / \varepsilon$

Diese *Zeitkontraktion* tranformiert die van der Pol-Gleichung (2.5 - 2b) in

(2.5 - 33b) $\quad \varepsilon^{-2}(d^2 x / d\theta^2) + (dx / d\theta)[x^2 - 1] + x = 0$

Weil ε² sehr gross ist, kann man in dieser Gleichung den ersten Term weglassen und findet

(2.5 - 33c) $\quad dx / d\theta = x[1 - x^2]^{-1} \quad \text{oder} \quad d\theta = [x^{-1} - x] dx$

Die Integration der zweiten Gleichung ergibt mit x(t₀) = x₀ [Hairer et al. 1987 B]:

(2.5 - 33d) $\quad \ln(x / x_0) - \frac{1}{2}[x^2 - x_0^2] = (\Omega / \varepsilon)(t - t_0)$

Setzt man
(2.5 - 34a) $\qquad x_0 = 1; \quad x = \pm(1 + \Delta x); \quad 0 < \Delta x \le 1$

So findet man die Näherung
(2.5 - 34b) $\qquad t(\Delta x) \approx t_0 - (\varepsilon / \Omega) \Delta x^2$

und $\qquad \dfrac{dx}{dt}(\Delta x) = \dfrac{d\Delta x}{dt}(\Delta x) \approx -\Omega / 2\varepsilon \Delta x$

Die Gleichungen (2.5 - 33d) und (2.5 - 34b) demonstrieren, dass sich x mit der Zeit t wenig ändert.

Zur Berechnung des Verhaltens des van der Pol-Oszillators mit grossem $\varepsilon > 10$ im *kurzen Zeitintervall der raschen Bewegung* muss man die *Zeitskala dehnen* um die Bewegung zu erfassen. Man setzt daher
(2.5 - 35a) $\qquad \vartheta = \varepsilon \Omega t$

Diese *Zeitdilatation* verwandelt die van der Pol-Gleichung (2.5 - 28b) in
(2.5 - 35b) $\qquad \left(d^2 x / d\vartheta^2\right) + (dx / d\vartheta) \cdot \left[x^2 - 1\right] + \varepsilon^{-2} x = 0$

Weil ε^2 sehr gross ist kann in diesem Fall der letzte Term weggelassen werden. So erhält man

(2.5 - 35c) $\qquad \dfrac{d}{dx}(dx / d\vartheta) = 1 - x^2$

oder $\qquad dx / d\vartheta = x - x^3 / 3 + C$

Die zweite Differentialgleichung (2.5 - 35c) kann ungeformt werden in
(2.5 - 36a) $\qquad \dot{x} - \varepsilon \Omega \left(x + \dfrac{1}{3} x^3\right) = \dot{x}(x_0) - \varepsilon \Omega \left(x_0 + \dfrac{1}{3} x_0^3\right)$

Für kleine $|x_0|$ und $|x|$ sowie $\dot{x}(x_0) \ne 0$ hat diese Gleichung die approximative Lösung

(2.5 - 36b) $\qquad |x| \ll 1 \; ; \; \dot{x}(x_0) \ne 0 :$

$\qquad x(t) = x_0 + \dfrac{1}{\varepsilon \Omega} \dot{x}(x_0) \cdot \left[\exp(\varepsilon \Omega t) - 1\right]$

Somit wächst x(t) sehr rasch.

Die *Phasendiagramme* (x, $\dot{x}$) und die entsprechenden *Schwingungen* x(t) der van-der Pol-Oszillatoren mit $\varepsilon = 0, 1; 1; 10$ sind in den Figuren 2.5 - 5/7 aufgezeichnet.

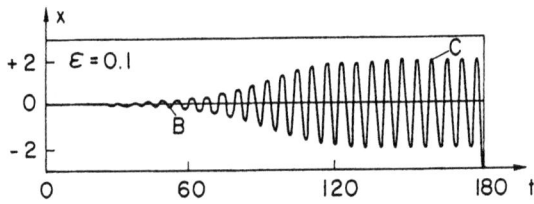

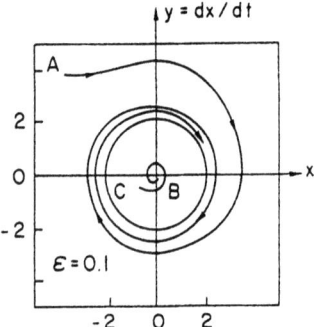

Figur 2.5 - 5: Schwingung x(t) und Phasendiagramm mit Grenzzyklus des van der Pol-Oszillators mit ε = 0, 1.

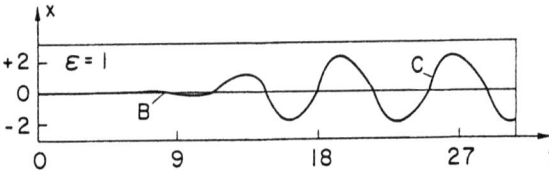

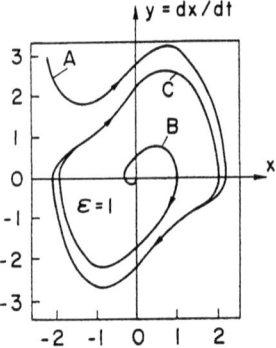

Figur 2.5 - 6: Schwingung x(t) und Phasendiagramm mit Grenzzyklus des van der Pol-Oszillators mit ε = 1.

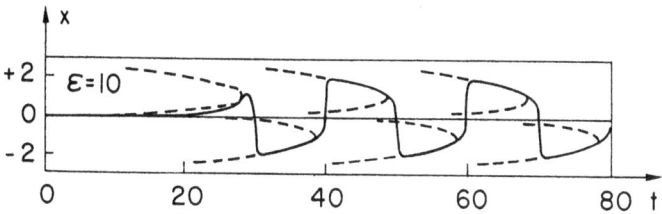

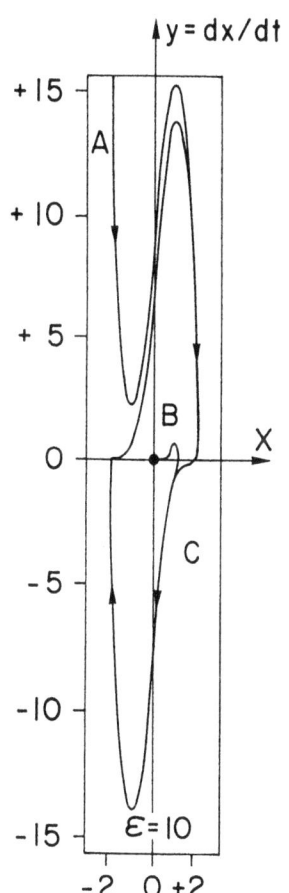

Figur 2.5 - 7: Schwingung x(t) und Phasendiagramm mit Grenzzyklus des van der Pol-Oszillators mit $\varepsilon = 10$. Bei x(t) ist die Approximation (2.5 - 33d) eingezeichnet.

3. ERZWUNGENE SCHWINGUNGEN

3.1 Freie und erzwungene Schwingungen

Im vorangehenden Kapitel II wurden die *freien Schwingungen* von Oszillatoren besprochen. Dies sind Schwingungen von ungestörten Oszillatoren, die von aussen nicht beeinflusst werden. Ihre Schwingungs-Gleichungen haben die Form

(3.1 - 1) $\quad\quad \Phi(x,\dot{x},\ddot{x},t) = 0$

Oszillatoren können jedoch durch äussere Einwirkungen zu Schwingungen angeregt werden. Durch äussere, zeitlich variierende Kräfte F(t) *erzwungene Schwingungen* erfüllen dagegen inhomogene Gleichungen von der Form

(3.1 - 2) $\quad\quad \Phi(x,\dot{x},\ddot{x},t) = F(t)$

3.1.1 Spezielle Formen der Anregung

Zwei übliche Formen der äusseren *Anregung von Oszillatoren* sind die harmonische Anregung und die Stossanregung. Die *harmonische Anregung* ist gekennzeichnet entweder durch eine periodische reelle Kraft:

(3.1 - 3a) $\quad\quad F(t) = F \cdot \cos \omega t \quad \text{mit} \quad \omega = 2\pi/T \,; F > 0$

oder durch die periodische komplexe Kraft:

(3.1 - 3b) $\quad\quad F(t) = F \cdot \exp(-i\omega t) \quad \text{mit} \quad \omega = 2\pi/T \,; F \text{ komplex}$

wobei ω die *Anregungs-Kreisfrequenz* beschreibt.

Die *Stossanregung* erfolgt durch einen extrem kurzen Kraftstoss der Form

(3.1 - 4) $\quad\quad F(t) = K \cdot \delta(t)$

$\delta(t)$ ist die Dirac - δ-Funktion (2.2 - 27d).

Ebenso interessant sind die *Einschaltvorgänge* mit Anregungen der Form

(3.1 - 5) $\quad\quad F(t<0) = 0 \quad oder \quad F(t) = H(t) \cdot f(t)$,

wobei H(t) die Heaviside Funktion (2.2 - 27a) und f(t) eine beliebige Funktion darstellen.

Bei der Stossanregung und Einschaltvorängen eines Oszillators zur Zeit t = 0 ist diejenige Schwingung von besonderem Interesse, welche auftritt, wenn der Oszillator sich in den vorangehenden Zeiten t < 0 in Ruhe befindet, also gilt

(3.1 - 6) $\quad\quad x_k(t<0) = 0 \quad \text{und} \quad \dot{x}_k(t<0) = 0$

Da diese Schwingung eindeutig durch die Anregung und die inherenten Eigenschaften des Oszillators bestimmt ist, bezeichnet man in diesem Fall den Oszillator samt Anregung als *kausales System*..

3.1.2 Lineare Oszillatoren

Der *Zusammenhang zwischen freien und erzwungenen Schwingungen* ist bekannt *für lineare Oszillatoren*. Freie Schwingungen x(t) linearer Oszillatoren erfüllen gemäss Kap. II.3 die homogene lineare Differentialgleichung.

(2.3 - 1) $$\ddot{x} + \frac{2}{\tau(t)} \cdot \dot{x} + \Omega^2(t) \cdot x = 0$$

Die *allgemeine Lösung* $x_h(t)$ dieser Gleichung ist eine *Linearkombination* von zwei einzelnen Lösungen $x_1(t)$ und $x_2(t)$:
(3.1 - 7) $$x_h(t) = a \cdot x_1(t) + b \cdot x_2(t)$$

wobei a und b Konstanten darstellen, welche z.B. durch die Anfangsbedingungen bestimmt werden. Wählt man als *Anfangsbedingungen:*
(3.1 - 8) $$x_1(t_0) = x_0 \quad \text{und} \quad \dot{x}_1(t_0) = \dot{x}_0$$
so findet man für a und b:
(3.1 - 9a) $$a = W(x_h(t_0), x_2(t_0)) / W(x_1(t_0), x_2(t_0))$$
(3.1 - 9b) $$b = W(x_1(t_0), x_h(t_0)) / W(x_1(t_0), x_2(t_0))$$

wobei $W(x_i(t), x_k(t))$ die *Wronski-Determinante* von $x_i(t)$ und $x_k(t)$ darstellt:
(3.1 - 10) $$W(x_i(t), x_k(t)) = x_i(t) \cdot \dot{x}_k(t) - \dot{x}_i(t) \cdot x_k(t)$$

Wenn $x_1(t)$ und $x_2(t)$ in der Linearkombination (3.1 - 7) *linear unabhängig sind*, dann ist ihre Wronski-Determinante verschieden von Null
(3.1 - 11) $$W(x_1(t), x_2(t)) \neq 0,$$

In diesem Fall unterscheiden sich die Nenner in den Gleichungen (3.1 - 9a&b) ebenfalls von Null.

Die *erzwungenen Schwingungen* x(t) linearer Oszillatoren bilden eine *Superposition* einer einzelnen, *partikulären* Lösung $x_p(t)$ der *inhomogenen linearen* Differentialgleichung:
(3.1 - 12) $$\ddot{x} + \frac{2}{\tau(t)} \dot{x} + \Omega^2(t) \cdot x = F(t)$$

und der allgemeinen Lösung $x_h(t)$ der homogenen linearen Differentialgleichung (2.3 - 1):
(3.1 - 13) $\quad\quad x(t) = x_p(t) + x_h(t) = x_p(t) + a \cdot x_1(t) + b \cdot x_2(t)$

Für die *Anfangsbedingungen* (3.1 - 4) findet man folgende Koeffizienten a und b
(3.1 - 14a) $\quad\quad a = W\big(x(t_0) - x_p(t_0), x_2(t)\big) / W\big(x_1(t_0), x_2(t_0)\big)$

(3.1 - 14b) $\quad\quad b = W\big(x_1(t_0), x(t_0) - x_p(t_0)\big) / W\big(x_1(t_0), x_2(t_0)\big)$

Diese Betrachtungen zeigen, dass zur Beschreibung der erzwungenen Schwingungen linearer Oszillatoren eine *partikuläre Lösung* $x_p(t)$ der inhomogenen linearen Differentialgleichung (3.1 - 12) Voraussetzung ist. Partikuläre Lösungen sind unabhängig von den Anfangsbedingungen.

Sind die *freien Schwingungen* $x_h(t)$ *gedämpft*, so bezeichnet man sie als *Einschwingvorgang*. Dieser wird mitbestimmt durch die Anfangsbedingungen. Die entsprechende partikuläre Lösung $x_p(t)$ der inhomogenen linearen Differentialgleichung (3.1 - 8) beschreibt in diesem Fall den *eingeschwungenen Zustand* oder unter Umständen den *stationären Zustand* des linearen Oszillators.

3. 2   Anregung harmonischer Oszillatoren

3. 2. 1   Die Schwingungsgleichung

Die erzwungenen Schwingungen x(t) harmonischer Oszillatoren sind Lösungen der *inhomogenen* Differentialgleichung
(3.2 - 1a) $\quad\quad \ddot{x} + \dfrac{2}{\tau}\dot{x} + \Omega^2 x = F(t)$

Der *ungedämpfte* harmonische Oszillator ist gekennzeichnet durch $\tau = \infty$, der *gedämpfte* durch $0 < \tau < \infty$. Bei erzwungenen Schwingungen fällt der verstärkte harmonische Oszillator mit $\tau < 0$ ausser betracht. F(t) ist die anregende Kraft. Fehlt diese, so resultiert die *homogene* Differentialgleichung der freien Schwingungen:
(3.2 - 1b) $\quad\quad \ddot{x} + \dfrac{2}{\tau}\dot{x} + \Omega^2 x = 0$

3. 2. 2   Der Einschwingvorgang
Gemäss den Erläuterungen von Kap. 3.1 entspricht der *Einschwingvorgang* des angeregten harmonischen Oszillators der allgemeinen Lösung $x_h(t)$ der *homogenen* Differentialgleichung (3.2 - 1b). Setzt man

(3.2 - 2a) $\quad\quad\quad \Omega^2 = \tau^{-2} + s\omega_0^2 \quad mit \quad s = 0, \pm 1$

so findet man entsprechend (3.1 - 7) die allgemeinen Lösungen $x_h(t)$

für *unterkritische* Dämpfung:
(3.2 - 2b) $\quad\quad s = +1, \Omega\tau > 1: \quad x_h(t) = [a \cdot cos\, \omega_0 t + b \cdot sin\, \omega_0 t] \cdot exp(-t/\tau)$
für *kritische* Dämpfung:
(3.2 - 2c) $\quad\quad s = 0, \Omega\tau = 1: \quad x_h(t) = [a + bt] \cdot exp(-t/\tau)$
und für *überkritische Dämpfung*:
(3.2 - 2d) $\quad\quad s = -1, \Omega\tau < 1: \quad x_h(t) = [a \cdot ch\, \omega_0 t + b \cdot sh\, \omega_0 t] \cdot exp(-t/\tau)$
Dies zeigt, dass der Einschwingvorgang für $\tau \neq \infty$ mit der Zeit abnimmt.

3. 2. 3   Reelle harmonische Anregung

Die reelle harmonische Anregung harmonischer Oszillatoren wird durch eine Schwingungsgleichung beschrieben, welche durch Kombination der Gleichungen (3.1 - 3a) und (3.2 - 1a) gebildet wird.

(3.2 - 3) $\quad\quad\quad \ddot{x} + \frac{2}{\tau}\dot{x} + \Omega^2 x = F \cdot cos\, \omega t \quad$ mit reellem $F > 0$

Bei den erzwungenen Schwingungen harmonischen Oszillatoren sind die *eingeschwungenen Zustände stationäre harmonische Schwingungen* mit einer Ausnahme (3.2 - 7a,b). Wie im Kap. 3.1 erwähnt sind die eingeschwungenen Zustände *partikuläre Lösungen* $x_p(t)$ der inhomogenen Schwingungsgleichung (3.2 - 3). Für die reelle harmonische Anregung ergibt sich

(3.2 - 4a) $\quad\quad x_p(t) = F \cdot G(\omega;\Omega;\tau) \cdot cos[\omega t - \varphi(\omega;\Omega,\tau)]$

(3.2 - 4b) mit $\quad G(\omega;\Omega,\tau) = +\left[\left(\Omega^2 - \omega^2\right)^2 + (2\omega/\tau)^2\right]^{-1/2} \geq 0$

(3.2 - 4c) und $\quad \varphi(\omega;\Omega,\tau) = arctg\, \dfrac{2\omega/\tau}{\Omega^2 - \omega^2}$

Die *Verstärkungsfunktion* $G(\omega; \Omega, \tau)$ und die *Phasenverschiebung* $\varphi(\omega; \Omega, \tau)$, in Englisch "gain function" und "phase lag" genannt, sind in den Figuren 3.2 - 1&2 illustriert.

Die *Verstärkungsfunktion* $G(\omega; \Omega, \tau)$ hat ein Maximum bei

(3.2 - 5a) $\quad\quad\quad \omega_{res} = \Omega\left[1 - \frac{1}{2}Q^{-2}\right]$

(3.2 - 5b) $\quad\quad$ mit $\quad Q = \Omega\tau/2$

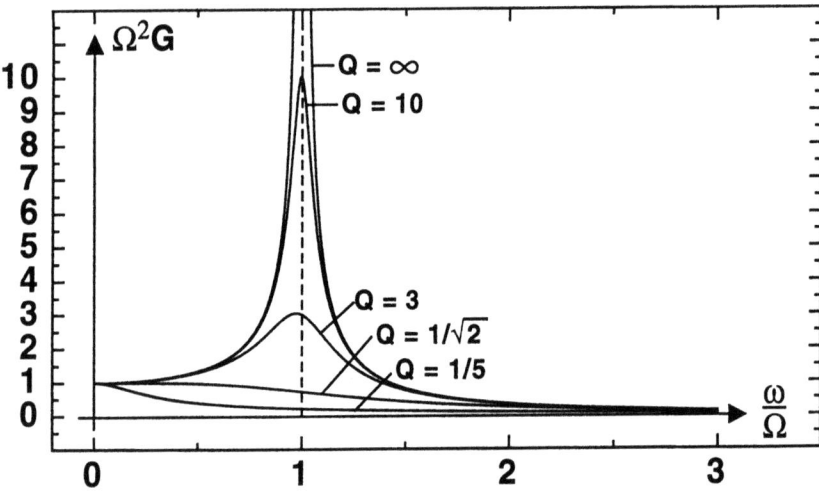

Figur 3.2 - 1: Verstärkungsfunktion $G(\omega; \Omega, \tau)$ in normierter Darstellung mit $\Omega^2 G$ als Funktion von ω/Ω für die Kreisgüten $Q = 1/5, 1/\sqrt{2}, 3, 10, \infty$.

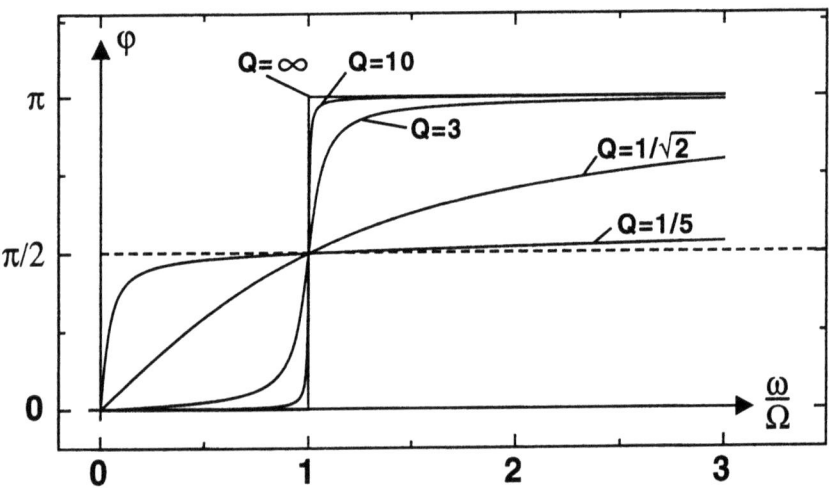

Figur 3.2 - 2: Phasenverschiebung $\varphi(\omega; \Omega, \tau)$ in normierter Darstellung als Funktion von ω/Ω für die Kreisgüten $Q = 1/5, 1/\sqrt{2}, 3, 10, \infty$.

wobei Q als *Kreisgüte* dient (2.2 - 43). Somit hat eine erzwungene Schwingung für Q > $1/\sqrt{2}$ eine *Resonanz* mit einer maximalen Amplitude bei der *Resonanz-Kreisfrequenz* ω_{res}. Die Kreisgüte Q ist auch ein *Mass für die Resonanzbreite* $\Delta\omega$, welche in Figur 3.2 - 3 illustriert ist. Diese wird dort gemessen, wo die Verstärkungsfunktion $G(\omega; \Omega, \tau)$ auf $1/\sqrt{2}$ ihres Maximums in Resonanz gesunken ist. Dies ergibt für Q >> 1

(3.2 - 5c) $$G\left(\Omega \pm \frac{\Delta\omega}{2}; \Omega, \tau\right) = \frac{1}{\sqrt{2}} \; G(\Omega; \Omega, \tau)$$

(3.2 - 5d) $$\Delta\omega/\Omega = 1/Q \quad \text{für} \quad Q >> 1$$

Die *Phasenverschiebung* $\varphi(\omega; \Omega, \tau)$ variiert von $\varphi = 0$ für $\omega = 0$ bis $\varphi = \pi$ für $\omega = \infty$. In der Nähe der Resonanz ist $\varphi = \pi/2$. Für die Phasenverschiebung gilt allgemein

(3.2 - 6) $$\varphi(\omega = 0; \Omega, \tau) = 0$$
$$\varphi(\omega = \Omega; \Omega, \tau) = \pi/2$$
$$\varphi(\omega = \infty; \Omega, \tau) = \infty$$

Beim *ungedämpften harmonischen Oszillator* mit $\tau = \infty$ überlagert sich die partikuläre Lösung $x_p(t)$ gemäss (3.2 - 4a,b,c) der allgemeinen Lösung $x_h(t)$ gemäss (3.2 - 2b) der homogenen Differentialgleichung (3.2 - 1b) und bildet eine *ungedämpfte Schwingung*, welche durch die Anfangsbedingungen (3.1 - 8) bestimmt wird. Ausserdem wächst die Verstärkungsfunktion $G(\omega; \Omega, \tau)$ der erzwungenen Schwingungen des ungedämpften harmonischen Oszillators bei $\omega = \Omega$ ins Unendliche, das heisst,

(3.2 - 7a) $$G(\omega = \Omega; \Omega, \tau = \infty) = \infty$$

In diesem Fall ist (3.2 - 4, a, b, c) keine *partikuläre Lösung*. Diese hat die Form

(3.2 - 7b) $$\tau = \infty, \omega = \Omega: \quad x_p(t) = (F/2\Omega) \cdot t \cdot cos(\Omega t - \pi/2) = (F/2\Omega) \cdot t \cdot sin\,\Omega t$$

Den vorangehenden Resultaten entsprechend wächst $x_p(t)$ mit einer Phasenverschiebung $\varphi = \pi/2$ ins Unendliche.

3. 2. 4 Komplexe harmonische Anregung

Die komplexe harmonische Anregung harmonischer Oszillatoren wird entsprechend den Gleichungen (3.1 - 3b) und (3.2 - 1a) beschrieben durch die Schwingungsgleichung

(3.2 - 8) $$\ddot{x} + \frac{2}{\tau}\dot{x} + \Omega^2 x = F \cdot exp(-i\omega t)$$

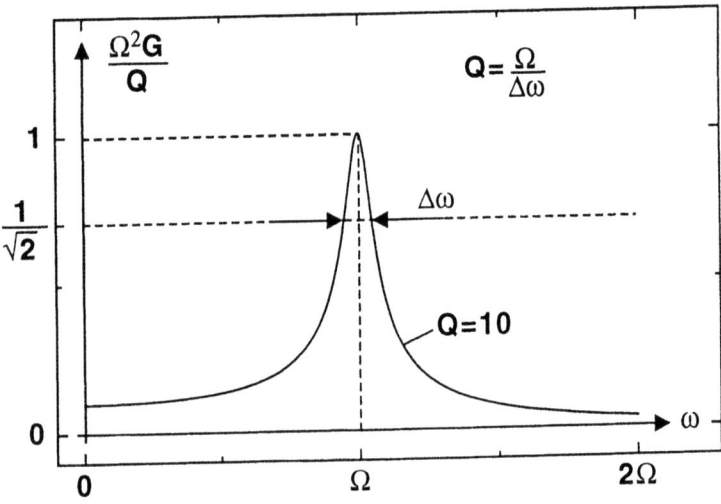

Figur 3.2 - 3: Bestimmung grosser Kreisgüten Q anhand der Resonanz. Aufgezeichnet als Resonanzkurve ist die normierte Verstärkungsfunktion $Q^{-1} \Omega^2 G(\omega; \Omega, \tau)$ als Funktion vom ω für den Fall $Q = \Omega/\Delta\omega = 10$.

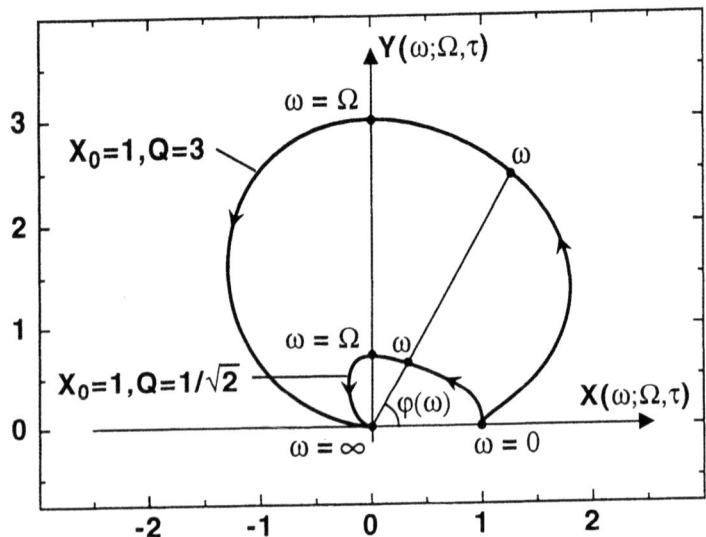

Figur 3.2 - 4: Nyquist-Diagramme der harmonisch angeregten harmonischen Oszillatoren mit den Kreisgüten $Q = 1/\sqrt{2}$ und $Q = 3$.

Der *Einschwingvorgang* für $0 < \tau < \infty$ entspricht auch hier den Lösungen $x_h(t)$ der homogenen Differentialgleichung (3.2 - 1b). Diese Lösungen $x_h(t)$ werden im Absatz 3.2.2 beschrieben. Es ist jedoch zu beachten, dass die dort aufgeführten Konstanten a und b im vorliegenden Fall komplex sein können.

Die *partikuläre Lösung* $x_p(t)$ der Differentialgleichung, welche den *eingeschwungenen Zustand* darstellt, hat die Form

(3.2 - 9a) $\qquad x_p(t) = Z(\omega;\Omega,\tau) \cdot F \cdot exp(-i\omega t)$

(3.2 - 9b) $\qquad$ mit $Z(\omega;\Omega,\tau) = \left[\Omega^2 - \omega^2 - i(2\omega/\tau)\right]^{-1}$

Die komplexe *Übertragungs- oder Transferfunktion* $Z(\omega;\Omega,\tau)$ kann auf zwei Arten zerlegt werden:

(3.2 - 9c) $\qquad Z(\omega;\Omega,\tau) = X(\omega;\Omega,\tau) + iY(\omega;\Omega,\tau)$

und

(3.2 - 9d) $\qquad Z(\omega;\Omega,\tau) = G(\omega;\Omega,\tau) \cdot exp[+i\varphi(\omega;\Omega,\tau)]$

Dabei sind $X(\omega;\Omega,\tau)$ und $Y(\omega;\Omega,\tau)$ Realteil und Imaginärteil der Transferfunktion $Z(\omega;\Omega,\tau)$, sowie $G(\omega;\Omega,\tau)$ und $\varphi(\omega,\Omega,\tau)$ Verstärkungsfunktion und Phasenverschiebung $\varphi(\omega;\Omega,\tau)$ entsprechend den Gleichungen (3.2 - 4b & c).

Die Transferfunktion $Z(\omega;\Omega,\tau)$ wird im *Nyquist - Diagramm* dargestellt in der komplexen $Z = X + iY$ - Ebene als Funktion der Anregungs-Kreisfrequenz ω mit den festen Parametern Ω und τ [Birkhoff & Rota, 1989 B]. Zwei Beispiele sind in Figur 3.2 - 4. illustriert. Nyquist-Diagramme werden in der Elektrotechnik zur Beschreibung linearer elektrischer Schaltungen verwendet.

3. 2. 5 Subharmonische und Ultraharmonische

Bei einem harmonisch angeregten linearen harmonischen Oszillator *mit Dämpfung* ($0 < \tau < \infty$) hat die stationäre Schwingung $x_p(t)$ nach dem Abklingen des Einschwingvorgans $x_h(t)$ die gleiche Kreisfrequenz ω wie die Anregung. *Nichtlineare Oszillatoren* verhalten sich oft anders. Ihre Schwingungen können auch andere Kreisfrequenzen aufweisen als diejenige der harmonischen Anregung. Zu erwähnen sind etwa die Subharmonischen, deren Periode $T_t = r \cdot T$ ein ganzzahliges Vielfaches r der Periode $T = 2\pi/\omega$ der harmonischen Anregung ist.

Es ist jedoch von Interesse, dass auch beim *linearen harmonischen Oszillator Subharmonische* und *Ultraharmonische* angeregt werden können, sofern er *nicht*

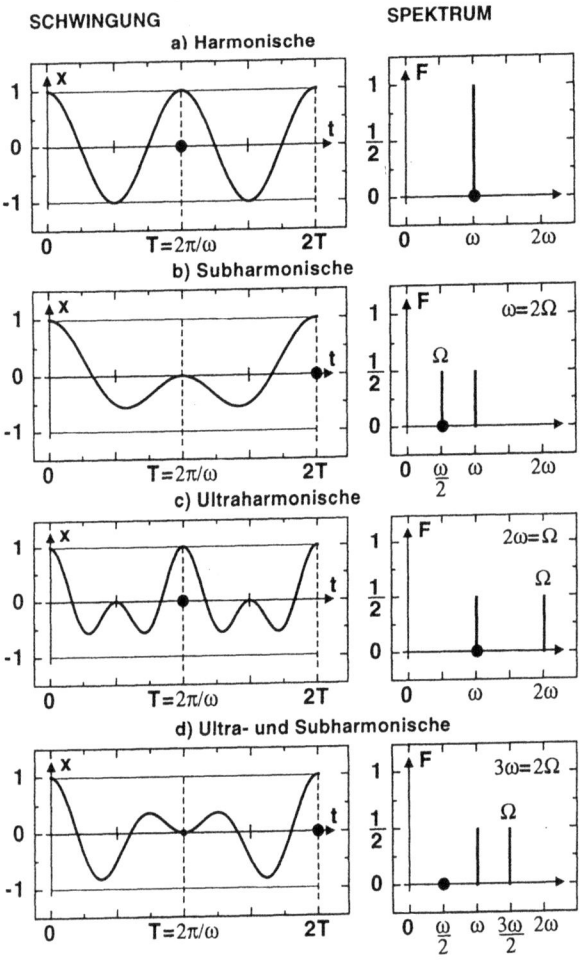

Figur 3.2 - 5: Anregung von Sub- und Ultraharmonischen beim ungedämpften harmonischen Oszillator für $\omega = 1$ and $a = \frac{1}{2}$:

a) $x(t) = \cos t$

b) $x(t) = \frac{1}{2} \cos t + \frac{1}{2} \cos (t/2)$ für n = 0

c) $x(t) = \frac{1}{2} \cos t + \frac{1}{2} \cos 2t$ für m = 0

d) $x(t) = \frac{1}{2} \cos t + \frac{1}{2} \cos (3t/2)$ für m = 1, n = 0

gedämpft ist. Voraussetzungen sind das richtige Verhältnis von Systems-Kreisfrequenz Ω und Anregungs-Kreisfrequenz ω sowie entsprechende Anfangsbedingungen. Dieser Fall gibt Hinweise auf Phänomene, welche bei nichtlinearen Oszillatoren auftreten [Stoker 1957 B].

Der harmonisch angeregte, ungedämpfte harmonische Oszillator wird durch die Schwingungsgleichung (3.2 - 3) mit $\tau = \infty$ beschrieben. Die erzwungenen Schwingungen dieses Oszillators sind entsprechend den Gleichungen (3.2 - 2a) und (3.2 - 4a - c).

(3.2 - 10a) $\qquad x(t) = F \cdot \left[\Omega^2 - \omega^2\right]^{-1} + a \cdot cos\,\Omega t + b \cdot sin\,\Omega t \qquad$ für $\omega \neq \Omega$

Durch spezielle Wahl der Parameter dieser Gleichung können wir erzwungene Schwingungen der reinen Harmonischen mit der Anregungs-Kreisfrequenz ω, der Kombination von Harmonischer mit Subharmonischer, der Kombination von Harmonischer mit Ultraharmonischer sowie der Kombination von Subharmonischen mit Ultraharmonischen erzielen. Zum Vergleich dieser vier Schwingungsformen wählen wir die Anfangsbedingungen
(3.2 - 10b) $\qquad x(0) = 1, \quad \dot{x}(0) = 0$

Man findet für die
a) *rein Harmonische*
(3.2 - 11a) $\qquad F = \Omega^2 - \omega^2;\; a = b = 0$
$\qquad\qquad x(t) = cos\,\omega t$
mit der *Periode* $T_{max} = T = 2\pi/\omega$

b) $\qquad$ Kombination der Harmonischen mit der *Subharmonischen*
(3.2 - 11b) $\qquad F = (1-a) \cdot \left(\Omega^2 - \omega^2\right);\; b = 0;\; n = 0,1,2,....$
$\qquad\qquad x(t) = (1-a) \cdot cos\,\omega t + a \cdot cos\left(\dfrac{\omega}{2+n}t\right)$
mit der *Periode* $T_{max} = (2+n)T$

c) $\qquad$ Kombination der Harmonischen mit der *Ultraharmonischen*
(3.2 - 11c) $\qquad F = (1-a) \cdot \left(\Omega^2 - \omega^2\right);\; b = 0;\; m = 0,1,2,....$
$\qquad\qquad x(t) = (1-a) \cdot cos\,\omega t + a \cdot cos(2+m)\omega t$
mit der *Periode* $T_{max} = T$

d) **Kombination der *Subharmonischen* mit der *Ultraharmonischen***

(3.2 - 11d) $\quad F = (1-a) \cdot (\Omega^2 - \omega^2); \quad b = 0; \quad m,n = 0,1,2,\ldots$

$$x(t) = (1-a)\cos \omega t + a \cos\left(\frac{2+m}{2+n}\right)\omega t$$

mit der *Periode* $T_{max} = (2+n)\,T$ und dem *nicht kürzbaren Bruch* $(2+m)/(2+n)$, z.B. 2/3, 3/2, 3/4, 4/3, etc.

Die vier Schwingungsformen (3.2 - 11 a-d) sind in Figur 3.2 - 5 illustriert.

3. 2. 6 Periodische Anregung

Eine periodische Anregung F(t) harmonischen Oszillators kann in vielen Fällen durch eine *Fourier-Reihe* dargestellt werden. Somit lautet die Schwingungsgleichung unter diesen Umständen

(3.2 - 12) $\quad \ddot{x} + \dfrac{2}{\tau}\dot{x} + \Omega^2 x = F(t) = F(t+T) = \displaystyle\sum_{m=-\infty}^{+\infty} F_m \cdot \exp(-im\omega t)$

mit $\omega = 2\pi/T$ und $F_{-m} = F_m^*$ wenn F(t) reell. Die Summanden F_m der Fourier-Reihe von F(t) entsprechen einzelnen komplexen harmonischen Anregungen gemäss (3.2 - 8). Wegen der Linearität der Schwingungsgleichungen (3.2 - 8) und (3.2 - 12) kann die partikuläre Lösung $x_p(t)$ der Differentialgleichung (3.2 - 12) als Superposition derjenigen von (3.2 - 8) dargestellt werden. Somit gilt für die periodisch angeregte Schwingung eines harmonischen Oszillators

(3.2 - 13a) $\quad x(t) = \displaystyle\sum_{m=\infty}^{+\infty} Z(m\omega;\Omega,\tau) \cdot F_m \cdot \exp(-im\omega t) + x_h(t)$

wobei die $Z(m\omega;\Omega,\tau)$ Übertragungs- oder Transferfunktionen gemäss (3.2 - 9a-d) und $x_h(t)$ den Einschwingvorgang gemäss (3.2 - 2a-d) repräsentieren. Dabei ist zu beachten, dass gilt

(3.2 - 13b) $\quad Z(-m\omega;\Omega,\tau) = Z^*(+m\omega;\Omega,\tau).$

3. 2. 7 Breitbandige Anregung

Eine nichtperiodische Anregung F(t) eines harmonischen Oszillators mit einem *Frequenzspektrum* $F(\omega)$ führt auf die Schwingungsgleichung

(3.2 - 14a) $\quad \ddot{x} + \dfrac{2}{\tau}\dot{x} + \Omega^2 x = F(t) = \displaystyle\int_{-\infty}^{+\infty} F(\omega)\exp(-i\omega t)d\omega$

(3.2 - 14b) mit $\quad F(\omega) = \dfrac{1}{2\pi} \int\limits_{-\infty}^{+\infty} F(t)\, exp(+i\omega t)\, dt$

entsprechend den Regeln der *Fourier - Transformation* (2.7 - 37 a,b). Für reelle F(t) ist $F(-\omega) = F^*(\omega)$. Wegen der Linearität der Schwingungsgleichung lässt sich die partikuläre Lösung $x_p(t)$ wie in Absatz 3.2.6 durch Superposition der Wirkungen der einzelnen Teilanregungen. $F(\omega) \cdot exp(-i\omega t) \cdot d\omega$ berechnen. So findet man für die erzwungene Schwingung.

(3.2 - 15a) $\quad x(t) = \int\limits_{-\infty}^{+\infty} Z(\omega; \Omega, \tau) \cdot F(\omega) \cdot exp(-i\omega) \cdot d\omega + x_h(t)$

mit der Übertragungs- oder Transferfunktion $Z(\omega; \Omega, \tau)$ gemäss (3.2 - 9a-d) und dem Einschwingvorgang $x_h(t)$ gemäss (3.2 - 2a-d). Für $Z(\omega; \Omega, \tau)$ gilt

(3.2 - 15b) $\quad Z(-\omega; \Omega, \tau) = Z^*(\omega; \Omega, \tau)$

3.2.8 Stossanregung

Die durch eine Stossanregung zur Zeit t = 0 erzwungene Schwingung eines harmonischen Oszillators wird entsprechend (3.1 - 4) und (3.2 - 1a) bestimmt durch die Schwingungsgleichung

(3.2 - 16) $\quad \ddot{x} + \dfrac{2}{\tau}\dot{x} + \Omega^2 x = F(t) = K \cdot \delta(t)$

mit der Dirac-δ-Funktion $\delta(t)$ gemäss (2.2 - 27d). Wenn K = 1 und $F(t) = \delta(t)$ spricht man von *Einheitsstoss*.

Die wesentliche Aufgabe bei der Lösung der Differentialgleichung (3.2 - 16) besteht darin, ausgehend vom Zustand des Oszillators zur Zeit t = 0 - kurz vor der Stossanregung dessen Zustand zur Zeit t = 0 + kurz nach der Stossanregung zu berechnen. Dabei muss aus physikalischen Gründen die Stetigkeit von x(t) vorausgesetzt werden. Somit gilt

(3.2 - 17a) $\quad x(0+) = x(0-)$

Dies gilt jedoch nicht für $\dot{x}(t)$. Integrieren wir die Differentialgleichung (3.2 - 16) über die kleine Zeitspanne von $-\delta t$ bis $+\delta t$, wobei $\delta t > 0$, so erhalten wir

$$0 = \int\limits_{-\delta t}^{+\delta t} \left[\ddot{x} + \dfrac{2}{\tau}\dot{x} + \Omega^2 x - K \cdot \delta(t) \right] dt =$$

$$\approx \left[\dot{x}(+\delta t) - \dot{x}(-\delta t) \right] + \dfrac{2}{\tau}\left[x(+\delta t) - x(-\delta t) \right] + \Omega^2 \, x(0) 2\delta t - K$$

Für verschwindend kleine δt ergibt sich die Beziehung
(3.2 - 17b) $\qquad \dot{x}(0+) = \dot{x}(0-) + K$

Für Zeiten t > 0 geht die Schwingungsgleichung (3.2 - 16) über in die homogene Schwingungsgleichung (3.2 - 1b). Die Schwingung des harmonischen Oszillators für Zeiten t > 0 nach der Stossanregung erfüllt somit die Gleichungen:

(3.2 - 1b) $\qquad t > 0: \quad \ddot{x} + \dfrac{2}{\tau}\dot{x} + \Omega^2 x = 0$

(3.2 - 17 a,b) $\qquad t \approx 0: \quad x(0+) = x(0-) \quad und \quad \dot{x}(0+) = x(0-) + K$

Massgebend bei der Stossanregung ist das Verhalten des harmonischen Oszillators als *kausales System*, welches durch die Gleichungen (3.1 - 6) definiert ist. Diese Gleichungen ergeben zusammen mit (3.2 -18 a, b)

(3.2 - 18a) $\qquad x(0-) = x(t<0) = 0 \quad und \quad \dot{x}(0-) = \dot{x}(t<0) = 0$
(3.2 - 18b) $\qquad x(0+) = 0 \quad\quad\quad\quad\ und \quad \dot{x}(0+) = K$

Die Lösung der homogenen Differentialgleichung (3.2 - 1b) für t > 0 mit den Anfangsbedingungen (3.2 - 18 a,b) repräsentiert die *Stossantwort oder Stossanregung des kausalen Systems*:

(3.2 - 19a) $\qquad \Omega^2 = \tau^{-2} + s \cdot \omega_0^2, \, mit \; s = 0, \pm 1$

(3.2 - 19b) $\qquad s = +1; \Omega\tau > 1:$
$\qquad\qquad x_k(t) = K \cdot x_{stoss}(t) = K \cdot \omega_0^{-1} \cdot \sin \omega_0 t \cdot exp(-t/\tau)$

(3.2 - 19c) $\qquad s = 0; \Omega\tau = 1:$
$\qquad\qquad x_k(t) = K \cdot x_{Stoss}(t) = K \cdot t \, exp(-t/\tau)$

(3.2 - 19d) $\qquad s=0; \Omega\tau < 1:$
$\qquad\qquad x_k(t) = K \cdot x_{Stoss}(t) = K \cdot \omega_0^{-1} \cdot sh \, \omega_0 t \cdot exp(-t/\tau)$

$x_{Stoss}(t)$ ist die *Reaktion des harmonischen Oszillators auf den Einheitsstoss* $F(t) = \delta(t)$.

Die Stossanregung des harmonischen Oszillators als *nicht-kausales System* mit $x(0-) \neq 0$ und/oder $\dot{x}(0-) \neq 0$ kann auf zwei Arten berechnet werden. Entweder benützt man für diese Berechnung die Gleichungen (3.2 - 16) und (3.2 - 17 a,b), oder man ersetzt

(3.2 - 20a) $\qquad x(t) = K \cdot x_{Stoss}(t) + x_h(t)$
(3.2 - 20b) $\qquad$ mit $\quad x_h(0+) = x(0-) \quad und \quad \dot{x}_h(0+) = \dot{x}(0-)$

$x_h(t)$ ist die Lösung der homogenen Differentialgleichung (3.2 - 1b), welche von der Stossanregung nicht beeinflusst wird.

3.2.9 Einschaltprozesse

Einschaltprozesse beim harmonischen Oszillator entsprechen gemäss (3.1 - 5) und (3.2 - 1c) der Schwingungsgleichung

(3.2 - 21) $$\ddot{x} + \frac{2}{\tau}\dot{x} + \Omega^2 x = F(t) = H(t) \cdot f(t)$$

wobei H(t) die Heaviside Funktion (2.2 - 27a) und f(t) eine kontinuierliche Funktion bedeutet. Somit gilt F(t < 0) = 0.

Zur Berechnung der Einschaltprozesse eignet sich vor allem die *Laplace - Transformation* [Erdelyi et al. 1954 B, Pöschl 1956 B, Abramowitz & Stegun 1965 B, Doetsch 1970 B]. Deshalb setzen wir voraus, dass F(t) eine *Laplace-Transformierte* F(p) aufweist. Die Laplace-Transformierte einer Funktion F(t) ist definiert als *Laplace - Integral..*

(3.2 - 22a) $$\mathbf{L}\{F(t)\} = F(p) = \int_0^\infty F(t) \cdot exp(-pt) \cdot dt$$

Die inverse *Laplace-Transformation* beruht auf dem *Integral von Bromwich-Wagner*:

(3.2 - 22b) $$\mathbf{L}^{-1}\{F(p)\} = F(t) = \frac{1}{2\pi i} \int_{q-i\infty}^{q+i\infty} F(p) \cdot exp(pt) \cdot dp; \quad q > 0$$

Tabellen über die Laplace-Transformation und ihre Umkehrung sind zahlreich [Erdelyi et al. 1954 B, Pöschl 1956 B, Abramowitz & Stegun 1965 B, Bronstein et al. 1993 B]. Wichtig bei Einschaltprozessen und Stossanregungen sind die Laplace-Transformierten der Dirac-δ-Funktion δ(t) und der Heaviside Funktion H(t):

(3.2 - 23a) $t_0 > 0$: $\mathbf{L}\{\delta(t - t_0)\}$ $= exp(-t_0 p)$

(3.2 - 23b) $\mathbf{L}\{\delta(t - (0+))\}$ $= 1$

(3.2 - 23c) $\mathbf{L}\{\delta(t)\}$ $= 1/2$

(3.2 - 24a) $t_0 > 0$: $\mathbf{L}\{H(t - t_0)\}$ $= p^{-1} exp(-t_0 p)$

(3.2 - 24b) $\mathbf{L}\{H(t)\}$ $= 1/p$

Ebenso sind folgende *Rechenregeln* von Interesse:

(3.2 - 25a) $\mathbf{L}\{aF_1(t) + bF_2(t)\}$ $= aF_1(p) + bF_2(p)$

(3.2 - 25b) $\mathbf{L}\{F(at)\}$ $= F(p/a)$

(3.2 - 25c) $\mathbf{L}\{F(t - t_0)\}$ $= F(p) \cdot exp(-t_0 p)$

(3.2 - 25d) $\mathbf{L}\{exp(+p_0 t) \cdot F(t)\} = F(p - p_0)$

(3.2 - 25e) $\mathbf{L}\{\dot{F}(t)\} = pF(p) - F(t = 0+)$

(3.2 - 25f) $\mathbf{L}\{\ddot{F}(t)\} = p^2 F(p) - pF(t = 0+) - \dot{F}(t = 0+)$

(3.2 - 25g) $\mathbf{L}\left\{\int_0^t F(t)dt\right\} = p^{-1} F(p)$

(3.2 - 25h) $\mathbf{L}\{F_1(t) * F_2(t)\} = F_1(p) \cdot F_2(p)$

mit der *Faltung* oder in Englisch "convolution":

(3.2 - 26a) $F_1(t) * F_2(t) = \int_0^t F_1(s) \cdot F_2(t-s) \cdot ds$

Die Faltung ist kommutativ:
(3.2 - 26b) $F_1(t) * F_2(t) = F_2(t) * F_1(t)$

Bei den Formeln (3.2 - 25 e & f) darf F(t = 0+) = F(0) und $\dot{F}(t = 0+) = \dot{F}(0)$ gesetzt werden, wenn F(t) und $\dot{F}(t)$ bei t = 0 stetig sind.

Die Laplace-Transformation der Differentialgleichung (3.2 - 21) der *Einschaltprozesse* ergibt auf Grund der vorangehenden Erläuterungen die folgende Gleichung für die Laplace-Transformierte $\mathbf{L}\{x(t)\} = x(p)$ der erzwungenen Schwingung x(t):

(3.2 - 27a) $x(p) \cdot \left[p^2 + \frac{2}{\tau}p + \Omega^2\right] - p \cdot x(0) - \left[\frac{2}{\tau}x(0) + \dot{x}(0)\right] = F(p)$

wobei $F(p) = \mathbf{L}\{F(t)\}$.

Massgebend an diesem Resultat ist die Tatsache, dass das Reziproke des Faktors von x(p) der Laplace-Transformierten $x_{Stoss}(p)$ der Reaktion $x_{Stoss}(t)$ des harmonischen Oszillators auf den Einheitsstoss entspricht. Diese Stossantwort $x_{Stoss}(t)$ ist in den Gleichungen (3.2 - 20 a-d) für alle möglichen Ω und τ dargestellt. Für $x_{Stoss}(p)$ gilt demnach

(3.2 - 28) $x_{Stoss}(p) = \mathbf{L}\{x_{Stoss}(t)\} = \left[p^2 + \frac{2}{\tau}p + \Omega^2\right]^{-1}$

Daher lässt sich die Gleichung (3.2 - 27e) zur Berechnung von x(p) auch schreiben als

(3.2 - 27b) $x(p) = x_{Stoss}(p) \cdot \left[F(p) + p \cdot x(0) + \left\{\frac{2}{\tau}x(0) + \dot{x}(0)\right\}\right]$

Diese Formel ermöglicht die *Bestimmung des Einschaltprozesses* x(t) durch die inverse Laplace-Transformation mit Hilfe der Faltung gemäss Gleichung (3.2 - 25h).

(3.2 - 27c)
$$x(t) = F(t) * x_{\text{Stoss}}(t) + x(0) \cdot \frac{d}{dt} x_{\text{Stoss}}(t) + \left[\frac{2}{\tau}x(0) + \dot{x}(0)\right] \cdot x_{\text{Stoss}}(t)$$

Für den harmonischen Oszillator als *kausales System* mit x(t < 0) = 0 und $\dot{x}$ (t < 0) = 0 reduzieren sich die Gleichungen (3.2 - 27 b&c) wie folgt

(3.2 - 29a) $\quad\quad x_k(p) = F(p) \cdot x_{\text{Stoss}}(p)$

(3.2 - 29b) $\quad\quad x_k(t) = F(t) * x_{\text{Stoss}}(t) = \int_0^t F(s) \cdot x_{\text{Stoss}}(t-s) ds$

Dies demonstriert die Bedeutung der Stossantwort $x_{\text{Stoss}}(t)$ auf den Einheitsstoss $\delta(t)$.

Betrachtet man als *Beispiel* den Einschaltprozess eines kausalen Systems mit einer stufenförmigen *Heaviside-Anregung*

(3.2 - 30a) $\quad\quad F(t) = F_0 \cdot H(t); \quad F(p) = F_0 \cdot p^{-1}$

so findet man

(3.2 - 30b) $\quad\quad x_k(t) = F_0 \cdot \int_0^t x_{\text{Stoss}}(s) ds \,; \quad x_k(p) = F_0 \cdot x_{\text{Stoss}}(p) \cdot p^{-1}$

Somit entspricht dieser Einschaltprozess dem zeitlichen Integral der Stossantwort.

3.3 Anregung modulierter linearer Oszillatoren

3.3.1 Green - Funktionen

Erzwungene Schwingungen zeitlich modulierter linearer Oszillatoren sind entsprechend den Ausführungen von Kapitel 3.1 Lösungen x(t) der inhomogenen Differentialgleichung.

(3.1 - 12) $\quad\quad \ddot{x} + \frac{2}{\tau(t)} \dot{x} + \Omega^2(t) \cdot x = F(t)$

oder der Schwingungsgleichung in Normalform

(3.3 - 1) $\quad\quad \ddot{x} + \Omega_0^2(t) \cdot x = F(t)$

Wie im Kap. 3.1 beschrieben, setzen sich die Lösungen dieser beiden Gleichungen wegen ihrer Linearität zusammen aus je einer partikulären Lösung $x_p(t)$ dieser inhomogenen Gleichungen und der allgemeinen Lösung $x_h(t)$ der entsprechenden homogenen Gleichungen (2.3 - 1) oder (2.3 - 3). Weil die allgemeinen Lösungen

(3.1 - 7) $\quad\quad x_h(t) = a \cdot x_1(t) + b \cdot x_2(t)$

dieser homogenen Gleichungen bereits im Kap. 2.3 ausführlich besprochen wurden, können wir uns auf die Beschreibung der partikulären Lösungen $x_p(t)$ beschränken. Dabei genügt die Betrachtung von *kausalen Systemen* mit
(3.1 - 6) $\qquad x_k(t<0) = 0 \text{ und } \dot{x}_k(t<0) = 0$

Deshalb suchen wir eine partikuläre Lösung $x_p(t)$ mit
(3.3 - 2a) $\qquad x_k(0) = 0 \text{ und } \dot{x}_k(0) = 0$

Diese Lösung kann berechnet werden mit Hilfe der *Integraltransformation* [Birkhoff & Rota 1989 B]:

(3.3 - 2) $\qquad x_k(t) = \int_0^t F(s) \cdot G(t,s) ds$

Der *Kern* G(t,s) dieser Integraltransformation heisst *Green-Funktion*. Sie erfüllt folgende Bedingungen:
(3.3 - 3a) $\qquad 0 \leq t \leq s: \quad G(t,s) = 0$

(3.3 - 3b) $\qquad 0 \leq s = t: \quad G(t,s) = 0; \frac{\partial}{\partial t} G(t,s) = 0$

(3.3 - 3c) $\qquad 0 \leq s < t: \quad \frac{\partial^2}{\partial t^2} G(t,s) + \frac{2}{\tau(t)} \cdot \frac{\partial}{\partial t} G(t,s) + \Omega^2(t) G(t,s) = 0$

Für die im Kapitel 3.2 besprochenen nichtmodulierten harmonischen *Oszillatoren* mit konstanten Parametern $\tau(t) = \tau$ und $\Omega(t) = \Omega$ entspricht die Green-Funktion der Stossantwort auf den Einheitsstoss
(3.3 - 4) $\qquad G(t,s) = x_{Stoss}(t-s)$
gemäss der Gleichung (3.2 - 29b).

Im allgemeinen kann die Green-Funktion berechnet werden, wenn zwei linear unabhängige Lösungen $x_1(t)$ und $x_2(t)$ der homogenen Schwingungsgleichung (2.3 - 1), respektive (2.3 - 3) bekannt sind. Unter dieser Voraussetzung gilt [Birkhoff & Rota 1989 B].

(3.3 - 5a) $\qquad G(t, s) = \dfrac{x_1(s) \cdot x_2(t) - x_1(t) \cdot x_2(s)}{x_1(s) \dot{x}_2(s) - \dot{x}_1(s) \cdot x_2(s)} = \dfrac{x_2(t) \cdot x_1(s) - x_1(t) \cdot x_2(s)}{W[x_1(s), x_2(s)]}$

Die gleichen Formeln können auch mit der sogenannten *"Variation der Parameter"* hergeleitet werden [Bellman 1966 B, Zwillinger 1989 B].

Entsprechend der Gleichung (2.3 - 11) kann die Wronski-Determinante $W[x_1(t), x_2(t)]$ der Lösungen $x_1(t)$ und $x_2(t)$ der homogenen Schwingungsgleichung (2.3 - 1) ersetzt werden durch eine Exponentialfunktion. Dadurch wird die Green-Funktion (3.3 - 5a) transformiert in [Bellman 1966B]

$$(3.3 - 5b) \qquad G(t,s) = \frac{x_2(t) \cdot x_1(s) - x_1(t) \cdot x_2(2)}{W[x_1(0), x_2(0)]} \cdot \exp\left(2 \int_0^t \frac{d\theta}{\tau(\theta)}\right)$$

Ist die inhomogene Schwingungsgleichung in *Normalform* (3.3 - 1), so ist die Green-Funktion einfacher sind $x_1(t)$ und $x_2(t)$ Lösungen der homogenen Schwingungsgleichung in Normalform (2.3 - 3), dann ist die Wronski-Determinante $W[x_1(t), x_2(t)]$ gemäss Gleichung (2.3 - 13) konstant. Dann gilt

$$(3.3 - 5c) \qquad G(t,s) = \frac{x_2(t) x_1(s) - x_1(t) x_2(s)}{W[x_1(0), x_2(0)]}$$

Die Verwendung von Green-Funktionen zur Berechnung von partikulären Lösungen der inhomogenen Differentialgleichungen (3.1 - 8) und (3.3 - 1) ist allgemein bekannt. Trotzdem ist kaum eine partikuläre Lösung publiziert, welche mit Hilfe einer Green-Funktion berechnet wurde. Im Folgenden werden einige Lösungen besprochen, die auf andere Weise ermittelt wurden.

3.3.2 Anregung spezifischer modulierter Oszillatoren

a) "Chirp" Oszillatoren

Die "Chirp"-Oszillatoren und ihre freien Schwingungen wurden im Absatz 3.3.4 besprochen. Die erzwungenen Schwingungen von "Chirp"-Oszillatoren können für einzelne spezifische Anregungen einfach beschrieben werden. Eine entsprechende *allgemeine Schwingungsgleichung* in Normalform ist zum Beispiel.

$$(3.3 - 6a) \qquad \ddot{x} + \Omega_0^2(t) x = F \cdot \dot{\Omega}(t) \cdot \cos \int_{t_0}^t \Omega_0(s) \cdot ds$$

hat die *partikuläre Lösung*

$$(2.3 - 6a) \qquad x_p(t) = F \cdot \sin \int_{t_0}^t \Omega_0(s) \cdot ds = F \cdot \cos\left[\int_{t_0}^t \Omega_0(s) \cdot ds - \frac{\pi}{2}\right]$$

Zur *Illustration* nehmen wir den *Oszillator mit dem "Down-Chirp"* der Systems-Kreisfrequenz $\Omega_0(t)$ entsprechend den Gleichungen (2.3 - 31a-c). Die spezifische Anregung gemäss (3.3 - 6a) wird beschrieben durch die Schwingungsgleichung

(3.3 - 7a) $$\ddot{x} + \left(\theta^2 / t^4\right) \cdot x = F\left(\theta / t^3\right) \cdot \cos\theta\left(\frac{1}{t_0} - \frac{1}{t}\right)$$

Die allgemeine Lösung dieser Gleichung hat die Form

(3.3 - 7b) $$x(t) = -F \cdot \sin\theta\left(\frac{1}{t_0} - \frac{1}{t}\right) + A(t / t_0) \cos\left(\varphi_\infty - \frac{\theta}{t}\right)$$

wobei A und φ_∞ durch die Anfangsbedingungen $x(t_0) = x_0$ und $\dot{x}(t_0) = \dot{x}_0$ bestimmt sind.

b) Aperiodisch modulierte Oszillatoren

Anregungen aperiodisch modulierter Oszillatoren, deren so erzwungene Schwingungen eine einfache analytische Form haben, werden zum Beispiel bestimmt durch die *allgemeine Schwingungsgleichung* in Normalform

(3.3. - 8a) $$\ddot{x} + \left[\omega^2 - \frac{\dot{F}(t)}{\int_0^t F(s)ds}\right] \cdot x = F(t) \cdot \cos \omega t$$

Für das *kausale System* (3.1 - 14) mit $x_k(t < 0) = 0$ und $\dot{x}_k(t < 0) = 0$ resultiert die Lösung

(3.3 - 8b) $$x_k(t) = \frac{\sin \omega t}{2\omega} \cdot \int_0^t F(s)ds$$

Zur *Illustration* betrachten wir die Schwingungsgleichung

(3.3 - 9a) $$\ddot{x} + \left[\omega^2 - t^{-2}\right] \cdot x = F \cdot t \cdot \cos \omega t$$

Das entsprechende kausale System vollführt die Schwingung

(3.3 - 9b) $$x_k(t) = \frac{1}{2} F \cdot t^2 \cdot \sin \omega t$$

c) Periodisch modulierte Oszillatoren

Durch harmonischer Anregung periodisch modulierter linearer Oszillatoren können *Subharmonische* erzeugt werden. Zur *Illustration* demonstrieren wir diesen Effekt bei der harmonischen Anregung von zwei speziellen harmonisch modulierten Oszillatorn.

α) *Halbierung der Frequenz*

Die Schwingungsgleichung

(3.3 - 10a) $$\ddot{x} + \left[\Omega^2 + 2\Delta\Omega \cos \Omega t\right] \cdot x = F \cdot \sin \omega t$$

definiert einen ersten mit der Kreisfrequenz Ω harmonisch modulierten Oszillator, welcher mit der Kreisfrequenz $\omega = 2\pi/T$ angeregt wird. Er schwingt mit der halben Anregungsfrequenz $\omega/2$ wenn $\omega = 2\Omega$. Dann gilt

(3.3 - 10b) $\quad \Omega = \omega/2$

(3.3 - 10c) $\quad x_p(t) = \dfrac{F}{\Delta\Omega} \cdot sin\left(\dfrac{\omega}{2}t\right)$

wobei $x_p(t)$ eine partikuläre Lösung der Gleichung (3.3 - 10a) darstellt.

β) Dreiteilung der Frequenz
Die Schwingungsgleichung

(3.3 - 11a) $\quad \ddot{x} + \left[(\Omega/2)^2 + \Delta\Omega(1 + 2\,cos\,\Omega t)\right] \cdot x = F \cdot sin\,\omega t$

definiert einen zweiten mit der Kreisfrequenz Ω harmonisch modulierten Oszillator, welcher mit der Kreisfrequenz $\omega = 2\pi/T$ angeregt wird. Er schwingt mit einem Drittel $\omega/3$ der Anregungsfrequenz ω, wenn $\omega = 3\Omega/2$. Dann gilt

(3.3 - 11b) $\quad \Omega/2 = \omega/3$

(3.3 - 11c) $\quad x_p(t) = \dfrac{F}{\Delta\Omega} \cdot sin\left(\dfrac{\omega}{3}t\right)$

wobei $x_p(t)$ eine partikuläre Lösung der Gleichung (3.3 - 11a) repräsentiert.

Die Formeln (3.3 - 10a-c) und (3.3 - 11a-c) basieren auf der Zerlegung der Funktionen sind 2α und $sin\,3\alpha$ [Gradshteyn & Ryzhik 1965 B].

3.3.3 Rückkopplung

a) Charakteristische Schwingungsgleichung
Die *Rückkopplung bei harmonischen Oszillatoren* wurde bereits anhand des einfachen LCR-Schwingkreises in Kap. 2, Absatz 2.2.4, besprochen. Die Gleichungen (2.2 - 54 a&b), welche diese Rückkopplung beschreiben, können so verallgemeinert werden, dass sie auch die Rückkopplung bei modulierten lineren Oszillatoren beschreiben. Diese verallgemeinerten Gleichungen sind

(3.3 - 12a) $\quad \ddot{x} + \dfrac{2}{\tau(t)} \cdot \dot{x} + \Omega^2(t) \cdot x = \Psi$

(3.3 - 12b) mit $\quad \Psi = \Psi(x, \dot{x}, \ddot{x}, t)$

Dabei wird vorausgesetzt, dass die Rückkopplungs-Funktion Ψ von mindestens einer der Variablen x, $\dot{x}$ und $\ddot{x}$ abhängig ist. Dagegen ist es nicht notwendig, dass Ψ expliziet von der Zeit t abhängt. Eine eigentlich zeitunabhängige Rückkopplung wird gekennzeichent durch

(3.3 - 12c) $\qquad \dfrac{\partial \Psi}{\partial t} = 0; \quad \Psi = \Psi(x, \dot{x}, \ddot{x})$

Wie die Gleichung (3.3 - 12a) zeigt, wird bei der Rückkopplung die äussere, zeitlich varierende Anregung F(t) eines Oszillators ersetzt durch eine Anregung $\Psi(x, \dot{x}, \ddot{x}, t)$, welche hauptsächlich vom Schwingungszustand des Oszillators abhängt, d.h. von x, $\dot{x}$ und/oder $\ddot{x}$.

b) Formale Rückkopplung als Approximations-Verfahren

Es existiert ein Approximations-Verfahren zur *Berechnung von freien Schwingungen modulierter linerer Oszillatoren* [Bellman 1966 B], welches eine formale Rückkopplung darstellt. Zur Illustration betrachten wir als *Beispiel* einen freien Oszillator, der beschrieben wird durch folgende Schwingungsgleichung in Normalform:

(2.3 - 3) $\qquad \ddot{u} + \Omega_0^2(t) \cdot u = 0$

mit

(3.3 - 13a) $\qquad \Omega_0(t) = \Omega + \varepsilon \cdot \Delta\Omega(t), \quad |\Delta\Omega(t)| \leq \Omega, 0 < \varepsilon \ll 1$

Daraus resultiert in erster Näherung

(3.3 - 13b) $\qquad \ddot{u} + \left[\Omega^2 + \varepsilon \cdot 2\Delta\Omega(t)\right] \cdot u = 0$

Da ε klein ist, kann die freie Schwingung u(t), welche eine Lösung dieser Differentialgleichung ist, voraussichtlich mit einem Approximations-Verfahren bestimmt werden. Zu diesem Zweck schreibt man sie als *charakteristische Gleichung* (3.3 - 12a) *einer Rückkopplung*:

(3.3 - 13c) $\qquad \ddot{u} + \Omega^2 \cdot u = \Psi(u, t) = -\varepsilon \cdot 2\Delta\Omega(t) \cdot u$

Zur Lösung dieser Differentialgleichung benutzt man eine *Green-Funktion* gemäss Absatz 3.3.1. Für $\varepsilon = 0$ ist die Differentialgleichung (3.3 - 13c) homogen. Normierte Lösungen dieser Gleichung sind:

(3.3 - 14a) $\qquad u_c(t) = cos\,\Omega t; \quad u_s(t) = \dfrac{1}{\Omega} sin\,\Omega t$

Ihre Wronski-Determinante ist Eins:

(3.3 - 14b) $\qquad W[u_c(t), u_s(t)] = 1$

Die Green-Funktion (3.3 - 5c) ist somit

(3.3 - 14c) $\qquad G(t,s) = \dfrac{1}{\Omega} \sin \Omega (t-s)$

Mit Hilfe der Gleichung (3.3 - 2b) findet man für die Anfangsbedingungen u(0) = u_0 und
$\dot{U}(0) = \dot{U}_0$ die *Volterra-Integralgleichung* [Bellman 1966 B] für u(t):

(3.3 - 15a) $\qquad u(t) = w(t) + \varepsilon \cdot \int_0^t u(s) \cdot K(t,s) \, ds \quad$ mit

(3.3 - 15b) $\qquad w(t) = u_0 \cos \Omega t + (\dot{u}_0 / \Omega) \cdot \sin \Omega t$

Diese Integralgleichung kann durch *wiederholte Substitution* gelöst werden. Das Resultat ist eine *Liouville-Neumann Reihe* [Bellman 1966 B]

(3.3 - 16)

$$u(t) = w(t) + \varepsilon \cdot \int_0^t K(t,\alpha) \cdot w(\alpha) \, d\alpha + \varepsilon^2 \cdot \int_0^t K(t,\alpha) \left[\int_0^\alpha K(\alpha,\beta) \cdot w(\beta) d\beta \right] d\alpha + + +$$

3. 4 Anregung nichtlinearer Liénard-Oszillatoren

3. 4. 1 Allgemeine Gesetze

Die *freien Schwingungen* nichtlinearer Liénard-Oszillatoren wurden im Kapitel 2.5 beschrieben. Die *erzwungenen Schwingungen* x(t) der nichtlinearen Liénard-Oszillatoren als Resultat einer zeitlich veränderlichen Anregung F(t) sind entsprechend (3.1 - 2) und (2.5 - 1a) bestimmt durch die Schwingungsgleichung

(3.4 - 1) $\qquad \ddot{x} - S(x) \cdot \dot{x} + D(x) \cdot x = F(t)$

wobei zumindest S(x) oder D(x) nicht konstant ist. Diese Differentialgleichung wird als *inhomogene Liénard-Gleichung* bezeichnet.

Eine wichtige Information über die erzwungenen Schwingungen x(t) der Liénard-Oszillatoren als reelle Lösungen x(t) der Schwingungsgleichung (3.4 - 1) betrifft die *Lagrange Stabilität* [LaSalle & Lefschetz 1961 B, 1967 B]. Diese erfordert, dass alle reellen Lösungen x(t) nach einem bestimmten Zeitpunkt, zum Beispiel t = 0, beschränkt sind:

(3.4 - 2) $\qquad |x(t)| \leq C \quad$ für $\quad t > 0$

Mit den im Kapitel 4.7 beschriebenen Ljapunow-Funktionen kann bewiesen werden [LaSalle & Lefschetz 1961 B, 1967 B], dass die reellen Lösungen x(t) der inhomogenen Liénard-Gleichung (3.4 - 1) *im Sinne von Lagrange* unter folgenden Bedingungen *stabil* sind:

(3.4 - 3a) $\qquad \left|\int_0^t F(\Theta)d\Theta\right| \leq C_F \qquad$ für alle $t \geq 0$

(3.4 - 3b) $\qquad -sign(x)\cdot \int_0^x S(y)\cdot dy \geq C_S > C_F \qquad$ für $|x| \geq a > 0$

(3.4 - 3c) $\qquad |x|\cdot D(x) \geq C_D \qquad$ für $|x| \geq a > 0$

Für eine *harmonische Anregung* mit der periodischen reellen Kraft
(3.1 - 3a) $\qquad F(t) = F\cdot \cos\omega t \quad$ mit $\quad \omega = 2\pi/T \, ; F > 0$
ergibt die Ungleichung (3.4 - 3a)
(3.5 - 4a) $\qquad C_F = F/\omega$
Besitzt der Liénard-Oszillator (3.4 - 1) zudem eine *lineare Dämpfung* gemäss
(3.5 - 5) $\qquad S(x) = -2/\tau \, ; \tau > 0$
dann resultiert die Ungleichung (3.4 - 3b) in der Beziehung
(3.5 - 4b) $\qquad a > (\tau/2\omega)\cdot F$,
welche für die Ungleichung (3.4 - 3c) verwendet wird.

3.4.2 Periodische Anregung von Duffing-Oszillatoren

Die *freien Schwingungen* von Duffing-Oszillatoren wurden im Kapitel 2.5.2 besprochen. Die durch eine reelle harmonische Anregung (3.1 - 3a) *erzwungenen Schwingungen* von Duffing-Oszillatoren sind die reellen Lösungen x(t) der *inhomogenen Duffing-Gleichung* [Duffing 1918 B, McLachlan 1950 B, Stoker 1957 B, Hale 1969 B, Nayfeh & Mook 1979 B]:

(3.4 - 6a) $\qquad \ddot{x} + (2/\tau)\dot{x} + \Omega^2 x + \varepsilon\Omega^2 x^3 = F\cos\omega t \quad$ mit reellem $F > 0$

Die Lösungen x(t) dieser Gleichung sind für $\varepsilon > 0$; $\tau > 0$ *stabil im Sinne von Lagrange* das heisst beschränkt bei Zeiten t > 0. Dies kann bewiesen werden mit den Ungleichungen (3.4 - 3c) und (3.4 - 4b).

Von Interesse sind vor allem die *stationären periodischen Lösungen* x(t) der inhomogenen Duffing-Gleichung (3.4 - 6a). Dabei erscheinen neben der Anregungs-Frequenz ω auch die dreifache Frequenz 3ω und unter Umständen ebenso die Drittel-Frequenz $\omega/3$. Somit existieren *Harmonische*, *Ultra- und Subharmonische* dank der kubischen Nichtlinearität in der Duffing-Gleichung (3.4 - 6a). Im Folgenden werden die Schwingungen mit den drei erwähnten Frequenzen diskutiert, wobei zwecks einfacher Darstellung die Parameter
(3.4 - 6b) $\qquad \omega^* = \omega/\Omega \quad$ und $\quad Q = \Omega\tau/2$
benutzt werden.

Die stationären *Schwingungen mit der Anregungs-Frequenz* ω entsprechen dem Ansatz
(3.4 - 7a) $\qquad x(t) = A_1 \cos(\omega t - \varphi_1) \qquad$ mit $\qquad A_1 \geq 0 \quad$ und $\quad 0 \leq \varphi_1 \leq \pi$
Unter Berücksichtigung der Beziehung
$$\cos^3 \alpha = \frac{3}{4} \cos \alpha + \frac{1}{4} \cos 3\alpha$$
ergibt die inhomogene Duffing-Gleichung (3.4 - 6a) mit dem Ansatz (3.4 - 7a) die *Amplituden-Frequenz-Relation*:

(3.4 - 8a) $\qquad \left[1 + \frac{3}{4} \varepsilon A_1^2 - \omega^{*2}\right]^2 + \left[\omega^*/Q\right]^2 = \left(F/A_1 \Omega^2\right)^2$

und die *Phasen-Frequenz-Relation*:

(3.4 - 8b) $\qquad tg \, \varphi_1 = (\omega^*/Q) \cdot \left[1 + \frac{3}{4} \varepsilon A_1^2 - \omega^{*2}\right]^{-1}$

mit $\qquad \varphi_1 = \pi/2 \quad$ für $\quad \omega^{*2} = 1 + \frac{3}{4} \varepsilon A_1^2$

Diese Relationen sind für $\varepsilon > 0$, $\varepsilon = 0$, $\varepsilon < 0$ in den Figuren (3.4 - 1abc) illustriert.

Für $\varepsilon = 0$ beschreiben die beiden Relationen (3.4 - 8a&b) die im Kapitel 3.2.3 diskutierten erzwungenen Schwingungen und Resonanzen des *gedämpften linearen harmonischen Oszillators*. In diesem Fall sind die in (3.2 - 4a) definierte *Verstärkungsfunktion* $G = A_1 / F$ und die Phase φ_1 unabhängig von der Amplitude A_1.

Beim *ungedämpften nichtlinearen Duffing-Oszillator* mit $\varepsilon \neq 0$ und $\tau = Q = \infty$ sind die Relationen (3.4 - 8a&b) einfach

(3.4 - 9a) $\qquad \left|1 + \frac{3}{4} \varepsilon A_1^2 - \omega^{*2}\right| = \left(F/A_1 \Omega^2\right) \quad$ und

(3.4 - 9b) $\qquad \varphi_1 \begin{cases} = 0 \\ = \pi/2 \\ = \pi \end{cases}$ für $\quad 1 + \frac{3}{4} \varepsilon A_1^2 - \omega^{*2} \begin{cases} > 0 \\ = 0 \\ < 0 \end{cases}$

Die Figuren (3.4 - 1abc) zeigen einen wesentlichen *Unterschied zwischen den linearen* ($\varepsilon = 0$) *und den nichtlinearen* ($\varepsilon \neq 0$) *Duffing-Oszillatoren*. Aus Figur 3.4 - 1b geht hervor, dass beim gedämpften linearen harmonischen Oszillator mit $\varepsilon = 0$ jeder Frequenz ω oder ω^* eine einzige Amplitude A_1 der stationären erzwungenen Schwingung $x(t)$ zugeordnet ist. Im Gegensatz dazu existieren bei den nichtlinearen Duffing-Oszillatoren mit $\varepsilon \neq 0$ entsprechend den Figuren 3.4 - 1a&c Frequenzbereiche in denen *jeder Frequenz* ω oder ω^* *drei verschiedene Amplituden* A_1 zugeteilt werden können. Diese Frequenzbereiche sind begrenzt durch die Punkte der Amplituden-Frequenz-Relation wo $d\omega^* / d A_1 = 0$. Die geometrischen Orte dieser Punkte sind die gestrichelten Kurven in den Figuren 3.4 - 1a&c. Ebenso in den Figuren 3.4 - 1abc eingezeichnet sind die

Kurven, welche $\varphi_1 = \pi/2$ entsprechen. Sie bilden den Rückgrat der Resonanzkurven. Für $\varepsilon > 0$ neigen sie zu hohen Frequenzen ω oder ω^*, für $\varepsilon < 0$ zu niedrigen.

Die Nichtlinearität von Duffing-Oszillatoren bewirkt das Phänomen der *Bistabilität*, in Englisch "bistability" oder "jump phenomenon". Diese Bistabilität tritt auf bei einer Variation der Anregungs-Frequenz ω oder ω^* und betrifft die Amplitude A_1 der erzwungenen Schwingung. Sie erscheint im Bereich der Anregungs-Frequenz ω oder ω^*, wo drei verschiedene Amplituden A_1 die Amplituden-Frequenz-Relation (3.4 - 8a) erfüllen.

In Figur 3.4 - 2 wird die Bistabilität der Schwingung für $\varepsilon > 0$ bei variierender Anregungs-Frequenz ω^* demonstriert. Die Anregungs-Amplitude F wird konstant vorausgesetzt. Dagegen wird die Anregungs-Frequenz ω^* langsam variert.

Startet man mit $\omega^* < 1$ bei A und vergrössert ω^*, so bleibt man auf dem oberen Kurventeil der Amplituden-Frequenz-Ralation und bewegt sich via B zu C, wo $d\omega^*/dA_1$ Null ist. Vergrössert man ω^* weiter, so *springt die Amplitude* A_1 vom grossen Wert bei C zum kleinen bei D und sinkt dann weiter in Richtung E. Wird die Frequenz ω^* von E ausgehend wieder erniedrigt, dann steigt die Amplitude A_1 langsam auf dem unteren Kurventeil der Amplituden-Frequenz-Relation via D zu F, wo ebenfalls $d\omega^*/dA_1$ verschwindet. Bei weiterer Erniedrigung der Anregungs-Frequenz ω^* *springt die Amplitude* A_1 vom kleinen Wert bei F zum grossen bei B und sinkt langsam in Richtung A.

Das Verhalten der Amplitude A_1 bei Variationder Anregungs-Frequenz ω^* demonstriert, dass der mittlere Kurventeil CF der Amplituden-Frequenz-Relation von *instabilen Schwingungen* entsprechen. Im Gegensatz dazu repräsentieren die Kurventeile AC und EF *stabile Schwingungszustände*.

Die Bistabilität der nichtlinearen Duffing-Oszillatoren [Duffing 1918 B] ist ein Beispiel für ein Phänomen, das *in Wissenschaft und Technik* häufig beobachtet wird.

Das Auftreten der *dritten Harmonischen* [McLachlan 1950 B, Stoker 1957 B], das heisst einer Schwingung mit der dreifachen Anregungs-Frequenz 3ω oder $3\omega^*$ lässt sich am einfachsten beschreiben für den *ungedämpften nichtlinearen Duffing-Oszillator* mit $\varepsilon \neq 0$ und $\tau = Q = \infty$. In diesem Fall macht man für die erzwungenen Schwingungen $x(t)$ den Ansatz

(3.4 - 7b) $\qquad x(t) = A_1 \cos \omega t + A_3 \cos 3\omega t$

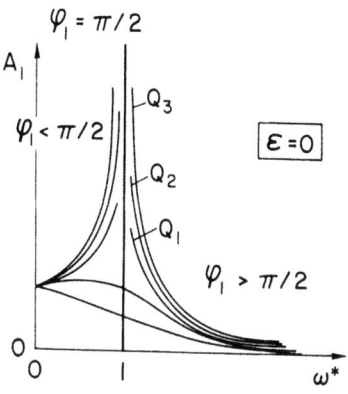

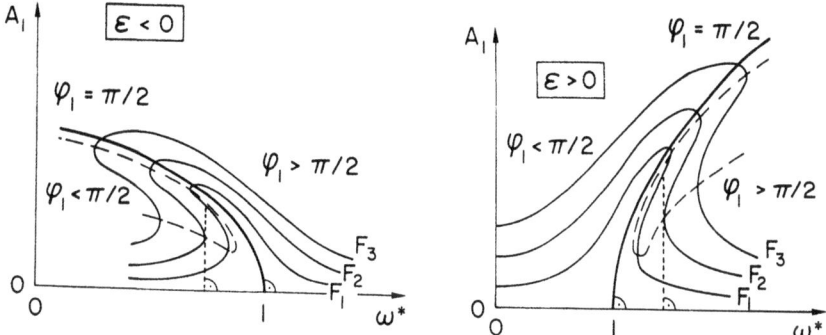

Figur 3.4 - 1: Amplituden-Frequenz-Relationen der erzwungenen Schwingungen des Duffing-Oszillators für a) $\varepsilon < 0$, b) $\varepsilon = 0$, c) $\varepsilon > 0$.

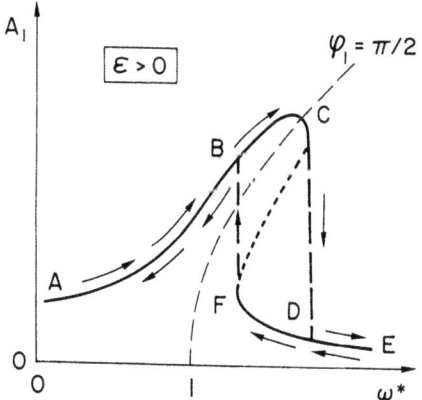

Figur 3.4 - 2: Bistabilität der erzwungenen Schwingung des Duffing-Oszillators mit $\varepsilon > 0$.

weil nur Phasenverschiebungen von 0 und π zwischen Schwingungen und harmonischer Anregung zu erwarten sind. Bekannte Näherungsverfahren [Stoker 1957 B] stammen von Duffing und von Poincaré-Lindstedt-Lighthill. Die Resultate beider Verfahren geben die Anregungs-Frequenz ω oder ω^* als Funktion einer Amplitude A_1 oder A weil die inverse Beziehung in grossen Frequenzbereichen mehrdeutig ist. Dies ergab sich bereits bei den erzwungenen Schwingungen mit der Anregung-Frequenz ω oder ω^*.

Das *Näherungsverfahren von Duffing* ergibt [Stoker 1957 B]: für die stationären erzwungenen Schwingungen:

(3.4 - 10a) $\qquad x(t) \approx A_1 \cos\omega t + \dfrac{\varepsilon}{32\omega^{*2}} A_1^3 \cos 3\omega t$

mit der Amplituden-Frequenz-Relation

(3.4 - 10b) $\qquad \omega^{*2} = (\omega/\Omega)^2 = 1 + \dfrac{3}{4}\varepsilon A_1^2 - \left(F/A_1\Omega^2\right)$

in Übereinstimmung mit der Relation (3.4 - 9a).

Mit dem *Näherungsverfahren von Poincaré-Lindstedt-Lighthill* [Lindstedt 1883 Z, Zwillinger 1989 B, Verhulst 1990 B] findet man [Stoker 1957 B]

(3.4 - 11a) $\qquad x(t) \approx A\cos\omega t + \dfrac{\varepsilon}{32} A^3 (-\cos\omega t + \cos 3\omega t)$

mit der Amplituden-Frequenz-Relation

(3.4 - 11b) $\qquad \omega^* = \omega/\Omega \approx 1 + \dfrac{3}{8}\varepsilon A^2 - \dfrac{1}{2}\left(F/A\Omega^2\right)$

Das Auftreten der *Subharmonischen* [Mc Lachlan 1950 B, Stoker 1957 B] mit einem Drittel $\omega/3$ oder $\omega^*/3$ der Anregungs-Frquenz ω oder ω^* bei einem *ungedämpften nichtlinearen Duffing-Oszillator* mit $\varepsilon \neq 0$ und $\tau = Q = \infty$ wird errechnet mit dem Ansatz [Stoker 1957 B].

(3.4 - 7c) $\qquad x(t) = A_{1/3}\cos\dfrac{1}{3}\omega t + A_1 \cos\omega t + A_{5/3}\cos\dfrac{5}{3}\omega t + +$

Die mathematischen Beziehungen

$$cos^3(\alpha/3) = \dfrac{3}{4}cos(\alpha/3) + \dfrac{1}{4}cos\alpha$$

$$cos^2(\alpha/3)cos\alpha = \dfrac{1}{4}cos(\alpha/3) + \dfrac{1}{2}cos\alpha +$$

$$cos(\alpha/3)cos^2\alpha = \dfrac{1}{2}cos(\alpha/3) +$$

etc.

ergeben in Kombination mit der inhomogenen Duffing-Gleichung (3.4 - 1a) für $\varepsilon \neq 0$ und $\tau = Q = \infty$ und dem Ansatz (3.4 - 7c) die Amplituden-Frequenz-Relationen

(3.4 - 12a)
$$\left(1 - \omega^{*2}\right)A_1 + \frac{1}{4}\varepsilon\left(A_{1/3}^3 + 6A_{1/3}^2 A_1 + 3A_1^3\right) = F/\Omega^2$$

$$\left(9 - \omega^{*2}\right)A_{1/3} + \frac{27}{4}\varepsilon\left(A_{1/3}^3 + A_{1/3}^2 A_1 + 2A_{1/3}A_1^2\right) = 0$$

Die Auswertung dieses Gleichungs-Systems liefert folgende bemerkenswerte Ergebnisse [Stoker 1957 B]:

α) Die subharmonische Schwingung mit der Frequenz ω/3 oder ω*/3 *existiert* nur wenn

(4.3 - 13) $\qquad +3\left[1 + \frac{21}{1024}\varepsilon\Omega^{-4}F^2\right]^{1/2} \begin{cases} < \omega^* \\ > \omega^* \end{cases}$ für $\begin{cases} \varepsilon > 0 \\ \varepsilon < 0 \end{cases}$

Somit existiert für ε ≠ 0 *keine subharmonische Schwingung* mit der Frequenz ω / 3 = Ω.

β) Es gibt Bereiche von A_1 und ω* wo *keine* Subharmonische mit der Frequenz ω*/3 auftritt. Diese sind gekennzeichnet durch $A_1 \neq 0$, $A_{1/3} = 0$.
In diesen Bereichen gilt für A_1 die Amplituden-Frequenz-Relation (3.4 - 10b). Deshalb entsteht die Subharmonische durch *Bifurkation* von der Harmonischen mit der Frequenz ω* gemäss Unterkapitel 6.1. Diese erfolgt bei der Amplitude [McLachlan 1950 B, Stoker 1957 B]:

(3.4 - 14a) $\qquad A_1 = A_{Bf} \approx -\frac{1}{8}\Omega^{-2}F\left[1 - 0{,}02 \cdot \varepsilon\Omega^{-4}F^2\right]$

und der Frequenz

(3.4 - 14b) $\qquad \omega^* = \omega^*_{Bf} \approx 3\left[1 + \frac{21}{1024}\varepsilon\Omega^{-4}F^2\right]$

Entsprechend (3.4 - 13) *existieren die Subharmonischen* bei ω* ≥ ω$_{Bf}$* > 3 für ε > 0 und bei ω* ≤ ω$_{Bf}$* < 3 für ε < 0.

γ) Die *Subharmonische existiert allein* [McLachlan 1950 B], wenn für die Amplituden gilt

(3.4 - 15a) $\qquad A_1 = 0,\ A_{1/3} = 2\sqrt{F/\varepsilon\Omega^2} - 2\sqrt{\frac{1}{27\varepsilon}\left(\omega^{*2} - 9\right)}$

Die entsprechende Anregungs-Frequenz ω*$_{1/3}$ ist bestimmt durch die Gleichung

(3.4 - 15b) $\qquad \left[\omega^*_{1/3}/3\right]^2 = 1 + 3\left[\frac{\varepsilon F^2}{4\Omega^4}\right]^{1/3}$

Der *Einfluss der Dämpfung* auf die Entstehung der Subharmonischen bei harmonischer Anregung des nicht-linearen Duffing-Oszillators wurde ebenfalls untersucht [McLachlan 1950 B, Stoker 1957 B].

Eine *analytische Lösung der inhomogenen Duffing-Gleichung* existiert [Zwillinger 1989 B], wenn der ungedämpfte Duffing-Oszillator periodisch angeregt wird *in Form eines Jacobischen elliptischen Kosinus* cn (u | m) anstelle eines harmonischen Kosinus cos u:

(3.4 - 16a) $$\ddot{x} + \Omega^2 x + \varepsilon \Omega^2 x^3 = F \cdot cn(\frac{2}{\pi} K(m) \cdot \omega t | m)$$

Der Jacobische elliptische Kosinus cn(u | m) und das vollständige elliptische Integral K(m) [Milne-Thompson 1931 B, Jahnke & Emde 1952 B, Erdelyi et al. 1952-1954 B, Abramowitz & Stegun 1965 B] wurden bereits im Kapitel 2.5 mit den Gleichungen (2.5 - 9ab), (2.5 - 10abc) und Figur 2.5 - 3 charakterisiert. Für m < 1/2 ist cn (u | m) ähnlich zu cos u.

Bei dieser Anregung des ungedämpften Duffing-Oszillators haben Anregung und Schwingung die *gleiche Form*. Die Lösung der Gleichung (3.4 - 16a) ist

(3.4 - 16b) $$x(t) = A \cdot cn(\frac{2}{\pi} K(m) \cdot \omega t | m)$$

mit der Amplituden-Frequenz-Relation

(3.4 - 16c) $$\omega^{*2} = \frac{\varepsilon}{2}\left[\frac{2}{\pi} K(m)\right]^{-2} (A/m)^2,$$

wobei A und m verknüpft sind durch die Beziehung

(3.4 - 16d) $$m^2 = \frac{\varepsilon}{2}\left[\varepsilon + A^{-2} - F\Omega^{-2} A^{-3}\right]^{-1}$$

Eine von den drei Grössen ω^*, A und m ist frei wählbar. Die Form von Anregung und Schwingung wird durch m bestimmt, weil m die Gestalt von cn (u | m) festlegt.

3. 4. 3 Harmonische Anregung des van der Pol - Oszillators

Die periodische Anregung des van der Pol-Oszillators bewirkt komplizierte Effekte, weil dieser Oszillator gemäss Kapitel 2.5.5 *auch ohne äussere Anregung stationär oszillieren kann*. Diese stationäre Schwingung wird durch einen *Grenzzyklus* beschrieben. Im Folgenden wird unter anderem demonstriert, dass ein Bereich der Anregungs-Frequenz ω oder ω^* existiert, wo *die erzwungene Schwingung die freie Schwingung unterdrückt*. Diesen Bereich bezeichnet man als *ruhige Zone*, in Englisch "silent zone".

Die harmonische Anregung des van der Pol-Oszillators [van der Pol 1927 Z, McLachlan 1950 B, Stoker 1957 B, Nayfeh & Mook 1979 B] wird durch folgende *inhomogene van der Pol-Gleichung* beschrieben:

(3.4 - 17a) $$\ddot{x} + \varepsilon \Omega (x^2 - 1)\dot{x} + \Omega^2 x = F \cdot cos(\omega t + \varphi) \quad \text{mit reellem } F > 0$$

wobei φ die Phasenverschiebung der resultierenden Schwingung gegenüber der harmonischen Anregung darstellt. Sie wird bei der Lösung der obigen inhomogenen van der Pol-Gleichung bestimmt. Diese Gleichung (3.4 - 17a) kann reduziert werden auf die *Normalform*.

(3.4 - 17b) $\quad x'' + \varepsilon(x^2 - 1)x' + x = f \cdot cos(\omega^* \tau + \varphi); f > 0$

mit $\quad x' = dx/d\tau$

Diese Reduktion wird mit den folgenden Transformationen erreicht:

(3.4 - 17c) $\quad \tau = \Omega t, \ \omega^* = \omega/\Omega, \ f = F/\Omega^2$

Für f = 0 entspricht die Normalform (3.4 - 17b) der normierten homogenen van der Pol-Gleichung (2.5 - 28b) des *frei schwingenden van der Pol-Oszillators*.

Die Lösungen x(t) und x(τ) der inhomogenen van der Pol-Gleichungen (3.4 - 17a&b) sind für ε > 0 *stabil im Sinne von Lagrange*, das heisst beschränkt für Zeiten t > 0. Dies kann bewiesen werden mit den Ungleichungen (3.4 - 3b&c) und (3.4 - 4a).

In *erster Näherung* kann die Normalform (3.4 - 17b) der inhomogenen van de Pol-Gleichung gelöst werden mit dem Ansatz [McLachlan 1950 B].

(3.4 - 18a) $\quad x(\tau) = a \cdot cos\,\tau + A \cdot cos\,\omega^* \tau$

Dieser Ansatz umfasst die Kreisfrequenz Ω der freien Schwingung sowie die Anregungs-Frequenz ω = Ω ω*. Ultra- und Subharmonische werden vernachlässigt.

Kombiniert man den Ansatz (3.4 - 18a) mit der Gleichung (3.4 - 17b) so findet man für die Koeffizienten der Terme mit sin τ, cos τ, sin ω* τ und cos ω* τ:

(3.4 - 18b) $\quad sin\,\tau$ - Term: $\quad 0 = a(1 - \frac{1}{4}a^2 - \frac{1}{2}A^2)$

$\quad\quad\quad\quad\quad cos\,\tau$ - Term: $\quad 0 = -a + a$

$\quad\quad\quad\quad\quad sin\,\omega^*t$ - Term: $f\,sin\,\varphi = -\varepsilon\omega^* A\left(1 - \frac{1}{2}a^2 - \frac{1}{4}A^2\right)$

$\quad\quad\quad\quad\quad cos\,\omega^*\tau$ - Term: $f\,cos\,\varphi = A(1 - \omega^{*2})$

Höhere Terme werden bei dieser Näherung vernachlässigt. Für die weiteren Betrachtungen geeignet ist die Einführung der Erregung E, der Schwingungsenergien S_e und S_f der erzwungenen und der freien Schwingung, der gesamten Schwingungsenergie S sowie der Verstimmung ϑ, in Englisch "detuning":

(3.4 - 18c) $\quad \vartheta = (\omega^{*2} - 1)/\varepsilon\omega^*; \ E = (f/2\varepsilon\omega^*)^2$

$\quad\quad\quad\quad S_e = \frac{1}{4}A^2; \ S_f = \frac{1}{4}a^2; \ S = S_e + S_f$

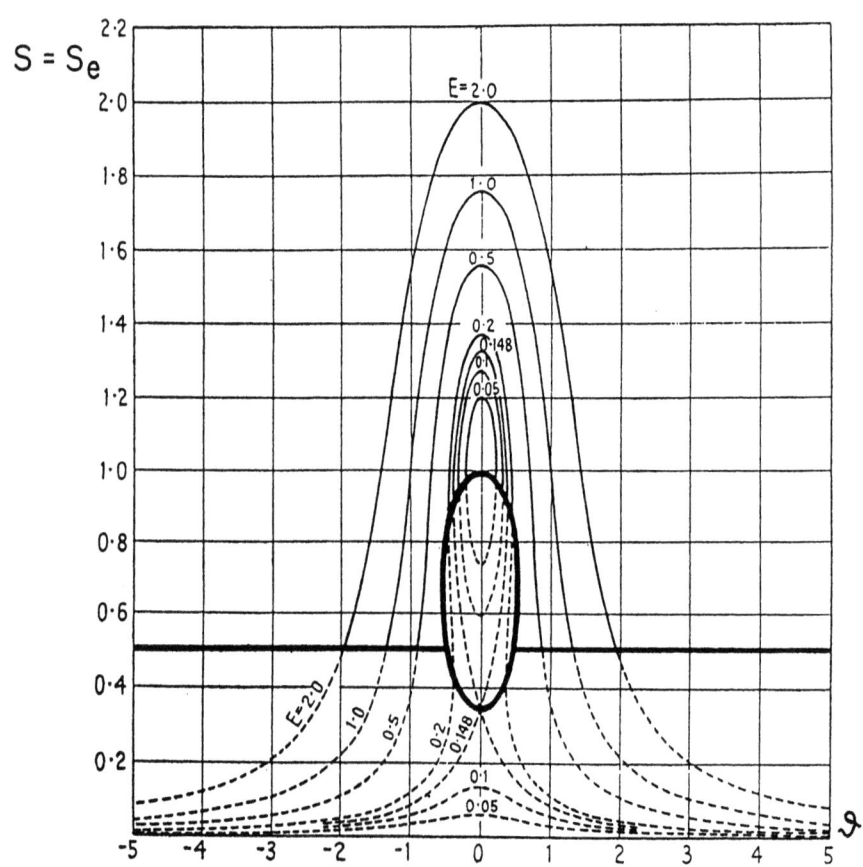

Figur 3.4 - 3: Amplituden-Frequenz-Relationen der reinen erzwungenen Schwingungen des van der Pol-Oszillators in der ruhigen Zone. Aufgezeichnet ist die Schwingungsenergie $S = S_e$ der reinen erzwungenen Schwingung als Funktion der Verstimmung ϑ. Die gestrichelten Kurven entsprechen instabilen Schwingungszuständen.

Mit diesen Parametern findet man mit Hilfe der sin $\omega^* \tau$ - und cos $\omega^* \tau$- Terme von (3.4 - 18b) die Beziehungen:

(3.4 - 18d) $\qquad tg\varphi = (1/\vartheta) \cdot (1 - S_e - 2S_f)$

(3.4 - 18e) $\qquad E = S_e \left[(1 - S_e - 2S_f)^2 + \vartheta^2 \right]$

Der sin τ - Term von (3.4 - 18b) ergibt

(3.4 - 18f)

α) $\qquad E = 0, A = 0, a = 2;$
$\qquad\qquad S_e = 0, S = S_f = 1$

β) $\qquad E > 0, A > 0, a = 0;$
$\qquad\qquad S = S_e, S_f = 0$

γ) $\qquad E > 0, A > 0, a > 0;$
$\qquad\qquad S = 1 - S_e = (1 + S_f)/2; \ 2S_e + S_f = 1$

Entsprechend dieser Einteilung α) β) γ) lassen sich die Lösungen der normierten inhomogenen van der Pol-Gleichung (3.4 - 17b) in *drei Kategorien* aufteilen:

α) *reine freie Schwingung ohne Anregung*
$\quad$ E = 0, S_e = 0, S = S_f = 1
Diese Lösung entspricht der ersten Näherung der Schwingung und des Grenzzyklus des freien van der Pol-Oszillators mit kleinem $\varepsilon \geq 0$ gemäss Kapitel 2.5.5

(3.4 - 19) $\qquad x = 2\cos\tau = 2\cos\Omega t$

β) *reine erzwungene Schwingung in der ruhigen Zone*
$\quad$ E > 0, A $\geq \sqrt{2}$, S = $S_e \geq 1/2$, a = 0, S_f = 0
In diesem Fall unterdrückt die erzwungene Schwingung die freie Schwingung, weshalb der entsprechende Bereich der Anregungs-Frequenz ω oder ω^* als ruhige Zone bezeichnet wird. Weil $S_f = 0$ ist reduzieren sich die Gleichungen (3.4 - 18d & e) auf die Beziehungen

(3.4 - 20a) $\qquad tg\varphi = (1/\vartheta) \cdot (1 - S)$

(3.4 - 20b) $\qquad E = S \left[(1 - S)^2 + \vartheta^2 \right]$

Die Gleichung (3.4 - 20b) ist in Figur 3.4 - 3 illustriert. Dargestellt ist S als Funktion von ϑ. E wirkt als Kurvenparameter.

Damit keine freie Schwingung mit a $\neq$ 0, S_f > 0 auftritt, muss der vorliegende Fall β) von (3.4 - 18f) widersprechen. Dies erfordert, dass

(3.4 - 20c) $\qquad S_f = \dfrac{1}{4}a^2 = 1 - 2S_e \leq 0$

oder $\quad S_e = S \geq 1/2, A \geq \sqrt{2}$

Somit repräsentieren die Kurven in Figur 3.4 - 3 für S < 1/2 keine stabilen Schwingungszustände.

Die reinen erzwungenen Schwingungen gemäss (3.4 - 20a&b) werden auch instabil, wenn d S / d $\vartheta = \infty$ oder d ϑ / d S = 0. Die Differentiation von (3.4 - 20b) ergibt eine *Ellipse* als geometrischen Ort von d S / d $\vartheta = \infty$ in der ϑ S - Ebene, welche folgende Gleichung erfüllt:

(3.4 - 20d) $\quad 3\vartheta^2 + 9\left(S - \frac{2}{3}\right)^2 = 1$

Ihre Hauptachsen sind $1/\sqrt{3}$ und 1/3; ihr Mittelpunkt liegt bei $\vartheta = 0$, S = 2/3. Sie ist ebenfalls in Figur 3.4 - 3 eingezeichnet. Alle gestrichelten Kurven in dieser Figur entsprechen instabilen Schwingungszuständen.

γ) *erzwungene und freie Schwingungen*
$\quad$ E > 0, A > 0, S_e > 0, a > 0, S_f > 0

Die massgebenden Beziehungen für die verschiedenen Schwingungsenergien sind gemäss Absatz γ) von (3.4 - 18f):

(3.4 - 21a) $\quad S = 1 - S_e = \frac{1}{2}(1 + S_f)\,;\ 2S_e + S_f = 1$

Kombiniert man (3.4 - 21a) mit (3.4 - 18d & e) so findet man

(3.4 - 21b) $\quad tg\,\varphi = (1/\vartheta)(2 - 3S)$

(3.4 - 21c) $\quad E = (1 - S)\left[(2 - 3S)^2 + \vartheta^2\right]$

In Figur 3.4 - 4 ist S als Funktion von ϑ mit E als Parameter sowohl für die reine erzwungene Schwingung entsprechend (3.4 - 20b) als auch für simultane erzwungene und freie Schwingung entsprechend (3.4 - 21c) eingezeichnet. Für gleiche Erregung E schneiden sich die entsprechenden Kurven ausserhalb der Ellipse (3.4 - 20d) mit d S / d $\vartheta = \infty$ bei

(3.4 - 21d) $\quad S = 1/2,\ \vartheta_0^2 = 2E - 1/4 > 1/4; E \geq 1/4$

An dieser Stelle findet der Übergang von der reinen erzwungenen Schwingung zum Schwingungszustand mit erzwungener und freier Schwingung statt. Hier ist die *Grenze der ruhigen Zone*. Diese Grenze ist in Figur 3.4 - 4 für E = 0.5 eingezeichnet.

Für *grosse Verstimmungen* ϑ gilt gemäss (3.4 - 21)

(3.4 - 21e) $\quad S(\vartheta = \pm\infty) = S_f(\vartheta = \pm\infty) = 1\,;\ S_e(\vartheta = \pm\infty) = 0$
$\quad\quad\quad\quad\ \ a(\vartheta = \pm\infty) = 2,\ A(\vartheta = \pm\infty) = 0,\ \varphi(\vartheta = \pm\infty) = \pi$

Dies bedeutet, dass die harmonische Anregung bei grossen Verstimmungen ϑ ihre Wirkung auf den van der Pol-Oszillator verliert.

Wie bei den erzwungenen Schwingungen des Duffing-Oszillators, welche im vorangehenden Kapitel 3.4.2 beschrieben wurden, treten auch beim harmonisch angeregten van der Pol-Oszillator *Ultraharmonische* mit der dreifachen Anregungs-Frequenz 3ω oder $3\omega^*$ und *Subharmonische* mit einem Drittel $\omega/3$ oder $\omega^*/3$ der Anregungs-Frequenz ω oder ω^* auf. Die Anregung einer *reinen Subharmonischen* mit der Frequenz $\omega/3 = \Omega$ erfüllt folgende Gleichung

(3.4 - 22a) $\qquad \ddot{x} + \varepsilon\Omega(x^2 - 1)\dot{x} + \Omega^2 x = F \cdot \cos 3\Omega t \qquad F = 2\varepsilon\Omega^2$

Diese Gleichung hat die Lösung
(3.4 - 22b) $\qquad x = -2\sin\Omega t$

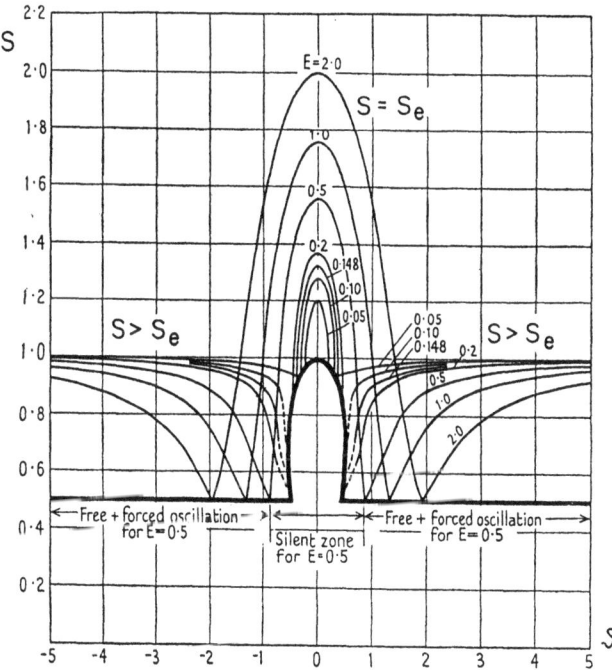

Figur 3.4 - 4: Amplituden-Frequenz-Relationen der erzwungenen und freien Schwingungen des van der Pol-Oszillators. Aufgezeichnet ist die gesamte Schwingungsenergie $S = S_e + S_f$ als Funktion der Verstimmung ϑ sowie die ruhige Zone für $E = 0,5$.

4. SCHWINGUNGEN DER SYSTEME

4.1 Übersicht

Thema dieses Kapitels sind die Schwingungen der Systeme von gewöhnlichen Differentialgleichungen. Solche Systeme werden auch als *gekoppelte* Differentialgleichungen bezeichnet.

Die *Normalform* der im Folgenden untersuchten Systeme von Differentialgleichungen entspricht einem System von n expliziten gewöhnlichen Differentialgleichungen erster Ordnung für n Ortsvariable x_j, j = 1, 2, ...n als Funktionen der Zeit t [Kamke 1956 B].
(4.1 - 1a)
$$dx_j / dt = \dot{x}_j = v_j(t, x_1, ... x_k, ... x_n) \quad \text{mit} \quad j = 1, 2, ...n; \quad k = 1, 2, ...n$$

Dieses Gleichungssystem kann auch als *Vektor-Gleichung* im n-dimensionalen Ortsraum beschrieben werden:
(4.1 - 1b)
$$\dot{\vec{r}} = \vec{v}(t, \vec{r}) \quad \text{mit} \quad \vec{r} = [x_1, ... x_k, ... x_n], \quad \vec{v} = [v_1, ... v_j, ... v_n]$$

Die Vektorgleichung (4.1 - 1b) zeigt, dass das Gleichungssystem (5.1 - 1a) ein im allgemeinen *zeitabhängiges Geschwindigkeitsfeld*, das heisst, eine im allgemeinen *instationäre Strömung* darstellt. Dieser Aspekt wird im Kap. 4.2 diskutiert.

Das Gleichungssystem in Normalform (5.1 - 1a) lässt sich auch darstellen in *Differentialform* [Madelung 1956 B]:
(4.1 - 1c)
$$dt = \frac{dx_1}{v_1(t, x_1, .. x_k, .., x_n)} = = = \frac{dx_j}{v_j(t, x_1, .. x_k, .., x_n)} = = = \frac{dx_n}{v_n(t, x_1, .. x_k, .., x_n)}$$

Jedes System von n gewöhnlichen expliziten *Differentialgleichungen höherer Ordnung* mit n Ortsvariablen kann in die Normalform (4.1 - 1a) gebracht werden, obschon diese nur Differentialgleichungen erster Ordnung aufweist [Madelung 1943 B]. Kommt z.B. die Ableitung $\ddot{x}_k$ von x_k vor, so setzt man $x_{n+k} = \dot{x}_k$ und erhält $\dot{x}_{n+k} = \ddot{x}_k$. Die Normalform, welche man mit dieser Methode gewinnt, enthält dann nur noch Differentialgleichungen erster Ordnung. Ihre Dimension n^* ist jedoch grösser als die ursprüngliche Dimension n.

Als *Beispiel* betrachten wir ein *zweidimensionales Beschleunigungsfeld* in der Form:
(4.1 - 2a)
$$\ddot{x}_1 = a_1(t, x_1, x_2, \dot{x}_1, \dot{x}_2)$$
$$\ddot{x}_2 = a_2(t, x_1, x_2, \dot{x}_1, \dot{x}_2)$$

oder als Vektor-Gleichung:
(4.1 - 2b) $\quad \ddot{\vec{r}} = \vec{a}(t, \vec{r})$

Die Reduktion des Gleichungssystems (4.1 - 2a) auf die Normalform (4.1 - 1a) mit der beschriebenen Methode erhöht die Dimension des Systems von n = 2 auf n* = 4 und resultiert in
(4.1 - 2c)
$$\dot{x}_1 = x_3$$
$$\dot{x}_2 = x_4$$
$$\dot{x}_3 = a_1(t, x_1, x_2, x_3, x_4)$$
$$\dot{x}_4 = a_2(t, x_1, x_2, x_3, x_4)$$

Ist in den Gleichungen (4.1 - 1a-c) die Geschwindigkeit explizite unabhängig von der Zeit t, so spricht man von einem *dynamischen* [Kamke 1956 B] oder *autonomen System* [Birkhoff & Rota 1989 B, Verhulst 1989 B, Zwillinger 1990 B], in Englisch "autonomous system". Unter dieser Voraussetzung ist die Normalform:
(4.1 - 3a) $\quad dx_j / dt = \dot{x}_j = v_j(x_1, ..., x_k, ..., x_n)$
und die entsprechende Vektor-Gleichung:
(4.1 - 3b) $\quad \dot{\vec{r}} = \vec{v}(\vec{r})$, mit $\dfrac{\partial}{\partial t} \vec{v} = \vec{0}$.

Diese Gleichung definiert ein *stationäres Geschwindigkeitsfeld* und die dazugehörige *stationäre Strömung*.

Bei den autonomen Systemen ist bemerkenswert, dass sich die *Zeit t separieren* lässt. Dies zeigen die Gleichungen
(4.1 - 3c)
$$dt = \frac{dx_1}{v_1(x_1, ..x_k, ..x_n)} = = = \frac{dx_j}{v_j(x_1, ..x_k, ..x_n)} - = = \frac{dx_n}{v_n(x_1, ..x_k, ..x_n)}$$

welche aus der Normalform (4.1 - 3a) hergeleitet werden können. Diese Separation von dt demonstriert, dass *autonome Systeme invariant* sind *gegenüber einer Verschiebung der Zeitskala* von t nach t - t_0.

Wichtig bei autonomen Systemen sind die *singulären oder kritischen Punkte* gekennzeichnet durch die Vektoren $\vec{r}_S = [x_{S1}, ..x_{Sk}, ...x_{Sn}]$, welche die Bedingung

(4.1 - 4) $\quad v_j(x_{S1}, ..x_{Sk}, ..x_{Sn}) = 0 \quad oder \quad \vec{v}(\vec{r}_S) = \vec{0}$

erfüllen. Die Schwingungen von autonomen Systemen werden weitgehend bestimmt durch das Verhalten der Lösungen der autonomen gekoppelten Differentialgleichungen (4.1 - 3a) in der nahen Umgebung ihrer kritischen Punkte $\vec{r}_S$.

Allgemeine *lineare Systeme* werden beschrieben durch die Normalform:

(4.1 - 5a) $\qquad dx_j / dt = \dot{x}_j = v_j = \sum_{k=1}^{n} a_{jk}(t) \cdot x_j + b_j(t)$

und die Vektor-Gleichung:

(4.1 - 5b) $\qquad \dot{\vec{r}} = \vec{v} = \mathbf{A}(t)\,\vec{r} + \vec{b}(t)$

mit $\qquad \mathbf{A}(t) = \{a_{jk}(t)\}$ und $\vec{b}(t) = [b_1(t),..b_j(t),..b_n(t)]$,

wobei $\mathbf{A}(t)$ die charakteristische Matrix und $\vec{b}(t)$ den Störungsvektor darstellen.

Ein lineares System heisst *homogen*, wenn

(4.1 - 6a) $\qquad b_j(t) = 0 \quad oder \quad \vec{b}(t) = \vec{0}$

und *inhomogen*, wenn

(4.1 - 6b) $\qquad b_j(t) \neq 0 \quad oder \quad \vec{b}(t) \neq \vec{0}$

Autonome lineare Systeme bezeichnet man als *d'Alembert Systeme* [Kamke 1956 B]. Sie sind die einfachsten Systeme. Ihre Normalform ist

(4.1 - 7a) $\qquad dx_j / dt = \dot{x}_j = v_j = \sum_{k=1}^{n} a_{jk} \cdot x_k$

entsprechend der Vektor-Gleichung

(4.1 - 7b) $\qquad \dot{\vec{r}} = \vec{v} = \mathbf{A}\,\vec{r} \quad \text{mit} \quad \mathbf{A} = \{a_{ij}\}$,

wobei die charakteristische Matrix $\mathbf{A}$ nicht von der Zeit t abhängt.

Alle d'Alembert-Systeme haben in dieser Darstellung einen *einzigen singulären Punkt im Koordinatenursprung*:

(4.1 - 8) $\qquad \vec{r}_S = \vec{0} \quad \text{mit} \quad \vec{v}(\vec{r}_S) = \vec{v}(\vec{0}) = \vec{0}$

Normalform (4.1 - 7a) und Vektor-Gleichung (4.1 - 7b) repräsentieren ein *homogenes* System. Trotzdem umfassen sie auch die *inhomogenen d'Alembert Systeme*, weil ein solches durch eine Verschiebung des Koordinatenursprungs in ein homogenes System transformiert werden kann. Diese Transformation erzielt man nach folgendem Schema:

Ausgehend von der inhomogenen Vektorgleichung

(4.1 - 9a) $\quad \dot{\vec{r}} = \mathbf{A}\,\vec{r} + \vec{b}$
setzt man $\quad \mathbf{A}\,\vec{r} + \vec{b} = \mathbf{A}\left(\vec{r} - \vec{r}_0\right)$
und findet
(4.1 - 9b) $\quad \vec{r}_0 = -\mathbf{A}^{-1}\,\vec{b}$
sowie
(4.1 - 9c) $\quad \dfrac{d}{dt}(\vec{r} - \vec{r}_0) = \mathbf{A}(\vec{r} - \vec{r}_0)$

In der folgenden Sektion 4.2 werden die Geschwindigkeitsfelder $\vec{v}(t,\vec{r})$ dreidimensionaler Strömungen diskutiert. Dabei werden Begriffe eingeführt, welche das Verständnis der in diesem Kapitel besprochenen Systeme von Differentialgleichungen fördern und ihre Lösung erleichtern. Die verschiedenen Typen dieser Systeme sind Thema der späteren Sektionen.

4.2 Strömungen

4.2.1 Grundbegriffe

Dreidimensionale Systeme von expliziten Differentialgleichungen erster Ordnung sind analog zu *Strömungen von Fluiden*. Die *Geschwindigkeitsfelder* solcher Strömungen entsprechen der Vektor-Gleichung (4.1 - 1b) und der Normalform (4.1 - 1a) dieser Systeme. Ein dreidimensionales Geschwindigkeitsfeld

(4.1 - 1b) $\quad \dot{\vec{r}} = \vec{v} = \vec{v}(t,\vec{r})$

mit der Zeit t, dem Ortsvektor $\vec{r}=[x, y, z]$ und dem Geschwindigkeitsvektor $\vec{v}=[u, v, w]$ entspricht in der Komponenten-Darstellung

(4.2 - 1) $\quad \dot{x} = u = u(t,x,y,z)$
$\quad\quad\quad\quad\;\, \dot{y} = v = v(t,x,y,z)$
$\quad\quad\quad\quad\;\, \dot{z} = w = w(t,x,y,z)$

der Normalform (4.1 - 1a).

Inkompressible Flüssigkeiten haben nach Definition eine *konstante Dichte* $\rho [\mathrm{kg/m^3}]$. Deshalb hat die *Kontinuitätsgleichung* [Lüst 1978 B, Kneubühl 1994 B] der inkompressiblen Flüssigkeiten bei Berücksichtigung von *Quellen und Senken* die Form

(4.2 - 2a) $\quad \mathrm{div}\,\vec{v}(t,\vec{r}) = q(t,\vec{r})$

mit der *Quellendichte* $q\,[\mathrm{s^{-1} = m^3/m^3\,s}]$. Diese ist positiv für Quellen und negativ für Senken.

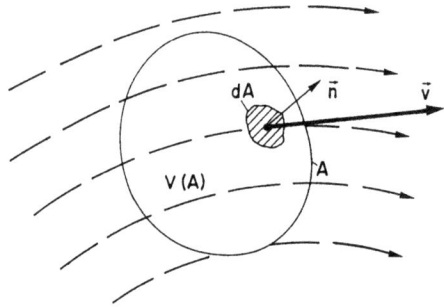

Figur 4.2 - 1: Kontinuitätsgleichung und Satz von Gauss.

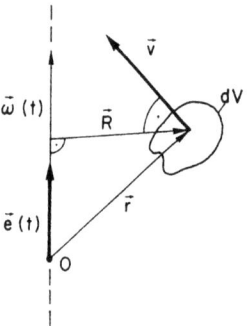

Figur 4.2 - 2: Eigentliche Rotation.

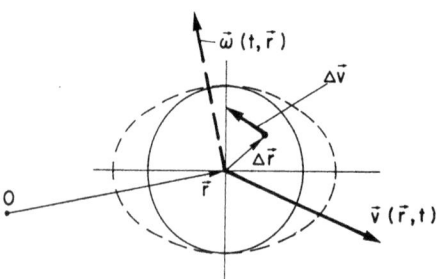

Figur 4.2 - 3: Bewegung und Deformation eines ursprünglich kugelförmigen Teilchens.

Der mathematische Operator der *Divergenz*, abgekürzt "div" ist definiert durch

(4.2 - 3) $\quad div\ \vec{v} = div[u,v,w] = u_x + v_y + w_z = \dfrac{\partial}{\partial x}u + \dfrac{\partial}{\partial y}v + \dfrac{\partial}{\partial z}w,$

wobei die Indizes x, y, z die *partiellen Differentiationen* $\dfrac{\partial}{\partial x}, \dfrac{\partial}{\partial y}, \dfrac{\partial}{\partial z}$ bezeichnen.

Die Gleichung (4.2 - 2a) kann mit Hilfe des Satzes von Gauss

(4.2 - 4) $\quad \int_A \vec{v}\cdot\vec{n}\cdot dA = \int_{V(A)} div\ \vec{v}\cdot dV \quad mit \quad |\vec{n}| = 1$

auch in *Integralform* geschrieben werden:

(4.2 - 2b) $\quad \int_A \vec{v}(t,\vec{r})\cdot\vec{n}\cdot dA = Q(V(A))$

Wie in Figur 4.2 - 1 illustriert bedeutet A eine geschlossene, einfach zusammenhängende, im Raum feste Fläche und V(A) das von ihr umschlossene Volumen. Der Normalenvektor $\vec{n}$ des Flächenelements dA zeigt nach aussen. Q(V(A)) ist die *Quellenstärke* des Volumens V(A). Sie hat die Einheit [Q] = m³/s.

Bei *quellenfreien Strömungen kompressibler Fluide* beschreibt die Divergenz die *relative Dichte- und Volumenänderung* eines Flüssigkeitsteilchens mit konstanter Masse m während seiner Bewegung auf der Bahn $\vec{r} = \vec{r}(t)$. Die *Kontinuitätsgleichung* der quellenfreien Strömungen ergibt [Lüst 1978 B, Kneubühl 1994 B]:

(4.2 - 2c) $\quad div\ \vec{v}(t,\vec{r}) = -\dfrac{d}{dt} ln\ \rho(t,\vec{r} = \vec{r}(t)) = +\dfrac{d}{dt} ln\ V(t,\vec{r} = \vec{r}(t))$

Häufige und wichtige Phänomene in Strömungen sind *Wirbel* und *lokale Rotation* der Flüssigkeitsteilchen. Selten ist dagegen die *eigentliche Rotation* um eine feste Achse wie zum Beispiel beim Karussell. Dies ist z.B. der Fall bei einer Flüssigkeit in einem kreiszylindrischen Gefäss, das mit konstanter Winkelgeschwindigkeit ω um seine Achse rotiert.

Voraussetzung für das Verständnis der lokalen Rotation ist die *momentane Rotation eines starren Körpers* um eine sich im allgemeinen bewegenden Drehachse $\vec{e}(t)$ mit der im allgemeinen zeitlich ändernden Kreisfrequenz ω(t). Die Achse wird charakterisiert durch den sich im allgemeinen bewegenden Einheitsvektor $\vec{e}(t)$ mit $|\vec{e}(t)| = 1$. Die momentane Rotation wird beschrieben durch die Vektor-Gleichung.

(4.2 - 5a) $\quad \dot{\vec{r}} = \vec{v}(t,\vec{r}) = [\vec{\omega}(t) \times \vec{r}] \quad mit \quad \vec{\omega}(t) = \omega(t)\cdot\vec{e}(t) \quad und \quad |\vec{e}(t)| = 1,$

welche in Figur 4.2 - 2 illustriert ist. Wenn $\vec{e}(t) = \vec{e}$ konstant ist, beschreibt diese Gleichung eine *eigentliche Rotation um eine feste Achse*. Variert jedoch $\vec{e}(t)$ mit der Zeit t, dann handelt es sich um eine *Kreiselung* mit dem Koordinatenursprung 0 als Fixpunkt.

Zerlegt man den Ortsvektor $\vec{r}$ in einen Vektor parallel und einen Vektor $\vec{R}(t)$ senkrecht zur Achse $\vec{e}(t)$, dann hat die Gleichung (4.2 - 5a) die Form

(4.2 - 5b) $$\dot{\vec{r}} = \vec{v} = \vec{v}(t,\vec{R}) = [\vec{\omega}(t) \times \vec{R}]$$

Mindestens ebenso wichtig ist die Komponenten- oder Matrix-Darstellung

(4.2 - 5c) $$\begin{pmatrix}\dot{x}\\\dot{y}\\\dot{z}\end{pmatrix} = \begin{pmatrix}u\\v\\w\end{pmatrix} = \omega \begin{pmatrix}x\\y\\z\end{pmatrix} = \begin{bmatrix}0 & -\omega_3(t) & +\omega_2(t)\\+\omega_3(t) & 0 & -\omega_1(t)\\-\omega_2(t) & +\omega_1(t) & 0\end{bmatrix}\begin{pmatrix}x\\y\\z\end{pmatrix}$$

mit der schiefsymmetrischen Matrix $\underline{\omega}$, deren Elemente die Komponenten des Vektors $\vec{\omega}(t) = [\omega_1(t), \omega_2(t), \omega_3(t)]$ sind. Dieser Vektor ist verknüpft mit dem Geschwindigkeitsfeld $\vec{v}(t,\vec{r})$ von Gleichung (4.2 - 5a) durch die Beziehung

(4.2 - 5d) $$\vec{\omega}(t) = \frac{1}{2} \, rot \, \vec{v}(t,\vec{r}) = \frac{1}{2} \, rot \, [\vec{\omega}(t) \times \vec{r}]$$

Der mathematische Operator der *Rotation*, abgekürzt "rot" oder "curl", ist definiert durch die Gleichung

(4.2 - 6) $$rot \, \vec{v} = rot \, [u, v, w] = [w_y - v_z, u_z - w_x, v_x - u_y]$$

wobei die Indizes x, y, z wie bei Gleichung (4.2 - 3) die partiellen Differentiationen bezeichnen.

Die *lokale Rotation eines Flüssigkeitsteilchens* am Ort $\vec{r}$ zur Zeit t ist durch das Geschwindigkeitsfeld $\vec{v}(t,\vec{r})$ bestimmt. Die Bewegung eines ursprünglich kugelförmigen Flüssigkeitsteilchens kann in erster Näherung zerlegt werden in [Lüst 1978 B].

α) eine Translation
β) eine Rotation
γ) eine elliptische Deformation mit drei zueinander senkrecht stehenden Achsen.

Dies resultiert aus der in Figur 4.2 - 3 illustrierten Näherung.

(4.2 - 7a) $\quad \vec{v}(t,\vec{r}+\Delta\vec{r}) \cong \vec{v}(t,\vec{r}) + [\vec{\omega}(t,\vec{r})\times\Delta\vec{r}] + \mathbf{D}(t,\vec{r})\Delta\vec{r} \quad \text{mit} \quad \mathbf{D}(\vec{r},t) = \{D_{jk}(\vec{r},t)\}$

Der Vektor $\vec{\omega}(t,\vec{r})$ der *lokalen Rotation* hat die gleiche Beziehung (4.2 - 5d) zum allgemeinen Geschwindigkeitsfeld $\vec{v}(t,\vec{r})$ wie derjenige der momentanen Rotation.

(4.2 - 7b) $\qquad \vec{\omega}(t,\vec{r}) = \dfrac{1}{2} \, rot \; \vec{v}(\vec{r},t)$

In der Gleichung (4.2 - 7a) bezeichnet $\mathbf{D}(t, \vec{r})$ die symmetrische *Deformationsmatrix* [Lüst 1978 B]. Sie gibt unter anderem Auskunft über die Divergenz und die Quellendichte und die Quellendichte des Geschwindigkeitsfeldes $\vec{v}(t,\vec{r})$:

(4.2 - 7c) $\qquad sp \, \mathbf{D}(t,\vec{r}) = div \; \vec{v}(t,\vec{r}) = q(t,\vec{r})$

Dabei bedeutet "sp" die *Spur* oder "trace" der Matrix $\mathbf{D}$. Sie ist definiert als

(4.2 - 8) $\qquad sp \, \mathbf{D} = sp \left\{D_{jk}\right\} = \sum\limits_{j=1}^{3} D_{jj}$

Eine charakteristische Grösse von Wirbeln ist die *Wirbelstärke* oder *Zirkulation* Γ, die wie folgt definiert ist:

(4.2 - 9a) $\qquad \Gamma = \oint_s \vec{v}(t,\vec{r}) \cdot d\vec{r}$,

wobei s einen geschlossenen Weg entsprechend Figur 4.2 - 4 darstellt. Diese Formel für die Wirbelstärke kann mit dem mathematischen *Satz von Stokes*

(4.2 - 10) $\qquad \oint_s \vec{v} \cdot d\vec{r} = \int\limits_{A(s)} (rot \; \vec{v}) \cdot \vec{n} \cdot dA \quad mit \quad |\vec{n}| = 1$

umgeformt werden. Wie in Figur 4.2 - 4 illustriert, ist A(s) eine beliebige, von der geschlossenen Kurve s umrandete Fläche und $\vec{n}$ der Normalenvektor des Flächenelements dA. Seine Richtung ist durch den Umlaufsinn des Weges s gemäss der Rechte-Hand-Regel festgelegt.

Das Resultat der Umformung von Formel (4.2 - 9a) mit dem Satz von Stokes ist

(4.2 - 9b) $\qquad \Gamma = \int\limits_{A(s)} (rot \; \vec{v}(t,\vec{r})) \cdot \vec{n} \cdot dA = 2 \int\limits_{A(s)} \vec{\omega}(t,\vec{r}) \cdot \vec{n} \cdot dA$

Das durch die Gleichungen (4.1 - 1b) und (4.2 - 1) definierte Geschwindigkeitsfeld $\vec{v}(t,\vec{r})$ einer Strömung bestimmt die *Bahnen der einzelnen Flüssigkeitsteilchen*. Jedes Flüssigkeitsteilchen kann gekennzeichnet werden durch den Ort $\vec{r}_0 = [x_0, y_0, z_0]$ wo es sich zur Zeit t = 0 befindet. Die Bewegung eines Teilchens wird beschrieben durch eine *Bahnlinie* [Lüst 1978 B] der Form

(4.2 - 11a) $\qquad \vec{r} = \vec{r}(t,\vec{r}_0) \quad mit \quad \vec{r}_0 = \vec{r}(0,\vec{r}_0)$

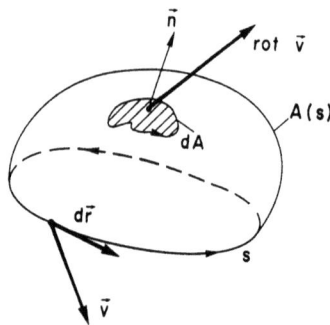

Figur 4.2 - 4: Satz von Stokes.

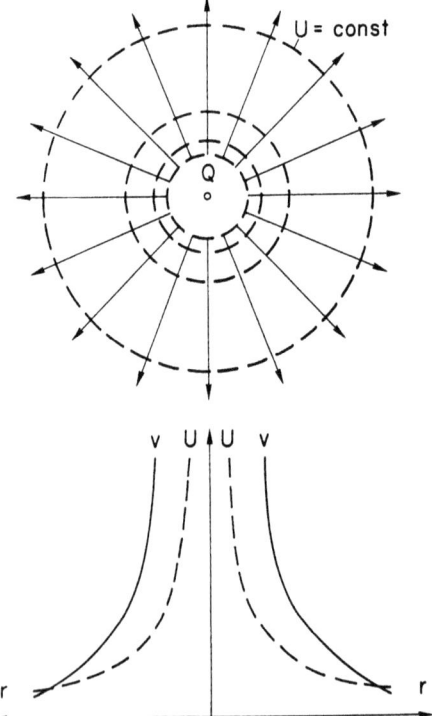

Figur 4.2 - 5: Geschwindigkeit, Potential, Aequipotentialflächen einer dreidimensionalen Punktquelle.

oder in der Komponenten-Darstellung

(4.2 - 11b) $\quad \begin{aligned} x &= x(t, x_0, y_0, z_0) \\ y &= y(t, x_0, y_0, z_0) \\ z &= z(t, x_0, y_0, z_0) \end{aligned} \quad$ mit $\quad \begin{aligned} x_0 &= x(0, x_0, y_0, z_0) \\ y_0 &= y(0, x_0, y_0, z_0) \\ z_0 &= z(0, x_0, y_0, z_0) \end{aligned}$

Die Bahnlinien (4.2 - 11a & b) bilden die *Lösung* des durch die Gleichungen (4.1 - 1b) und (4.2 - 1) definierten *Systems von Differentialgleichungen*, welches das Geschwindigkeitsfeld darstellt. Ausser den Bahnlinien werden auch *Stromlinien* zur Beschreibung von Strömungen verwendet. Gemäss Definition [Lüst 1978 B] sind Stromlinien diejenigen Kurven, deren Tangenten in jedem Kurvenpunkt $\vec{r}$ parallel zur Richtung des Geschwindigkeitsvektors $\vec{v}(t, \vec{r})$ stehen.

Bei *instationären Strömungen* mit explizit zeitabhängigen Geschwindigkeitsfeldern ändern sich die Stromlinien mit der Zeit t. Deswegen wird eine Stromlinie zu einer bestimmten Zeit t dargestellt als

(4.2 - 12a) $\quad \vec{r}_s = \vec{r}_s(s, t),$

wobei s den Kurvenparameter bedeutet. Weil $d\vec{r}_s / ds$ einen Vektor mit der Tangentenrichtung der Stromlinie im Punkt $\vec{r}_s$ bildet, erfüllt $\vec{r}_s$ entsprechend der obigen Definition der Stromlinien die Differentialgleichung [Lüst 1978 B]:

(4.2 - 12b) $\quad \dfrac{d}{ds} \vec{r}_s(s, t) = \vec{v}(t, \vec{r}_s(s, t)) \; ; \; t = const$

Der Vergleich dieser Gleichung mit der Differentialgleichung (4.1 - 1b) für die Bahnlinien zeigt, dass bei *instationären Strömungen die Bahnlinien und die Stromlinien verschieden sind*.

Im Gegensatz sind die *Bahnlinien und Stromlinien identisch bei den stationären Strömungen*, die durch zeitunabhängige Geschwindigkeitsfeld $\vec{v}(\vec{r})$ charakterisiert sind. In diesem Fall wird eine Stromlinie dargestellt als

(4.2 - 13a) $\quad \vec{r}_s = \vec{r}_s(t)$

wobei $\vec{r}_s$ die Differentialgleichung

(4.2 - 13b) $\quad \dfrac{d}{ds} \vec{r}_s(s) = \vec{v}(\vec{r}_s(s))$

erfüllt. Ersetzt man in dieser Gleichung $\vec{r}_s$ durch $\vec{r}$ und den Kurvenparameter s durch die Zeit t, so findet man die Bestimmungs-Gleichung (4.1 - 3b) für die Bahnlinien stationärer Strömungen.

4.2.2 Potentialströmungen

Potentialströmungen sind gekennzeichnet durch ein skalares *Strömungspotential* $U(t,\vec{r})$, welches das Geschwindigkeitsfeld $\vec{v}(t,\vec{r})$ bestimmt gemäss dem Gesetz

(4.2 - 14) $\quad\quad\quad \vec{v}(t,\vec{r}) = -\,grad\ U(t,\vec{r})$

In der Fluiddynamik wird häufig auch das positive anstelle des negativen Vorzeichens verwendet. Der mathematische Operator *Gradient*, abgekürzt "grad", ist definiert durch dei Gleichung

(4.2 - 15) $\quad\quad\quad grad\ U = [U_x, U_y, U_z] = \left[\dfrac{\partial U}{\partial x}, \dfrac{\partial U}{\partial y}, \dfrac{\partial U}{\partial z}\right]$

Der Gradient erfüllt die mathematische Beziehung

(4.2 - 16) $\quad\quad\quad rot\ (grad\ U) = \vec{0}$

Somit ist eine Potentialströmung *wirbelfrei*:

(4.2 - 17) $\quad\quad\quad rot\ \vec{v}(t,\vec{r}) = 2\cdot\vec{\omega}(t,\vec{r}) = \vec{0}$

Die Änderung dU des Strömungspotentials U bei einer Verschiebung $d\vec{r}$ des Ortes $\vec{r}$ innerhalb des Zeitintervals dt wird durch den Gradienten von U mitbestimmt entsprechend der Formel:

(4.2 - 18) $\quad\quad\quad dU = \dfrac{\partial}{\partial t}U(t,\vec{r})\cdot dt + grad\ U(t,\vec{r})\cdot d\vec{r}$

Diese Formel gestattet die Berechnung des Strömungspotentials $U(t,\vec{r})$ für ein gegebenes Geschwindigkeitsfeld $\vec{v}(t,\vec{r})$, vorausgesetzt, dass dieses in einem abgeschlossenen, einfach zusammenhängenden Gebiet G wirbelfrei ist. Ein Beispiel eines derartigen Gebietes G ist die Kugel. In Gegensatz dazu steht der Torus, der ein zweifach zusammenhändendes Gebiet bildet. Zur Berechnung wird t = const gesetzt, weil dann der erste Term der Gleichung (4.2 - 18) wegen dt = 0 wegfällt. Durch Kombination der Gleichungen (4.2 - 14) und (4.2 - 18) und Integration längs eines Weges s von $\vec{r}_0$ bis $\vec{r}$ innerhalb G findet man unter den erwähnten Voraussetzungen:

(4.2 - 19) $\quad\quad\quad U(t,\vec{r}) = U(t,\vec{r}_0) - \int_{\vec{r}_0,s}^{\vec{r}} \vec{v}(t,\vec{r})\cdot d\vec{r} \quad\text{mit}\quad t = const$

Verknüpft man die Definitions-Gleichung (4.2 - 14) der Potentialströmung mit der Kontinuitätsgleichung (4.2 - 2a) der inkompressiblen Flüssigkeiten, so findet man die *Poisson-Gleichung*

(4.2 - 20) $\quad\quad\quad div(grad\ U(t,\vec{r})) = \Delta\,U(t,\vec{r}) = -q(t,\vec{r})$

wobei Δ den *Laplace-Operator* repräsentiert. Dieser ist bestimmt durch

(4.2 - 21) $\quad\quad\quad \Delta U = div(grad\ U) = U_{xx} + U_{yy} + U_{zz}$

wobei die Indizes xx, yy, zz die zweifachen partiellen Differentiationen darstellen.

Die Poisson-Gleichung (4.2 - 20) ermöglicht die Berechnung der Quellendichte $q(t,\vec{r})$ ausgehend vom Strömungspotential $U(t,\vec{r})$. Das inverse Problem, die Berechnung des

Strömungspotentials $U(t,\vec{r})$ für eine vorgegebene Quellendichte $q(t,\vec{r})$ lässt sich mit Hilfe des *Poisson-Integrals* lösen [Madelung 1943 B, Lüst 1978 B]:

(4.2 - 22) $$U(t,\vec{r}) = \frac{1}{4\pi} \int_{V^*} \frac{q(t,\vec{r}^*) \cdot dV^*}{|\vec{r}^* - \vec{r}|} \quad \text{mit } t = const$$

Ein wichtiges Beispiel ist die in Figur 4.2 - 5 illustrierte *Punktquelle im Koordinatenursprung* $\vec{r} = \vec{0}$. Ihre Quellendichte ist unstetig:

(4.2 - 23a) $$q(t,\vec{r}) = Q(t) \cdot \delta(\vec{r}),$$

wobei $\delta(\vec{r})$ die dreidimensionale Dirac - δ - Funktion und Q[m³/s] die Quellenstärke bedeutet. Berechnet man mit der Formel (4.2 - 22) das entsprechende Strömungspotential $U(t,\vec{r})$ so findet man [Madelung 1943 B].

(4.2 - 23b) $$U(t,\vec{r}) = \frac{Q(t)}{4\pi r}$$

Gemäss Gleichung (4.2 - 14) hat das zugeordnete Geschwindigkeitsfeld $\vec{v}(t,\vec{r})$ die Form:

(4.2 - 23c) $$\vec{v}(t,\vec{r}) = -grad\, U(t,\vec{r}) = \frac{Q(t)}{4\pi} \cdot \frac{\vec{r}}{r^3}$$

Ein zweites interessantes Beispiel ist die in Figur 4.2 - 6 illustrierte *Dipolquelle*. Diese besteht aus einer Punktquelle mit der Quellenstärke + Q(t) am Ort $+\Delta\vec{r}/2$ und einer Punktsenke mit der Quellenstärke -Q(t) am Ort $-\Delta\vec{r}/2$ gemäss

(4.2 - 24a) $$q(t,\vec{r}) = +Q(t) \cdot \delta\left(\vec{r} - \frac{1}{2}\Delta\vec{r}\right) - Q(t) \cdot \delta\left(\vec{r} + \frac{1}{2}\Delta\vec{r}\right)$$

Zusätzlich lässt man Δr zur Grenze Null gehen, wobei jedoch $\Delta r \cdot Q(t)$ nicht identisch verschwindet, das heisst:

(4.2 - 24b) $$\vec{P}(t) = \lim_{\Delta r \to 0} Q(t) \cdot \Delta\vec{r} \neq \vec{0}$$

Der Vektor $\vec{P}(t)$ bezeichnet das *Moment* der Dipolquelle. Das Strömungspotential $U(t,\vec{r})$ der Dipolquelle lässt sich ebenfalls mit der Formel (4.2 - 22) berechnen. Das Resultat ist [Madelung 1943 B].

(4.2 - 24c) $$U(t,\vec{r}) = -\frac{r^{-3}}{4\pi} \left(\vec{P}(t) \cdot \vec{r}\right)$$

und

(4.2 - 24d) $$\vec{v}(t,\vec{r}) = -grad\, U(t,\vec{r})$$
$$= \frac{r^{-3}}{4\pi} \cdot \vec{P}(t) - \frac{3r^{-5}}{4\pi} \cdot \left(\vec{P}(t) \cdot \vec{r}\right) \cdot \vec{r}$$

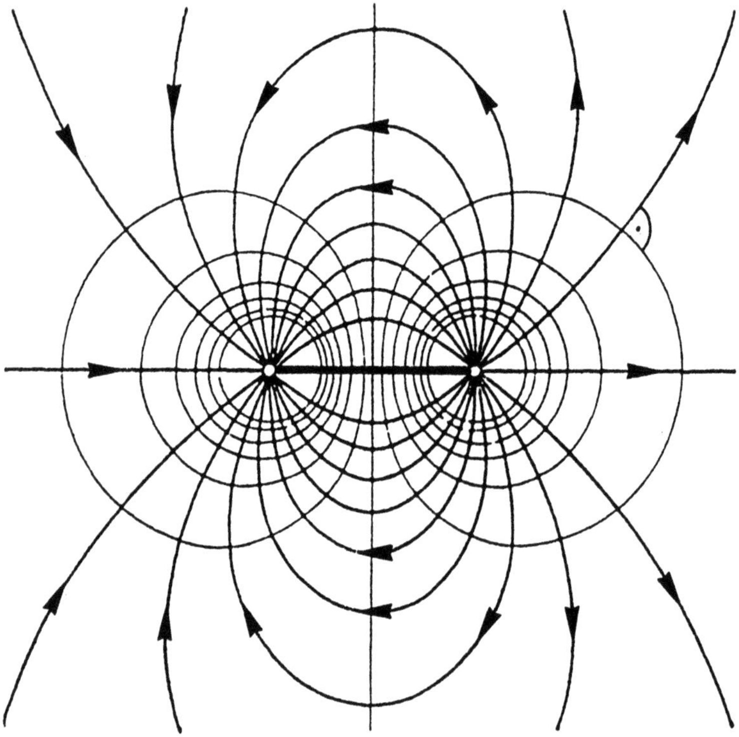

Figur 4.2 - 6: Stromlinien und Aequipotentialflächen einer Dipolquelle.

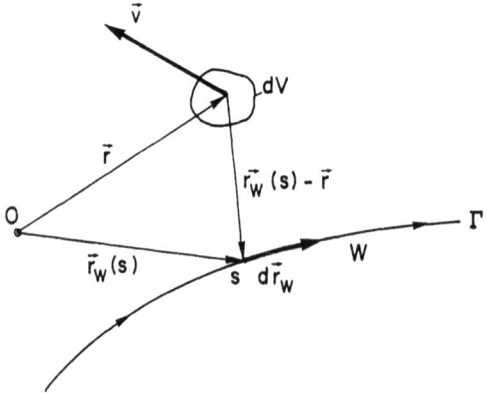

Figur 4.2 - 7: Wirbel um einen Wirbelfaden.

4.2.3 Quellenfreie Strömungen

Bei einer quellenfreien Strömung *inkompressibler Flüssigkeiten* ist die Quellendichte $q(t,\vec{r})$ Null:

(4.2 - 25) $\qquad q(t,\vec{r}) = div\ \vec{v}(t,\vec{r}) = 0$

Diese Bedingung ist erfüllt, wenn das Geschwindigkeitsfeld $\vec{v}(t,\vec{r})$ als Rotation eines *Vektorpotentials* $\vec{A}(t,\vec{r})$ dargestellt werden kann:

(4.2 - 26) $\qquad \vec{v}(t,\vec{r}) = rot\ \vec{A}(t,\vec{r})$

Diese Darstellung basiert auf dem mathematischen Gesetz

(4.2 - 27) $\qquad div\left(rot\ \vec{A}\right) = 0$

Da $\vec{v}(t,\vec{r})$ gemäss (4.2 - 26) durch partielle Differentiationen mit $\vec{A}(t,\vec{r})$ verknüpft ist, kann die Mannigfaltigkeit von $\vec{A}(t,\vec{r})$ reduziert werden, ohne dass Einschränkungen für $\vec{v}(t,\vec{r})$ auftreten. Häufig führt man diese Reduktion durch, indem man folgende *Eichung*, in Englisch "gauge", vereinbart:

(4.2 - 28) $\qquad div\ \vec{A}(t,\vec{r}) = 0$

Wegen dem mathematischen Gesetz

(4.2 - 29) $\qquad rot\left(rot\ \vec{A}\right) = grad\left(div\ \vec{A}\right) - \Delta \vec{A}$

gilt dann für den Vektor $\vec{\omega}(t,\vec{r})$ der lokalen Rotation die *Poisson - Gleichung*

(4.2 - 30a) $\qquad \vec{\omega}(t,\vec{r}) = \frac{1}{2} rot\ \vec{v}(t,\vec{r}) = -\frac{1}{2}\Delta \vec{A}(t,\vec{r}) \qquad$ oder

(4.2 - 30b) $\qquad \Delta \vec{A}(t,\vec{r}) = -2\ \vec{\omega}(t,\vec{r})$

In kartesischen Koordinaten können $\vec{A}$ und $\Delta\vec{A}$ wie folgt dargestellt werden:

(4.2 - 31) $\qquad \vec{A} = [F, G, H]$ und $\Delta\vec{A} = [\Delta F, \Delta G, \Delta H]$,

wobei Δ den Laplace-Operator (4.2 - 21) repräsentiert.

Die Formeln (4.2 - 30 a&b) gestatten, die lokale Rotation $\vec{\omega}(t,\vec{r})$ ausgehend von einem vorgegebenen Vektorpotential $\vec{A}(t,\vec{r})$ zu berechnen. Das inverse Problem, die Bestimmung von $\vec{A}(t,\vec{r})$ ausgehend von einem vorgegebenen $\vec{\omega}(t,\vec{r})$ wird gelöst durch das *Poisson-Integral* [Madelung 1943 B, Lüst 1978 B]:

(4.2 - 32) $\qquad \vec{A}(t,\vec{r}) = \frac{1}{2\pi} \int\limits_{V^*} \frac{\vec{\omega}(t,\vec{r}^*) \cdot dV^*}{|\vec{r}^* - \vec{r}|} \qquad$ mit $\quad t = const$

Das Integral ist über den gesamten Raum zu erstrecken.

Ein wichtiger Spezialfall der quellenfreien Strömungen ist der *Wirbel um einen Wirbelfaden* W, welche mit Hilfe eines Kurvenparameters s wie folgt dargestellt wird:

(4.2 - 33a) $\quad\vec{r}_W = \vec{r}_W(s)$

Dabei wird vorausgesetzt, dass erstens:

(4.2 - 33b) $\quad\vec{\omega}(t, \vec{r} \neq \vec{r}_w(s)) = \frac{1}{2} \, rot \, \vec{v}(t, \vec{r} \neq \vec{r}_w(s)) = \vec{0}$

und zweitens, dass die durch die Gleichungen (4.2 - 9a&b) beschriebene Zirkulation oder Wirbelstärke Γ für jede den Wirbelfaden W einmal umfassende, geschlossene Kurve s* konstant und von Null verschieden ist:

(4.2 - 33c) $\quad\Gamma(s* \, um \, W) = \int\limits_{s* \, um \, W} \vec{v} \cdot d\vec{r} = const \neq 0$

Gemäss den *Wirbelsätzen von Helmholtz* ist ein Wirbelfaden W entweder im Medium geschlossen, wie zum Beispiel beim Rauchwirbel; oder er endet an den Begrenzungen des Mediums, wie zum Beispiel der Badewannenwirbel.

Das Vektorpotential $\vec{A}(t,\vec{r})$ eines so definierten Wirbels kann berechnet werden mit der Formel [Madelung 1943 B]:

(4.2 - 34a) $\quad\vec{A}(t,\vec{r}) = \vec{A}(\vec{r}) = -\frac{\Gamma}{4\pi} \int\limits_s \frac{d\vec{r}_w}{|\vec{r}_w(s) - \vec{r}|}$

und das entsprechende Geschwindigkeitsfeld $\vec{v}(t,\vec{r})$ mit

(4.2 - 34b) $\quad\vec{v}(t,\vec{r}) = \vec{v}(\vec{r}) = \frac{\Gamma}{4\pi} \int\limits_s \frac{[(\vec{r}_w(s) - \vec{r}) \times d\vec{r}_w]}{|\vec{r}_w(s) - \vec{r}|^3}$

Diese letzte Gleichung ist in Figur 4.2 - 7 illustriert.

Schliesslich muss nochmals die *Dipolquelle* erwähnt werden, die im Absatz 4.2.2 als Ursache einer wirbelfreien Strömung klassifiziert wurde. Weil sich die gleichstarken Quelle und Senke im Koordinatenursprung kompensieren, lässt sich die Strömung der Dipolquelle auch als quellenfrei klassifizieren. Dementsprechend kann ihr Geschwindigkeitsfeld $\vec{v}(t,\vec{r})$ mit einem Vektorpotential $\vec{A}(t,\vec{r})$ verknüpft werden. Dieses ist [Madelung 1943 B].

(4.2 - 35) $\quad\vec{A}(t,\vec{r}) = \frac{r^{-3}}{4\pi} [\vec{P}(t) \times \vec{r}]$

wobei $\quad div \, \vec{A}(t,\vec{r}) = 0 \quad und \quad \vec{v}(t,\vec{r}) = rot \, \vec{A}(t,\vec{r})$

4.2.4 Allgemeine Strömungen

Jede allgemeine Strömung einer *inkompressiblen Flüssigkeit* kann in *eine wirbelfreie und eine quellenfreie Strömung* zerlegt werden. Somit gilt für das Geschwindigkeitsfeld $\vec{v}(t,\vec{r})$ einer allgemeinen Strömung

(4.2 - 36) $\quad \vec{v}(t,\vec{r}) = \vec{v}_{wf}(t,\vec{r}) + \vec{v}_{qf}(t,\vec{r})$

mit *rot* $\vec{v}_{wf}(t,\vec{r}) = 0$ und *div* $\vec{v}_{qf}(t,\vec{r}) = 0$

Deshalb benötigt man zur Beschreibung der allgemeinen Strömung *zwei Potentiale*, nämlich das *skalare Potential* $U(t,\vec{r})$ und das *Vektorpotential* $[F(t,\vec{r}), G(t,\vec{r}), H(t,\vec{r})]$. Mit diesen Potentialen kann das Geschwindigkeitsfeld $\vec{v}(t,\vec{r})$ wie folgt dargestellt werden

(4.2 - 37) $\quad \vec{v}(t,\vec{r}) = -grad\ U(t,\vec{r}) + rot\ \vec{A}(t,\vec{r}) = \vec{v}_{wf}(t,\vec{r}) + \vec{v}_{qf}(t,\vec{r})$

mit $div\ \vec{A}(t,\vec{r}) = 0$

und $\vec{v}_{wf}(t,\vec{r}) = -grad\ U(t,\vec{r})$ sowie $\vec{v}_{qf}(t,\vec{r}) = rot\ \vec{A}(t,\vec{r})$

Zerlegt man diese Vektor-Gleichung für das Geschwindigkeitsfeld $\vec{v}(t,\vec{r}) = [u(t,\vec{r}), v(t,\vec{r}), w(t,\vec{r})]$ in ihre Komponenten, so ergibt sich das kinemalisceh Gleichungssystem.

(4.2 - 38)
$$\dot{x} = u = -U_x + H_y - G_z$$
$$\dot{y} = v = -U_y + F_z - H_x$$
$$\dot{z} = w = -U_z + G_x - F_y$$

wobei die Indizes x, y, z wiederum partielle Ableitungen bedeuten. Dieses Gleichungssystem ist im Gegensatz zum ursprünglichen Gleichungssystem (4.2 - 1) kinematisch begründet.

4.2.5 Zweidimensionale Strömungen

Wählt man das dreidimensionale kantesische Koordinatensystem xyz so, dass eine zweidimensionale oder ebene Strömung parallel zur xy-Ebene verläuft und unabhängig von z ist, dann können die massgebenden Grössen dieser Strömung wie folgt dargestellt werden:

(4.2 - 39) $\quad \vec{r} = [x,y,z]$ Ort

$\vec{v} = [u(t,x,y), v(t,x,y), 0]$ Geschwindigkeit

$U = U(t,x,y)$ skalares Potential

$\vec{A} = [0, 0, H(t,x,y)]$ Vektorpotential

Dieser Darstellung entsprechend kann das kinematische Gleichungssystem (4.2 - 38) reduziert werden mit dem Resultat:

(4.2 - 40) $\quad \dot{x} = u = -U_x + H_y$

$\dot{y} = v = -U_y - H_x$

Die Indizes x und y bedeuten wie zuvor die partiellen Ableitungen nach x und y. Das Gleichungssystem (4.2 - 40) ermöglicht die direkte Berechnung von Divergenz und Rotation der zweidimensionalen Strömung:

(4.2 - 41a) $\quad$ div $\vec{v} \quad = u_x + u_y = -(U_{xx} + U_{yy}) = -\Delta U$

(4.2 - 41b) $\quad$ rot $\vec{v} \quad = [0, 0, v_x - u_y] = \left[0, 0, -(H_{xx} + H_{yy})\right] = [0, 0, -\Delta H]$

(4.2 - 41c) $\quad \vec{\omega} \quad\quad = [0, 0, \omega] = \frac{1}{2} \, rot \, \vec{v} = \left[0, 0, -\frac{1}{2} \Delta H\right]$

Diese Formeln zeigen, dass *wirbelfreie* ebene Strömungen gekennzeichnet sind durch $\Delta H = 0$, und *quellenfreie* zweidimensionale Strömungen durch $\Delta U = 0$.

Betrachten man eine *quellenfreie* zweidimensionale Strömung mit $U = U(t,x,y) = 0$, so wird das Gleichungssystem (4.2 - 40) weiter reduziert auf ein *Hamilton-System* [Goldstein 1978 B, Kuypers 1982 B]:

(4.2 - 42a) $\quad\quad\quad \dot{x} = H_y$

$\quad\quad\quad\quad\quad\quad\quad \dot{y} = -H_x$

mit der *Hamilton-Funktion* $H = H(t,x,y)$ und $U = U(t, x, y) = 0$

Für *stationäre* quellenfreie zweidimensionale Strömungen ist nach Definition:

(4.2 - 42b) $\quad\quad\quad H(x, y, t) = H(x, y)$ und $\frac{\partial}{\partial t} H = 0$

In diesem Fall ist die Hamilton-Funktion $H(x, t)$ auch *Stromfunktion*. Die *Bahn- und Stromlinien* werden dann bestimmt durch die Bedingung

(4.2 - 42c) $\quad\quad\quad H(x, y) = H = const$

weil gemäss (4.2 - 42a) gilt

(4.2 - 42d) $\quad\quad\quad grad \, H \cdot d\vec{r} = H_x \, dx + H_y \, dy = 0$

Anstelle der kartesischen Koordinaten x,y werden bei zweidimensionalen Strömungen auch *Polarkoordinaten* r, φ verwendet. Diese sind definiert durch die Transformation

(4.2 - 43a) $\quad\quad\quad r = +\left(x^2 + y^2\right)^{1/2}; \quad \varphi = arctg \, (y / x)$

(4.2 - 43b) $\quad\quad\quad x = r \, cos \, \varphi; \quad y = r \, sin \, \varphi$

Die entsprechenden Geschwindigkeitskomponenten transformieren sich folgendermassen:

(4.2 - 44a) $\quad\quad\quad \dot{r} = u \, cos \, \varphi + v \, sin \, \varphi$

$\quad\quad\quad\quad\quad\quad r\dot{\varphi} = -u \, sin \, \varphi + v \, cos \, \varphi$

(4.2 - 44b) $\quad\quad\quad u = \dot{r} \, cos \, \varphi - (r\dot{\varphi}) sin \, \varphi$

$\quad\quad\quad\quad\quad\quad v = \dot{r} \, sin \, \varphi + (r\dot{\varphi}) cos \, \varphi$

In Polarkoordinaten hat das kinematische Gleichungssystem (4.2 - 40) der ebenen Strömungen die Form

(4.2 - 45)
$$\dot{r} = -U_r + \frac{1}{r} H_\varphi$$
$$r\dot{\varphi} = -\frac{1}{r} U_\varphi - H_r$$

Die Polarkoordinaten eignen sich vor allem zur Beschreibung der wichtigsten einfachen ebenen Strömungen:

a) Stabquelle

Bei der *Stabquelle* strömt die inkompressible Flüssigkeit radial aus einem geraden Stab. Liegt der Stab in der z-Achse des kartesischen Koordinatensystems, so entpricht die Stabquelle der *Punktquelle in der Ebene*. Diese ist definiert durch

(4.2 - 46a)
$$U = -\frac{Q^*(t)}{2\pi} \ln r \quad \text{und} \quad H = 0$$

Q^* (m²/s) ist die Quellenstarke pro Stablänge. Verwendet man das Gleichungssystem (4.2 - 45) für U und H von (4.2 - 46a) so findet man

(4.2 - 46b)
$$\dot{r} = \upsilon = \frac{Q^*(t)}{2\pi r}; \quad \varphi = const$$

oder in Vektor-Darstellung:

(4.2 - 46c)
$$\vec{\upsilon} = \frac{Q^*(t)}{2\pi r^2} \cdot \vec{r}$$

Somit sind Bahnlinien und Stromlinien identisch sowie bestimmt durch φ = const.

b) Eigentliche Rotation

Die *eigentliche Rotation* um die z-Achse wird definiert durch

(4.2 - 47a)
$$U = 0 \quad \text{und} \quad H = -\frac{1}{2}\omega(t) \cdot r^2$$

wobei $\omega(t)$ die im allgemeinen zeitabhängige Kreisfrequenz der Rotation darstellt. Die Anwendung des Gleichungssystems (4.2 - 45) auf U und H von (4.2 - 47a) ergibt das bekannte Resultat

(4.2 - 47b)
$$r = r_0 = const; \quad \upsilon(t) = \omega(t) \cdot r_0$$

Bahnlinien und Stromlinien sind identisch sowie bestimmt durch $r = r_0$ = const.

c) Potentialwirbel

Der Potentialwirbel um die z-Achse wird definiert durch:

(4.2 - 48a) $$U = -\frac{\Gamma}{2\pi} \cdot \varphi \text{ für } r \neq 0 \text{ und } H = 0$$

Γ bezeichnet die Wirbelstärke oder Zirkulation. Potentialwirbel sind spezielle Wirbel, weil ihre lokale Rotation $\vec{\omega} = rot\ \vec{v}/2$ überall Null ist ausser auf der Achse. Deshalb kann ein Potentialwirbel ausserhalb der Achse mit Hilfe eines Potentials beschrieben werden. Mit U und H von (4.2 - 48a) ergibt das Gleichungssystem (4.2 - 45):

(4.2 - 48b) $$r = r_0 = const; \quad v = r_0 \cdot \dot{\varphi} = \frac{\Gamma}{2\pi r}$$

Bahnlinien und Stromlinien sind identisch sowie bestimmt durch $r = r_0 = $ const.

4.3 Die zweidimensionalen linearen d'Alembert-Systeme

4.3.1 Darstellungen

In der Übersicht 4.1 der Systeme von Differentialgleichungen wurden die d'Alembert-Systeme [Kamke 1956 B] als autonome, das heisst zeitunabhängige lineare Systeme (4.1 - 7a&b) definiert. Dementsprechend sind sie die einfachsten Systeme von Differentialgleichungen. Eine weitere Vereinfachung wird erreicht durch die Reduktion auf die Dimension 2, das heisst auf zwei Variable x und y. Die entsprechende *Normalform* ist in *Komponenten-Darstellung*.

(4.3 - 1a) $$dx/dt = \dot{x} = u = a_{11}x + a_{12}y$$
$$dy/dt = \dot{y} = v = a_{21}x + a_{22}y$$

oder in *Vektor - Darstelleung*

(4.3 - 1b) $$\dot{\vec{r}} = \vec{v} = \mathbf{A}\,\vec{r}\ \text{mit}\ \mathbf{A} = \begin{bmatrix} a_{11} & a_{12} \\ a_{21} & a_{22} \end{bmatrix}$$

mit den reellen Matrixelementen a_{jk}. Die charakteristischen Parameter der Matrix **A** sind:

(4.3 - 2a) $\quad S = sp\,\mathbf{A} = 2\overline{\alpha} = a_{11} + a_{22}$

(4.3 - 2b) $\quad D = det\mathbf{A} = a_{11}a_{22} - a_{12}a_{21}$

(4.3 - 2c) $\quad \Delta = sign\Delta \cdot 4\omega_0^2 = S^2 - 4D$

wobei Δ die *Diskriminante* der Matrix **A** darstellt. Die *Eigenwerte* $\Lambda(\mathbf{A})$ der Matrix **A** sind bestimmt durch die Eigenwertgleichung.

(4.3 - 3a) $\quad\quad \alpha^2 - S\alpha + D = 0\ \text{ mit }\ \Lambda(\mathbf{A}) = \alpha_{1,2}$

Auch die Matrix **A** erfüllt diese Eigenwertgleichung:

(4.3 - 3b) $\quad\quad \mathbf{A}^2 - S\mathbf{A} + D\mathbf{I} = 0$

wobei **I** die Einheitsmatrix darstellt.

Die Gleichung (4.3 - 3a) ergibt die Eigenwerte

(4.3 - 3b) $\quad\quad \Lambda(\mathbf{A}) = \alpha_{1,2} = \frac{1}{2}\left(S \pm \Delta^{1/2}\right)$

Somit klassifziert die Diskrimante Δ die Eigenwerte $\alpha_{1,2}$ von **A** wie folgt:
(4.3 - 3c) $\quad\quad\quad \Delta > 0 : \alpha_{1,2} = \overline{\alpha} \pm \omega_0 \quad$ reell verschieden

$\quad\quad\quad\quad\quad\quad \Delta = 0 : \alpha_{1,2} = \overline{\alpha} \quad$ reell gleich

$\quad\quad\quad\quad\quad\quad \Delta < 0 : \alpha_{1,2} = \overline{\alpha} \pm i\,\omega_0 \quad$ konjugiert komplex

Zur *kinematischen Darstellung* (4.2 - 40) der zweidimensionalen d'Alembert-Systeme (4.3 - 1a&b) benutzt man zum Beispiel die Potentiale (4.2 - 39):

(4.3 - 4a) $\quad\quad\quad U = U(x,y) = -\frac{1}{2}\overline{\alpha}\left(x^2 + y^2\right) + \beta\,xy$

(4.3 - 4b) $\quad\quad\quad H = H(x,y) = -\frac{1}{2}\omega\left(x^2 + y^2\right) + \gamma\,xy$

Diese Potentiale ergeben das Gleichungssystem
(4.3 - 4c) $\quad\quad\quad \dot{x} = u = -U_x + H_y = (\overline{\alpha} + \gamma)x - (\omega + \beta)y$

$\quad\quad\quad\quad\quad\quad \dot{y} = v = -U_x - H_x = (\omega - \beta)x + (\overline{\alpha} - \gamma)y$

In dieser Darstellung erscheinen die charakteristischen Parameter der Matrix **A** in der Form:
(4.3 - 5a) $\quad\quad\quad S = 2\overline{\alpha}$

(4.3 - 5b) $\quad\quad\quad D = \left(\overline{\alpha}^2 + \omega^2\right) - \left(\beta^2 + \gamma^2\right)$

(4.3 - 5c) $\quad\quad\quad \Delta = sign\Delta \cdot 4\omega_0^2 = 4\left(\beta^2 + \gamma^2 - \omega^2\right)$

Die entsprechenden kinematischen Grössen sind
(4.3 - 6a) $\quad\quad\quad div\,\vec{v} = 2\overline{\alpha} = S$

(4.3 - 6b) $\quad\quad\quad \left(rot\,\vec{v}\right)_z = 2\omega$

Die *Polarkoordinaten-Darstellung* (4.2 - 44a&b) der zweidimensionalen d'Alembert-Systeme (4.3 - 1a&b) basiert auf der entsprechenden Darstellung der Potentiale in Kartesischen Koordinaten (4.3 - 4a&b)

(4.3 - 7a) $\quad\quad\quad U = U(r,\varphi) = -\frac{1}{2}r^2(\overline{\alpha} - \beta\,sin\,2\varphi)$

(4.3 - 7b) $\quad\quad\quad H = H(r,\varphi) = -\frac{1}{2}r^2(\omega - \gamma\,sin\,2\varphi)$

Verwendet man diese Potentiale für das Gleichungssystem (4.2 - 45) in *Polarkoordinaten*, so findet man
(4.3 - 7c) $\quad\quad\quad \frac{d}{dt}ln\,r = \dot{r}/r = \overline{\alpha} - \beta\,sin\,2\varphi + \gamma\,cos\,2\varphi$

$\quad\quad\quad\quad\quad\quad \dot{\varphi} = \omega - \beta\,cos\,2\varphi - \gamma\,sin\,2\varphi$

Diese Gleichungen ermöglichen einfache Lösungen sowohl für die autonomen linearen Systeme dieses Kapitels 4.3 als auch für die nicht-autonomen linearen Systeme des folgenden Kapitels 4.4.

4.3.2 Zugeordnete Differentialgleichungen

Eliminiert man die Variable y des zweidimensionalen d'Alembert Systems (4.3 - 1a) so resultiert die *dem System zugeordnete Differentialgleichung 2. Ordnung* für x

(4.3 - 8a) $\quad\quad \ddot{x} - S\dot{x} + Dx = 0$

mit $\quad\quad S = sp\,\mathbf{A}\,;\, D = \det \mathbf{A}$

Hat man diese Differentialgleichung für die Variable x gelöst, dann berechnet man die zeitliche Variation der zweiten Variablen y mit der Gleichung

(4.3 - 9a) $\quad\quad y = -(a_{11}/a_{12})x + (1/a_{12})\dot{x}$

Eliminiert man die Variable x des d'Alembert Systems (4.3 - 1a) so findet man die *gleiche* zugeordnete Differentialgleichung für y wie für x:

(4.3 - 8b) $\quad\quad \ddot{y} - S\dot{y} + Dy = 0$

Die zeitliche Variation der Variablen x kann mit der Lösung y dieser Gleichung bestimmt werden mit Hilfe der Beziehung

(4.3 - 9b) $\quad\quad x = -(a_{22}/a_{21})y + (1/a_{21})\dot{y}$

Die d'Alembert-Systeme mit gleichen zugeordneten Differentialgleichungen bezeichnet man als *äquivalent*. [Birkhoff-Rota 1989 B]. Die zugeordneten Differentialgleichungen in Englisch "similar equations" haben die gleichen Koeffizienten wie die Eigenwertgleichungen der charakteristischen Matrix **A**. Bei zweidimensionalen d'Alembert-Systemen sind dies die Spur S und die Determinante D. Somit sind zwei d'Alembert-Systeme mit den charakteristischen Matrizen $\mathbf{A}_1$ und $\mathbf{A}_2$ äquivalent, wenn diese Matrizen verknüpft sind durch eine *Ähnlichkeits-Transformation*, in Englisch "similarity transformation":

(4.3 - 10) $\quad\quad \mathbf{A}_2 = \mathbf{T}\,\mathbf{A}_1\,\mathbf{T}^{-1}$

wobei **T** eine nicht-singuläre Matrix mit det $\mathbf{T} \neq 0$ darstellt.

Unter den äquivalenten Matrizen **A** äquivalenter d'Alembert-Systeme gibt es besonders einfache, welche als *kanonische Matrizen* $\mathbf{A}_{kan}$ bezeichnet werden. Die Lösungen der entsprechenden d'Alembert-Systeme sind ebenfalls einfach. Die kanonischen Matrizen unterscheiden sich für verschiedene Werte von sign Δ:

α) *positive Diskriminante*
$\quad\quad \Delta > 0,\ \text{sign}\,\Delta = +1$

(4.3 - 11a) $\quad\quad \mathbf{A}_{kan} = \begin{bmatrix} \alpha_1 & 0 \\ 0 & \alpha_2 \end{bmatrix}$

mit der entsprechenden Lösung:

(4.3 - 11b) $\quad\quad x(t) = x(0)\cdot exp\,\alpha_1\, t\,;\, y(t) = y(0)\cdot exp\,\alpha_2 t$

β) *Diskriminante Null*
$\quad\quad \Delta = 0,\ \text{sign}\,\Delta = 0$

(4.3 - 12a) $\quad \mathbf{A}_{kan} = \mathbf{J} = \begin{bmatrix} \overline{\alpha} & 1 \\ 0 & \overline{\alpha} \end{bmatrix}\quad$ Jordan Matrix

mit der entsprechenden Lösung:
(4.3 - 12b) $\quad x(t) = x(0) \cdot exp\,\overline{\alpha}t + y(0) \cdot t \cdot exp\,\overline{\alpha}\,t$
$\quad\quad\quad\quad\quad y(t) = y(0) \cdot exp\,\overline{\alpha}\,t$

γ) *negative Diskrimante*
$\quad\Delta = -4\omega_0^2$, sign $\Delta = -1$
(4.3 - 13a) $\quad \mathbf{A}_{kan} = \begin{bmatrix} \overline{\alpha} & -\omega \\ +\omega & \overline{\alpha} \end{bmatrix}$

entsprechend dem Gleichungssystem in Polarkoordinaten (4.3 - 7c)
$$\dot{r} = \overline{\alpha}\,r, \dot{\varphi} = \omega$$
mit der Lösung
(4.13b) $\quad r(t) = r(0) \cdot exp\,\overline{\alpha}\,t, \quad \varphi(t) = \omega t + \varphi(0)$

Die zugeordnete Differentialgleichung (4.3 - 8a) kann ihrerseits wieder in ein d'Alembert-System umgewandelt werden, das als *Partner-System*, im English "companion system" bezeichnet wird [Birkhoff & Rota 1989 B].
(4.3- 14) $\quad \dot{x} = u = y$

$$\text{mit } \mathbf{A} = \begin{bmatrix} 0 & 1 \\ -D & S \end{bmatrix}$$

$\quad\quad\quad\quad\quad \dot{y} = \upsilon = -Dx + Sy$

Die *Lösung der zugeordneten Differentialgleichung* (4.3 - 8a) mit dem Ansatz
(4.3 - 15a) $\quad x = x(t) = A \cdot exp(\alpha t) + B \cdot t \cdot exp(\alpha t)$
ergibt folgende Bedingungen für α:
(4.3 - 15b) $\quad A(\alpha^2 - S\alpha + D) + B(2\alpha - S) = 0$
(4.3 - 15c) $\quad B(\alpha^2 - S\alpha + D) \quad\quad\quad\quad = 0$

Diese Bedingungen können sowohl mit B = 0 als auch mit B ≠ 0 erfüllt werden:
(4.3 - 15d) $\quad$für $\quad B = 0. \;\; \alpha^2 - S\alpha + D = 0$

Diese Gleichung für α entspricht der Eigenwertgleichung (4.3 - 3a) der Matrix **A** des zweidimensionalen d'Alembert-Systems.
(4.3 - 15e) $\quad$für $\quad B \neq 0 : \Delta = 0, \alpha_{1,2} = \overline{\alpha} = S/2$
Da in diesem Fall die Diskriminante Δ Null ist, sind die $\alpha_{1,2}$ entartet.

Auf Grund dieser Resultate und der Gleichungen (4.3 - 9a&b) kann man *drei Typen von Lösungen der d'Alembert-Systeme* und ihren zugeordneten Differentialgleichungen unterscheiden. Zu ihrer Beschreibung benutzen wir die Darstellung und Klassifizierung (4.3 - 3c) der Eigenwerte $\alpha_{1,2}$ der Matrix **A**. Die Angabe der Lösungen x(t) genügt, weil damit die entsprechenden Lösungen für y(t) mit der Gleichung (4.3 - 9a) berechnet werden können.

α) *exponentielle Lösungen:*
(4.3 - 16a) $\Delta > 0$: $x(t) = [A\,ch\,\omega_0 t + B\,sh\,\omega_0 t] \cdot exp\,\overline{\alpha}\,t$

β) *kritische Lösungen:*
(4.3 - 16b) $\Delta = 0$: $x(t) = [A + Bt] \cdot exp\,\overline{\alpha}\,t$

γ) *oszillatorische Lösungen::*
(4.3 - 16c) $\Delta < 0$: $x(t) = [A\,cos\,\omega_0 t + B\,sin\,\omega_0 t] \cdot exp\,\overline{\alpha}\,t$

4.3.3 Stabilität

Ein wichtiger Aspekt der Systeme von Differentialgleichungen ist die *Stabilität*. Bei *d'Alembert Systemen* (4.1 - 7a&b) betrifft dies ihre Stabilität im singulären oder kritischen Punkt (4.1 - 8) im Koordinatenursprung $\vec{r}_S = \vec{0}$. Die verschiedenen *Typen der Stabilität* werden in diesem Fall definiert [Birkhoff & Rota 1989 B] mit Hilfe des Abstandes r vom Koordinatenursprung als Funktion der Zeit t:

(4.3 - 17a) $r(t) = +\left[\sum_{j=1}^{n} x_j^2(t)\right]^{1/2} \geq 0$

wobei n die Dimension des Systems bedeutet.

Ein System ist *im Koordinatenursprung* $\vec{r}_S = \vec{0}$

α) *streng oder asymptotisch stabil*, wenn für jede Lösung $\vec{r}(t)$ mit $r(t_0) < r_0$.
(4.3 - 17b) $\lim_{t \to \infty} r(t) = 0$

In diesem Fall bezeichnet man den kritischen Punkt $\vec{r}_s = \vec{0}$ als *Attraktor*.

Ein Spezialfall von strenger oder asymptotischer Stabilität ist die exponentielle Stabilität. Ein System ist *exponentiell stabil*, wenn für C > 0 und τ > 0 gilt [Slotine & Li 1991 B].

(4.3 - 17c) $r(t) \leq C \cdot r(t_0 \cdot exp)\left[-\frac{1}{\tau}(t - t_0)\right]$

sofern $r(t_0) = \leq r_0$.

β) *stabil*, wenn für jede Lösung $\vec{r}(t)$ mit $r(t_0) < r_0$ und $C > 0$ gilt.
(4.3 - 17d) $\qquad r(t) \leq C \quad für \quad t > t_0$

γ) *instabil*, wenn keine der Bedingungen α) oder β) erfüllt ist.

Massgebend für die *Stabilität der zweidimensionalen d'Alembert-Systeme* sind Spur S (4.3 - 2a) und Determinante D (4.3 - 2b) der charakteristische Matrix **A** (4.3 - 1b), welche ebenfalls die Koeffizienten der zugeordneten Differentialgleichungen (4.3 - 8a & b) sind. Figur 4.3 - 1 zeigt das *Stabilitäts-Diagramm* [Birkhoff & Rota 1989 B] in der S-D-Ebene. Wesentliche Grenzen bilden die Geraden S = 0 und D = 0 sowie die Parabel $S^2 - 4D = \Delta = 0$. Die Entscheidung über die Art der Stabilität der verschiedenen Bereiche kann anhand der Eigenwerte (4.3 - 3c) der Matrix **A** oder der Lösungen (4.3 - 16 abc) der zugeordneten Differentialgleichungen gefällt werden.

4.3.4 Analyse des kritischen Punkts

Bei d'Alembert-Systemen (4.1 - 7a&b) befindet sich der kritische Punkt im Koordinatenursprung (4.1 - 8). Abgesehen von der im Vorangehenden diskutierten Stabilität dieser Systeme im kritischen Punkt $\vec{r}_s = \vec{0}$, interessiert vor allem der prinzipielle *Verlauf der Bahnlinien und Stromlinien* in der Umgebung des kritischen Punktes. Weil d'Alembert-Systeme autonom sind, sind ihre Stromlinien (4.2 - 13b) identisch mit ihren Bahnlinien (4.2 - 11a).

Bei den *zweidimensionalen* d'Alembert-Systemen existiert neben der *Parameter-Darstellung* (4.2 - 11a&b) der Bahnlinien mit der Zeit als Parameter auch eine *implizite Darstellung*
(4.3 - 18a) $\qquad \Phi(x, y, x_0, y_0) = 0$

Diese implizite Darstellung lässt sich herleiten durch eine Division der beiden Systemsgleichungen (4.3 - 1a), wodurch die Zeit t eliminiert wird. Das Resultat ist eine *homogene Differentialgleichung* erster Ordnung.
(4.3 - 19a) $\qquad \dfrac{dy}{dx} = \dfrac{a_{21}\,x + a_{22}\,y}{a_{12}\,x + a_{12}\,y}$

Die *Lösung* dieser Gleichung erfolgt durch Einführung der neuen Variablen [Kamke 1956 B]:
(4.3 - 19b) $\qquad g = y/x$
Dies ergibt die implizite Gleichung
(4.3 - 18b) $\qquad \displaystyle\int_{g_0 = y_0/x_0}^{g = y/x} \dfrac{a_{12}\,g + a_{11}}{a_{12}\,g^2 + (a_{11} - a_{22})g - a_{21}}\,dg + \ln(x/x_0) = 0$

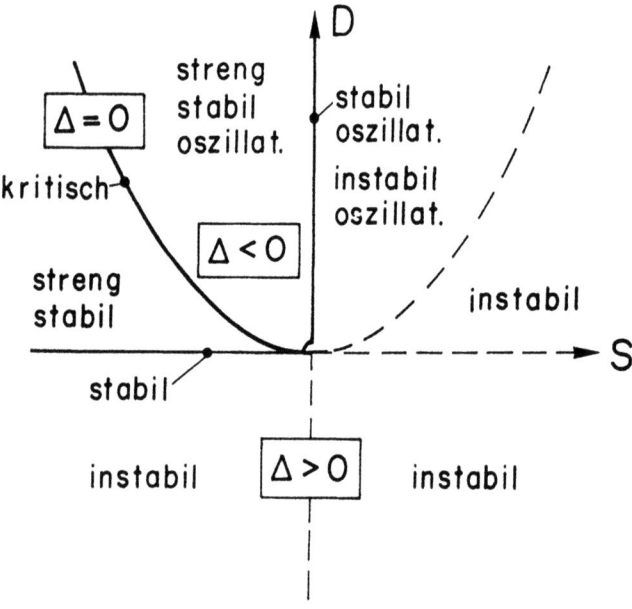

Figur 4.3 - 1: Stabilitäts-Diagramm der zweidimensionalen d'Alembert-Systeme und der zugeordneten Differentialgleichungen.

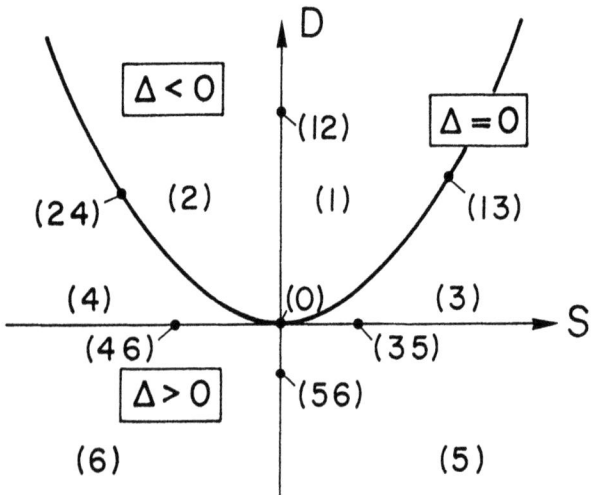

Figur 4.3 - 2: Bereiche der zweidimensionalen d'Alembert-Systeme mit gleichem Verhalten beim kritischen Punkt im Koordinatenursprung $\vec{r}_S = \vec{0}$.

Diese Formel wird jedoch wenig verwendet.

Massgebend für das Verhalten der zweidimensionalen d'Alembert Systeme am kritischen Punkt $\vec{r}_s = \vec{0}$ sind die Spur S und die Determinante D ihrer charakteristischen Matrizen **A**. Wie bei der Stabilität können *Bereiche in der S-D-Ebene* festgelegt werden, in denen sich die zweidimensionalen d'Alembert-Systeme im Prinzip gleich am kritischen Punkt $\vec{r}_s = \vec{0}$ verhalten. Diese Bereiche und ihre Grenzen, das heisst die Klassen äquivalenten Systeme sind in Figur 4.3 - 2 aufgezeichnet.

Die verschiedenen Typen von Lösungen der zweidimensionalen d'Alembert-Systeme in der umgebung des kritischen Punktes im Koordinationsursprung [Birkhoff & Rota 1989 B, Percival & Richards 1982 B, Slotine & Li 1991 B, Tu 1992 B, Verhulst 1985 B] wird in der folgenden Tabelle 4.3 - 1 aufgelistet und mit Hilfe der Bahn- oder Stromlinien in den Figuren 4.3 - 3 illustriert.

Tabelle 4.3 - 1:
In Figur 4.3 - 3 illustrierte typische Formen der Lösungen von zweidimensionalen d'Alembert-Systemen in der Umgebung des kritischen Punktes im Koordinatenursprung. Die Bereiche und ihre Grenzen im S-D-Diagramm sind in Figur 4.3 - 2 eingezeichnet.

- *Bereich (1):*
  Instabiler Strudel, "instable spiral or focus"
  Figur (4.3 - 3a), kanonische Matrix (4.3 - 13a)
  $S > 0$, $D > 0$, $\Delta < 0$, $\bar{\alpha} > 0$

- *Bereich (2):*
  Strudel-Attraktor, "spiral attractor, stable spiral or focus"
  Figur (4.3 - 3b), kanonische Matrix (4.3 - 13a)
  $S < 0$, $D > 0$, $\Delta < 0$, $\bar{\alpha} < 0$

- *Bereich (3):*
  Instabiler Knoten, "instable node"
  Figur (4.3 - 3c), kanonische Matrix (4.3 - 11a)
  $S > 0$, $D > 0$, $\Delta > 0$, $\alpha_1 > 0$, $\alpha_2 > 0$, $\alpha_1 \neq \alpha_2$

- *Bereich (4):*
  Knoten-Attraktor, "stable node"
  Figur (4.3 - 3d), kanonische Matrix (4.3 - 11a)
  $S < 0$, $D > 0$, $\Delta > 0$, $\alpha_1 < 0$, $\alpha_2 < 0$, $\alpha_1 \neq \alpha_2$

- *Bereich (5) & (6):*
  Sattel, instabil, "saddle or hyperbolic point"
  Figur (4.3 - 3e), kanonische Matrix (4.3 - 11a)
  $D < 0$, $\Delta > 0$, sign $\alpha_1 \neq$ sign α_2

- *Grenze (12):*
  Wirbel, "center or vortex point".
  Figur (4.3 - 3f), kanonische Matrix (4.3 - 13a)
  $S = 0$, $D > 0$, $\Delta < 0$, $\bar{\alpha} = 0$

- *Grenze (13):*
  Instabiler Stern oder instabiler uneigentlicher Knoten,
  "instable star or instable inproper node".
  Figuren (4.3 - 3 g & h), kanonische Matrix (4.3 - 12a)
  $S > 0, D > 0, \Delta = 0, \bar{\alpha} > 0$

- *Grenze (24):*
  Attraktor: Stern oder uneigentlicher Knoten, "attractor: star or inproper node".
  Figuren (4.3 - 3 i&j), kanonische Matrix (4.3 - 12a)
  $S < 0, D > 0, \Delta = 0, \bar{\alpha} < 0$

- *Grenze (35):*
  Instabile Gerade, entartet, "instable line, degenerate".
  Figur (4.3 - 3k), kanonische Matrix (4.3 - 11a)
  $S > 0, D = 0, \Delta > 0, \alpha_1 = 0, \alpha_2 = S > 0$
  Beispiel: $x(t) = x(0), y(t) = y(0) \cdot \exp S\, t$

- *Grenze (46):*
  Stabile Gerade, entarteter Attraktor, "stable line, degenerate".
  Figur (4.3 - 3l), kanonische Matrix (4.3 - 11a)
  $S < 0, D = 0, \Delta > 0, \alpha_1 = 0, \alpha_2 = S < 0$
  Beispiel: $x(t) = x(0), y(t) = \exp\left(-|s|t\right)$

- *Grenze (56):*
  Sattel, instabil, "saddle or hyperbolic point"
  Figur (4.3 - 3e), kanonische Matrix (4.3 - 11a)
  $S = 0, D < 0, \Delta > 0, \alpha_1 = -\alpha_2$

- *Ursprung des S-D-Diagramms (0):*
  Schwerpunkt, entartet, "shear point, degenerate" *und stationärer Zustand*
  Figuren (4.3 - 3m & n)

$S = D = \Delta = \alpha_1 = \alpha_2 = 0., \omega \neq 0$
Beispiel: $\dot{x} = -2\omega y, \dot{y} = 0: x(t) = x(0) - 2\omega y(0)t, y(t) = y(0)$

$S = D = \Delta = \alpha_1 = \alpha_2 = \omega = 0$
Beispiel: $\dot{x} = 0, \dot{y} = 0: x(t) = x(0), y(t) = y(0)$

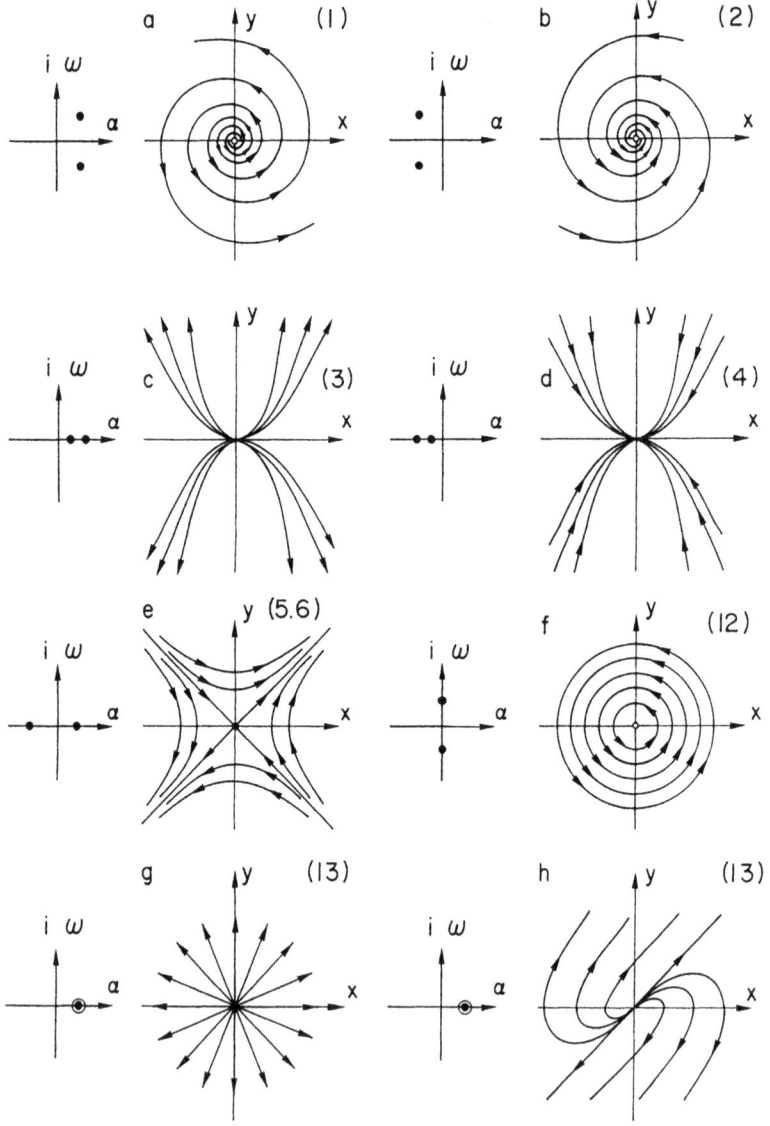

Figur 4.3 - 3: Bahn- und Stromlinien der zweidimensionalen d'Alembert-Systeme in der Umgebung des kritischen Punktes im Koordinatenursprung. Die Angaben über die einzelnen Figuren befinden sich in der Tabelle 4.3 - 1.

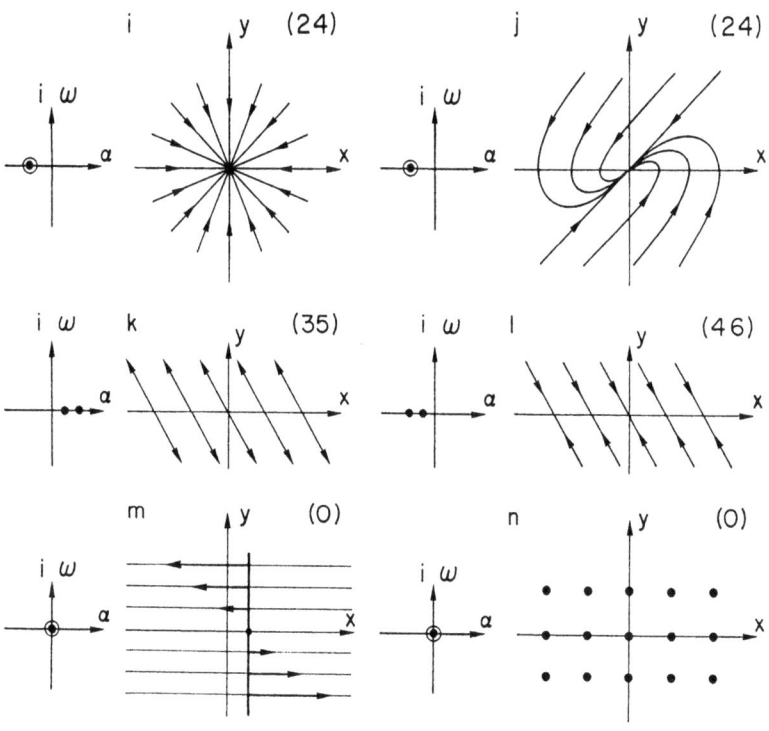

Figur 4.3 - 3: Fortsetzung

4. 3. 5 Propagatoren

Die d'Alembert-Systeme endlicher Dimension n können mit Hilfe von *Propagatoren* allgemein gelöst werden. Die Vektor-Gleichung eines d'Alembert-Systems in Normalform

(4.1 - 1b) $\qquad \dot{\vec{r}} = \mathbf{A}\,\vec{r}$

hat die Lösung

(4.3 - 20a) $\qquad \vec{r}(t) = \mathbf{P}_S(t)\,\vec{r}(0)$

mit dem *Systems-Propagator*

(4.3 - 20b) $\qquad \mathbf{P}_S(t) = exp(t\,\mathbf{A}) = \sum_{k=1}^{\infty} \frac{t^k}{k!}\mathbf{A}^k$

Dies ist die allgemeine Lösung des Anfangswert-Problems bei dem für ein gegebenes $\vec{r}(t_0)$ alle $\vec{r}(t)$ gesucht sind. Weil die d'Alembert-Systeme autonom sind, kann die Zeitskala um t_0 verschoben werden, derart dass man von $\vec{r}(0)$ ausgehen kann.

Sind
(4.3 - 21a) $\qquad sp\,\mathbf{A} = S$ und $\Lambda(\mathbf{A}) = \alpha_j, j = 1,...,n$

Spur und Eigenwerte von $\mathbf{A}$, dann gilt für Spur, Determinante und Eigenwerte von $\mathbf{P_S}$ (t):

(4.3 - 21b)
$$sp\,\mathbf{P_S}(t) = \sum_{j=1}^{n} exp(\alpha_j t)$$
$$det\,\mathbf{P_S}(t) = exp(St)$$
$$\Lambda(\mathbf{P_S}(t)) = exp(\alpha_j t)$$

Ausserdem haben die Propagatoren $\mathbf{P_S}$ (t) folgende Eigenschaften [Bellman 1966 B]:

(4.3 - 22a) $\qquad \mathbf{P_S}(t_2)\,\mathbf{P_S}(t_1)\vec{r}(t_0) = \mathbf{P_S}(t_2)\vec{r}(t_0 + t_1) = \vec{r}(t_0 + t_1 + t_2)$

(4.3 - 22b) $\qquad exp(t_1 \mathbf{A}) \cdot exp(t_2 \mathbf{A}) = exp((t_1 + t_2)\mathbf{A})$

(4.3 - 22c) $\qquad exp(t\mathbf{A}) \cdot exp(t\mathbf{B}) = \prod_{k=1}^{\infty} exp\left\{\frac{t^k}{k!}\mathbf{C}^k\right\} =$

$\qquad = exp(t(\mathbf{A}+\mathbf{B})) \cdot exp\left(\frac{t^2}{2}(\mathbf{AB}-\mathbf{BA})\right) \ldots$

$\qquad = exp(t(\mathbf{A}+\mathbf{B}))\,\textit{für}\,\mathbf{AB} = \mathbf{BA}$

Die Systems-Propagatoren $\mathbf{P_S}(t)$ können als eine Linearkombination von endlich vielen Potenzen von $\mathbf{A}$ berechnet werden [Bronson 1988 B].

Für ein n-dimensionales d'Alembert-System ist $\mathbf{A}$ eine n x n Matrix. Dann kann $\mathbf{P_S}(t)$ geschrieben werden als

(4.3 - 23a) $\qquad \mathbf{P_S}(t) = p_0\,\mathbf{I} + p_1 t\mathbf{A} + p_2 t^2 \mathbf{A}^2 + + + p_{n-1} t^{n-1} \mathbf{A}^{n-1}$

weil $\mathbf{A}$ die eigene Eigenwertgleichung erfüllt. Da $\mathbf{A}^n$ die höchste Potenz von $\mathbf{A}$ in dieser Gleichung ist, kann $\mathbf{A}^n$ als Linearkombination von $\mathbf{A}^{n-1}$, $\mathbf{A}^{n-2}$, ... $\mathbf{A}^2$, $\mathbf{A}^1$, $\mathbf{I}$ dargestellt werden, wobei $\mathbf{I}$ die n x n Einheitsmatrix bedeutet. Zu dieser Darstellung gehört das charakteristische Polynom

(4.3 - 23b) $\qquad p(\alpha t) = p_0 + p_1 \alpha t + p_2(\alpha t)^2 + + p_{n-1}(\alpha t)^{n-1}$

Für die Eigenwerte α_j der Matrix $\mathbf{A}$ gilt wegen (4.3 - 9b)

(4.3 - 23c) $\qquad exp(\alpha_j t) = p(\alpha_j t)$

Sind die (k + 1) Eigenwerte $\alpha_m = \alpha_{m+1} = ... = \alpha_{m+k}$ entartet, so gilt

(4.3 - 23d) $\qquad exp(\alpha_m t) = p(\alpha_m t) = \frac{1}{t}\frac{dp}{d\alpha}(\alpha_m t) = ... = \frac{1}{t^k}\frac{d^k p}{d\alpha^k}(\alpha_m t)$

Die insgesamt n möglichen Gleichungen (4.3 - 23c) und (4.3 - 23d) gestatten die Berechnung der n Koeffizienten p_m von $\mathbf{P_S}(t)$.

Beschränken wir uns auf *zweidimensionale* d'Alembert-Systeme, so gilt gemäss (4.3 - 23 a&b):

(4.3 - 24a) $\qquad \mathbf{P_S}(t) = p_0\,\mathbf{I} + t\,p_1\,\mathbf{A}$
(4.3 - 24b) $\qquad p(\alpha t) = p_0 + p_1\,\alpha t$

Sind α_1 und α_2 die Eigenwerte der Matrix $\mathbf{A}$, so findet man folgende Propagatoren $\mathbf{P_S}(t)$ für die Fälle

(4.3 - 25a) $\alpha_1 \neq \alpha_2$: $\quad (\alpha_1 - \alpha_2)\cdot\mathbf{P_S}(t) = \left(e^{\alpha_1 t} - e^{\alpha_2 t}\right)\mathbf{A} - \left(\alpha_2 e^{\alpha_1 t} - \alpha_1 e^{\alpha_2 t}\right)\mathbf{I}$

(4.3 - 25b) $\alpha_1 = \alpha_2 = \alpha$: $\qquad \mathbf{P_S}(t) = t\,e^{\alpha t}\mathbf{A} + (1 - \alpha t)e^{\alpha t}\mathbf{I}$

(4.3 - 25c) $\alpha_1 = \alpha \neq 0, \alpha_2 = 0$: $\quad \mathbf{P_S}(t) = \alpha^{-1}\left(e^{\alpha t} - 1\right)\mathbf{A} + \mathbf{I}$

Sowohl das d'Alembert System (4.3 - 1a) als auch die zugeordnete Differentialgleichung (4.3 - 8a) können mit Hilfe von *Propagatoren* gelöst werden. Die entsprechenden Lösungen werden dargestellt als

(4.3 - 26a) $\qquad \begin{pmatrix} x(t) \\ \dot{x}(t) \end{pmatrix} = \mathbf{P}(t)\begin{pmatrix} x(0) \\ \dot{x}(0) \end{pmatrix}$

(4.3 - 26b) $\qquad \begin{pmatrix} x(y) \\ y(t) \end{pmatrix} = \mathbf{P_S}(t)\begin{pmatrix} x(0) \\ y(0) \end{pmatrix}$

Der Propagator $\mathbf{P}(t)$ wird benutzt zur Beschreibung der Lösungen von linearen Differentialgleichungen 2. Ordnung, siehe zum Beispiel (2.2 - 15 a b c) und (2.3 - 18a&b), indessen der Propagator $\mathbf{P_S}(t)$ gemäss dem Vorangehenden zur Lösung von d'Alembert-Systemen dient.

Die Propagatoren $\mathbf{P_S}(t)$ für das d'Alembert-System (4.3 - 1a) und $\mathbf{P}(t)$ für die zugeordnete Differentialgleichung (4.3 - 8a) sind gemäss (4.3 - 9a) verknüpft durch die *zeitunabhängige Ähnlichkeits-Transformation*:

(4.3 - 27a) $\qquad \mathbf{P_S}(t) = \mathbf{T}\,\mathbf{P}(t)\,\mathbf{T}^{-1}$, wobei

(4.3 - 27b)   mit $\mathbf{T}^{-1} = \begin{pmatrix} 1 & 0 \\ a_{11} & a_{12} \end{pmatrix}; \mathbf{T} = \begin{pmatrix} \dfrac{1}{a_{12}} & 0 \\ \dfrac{-a_{11}}{a_{12}} & \dfrac{1}{a_{12}} \end{pmatrix}$

4. 3. 6   Höherdimensionale d'Alembert Systeme

Die d'Alembert-System (4.1 - 7a&b) mit den Dimensionen n > 2 können im Prinzip gleich behandelt werden wie die zweidimensionalen Systeme.

Ein wichtiger Aspekt aller d'Alembert-Systeme ist die *Stabilität* ihrer Lösungen bei kritischen Punkt im Koordinaten-Ursprung $\vec{r}_S = \vec{0}$. Massgebend dafür sind die Eigenwerte α_i der charakterischen Matrix **A** (4.1 - 7b). Diese sind bestimmt durch die Eigenwert-Gleichung

(4.3 - 28) $\quad |\alpha \mathbf{I} - \mathbf{A}| = \alpha^n + a_{n-1}\alpha^{n-1} + + a_0 = \prod_{k=1}^{n}(\alpha - \alpha_k)$

Die Koeffizienten a_{m-1}, m = 1,2, ..n, werden als reell vorausgesetzt. **I** ist die n-dimensionale Einheitsmatrix.

Ein d'Alembert-System ist beim kritischen Punkt im Koordinatenursprung $\vec{r}_S = \vec{0}$ [Birkhoff & Rota 1989 B] nach Hurwitz

α)   *streng stabil*,
   genau dann, wenn jeder Eigenwert α_k einen negativen Realteil hat:
(4.3 - 29a) $Re \; \alpha_k < 0 \quad für \; k = 1, 2, ... n$

β)   *stabil*,
   genau dann, wenn jeder Vielfache, entartete Eigenwert $\alpha_k = \alpha_{k+1} = = = \alpha_{k+r}$ einen negativen Realteil hat und kein einzelner, nicht entarteter Eigenwert α_j einen positiven Realteil aufweist.
(4.3 - 29b) $Re \; \alpha_j \; (nicht \; entartet) \leq 0 \quad und \quad Re \; \alpha_k \; (entartet) < 0$

Die reellen Polynome der Eigenwertgleichung (4.3 - 28) werden als stabil bezeichnet, wenn ihre Wurzeln negative Realteile haben. Dies ergibt spezielle Bedingungen für die reellen Koeffizienten a_{m-1} dieser Polynome, welche als *Routh-Hurwitz Bedingungen* bezeichnet werden [Gantmacher 1959 B, Hairer et al. 1987 B].

In Sektion 4.3.4 wurde das *Verhalten* der zweidimensionalen d'Alembert-Systeme am *kritischen Punkt* im Koordinatenursprung $\vec{r}_S = 0$ analysiert. Entsprechende Analysen wurden auch für *dreidimensionale d'Alembert-System* gemacht [Verhulst 1990 B].

4.4 Konservative lineare mechanische Systeme

4.4.1 Lagrange-Mechanik der Systeme

Ein mechanisches System ist *konservativ*, wenn es mit einer *potentiellen Energie* V beschrieben werden kann. Bei einem konservativen linearen mechanischen System mit der *stabilen Gleichgewichtslage* im Koordinatenursprung $\vec{r}_0 = \vec{0}$ ist die potentielle Energie V eine *positiv definite quadratische Form der Koordinaten* x_j.

(4.4 - 1a) $$V = \frac{1}{2}\vec{r}\,\mathbf{F}\,\vec{r} = \frac{1}{2}\sum_{jk=1}^{n} f_{jk} \cdot x_j \cdot x_k$$

F ist eine symmetrische Matrix. Somit gilt

(4.4 - 1b) $$\mathbf{F} = \{f_{jk}\} = \{f_{kj}\} = \mathbf{F}^T$$

wobei $\mathbf{F}^T$ die *transponierte* Matrix von **F** bedeutet. Eine quadratische Form heisst *positiv definit*, wenn sie für alle x_j positiv ist ausser wenn alle x_j Null sind. Dann ist sie ebenfalls Null.

Die *kinetische Energie* T eines derartigen Systems ist eine *positiv definite quadratische Form der Geschwindigkeiten* $\dot{x}_j$:

(4.4 - 2a) $$T = \frac{1}{2}\dot{\vec{r}}\,\mathbf{M}\,\dot{\vec{r}} = \frac{1}{2}\sum_{jk=1}^{n} \mu_{jk} \cdot \dot{x}_j \cdot \dot{x}_k$$

mit der symmetrischen Matrix **M**:

$$\mathbf{M} = \{\mu_{jk}\} = \{\mu_{kj}\} = \mathbf{M}^T$$

Zur Berechnung der Schwingungsgleichungen des Systems eignet sich die *Lagrange-Mechanik* [Goldstein 1978 B, Kuypers 1982 B]. Die dazu verwendete *Lagrange-Funktion* ist definiert als

(4.4 - 3a) $L = T - V$

Mit dieser Funktion L erhält man die Schwingungsgleichungen mit den *Lagrange-Gleichungen*

(4.4 - 3b) $$\frac{d}{dt}\left(\partial L / \partial \dot{x}_j\right) - \left(\partial L / \partial x_j\right) = 0$$

Das Resultat sind die *Schwingungsgleichungen*

(4.4 - 4a) $$\sum_{k=1}^{n}\left(\mu_{jk}\,\ddot{x}_k + f_{jk}\,x_k\right) = 0, \quad j = 1, 2, \ldots n$$

oder in Matrix - Darstellung

(4.4 - 4b) $\mathbf{M}\,\ddot{\vec{r}} + \mathbf{F}\,\vec{r} = 0$

Durch Multiplikation mit $\mathbf{M}^{-1}$ findet man
(4.4 - 5a) $$\ddot{\vec{r}} = -\Omega^2 \, \vec{r} = -\mathbf{M}^{-1}\mathbf{F}\vec{r}$$
oder

(4.4 - 5b) $$\ddot{x}_j = -\sum_{k=1}^{n} \Omega_{jk}^2 \cdot x_k$$

Diese Schwingungsgleichung entspricht dem in der Einleitung 4.1 erwähnten Beschleunigungsfeld (4.1 - 2 a&b).

4. 4. 2   Schwingungen

Zur Lösung des Gleichungssystems (4.4 - 5 a&b) setzt man
(4.4 - 6a) $\quad\vec{r}(t) = \vec{a} \cdot cos(\omega t - \varphi)\quad$ mit $\quad \vec{a} = [a_1, a_2 ... a_n]$

und erhält mit Hilfe der Gleichungen (4.4 - 4b) und (4.4 - 5a) die homogenen, zeitunabhängigen Gleichungen
(4.4 - 6b) $\quad (\mathbf{F} - \omega^2 \cdot \mathbf{M}) \, \vec{a} = \vec{0}$
und
(4.4 - 6c) $\quad (\Omega^2 - \omega^2 \cdot \mathbf{I})\vec{a} = \vec{0}$
wobei $\mathbf{I}$ die n-dimensionale Einheitsmatrix darstellt.

Damit *nichttriviale Lösungen* $\vec{a}$ für diese sich entsprechenden Gleichungen existieren, müssen ihre Determinanten Null sein:
(4.4 - 7a) $\quad det\!\left[\mathbf{F} - \omega^2 \cdot \mathbf{M}\right] = 0\quad$, respektive
(4.4 - 7b) $\quad det\!\left[\Omega - \omega^2 \mathbf{I}\right] = 0$

Diese sind zwei Formen der charakteristischen Gleichung oder *Säulärgleichung* des Systems. Sie besitzt n Wurzeln oder *Eigenwerte* ω_m^2, m = 1, ..., n. Zu jeder *Eigenkreisfrequenz* $\omega_m \geq 0$ gehört ein *Eigenvektor* $\vec{a}_m$, welcher mit den gleichwertigen Gleichungssystemen (4.4 - 6b&c) bestimmt werden kann.

Für einfache, nicht entartete Eigenwerte ω_m^2 sind die Eigenvektoren $\vec{a}_m$ wegen der Homogenität der Gleichungen (4.4 - 6b&c) bis auf einen konstanten Faktor C_m bestimmt. Im Fall mehrfacher entarteter Eigenwerte ω_m^2 gibt es mehrere willkürliche Parameter.

Die *allgemeine Lösung* eines Systems (4.4 - 4a&b) hat die Form

(4.4 - 8) $$\vec{r}(t) = \sum_{m=1}^{n} C_m \cdot cos(\omega_m t - \varphi_m) \cdot \vec{a}_m$$
mit $\quad \vec{a}_m = [a_{m1}, a_{m2}, ... a_{mn}]$

Diese Lösung kann auch für alle *Anfangsbedingungen* $\vec{r}(0)$ und $\dot{\vec{r}}(0)$ beschrieben werden. Zu diesem Zweck berechnet man die C_m und φ_m aus den Gleichungen:

(4.4 - 9a) $$\vec{r}(0) = \sum_{m=1}^{n} C_m \cdot cos\,\varphi_m \cdot \vec{a}_m$$

(4.4 - 9b) $$\dot{\vec{r}}(0) = \sum_{m=1}^{m} C_m \cdot sin\,\varphi_m \cdot \omega_m\,\vec{a}_m$$

Als *Normalkoordinaten* bezeichnet man die Funktionen
(4.4 - 10a) $\quad q_m(t) = C_m \cdot cos(\omega_m t - \varphi_m)$
Die Normalkoordinaten bestimmen den Lösungsvektor $\vec{r}(t)$ gemäss Gleichung (4.4 - 8):

(4.4 - 10b) $$\vec{r}(t) = \sum_{m=1}^{n} q_m(t) \cdot \vec{a}_m$$

Werden die potentielle und die kinetische Energie mit Hilfe der Normalkoordinaten $q_m(t)$ dargestellt, so bilden sie Summen von Quadraten:

(4.4 - 10c) $$V = \frac{1}{2} \sum_{m=1}^{n} f_m \cdot q_m^2$$

(4.4 - 10d) $$T = \frac{1}{2} \sum_{m=1}^{n} \mu_m \cdot \dot{q}_m^2$$

Dies bedeutet, dass die Matrizen **M** und **F** der Schwingungsgleichungen (4.4 - 4b) in der Normalkoordinaten-Darstellung in *Diagonalform* geschrieben werden können.

4. 4. 3 Molekülschwingungen

Die besprochenen konservativen linearen mechanischen Systeme bilden eine Grundlage der *Theorie der Molekülschwingungen* [Steele 1971 B, Wilson et al. 1955 B]. Dabei sind folgende zwei Aspekte zu erwähnen:

Besteht ein Molekül aus r Atomen, so hat es n = 3 r *Freiheitsgrade* der Bewegung der Atomkerne in dreidimensionalen Raum.

Bei einem *nichtlinearen Molekül* beansprucht die *Translation* des Schwerpunkts *drei* Freiheitsgrade und die *Rotation* um den Schwerpunkt ebenfalls *drei*. Befindet sich das

Molekül in kräftefreier Umgebung, dann verschwinden von den n = 3 r Eigenfrequenzen ω_m insgesamt sechs:

(4.4 - 11a) $\qquad \omega_m = 0 \quad$ für $\quad 1 \leq m \leq 6$
$\qquad\qquad\qquad\omega_m > 0 \quad$ für $\quad 7 \leq m \leq n = 3r$

Die restlichen 3 r = 6 = n - 6 Freiheitsgrade entsprechen den eigentlichen *Schwingungen oder Vibrationen* des Moleküls mit nicht-verschwindenden Eigenkreisfrequenzen $\omega_m > 0$.

Bei einem *linearen Molekül* beansprucht die *Rotation* um den Schwerpunkt nur *zwei* Freiheitsgrade. Dementsprechend umfassen die eigentlichen *Schwingungen oder Vibrationen* 3 r - 5 = n - 5 Freiheitsgrade. Für ein lineares Molekül in kräftefreier Umgebung gilt daher

(4.4 - 11b) $\qquad \omega_m = 0 \quad$ für $\quad 1 \leq m \leq 5$
$\qquad\qquad\qquad\omega_m > 0 \quad$ für $\quad 6 \leq m \leq n = 3r$

Die *Symmetrie* eines Moleküls bestimmt weitgehend die *Entartung* seiner Schwingungen und Eigenkreisfrequenzen ω_m [Steele 1971 B, Wilson et al. 1955]. Deshalb spielt bei der Berechnung der Vibrationsspektren einfacher symmetrischer Moleküle die *Gruppentheorie* eine massgebende Rolle. Ausser der Bestimmung der erwähnten Entartung ermöglicht sie die Reduktion der Matrizen **F** und **M** in der Schwingungsgleichung (4.4 - 4b) sowie die Faktorisierung der Säkulargleichung (4.4 - 7a&b).

Als *Beispiel für die Entartung* der Vibrationen eines symmetrischen Moleküls dienen die Eigenkreisfrequenzen ω_m von Methan CH_4 mit n = 3 r = 15 Freiheitsgraden:

$$\omega_{1-6} = 0, \; \omega_7 = 5{,}75 \cdot 10^{14} \, s^{-1}, \; \omega_{8-9} = 2{,}61 \cdot 10^{14} \, s^{-1}$$
$$\omega_{10-12} = 5{,}95 \cdot 10^{14} \, s^{-1}, \; \omega_{13-15} = 2{,}58 \cdot 10^{14} \, s^{-1}$$

4. 5 Zeitabhängige lineare Systeme

4. 5. 1 Homogene Systeme beliebiger Dimension

Homogene zeitabhängige lineare Systeme haben gemäss (4.1 - 5a&b) und (4.1 - 6a) eine *Normalform* in der Komponenten-Darstellung

(4.5 - 1a) $\qquad dx_j / dt = \dot{x}_j = v_j = \sum_{k=1}^{n} a_{jk}(t) x_k$

oder in der Vektor-Darstellung

(4.5 - 1b) $\qquad \dfrac{d}{dt}\vec{r} = \dot{\vec{r}} = \vec{v} = \mathbf{A}(t)\vec{r} \quad$ mit $\quad \mathbf{A}(t) = \{a_{jk}(t)\}$

Zeitabhängigen Systeme bezeichnet man auch als *nicht-autonom*.

Da die Lösung $\vec{r}(t)$ linear vom Anfangszustand $\vec{r}(0)$ abhängt existiert eine *Propagator-Lösung* in der Form [Hainer et al. 1987 B].

(4.5 - 2) $\qquad \vec{r}(t) = \mathbf{P}_S(t,t_0)\, \vec{r}(0)$

wobei die Matrix $\mathbf{P}_S(t,t_0)$ als *Resolvente* oder *Systems-Propagator* bezeichnet wird. Der Systems-Propagator kann auf verschiedene Arten dargestellt werden.

Erstens kann der Systems- Propagator dann und nur dann als *Exponential-Funktion* dargestellt werden, wenn die charakterische Matrix $\mathbf{A}(t)$ und ihr zeitliches Integral $\mathbf{B}(t)$ kommutieren [Zwillinger 1989B].

(4.5 - 3a) $\qquad \mathbf{B}(t,t_0) = \left\{ b_{jk}(t,t_0) \right\} = \int_{t_0}^{t} dt\, \mathbf{A}(t) = \left\{ \int_{t_0}^{t} dt \cdot a_{jk}(t) \right\}$

(4.5 - 3b) $\qquad \mathbf{B}(t,t_0)\, \mathbf{A}(t) = \mathbf{A}(t)\, \mathbf{B}(t,t_0)$

In diesem Fall kann der Systems-Propagator geschrieben werden als

(4.5 - 3c) $\qquad \mathbf{P}_S(t,t_0) = \exp[+\mathbf{B}(t,t_0)] = exp\left[\int_{t_0}^{t} dt \cdot \mathbf{A}(t) \right] = \sum_{m=1}^{\infty} \frac{1}{m!} \mathbf{B}^m(t,t_0)$

Das *Inverse* des Propagators ist in diesem Fall

(4.5 - 3d) $\qquad \mathbf{P}_S^{-1}(t,t_0) = \mathbf{P}_S(t_0,t) = exp[-\mathbf{B}(t,t_0)]$

Aus der Gleichung (4.5 - 2d) folgt, dass auch der Propagator $\mathbf{P}_S(t,t_0)$ mit der charakteristischen Matrix $\mathbf{A}(t)$ kommutiert:

(4.5 - 3e) $\qquad \mathbf{P}_S(t,t_0)\, \mathbf{A}(t) = \mathbf{A}(t)\, \mathbf{P}_S(t,t_0)$

Die beschriebene Propagator-Lösung entspricht einer speziellen *Ähnlichkeits-Transformation*, in Englisch "similarity transform", des Systems:

(4.5 - 4a) $\qquad \vec{r}(t) = \mathbf{T}(t,t_0)\, \vec{r}(t_0)$

oder

(4.5 - 4b) $\qquad \vec{r}(t_0) = \mathbf{T}(t_0,t)\, \vec{r}(t) = \mathbf{T}^{-1}(t,t_0)\, \vec{r}(t)$

Durch Berechnung von

$$\frac{d}{dt}[\vec{r}(t_0)] = \dot{\mathbf{T}}(t_0,t)\, \vec{r}(t) + \mathbf{T}(t_0,t)\, \dot{\vec{r}}(t) =$$
$$= \left[\dot{\mathbf{T}}(t_0,t) + \mathbf{T}(t_0,t)\, \mathbf{A}(t) \right] \vec{r}(t) = \vec{0}$$

findet man

(4.5 - 4c) $\qquad \dot{\mathbf{T}}(t_0,t) = -\mathbf{T}(t_0,t)\, \mathbf{A}(t)$

mit der Lösung

(4.5 - 4d) $\mathbf{T}(t_0,t) = \mathbf{P}_S(t_0,t) = exp[-\mathbf{B}(t,t_0)]$

oder

(4.5 - 4e) $\mathbf{T}(t,t_0) = \mathbf{P}_S(t,t_0) = exp[+\mathbf{B}(t,t_0)]$

Zweitens kann der Systems-Propagator mit Hilfe der *Wronski-Matrix* beschrieben werden [Kamke 1956 B, Hairer et al. 1987 B]. Sind bei einem n-dimensionalen homogenen linearen System (4.5 - 1a&b) n linear unabhängige Lösungen $\vec{r}_m(t)$, m = 1,2, .. n bekannt, dann ist die Wronski-Matrix W(t) definiert als

(4.5 - 5a) $W(t) = \{W_{km}(t)\} = \{x_{km}(t)\} = \begin{bmatrix} x_{11}(t) & .. & x_{1n}(t) \\ \vdots & & \vdots \\ x_{n1}(t) & .. & x_{nn}(t) \end{bmatrix}$

mit $\vec{r}_m(t) = [x_{1m}(t)...x_{km}(t)...x_{nm}(t)]$

Die Wronski-Matrix erfüllt die Gleichung des homogenen linearen Systems [Hairer et al. 1987 B] gemäss (4.5 - 1b)

(4.5 - 5b) $\dfrac{d}{dt}\mathbf{W}(t) = \mathbf{A}(t)\,\mathbf{W}(t)$

Jede Lösung $\vec{r}(t)$ des Systems (4.5 - 1a&b) kann geschrieben werden als Linearkombination der n linear unabhängigen Lösungen $\vec{r}_m(t)$. Dies bedeutet, dass gilt

(4.5 - 5c) $\vec{r}(t) = \mathbf{W}(t)\,\vec{c}$ und $\vec{r}(0) = \mathbf{W}(0)\,\vec{c}$

wobei $\vec{c} = [c_1,...c_k,...c_n]$ einen konstanten Vektor darstellt. Durch Elimination dieses Vektors $\vec{c}$ aus den beiden Gleichungen (4.5 - 4c) findet man unmittelbar den Systems-Propagator:

(4.5 - 5d) $\mathbf{P}_S(t,t_0) = \mathbf{W}(t)\,\mathbf{W}^{-1}(0)$ wobei $\vec{r}(t) = \mathbf{P}_S(t,t_0)\,\vec{r}(0)$

Somit ist jede Lösung eines homogenen n-dimensionalen zeitabhängigen linearen Systems (4.5 - 1a&b) bekannt, wenn n linear unabhängige Lösungen vorliegen. Über die Konstruktion dieser Lösungen für zeitabhängige **A**(t) weiss man jedoch wenig [Hairer et al. 1987 B].

Die zeitliche Variation der *Wronski-Determinante* definiert als Determinante der Wronski-Matrix wird bestimmt durch die *Abel-Liouville-Jakobi-Ostrogradskii-Identität* [Hairer et al. 1987 B]:

(4.5 - 5e) $det\{\mathbf{W}(t)\} = det\{\mathbf{W}(t_0)\} \cdot exp \int_{t_0}^{t} dt' \cdot sp\,\mathbf{A}(t')$

wobei sp **A**(t) die Spur von **A**(t) bedeutet.

Das Verhalten der charakteristischen Matrix $\mathbf{A}(t)$ in einem Zeitpunkt t_0 bestimmt die Lösung eines zeitabhängigen homogenen linearen Systems in dessen Umgebung mit Hilfe von Reihen. Diese Systeme gestatten eine Verschiebung der Zeitskala, so dass $t_0 = 0$ gesetzt werden kann.

α) Ist die charakteristische Matrix $\mathbf{A}(t)$ *regulär bei t = 0*, dann gilt nach Definition

(4.5 - 6a) $$\mathbf{A}(t) = \sum_{m=0}^{\infty} t^m \mathbf{A}_m$$

mit $\quad \mathbf{A}_m = 0 \quad$ für $\quad m < 0 \quad$ und $\quad \dfrac{d}{dt}\mathbf{A}_m = \mathbf{0}$

Die Lösung $\vec{r}(t)$ mit Hilfe einer Reihe ergibt
(4.5 - 6b)
$$\vec{r}(t) = \left[\mathbf{I} + \frac{t}{1!}\mathbf{A}_0 + \frac{t^2}{2!}\left(\mathbf{A}_0^2 + \mathbf{A}_1\right) + \frac{t^3}{3!}\left(\mathbf{A}_0^3 + \mathbf{A}_0\mathbf{A}_1 + 2\mathbf{A}_1\mathbf{A}_0 + 2\mathbf{A}_2\right) + + +\right]\vec{r}(0)$$

wobei $\mathbf{I}$ dei Einheitsmatrix bedeutet.

β) Für eine charakteristische Matrix $\mathbf{A}(t)$, welche *bei t = 0 schwach singulär ist*, gilt [Hairer et al. 1987 B]:

(4.5 - 7a) $$\mathbf{A}(t) = \sum_{m=-1}^{\infty} t^m \mathbf{A}_m$$

mit $\quad \mathbf{A}_m = 0 \quad$ für $\quad m < -1 \quad$ und $\quad \dfrac{d}{dt}\mathbf{A}_m = 0$

Die Lösung eines homogenen Systems (4.5 - 1a&b) mit einer bei $t = 0$ schwach singulären Matrix $\mathbf{A}(t)$ erfolgt mit dem Ansatz

(4.5 - 7b) $$\vec{r}(t) = t^\alpha \sum_{m=0}^{\infty} t^m \vec{r}_m \quad \text{mit} \quad \frac{d}{dt}\vec{r}_m = \vec{0}$$

Durch Einsetzen von (4.5 - 5a&b) in die Vektor-Darstellung (4.5 - 1b) der homogenen Systeme und durch Vergleich der Koeffizienten gleicher Potenzen von t findet man

(4.5 - 7c)
$$[\alpha \mathbf{I} - \mathbf{A}_{-1}]\,\vec{r}_0 = \vec{0}$$
$$[(\alpha+1)\mathbf{I} - \mathbf{A}_{-1}]\,\vec{r}_1 = \mathbf{A}_0\,\vec{r}_0$$
$$[(\alpha+2)\mathbf{I} - \mathbf{A}_{-1}]\,\vec{r}_2 = \mathbf{A}_0\,\vec{r}_1 + \mathbf{A}_1\,\vec{r}_0$$
$$[(\alpha+3)\mathbf{I} - \mathbf{A}_{-1}]\,\vec{r}_3 = \mathbf{A}_0\,\vec{r}_2 + \mathbf{A}_1\,\vec{r}_1 + \mathbf{A}_2\,\vec{r}_2$$
$$\cdots\cdots \qquad \cdots\cdots$$

Die erste Gleichung von (4.5 - 7c) ist erfüllt, wenn α einer der n Eigenwerte α_p und $\vec{r}_0$ der dazu gehörige Eigenvektor $\vec{r}_{op}$ von $\mathbf{A}_{-1}$ ist. Für α_p gilt daher die Gleichung

(4.5 - 7d) $$det[\mathbf{A}_{-1} - \alpha_p \mathbf{I}] = 0, \quad p = 1, 2, \ldots n$$

Sind α_p und $\vec{r}_{op}$ bekannt, dann lassen sich mit dem Gleichungssystem (4.5 - 7c) die dazugehörigen $\vec{r}_{mp}$ berechnen.

4. 5. 2   Stabilität homogener Systeme

Über die Stabilität zeitabhängiger linearer Systeme ist relativ wenig bekannt [Slotine & Li 1991 B]. Es gelten zum Beispiel folgende Gesetze:

α)   Ein *homogenes* zeitabhängiges lineares System (4.5 - 1a&b) ist beim kritischen Punkt im Koordinatenursprung $\vec{r}_s = 0$ *streng stabil*, wenn alle Eigenwerte $\alpha_{sp}(t)$ des symmetrischen Teils $\mathbf{A}_s(t)$ der charakteristischen Matrix $\mathbf{A}(t)$ negative Realteile haben [Slotine & Li 1991 B]:

(4.5 - 8a) $\quad\quad\quad \mathbf{A}_s(t) = \frac{1}{2}\left[\mathbf{A}(t) + \mathbf{A}^T(t)\right]$

(4.5 - 8b) $\quad\quad\quad Re\ \alpha_{sp}(t) = Re\ \Lambda\{\mathbf{A}_s(t)\} < 0, \quad p = 1, 2, \ldots n$

Somit genügt es für die Stabilität des homogenen zeitabhängigen Systems (4.5 - 1a&b) *nicht*, dass alle Realteile der Eigenwerte α_p, p = 1,2, ...n der n-dimensionalen Matrix $\mathbf{A}(t)$ negativ sind.

Ein *Beispiel* ist das System mit der charakteristischen Matrix

(4.5 - 9a) $\quad\quad\quad A(t) = \begin{bmatrix} -1 & 0 \\ 2exp(2t) & -1 \end{bmatrix}$,

welche nur negative Eigenwerte $\alpha_{1,2}(t)$ aufweist:

(4.5 - 9b) $\quad\quad\quad \alpha_{1,2}(t) = \alpha_{1,2} = -1$

Die allgemeine Lösung dieses Systems ist *instabil*:

(4.5 - 9c) $\quad\quad\quad x(t) = x(0)\ exp(-t)$
$\quad\quad\quad\quad\quad\quad y(t) = [y(0) - x(0)]exp(-t) + x(0)exp(+t)$

Die Ursache ist, dass nicht alle Eigenwerte $\alpha_{sp}(t)$ des symmetrischen Teils $\mathbf{A}_s(t)$ der Matrix $\mathbf{A}(t)$ negativ sind:

(4.5 - 9d) $\quad\quad\quad \alpha_{s1,2}(t) = -1 \pm exp(2t)$

β)   Ein weiteres Stabilitätskriterium ist bekannt für *d'Alembert-Systeme mit zeitabhängiger Störung* in der Form [Slotine & Li 1991 B]

(4.5 - 10a) $\quad\quad\quad \dot{\vec{r}} = [\mathbf{A} + \mathbf{S}(t)]\vec{r} \quad \text{mit} \quad \frac{d}{dt}\mathbf{A} = \mathbf{0}$

Die konstante Matrix $\mathbf{A}$ repräsentiert das d'Alembert-System, die zeitabhängige Matrix $\mathbf{S}(t)$ die Störung. Für das Stabilitätskriterium setzt man voraus, dass das d'Alembert-

System *im Sinne von Hurwitz stabil* ist. Das bedeutet, dass all Eigenwerte α_p von **A** negative Realteile haben:

(4.5 - 10b) $\qquad Re\ \alpha_p = Re\ \Lambda\{\mathbf{A}\} < 0,\ p = 1,2,...n$

Unter dieser Voraussetzung ist das d'Alembert-System mit zeitabhängiger Störung *exponentiell stabil* (4.3 - 17c) beim kritischen Punkt im Koordinatenursprung $\vec{r}_S = \vec{0}$, wenn

(4.5 - 10c) $\qquad \lim_{t \to \infty} \mathbf{S}(t) = \mathbf{0}$

und $\qquad \int_0^\infty det\{\mathbf{S}(t)\}dt = C \neq \pm\infty$

wobei **0** die Nullmatrix bedeutet.

4.5.3 Zweidimensionale homogene Systeme

Zweidimensionale homogene zeitabhängige lineare Systeme können wie die zweidimensionalen d'Alembert-Systeme mit dem skalaren Potential U gemäss (4.3 - 4a) und dem Vektorpotential oder der Hamilton-Funktion H gemäss (4.3 - 4b) beschrieben werden. Sowohl die Potentiale U und H als auch ihre Parameter sind jedoch bei den jetzt betrachteten Systemen zeitabhängig:

(4.5 - 11a) $\qquad U(t,x,y) = -\frac{1}{2}\overline{\alpha}(t) \cdot \left(x^2 + y^2\right) + \beta(t) \cdot x y$

(4.5 - 11b) $\qquad H(t,x,y) = -\frac{1}{2}\omega(t) \cdot \left(x^2 + y^2\right) + \gamma(t) \cdot x y$

Mit der Hilfe der Gleichungen (4.2 - 40) findet man für diese Potentiale die Systems-Gleichungen

(4.5 - 11b) $\qquad u = \dot{x} = a_{11}(t) \cdot x + a_{12}(t) \cdot y = (\overline{\alpha}(t) + \gamma(t)) \cdot x - (\omega(t) + \beta(t)) \cdot y$

$\qquad\qquad v = \dot{y} = a_{21}(t) \cdot x + a_{22}(t) \cdot y = (\omega(t) - \beta(t)) x + (\overline{\alpha}(t) - \gamma(t)) \cdot y$

Für Polarkoordinaten findet man entsprechend (4.3 - 7abc) die Potentiale

(4.5 - 12a) $\qquad U(t,r,\varphi) = -\frac{1}{2}r^2[\overline{\alpha}(t) - \beta(t)\sin 2\varphi]$

(4.5 - 12b) $\qquad H(t,r,\varphi) = -\frac{1}{2}r^2[\omega(t) - \gamma(t)\sin 2\varphi]$

und das Gleichungssystem

(4.5 - 12c) $\qquad \frac{d}{dt}\ln r = \dot{r}/r\ =\ \overline{\alpha}(t) - \beta(t)\sin 2\varphi + \gamma(t)\cos 2\varphi$

$\qquad\qquad\qquad \dot{\varphi}\ =\ \omega(t) - \beta(t)\cos 2\varphi - \gamma(t)\sin 2\varphi$

Die zeitabhängigen Parameter $\overline{\alpha}, \beta, \gamma, \omega$ charakterisieren gemäss (4.5 - 11c) und (4.5 - 12c) die zweidimensionalen homogenen zeitabhängigen linearen Systeme. Typische *Spezialfälle* sind

α) *Stern*
$\beta \equiv \gamma \equiv \omega \equiv 0$
(4.5 - 13) $\qquad r(t) = r(0) \cdot exp \int_0^t \overline{\alpha}(t') dt'$; $\varphi(t) = \varphi(0)$
Die Bahnlinien sind radiale Strahlen.

β) *Hyperbelschar* I
$\overline{\alpha} \equiv \gamma \equiv \omega \equiv 0$
(4.5 - 14) $\qquad x^2(t) - y^2(t) = x^2(0) - y^2(0)$
Die Bahnlinien sind Hyperbeln

γ) *Hyperbelschar* II
$\overline{\alpha} \equiv \beta \equiv \omega \equiv 0$
(4.5 - 15) $\qquad x(t) \cdot y(t) = x(0) \cdot y(0)$
Die Bahnlinien sind Hyperbeln.

δ) *Rotation*
$\overline{\alpha} \equiv \beta \equiv \gamma \equiv 0$
(4.5 - 16) $\qquad r(t) = r(0); \; \varphi(t) = \varphi(0) + \int_0^t \omega(t') \cdot dt'$
Die Bahnlinien formen konzentrische Kreise.

ε) *Rotierende Systeme*
$\beta \equiv \gamma \equiv 0$
Die Lösung in Polarkoordinaten (4.2 - 43 a&b) ist
(4.5 - 17a) $\qquad \gamma(t) = \gamma(0) + \int_0^t \omega(t') dt'$
$\qquad\qquad r(t) = r(0) \cdot exp \int_0^t \overline{\alpha}(t') \cdot dt'$
und in kartesischen Koordinaten [Kamke 1956 B]:
(4.5 - 17b) $\qquad x(t) = [x(0) \cdot cos \varphi - y(0) sin \varphi] \cdot \rho$
$\qquad\qquad y(t) = [x(0) \cdot sin \varphi + y(0) \cdot cos \varphi] \cdot \rho$
$\qquad$ mit $\qquad \varphi = \int_0^t \omega(t') \cdot dt'$; $\rho = exp \int_0^t \overline{\alpha}(t') \cdot dt'$

ζ) *Selbstadjungierte Systeme*
$\overline{\alpha} \equiv \overline{\gamma} \equiv 0$; $\omega + \beta = R(t)$; $\omega - \beta = Q(t)$
Die einem selbstadjungierten System
(4.5 - 18a) $\quad\quad\quad \dot{x} = -R(t) \cdot y$
$\quad\quad\quad\quad\quad\quad\quad \dot{y} = +Q(t) \cdot x$
zugeordneten Differentialgleichungen

(4.5 - 18b) $\quad\quad\quad \dfrac{d}{dt}\left[\dfrac{\dot{x}}{R(t)}\right] + Q(t) \cdot x = 0$

(4.5 - 18c) $\quad\quad\quad \dfrac{d}{dt}\left[\dfrac{\dot{y}}{Q(t)}\right] + R(t) \cdot y = 0$

sind selbstadjungiert, in Englisch "self-adjoint" [Birkhoff & Rota 1989 B].

Beispiele selbstadjungierter Differentialgleichungen sind [Kamke 1956 B]:

– die *Laguerre*-Differentialgleichung:
(4.5 - 19a) $\quad\quad\quad \dfrac{d}{dt}[t \cdot \dot{x}] + \left[\lambda - \dfrac{1}{4}(t+2)\right] \cdot x = 0$

– die *Euler*- Differentialgleichung:
(4.5 - 19b) $\quad\quad\quad \dfrac{d}{dt}[t \cdot \dot{x}] - \left[v^2 / t\right] \cdot x = 0$

– die *Bessel* - Differentialgleichung:
(4.5 - 19c) $\quad\quad\quad \dfrac{d}{dt}[t \cdot \dot{x}] + \left[t - \left(v^2 / t\right)\right] \cdot x = 0$

– die *Legendre* - Differentialgleichung:
(4.5 - 19d) $\quad\quad\quad \dfrac{d}{dt}\left[\left(1-t^2\right) \cdot \dot{x}\right] - v(v+1) \cdot x = 0$

Bei der Analyse selbstadjungierter Differentialgleichungen wird oft die *Prüfer-Substitution* [Birkhoff & Rota 1989 B, Zwillinger 1989 B] vorgenommen. Bei der ersten selbstadjungierten Differentialgleichung (4.5 - 18b) entspricht diese der Transformation:
(4.5 - 20a) $\quad\quad x(t) \ = \ \quad r(t) \cdot cos\, \varphi(t)$
$\quad\quad\quad\quad\quad\quad \dot{x}(t) \ = \ -R(t) \cdot r(t) \cdot sin\, \varphi(t)$

Diese verwandelt die Differentialgleichung (4.5 - 18b) in die Gleichungen

(4.5 - 20b) $$\frac{d}{dt}\ln r = \dot{r}/r = -\beta(t)\cdot \sin 2\varphi$$
$$\dot{\varphi} = -\beta(t)\cdot \cos 2\varphi + \omega(t)$$

Somit entspricht die Prüfer-Substitution bei einer selbstadjungierten Differentialgleichung (4.5 - 18b) der *Polarkoordinaten-Darstellung* (4.5 - 12c) des entsprechenden selbstadjungierten Systems (4.5 - 18a) mit $\overline{\alpha} \equiv \gamma \equiv 0$.

4.5.4 Inhomogene Systeme

Inhomogene zeitabhängige lineare Systeme haben entsprechend der Übersicht 4.1 die *Normalform* in der Komponenten-Darstellung

(4.1 - 5a) $$dx_j/dt = \dot{x}_j = v_j = \sum_{k=1}^{n} a_{jk}(t)x_k + b_j(t)$$

und in der Vektor-Darstellung

(4.1 - 5b) $$\frac{d}{dt}\vec{r} = \dot{\vec{r}} = \vec{v} = \mathbf{A}(t)\vec{r} + \vec{b}(t)$$

Sind n linear unabhängige Lösungen des entsprechenden n-dimensionalen homogenen Systems mit $\vec{b}(t) \equiv 0$ bekannt, so kann das inhomogene System durch *Variation der Konstanten* gelöst werden [Hairer et al. 1987 B]. Die n linear unabhängigen Lösungen des homogenen Systems bestimmen gemäss [4.5 - 5a] die Wronski-Matrix $\mathbf{W}(t)$. Für die Lösung $\vec{r}(t)$ des homogenen Systems gilt

(4.5 - 5c) $$\vec{r}(t) = \mathbf{W}(t)\vec{c}$$

Nimmt man an, dass der Vektor $\vec{c}$ zeitabhängig ist

(4.5 - 21a) $$\vec{c} = \vec{c}(t)$$

dann gilt entsprechend (4.1 - 5a&b) und (4.5 - 5b&c)

$$\dot{\vec{r}} = \mathbf{A}\vec{r} + \vec{b} = \frac{d}{dt}(\mathbf{W}\vec{c}) = \dot{\mathbf{W}}\vec{c} + \mathbf{W}\dot{\vec{c}} = \mathbf{A}\mathbf{W}\vec{c} + \mathbf{W}\dot{\vec{c}} = \mathbf{A}\vec{r} + \mathbf{W}\dot{\vec{c}}$$

und deshalb

(4.5 - 21b) $$\dot{\vec{c}}(t) = \mathbf{W}^{-1}(t)\vec{b}(t)$$

Durch Integration dieser Gleichung und Multiplikation mit $\mathbf{W}(t)$ findet man für die Lösung entweder

(4.5 - 21c) $$\vec{r}(t) = \mathbf{W}(t)\vec{c}(t) = \mathbf{W}(t)\left[\mathbf{W}^{-1}(t_0)\vec{r}(t_0) + \int_{t_0}^{t}\mathbf{W}^{-1}(s)\vec{b}(s)ds\right]$$

oder mit Verwendung der Systems-Propagatoren (4.5 - 5d)

(4.5 - 21d) $$\vec{r}(t) = \mathbf{P}_s(t,t_0)\,\vec{r}(t_0) + \int_{t_0}^{t} \mathbf{P}_s(t,s)\,\vec{b}(s)\,ds$$

Eine weitere Methode der Lösung von inhomogenen zeitabhängigen linearen Systemen beruht auf *Modifikationen der Wronski-Determinante* [Kamke 1956 B].

Zu diesem Zweck ersetzt man in der Wronski-Matrix $\mathbf{W}(t)$ gemäss (4.5 - 5a) die m-te Kolonne durch die Komponenten $b_k(t)$ des Störvektors und bezeichnet das Resultat als $\mathbf{W}_m(t)$:

(4.5 - 22a) $$\mathbf{W}_m(t) = \begin{bmatrix} x_{11}(t) & .. & x_{1,m-1}(t) & b_1(t) & .. & x_{1n}(t) \\ \vdots & & \vdots & \vdots & & \vdots \\ x_{n1}(t) & .. & x_{n,m-1}(t) & b_n(t) & .. & x_{nn}(t) \end{bmatrix}$$

Die allgemeine Lösung des inhomogenen Systems ist dann [Kamke 1956 B]

(4.5 - 22b) $$\vec{r}(t) = \sum_{m=1}^{n} \left[C_m + \int_{t_0}^{t} \{det\,\mathbf{W}_m(0)\,/\,det\,\mathbf{W}(s)\}\,ds \right] \vec{r}_m(t)$$

4. 6 Grenzzyklen zweidimensionaler nichtlinearer Systeme

4. 6. 1 Der Grenzzyklus

Eine isolierte geschlossene Kurve K im zweidimensionalen (x, y) - Raum oder im $(x, \dot{x})$-Phasenraum ist ein *Grenzzyklus*, in Englisch "limit cycle", eines zweidimensionalen autonomen Systems oder einer Differentialgleichung zweiter Ordnung, wenn die Bahnkurven oder Phasentrajektorien in ihrer Umgebung entweder spiralförmig zu ihr hin oder spiralförmig von ihr weg laufen.[Bogoljubow & Mitropolsky 1965 B, Pontrjagin 1985 B, Slotine & Li 1991 B, Verhulst 1990 B, Zwillinger 1989 B, Delamotte 1993 Z]. Wenn die zur Kurve K benachbarten Bahnkurven oder Phasentrajektorien sich auf sie zu bewegen, nennt man sie *stabilen Grenzzyklus*, führen sie weg von ihr, so heisst sie *instabiler Grenzzyklus*. Wenn die Bahnkurven oder Phasentrajektorien auf einer Seite der Kurve K sich ihr spiralförmig nähern und auf der andern Seite spiralförmig sich von ihr entfernen, so bezeichnet man sie als *halbstabilen Grenzzyklus*, in Englisch "semistable limit cycle".

Stabile Grenzzyklen sind eine spezielle Art von *Attraktoren.*, in Englisch "attractor". Grenzzyklen entsprechen *stationären Schwingungen* von Systemen oder Oszillatoren. Bahnkurven oder Phasentrajektorien, welche auf einen Grenzzyklus zulaufen, repräsentieren den *Einschwingvorgang*.

Bilden *mehrere Grenzzyklen* ein *konzentrisches System* von geschlossenen Kurven im (x, y) - Raum oder im $(x, \dot{x})$ - Phasenraum, so wechseln stabile und instabile Grenzzyklen der Reihe nach ab. In diesem Fall kann ein *kritischer Punkt* im Innern der Grenzzyklenfamilie als stabiler oder instabiler *entarteter Grenzzyklus* bezeichnet werden.

4. 6. 2 Rotationssymmetrische Systeme

Rotationssymmetrische autonome Systeme eignen sich besonders zur Diskussion von *Grenzzyklen*, weil diese in diesem Fall *konzentrische Kreise bilden*. Die Beschreibung rotationssymmetrischer System ist einfach mit den *Polarkoordinaten:*

(4.2 - 43a) $\qquad r = +\left[x^2 + y^2\right]^{1/2}; \quad \varphi = arctg(y/x)$

Zweidimensionale autonome Systeme erster Ordnung haben in Polarkoordinaten (r, φ) die Form:

(4.2 - 45) $\qquad r\dot{\varphi} = -\dfrac{1}{r} U_\varphi - H_r$

$\qquad\qquad\quad \dot{r} = -U_r + \dfrac{1}{r} H_\varphi$

mit dem skalaren Potential U(r, φ) und dem Vektorpotential, respektive der Hamilton - Funktion H(r, φ).

Rotationssymmetrisch sind die Systeme dann, wenn die Potentiale U und H unabhängig von φ sind.

(4.6 - 1a) $\qquad U = U(r) \quad \text{und} \quad H = H(r)$

Unter diesen Voraussetzungen wird das Gleichungs-System (4.2 - 45) reduziert auf das System:

(4.6 - 1b) $\qquad \dot{\varphi} = -\dfrac{1}{r} H_r = \dot{\varphi}(r)$

$\qquad\qquad\quad \dot{r} = -U_r = \dot{r}(r)$

Die *einfachsten Systeme* dieser Art sind charakterisiert durch eine *gleichförmige Rotation* mit der Kreisfrequenz ω_0. Sie wird beschrieben durch die Hamilton-Funktion:

(4.6 - 2a) $\qquad H(r) = -\omega_0 r^2 \quad \text{mit} \quad \omega_0 = const$

Durch Einsetzen dieser Funktion in die erste Gleichung (4.6 - 1b) findet man

(4.6 - 2b) $\qquad \dot{\varphi} = \omega_0 = const$

Massgebend für die *Existenz von Grenzzyklen* oder Grenzkreisen in rotationssymmetrischen Systemen ist das skalare Potential U(r). Ein Grenzzyklus tritt auf, wenn

(4.6 - 3a) $\qquad -\dot{r} = U_r(r) = 0$

Dementsprechend existieren isolierte Grenzzyklen nur für nichtlineare Potentiale U(r) mit mindestens einem Extremum gemäss Figur 4.6 - 1.

Die Stabilität eines Grenzzyklus bei $r = r_k$, $k = 0, 1, 2, \ldots$ mit $U_r(r_k) = 0$ wird bestimmt durch das Verhalten von $\dot{r}(r)$ für kleine Abweichungen Δr von r entsprechend Figur 4.6 - 1.

(4.6 - 3b) $\qquad \Delta r \cdot \dot{r}(r_k + \Delta r) \begin{cases} < 0 & \text{stabil} \\ = 0 & \text{indifferent} \\ > 0 & \text{instabil} \end{cases}$

Nimmt man an, dass U(r) bei $r = r_k$ analytisch ist, dann gilt

(4.6 - 3c) $\qquad \Delta r \cdot \dot{r}(r_k + \Delta r) = -\sum_{m=2}^{\infty} \Delta r^m \frac{1}{(m-1)!} \frac{d^m U}{dr^m}(r_k)$

Ist $U_{rr}(r_k) \neq 0$, so ergibt (4.6 - 3b&c) die folgende Klassifizierung des Grenzzyklus k:

(4.6 - 3d) $\qquad U_{rr}(r_k) \begin{cases} > 0 & \text{stabil} \\ = 0 & \text{halbstabil, indifferent} \\ < 0 & \text{instabil} \end{cases}$

Im Folgenden werden drei t*ypische Beispiele* von rotationssymmetrischen, autonomen Systemen beschrieben.

α) Das *Standard-Beispiel* [Zwillinger 1989 B, Verhulst 1990 B] eines rotationssymmetrischen Systems mit einem stabilen Grenzzyklus und einem instabilen kritischen Punkt ist definiert durch die Potentiale

(4.6 - 4a) $\qquad U(r) = \frac{1}{2} r^2 \left[\frac{1}{2} r^2 - 1 \right] \quad \text{und} \quad H(r) = -\frac{1}{2} r^2$

mit $\qquad U_r(r) = r(r^2 - 1); \quad U_{rr}(r) = 3r^2 - 1$

Das Potential ist in Figur 4.6 - 2a illustriert. Das den Potentialen U und H entsprechende System hat in Polarkoordinaten die Form:

(4.6 - 4b) $\qquad \dot{\varphi} = -\frac{1}{r} H_r = 1 \quad ; \quad \dot{r} = -U_r = r(1 - r^2)$

In kartesischen Koordinaten erscheint es als

(4.6 - 4c) $\qquad \dot{x} = -y + x\left[1 - x^2 - y^2\right]$
$\qquad \dot{y} = +x + y\left[1 - x^2 - y^2\right]$

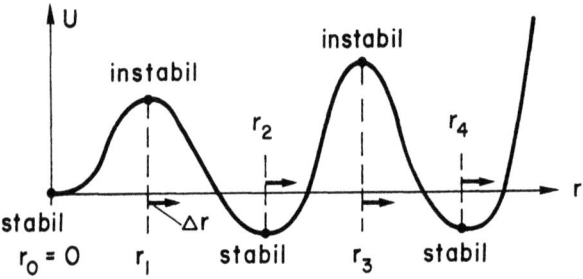

Figur 4.6 - 1: Potential U(r) eines rotationssymmetrischen Systems von Differentialgleichungen erster Ordnung mit $r^2 = x^2 + y^2$.

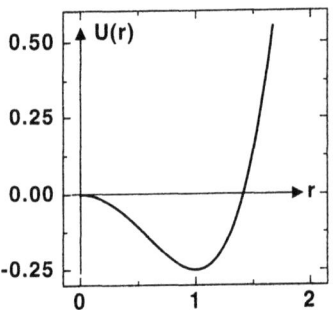

Figur 4.6 - 2a: Potential U(r) des rotationssymmetrischen Systems (4.6 - 4a - c) mit stabilem Grenzzyklus.

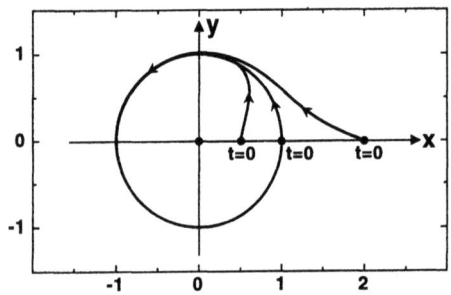

Figur 4.6 - 2b: Trajektorien des rotationssymmetrischen Systems (4.6 - 4a - c) mit stabilem Grenzzyklus.

Dieses System hat gemäss den Relationen (4.6 - 3a&d) bei $r = r_0 = 0$ einen instabilen kritischen Punkt und bei $r = r_1 = 1$ einen stabilen Grenzzyklus, weil für das skalare Potential U(r) von (4.6 - 4a) entsprechend Figur 4.6 - 2a gilt
(4.6 - 4d) $\quad U_r(0) = 0; \quad U_{rr}(0) = -1$
$\quad\quad\quad\quad\quad U_r(1) = 0; \quad U_{rr}(0) = +2$

Das System (4.6 - 4b) hat in Polarkoordinaten für $r(0) \neq 0{,}1$ die Lösung [Zwillinger 1989 B]:
(4.6 - 4e) $\quad \varphi = t$

$$r(t) = + \left[1 - e^{-2t} + [r(0)]^{-2} e^{-2t} \right]^{-1/2}$$

Diese Lösung findet man mit dem Ansatz
$$r = +1/\sqrt{y}, \quad y = 1/r^2$$
Für grosse Zeiten $t \to \infty$ strebt sie gegen den Grenzzyklus
(4.6 - 4f) $\quad \varphi(t \to \infty) = t; \quad r(t \to \infty) = 1$
unabhängig von der Anfangsbedingung $r = r(0)$. Lösungen für verschiedene $r(0)$ sind in Figur 4.6 - 2b dargestellt.

β) Ein *zweites Beispiel* eines rotationssymmetrischen Systems umfasst einen stabilen kritischen Punkt, einen instabilen und einen stabilen Grenzzyklus. Es ist definiert durch die von φ unabhängigen Potentiale
(4.6 - 5a) $\quad U(r) = \frac{1}{4} r^2 (r-2)^2 \quad$ und $\quad H(r) = -\frac{1}{2} r^2$
mit $\quad U_r(r) = r(r-1)(r-2); \quad U_{rr}(r) = 3r^2 - 6r + 2$
Das Potential U(r) ist in Figur 4.6 - 3a dargestellt.

Dieses Beispiel ist ein *Modell* für das Verhalten von Auto - und Flugzeug-Kolbenmotoren beim Anwerfen sowie von aktuellen Femtosekundenpuls-Festkörperlasern ("Kerr-lens modelocking", KLM Laser"), welche nicht von selbst starten, und deshalb mit einem Stoss in Betrieb gesetzt werden [Keller et al. 1991 Z, Salin et al. 1991 Z, Ippen 1994].

Das den Potentialen (4.6 - 5a) entsprechende rotationssymmetrische System hat in Polarkoordinaten die Form
(4.6 - 5b) $\quad \dot\varphi = -\frac{1}{r} H_r = 1 \quad ; \quad \dot r = -U_r = -r(r-1)(r-2)$

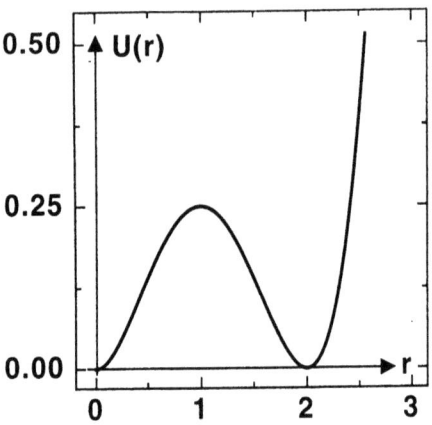

Figur 4.6 - 3a: Potential U(r) des rotationssymmetrischen Systems (4.6 - 5a&b) mit stabilem und instabilem Grenzzyklus.

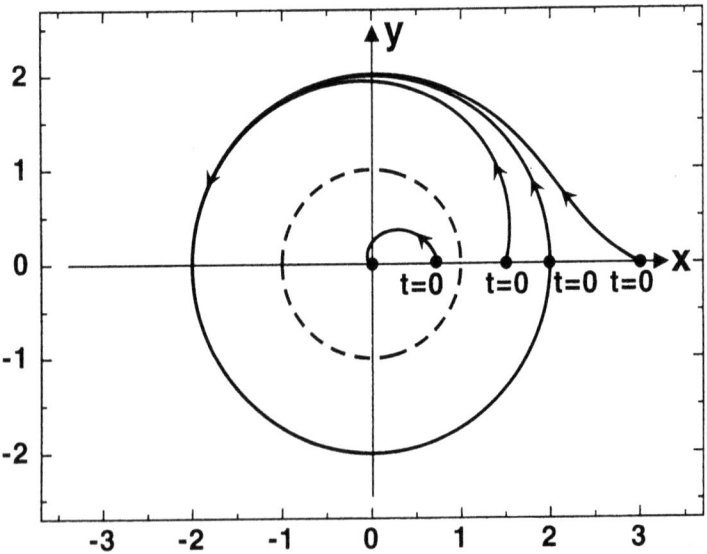

Figur 4.6 - 3b: Trajektorien des rotationssymmetrischen Systems (4.6 - 5a&b) mit stabilem und instabilem Grenzzyklus.

Dieses System ist gekennzeichnet durch einen stabilen kritischen Punkt bei $r = r_0 = 0$, einen instabilen Grenzzyklus bei $r = r_1 = 1$, und einen stabilen Grenzzyklus bei $r = r_2 = 2$, weil entsprechend Figur 4.6 - 3a für U(r) gilt:

(4.6 - 5c)
$$U_r(0) = 0 \, ; \, U_{rr}(0) = +2$$
$$U_r(1) = 0 \, ; \, U_{rr}(0) = -1$$
$$U_r(2) = 0 \, ; \, U_{rr}(0) = +2$$

Das System (4.6 - 5b) hat in Polarkoordinaten für r(0) ≠ 0, 1, 2 die Lösung
(4.6 - 5d) $\varphi = t$

$$r(t) = 1 + sign(r(0) - 1) \cdot \left[1 - e^{-2t} + (r(0) - 1)^{-2} e^{-2t} \right]^{-1/2}$$

Diese Lösung findet man mit dem Ansatz

$$r = 1 + sign(r(0) - 1) \cdot (1/\sqrt{y}) \, ; \quad y = (r - 1)^{-2}$$

Die Lösung (4.6 - 5d) ist in Figur 4.6 - 3b dargestellt für die Anfangsbedingungen r(0) = 1/2, 3/2, 3. Die Lösung mit r(0) = 1/2 < 1 tendiert in Richtung der Ruhelage r = 0, diejenigen mit r(0) = 3/2, 3 > 1 gehen über in den stabilen Grenzzyklus mit r = 2.

Das Anwerfen von Auto- und Flugzeug-Kolbenmotoren sowie das Starten von Femtosekunden-KLM-Festkörperlasern [Keller et al. 1991 Z, Salin et al. 1991 Z, Ippen 1994] durch einen Stoss entspricht im Modell-System kurzfristigen Übergang vom stabilen kritischen Punkt $r = r_0 = 0$ in die Nähe der stabilen Grenzzyklus $r = r_2 = 2$. Dieser Übergang kann dargestellt werden mit Zusatz einer Dirac - δ - Funktion (2.2 - 27 c&d) zur Systemsgleichung (4.6 - 5b).
(4.6 - 6a) $\dot{\varphi} = 1$

$$\dot{r} = R \, \delta(t + \tau) - r(r - 1)(r - 2) \quad \text{mit} \quad 0 < \tau << 1$$

Das System befinde sich für Zeiten $t < -\tau$ in Ruhe. Dies bedeutet, dass $r(t < -\tau) = r_0 = 0$. Das Anwerfen oder Anstossen des Systems erfolgt in der Zeit t von $t = -2\tau$ bis $t = 0$. Wegen $0 < \tau << 1$ gilt

(4.6 - 6b) $$r(0) \cong \int_{-2\tau}^{0} R \cdot \delta(t + \tau) dt = R$$

Für Zeiten $t \geq 0$ hat das System (4.6 - 5b) die Lösung (4.6 - 5d) mit r(0) = R. Somit ist die Bedingung für das *erfolgreiche Anwerfen oder Anstossen* des Systems
(4.6 - 8b) $R = r(0) > 1$

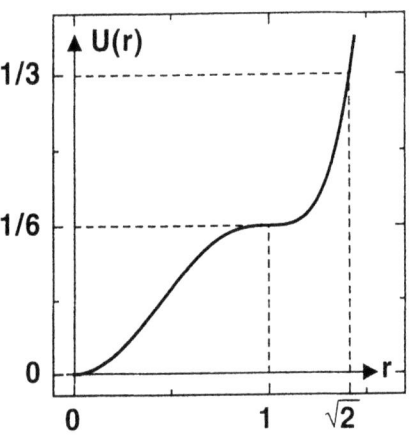

Figur 4.6 - 4a: Potential U(r) des rotationssymmetrischen Systems (4.6 - 7a&b) mit halbstabilem Grenzzyklus.

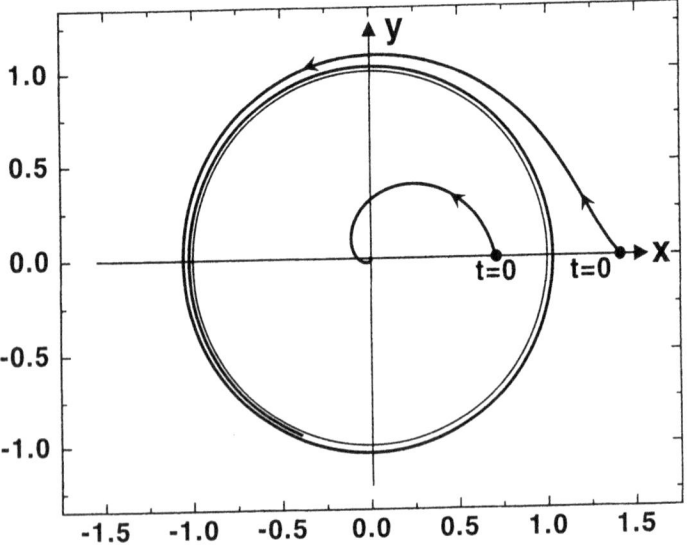

Figur 4.6 - 4b: Trajektorien des rotationssymmetrischen Systems (4.6 - 7a&b) mit halbstabilem Grenzzyklus.

In diesem Fall geht das System über in den stabilen Grenzzyklus mit $r = r_2 = 2$ und somit in eine stationäre Rotation oder Oszillation. Für $R = r(0) < 1$ geht es zurück in die Ruhelage mit $r = r_0 = 0$.

γ) Das *dritte Beispiel* ist ein System mit einem *halbstabilen Grenzzyklus*. Es wird beschrieben durch die von φ unabhängigen Potentiale

(4.6 - 7a) $$U(r) = \frac{1}{6} r^2 \left(r^4 - 3r^2 + 3\right) \text{ und } H(r) = -\frac{1}{2} r^2$$

mit $U_r(r) = r(r^2 - 1)^2$; $U_{rr}(r) = (5r^2 - 1)(r^2 - 1)$; $U_{rrr}(r) = 4r(5r^2 - 3)$

Das Potential U(r) ist in Figur 4.6 - 4a dargestellt. Das den Potentialen (4.6 - 7a) entsprechende rotationssymmetrische System hat die Form

(4.6 - 7b) $$\dot{\varphi} = -\frac{1}{r} H_r = 1 \quad ; \quad \dot{r} = -r(1 - r^2)^2$$

Dieses System umfasst einen stabilen kritischen Punkt bei $r = r_0 = 0$ und einen *halbstabilen Grenzzyklus* bei $r = r_1 = 1$, weil entsprechend Figur 4.6 - 4a für U(r) gilt:

(4.6 - 7c) $$U_r(0) = 0; \quad U_{rr}(0) = 1; \quad U_{rrr}(0) = 0$$
$$U_r(1) = 0; \quad U_{rr}(1) = 0; \quad U_{rrr}(1) = 8$$

Das System (4.6 - 7b) hat in Polarkoordinaten für $r(0) \neq 0, 1$ die Lösung

(4.6 - 7d) $$\varphi = t$$
$$\left[1 - \frac{1}{r^2}\right] \cdot exp\left[\frac{1}{r^2 - 1}\right] = \left[1 - \frac{1}{r(0)^2}\right] \cdot exp\left[\frac{1}{r(0)^2 - 1}\right] \cdot exp(2t)$$

Diese Lösung findet man mit dem Ansatz:
$$r = ch\, u \text{ für } r(0) > 1, \text{ und } r = \cos u \text{ für } r(0) < 1$$

Die Lösung (4.6 - 7d) hat die Grenzwerte

(4.6 - 7e) $$\begin{aligned} r(+\infty) &= 1 \quad \text{für} \quad r(0) > 1 \\ r(+\infty) &= 0 \quad \text{für} \quad r(0) < 1 \\ r(-\infty) &= 1 \quad \text{für} \quad r(0) < 1 \end{aligned}$$

Dies demonstriert, dass $r = r_1 = 1$ einen *halbstabilen Grenzzyklus* darstellt. Die Lösungen (4.7 - 7e) für $r(0)^2 = 1/2, 2$ sind in Figur (4.6 - 4b) illustriert.

4. 6. 3 Existenz von Grenzzyklen

Für zweidimensionale autonome Systeme von expliziten Differentialgleichungen erster Ordnung

(4.6 - 8) $$\dot{x} = u(x, y) = -U_x(x, y) + H_y(x, y)$$
$$\dot{y} = v(x, y) = -U_y(x, y) - H_x(x, y)$$

welche der Vektorform
(4.1 - 3b) $$\dot{\vec{r}} = \vec{v}(\vec{r})$$
entsprechen, gelten folgende Theoreme betreffend Grenzzyklen:

α) *Theorem von Poincaré und Bendixson*
Verläuft eine Bahnkurve oder Trajektorie eines zweidimensionalen autonomen Systems innerhalb eines abgeschlossenen, einfach zusammenhängenden Gebietes G, dann gilt eine der drei folgenden Aussagen
1) Die Bahnkurve geht zu einem stabilen kritischen Punkt.
2) Die Bahnkurve nähert sich asymptotisch einem Grenzzyklus.
3) Die Bahnkurve ist ein Grenzzyklus.

β) *Theorem von Bendixson über die Nichtexistenz von Grenzzyklen*
Ist in einem abgeschlossenen, einfach zusammenhängenden Gebiet G die Divergenz des Systems (4.6 - 8)
(4.6 - 9) $$div\ \vec{v}(\vec{r}) = u_x(x,y) + v_y(x,y) =$$
$$= -\Delta U(x,y) = -U_{x,x}(x,y) - U_{yy}(x,y)$$
entweder überall positiv oder überall negativ, dann existiert *kein Grenzzyklus* im Gebiet G.

γ) *Index-Theorem von Poincaré*
Existiert ein Grenzzyklus in einem abgeschlossenen, einfach zusammenhängenden Gebiet G, dann gilt die Beziehung
(4.6 - 10) $$N - S = 1$$

wobei N die Anzahl Knoten, Strudel und Wirbel, in Englisch "nodes, foci and centers" darstellt. S bedeutet die Anzahl Sattelpunkte, in Englisch "saddle points". Für d'Alembert-Systeme werden diese verschiedenen Typen kritischer Punkte in der Sektion 4.3.4 beschrieben.

Man bezeichnet (4.6 - 10) als *Index-Theorem*, weil Poincaré zu dessen Beweis Indizes j für reguläre und kritische Punkte sowie für Grenzzyklen einführte [Bogoljubow & Mitropolsky 1965 B, Verhulst 1990 B]. Die Berechnung dieser Indizes nach Poincaré ergibt für reguläre Punkte j = 0, für Sattelpunkte j = -1 und für Knoten, Wirbel, Strudel und Grenzzyklen j = + 1.

Das Index-Theorem (4.6 - 10) zeigt, dass für die *Existenz eines Grenzzyklus* im abgeschlossenen, einfach zusammenhängenden Gebiet G mindestens ein kritischer Punkt in Form eines Knoten, Strudels oder Wirbels im Gebiet G notwendig ist.

Grenzzyklen von zweidimensionalen autonomen *Systemen ohne Rotationssymmetrie* werden im Kapitel 2.5 anhand von Smith- und van der Pol-Oszillatoren diskutiert.

4.7 Stabilitätskriterien von Ljapunow

Die qualitative Theorie von Differentialgleichungs-Systemen und einzelnen Differentialgleichungen, welche von Poincaré ca. 1880 ins Leben gerufen wurde, versucht Informationen über deren Lösungsmannigfaltigkeiten zu gewinnen ohne Kenntnis der exakten oder angenäherten Lösungen. Eine wesentliche derartige Information betrifft die *Stabilität* der Lösungen. Die erste wichtige qualitative Theorie der Stabilität stammt von Ljapunow [Ljapunow 1892/1992 B], der zu diesem Zweck die *Ljapunow-Funktionen* [Ljapunow 1892/1992 B, Hahn 1959 B, La Salle & Lefschetz 1961 B, 1967 B, Hairer et al. 1980 B, Guckenheimer & Holmes 1983 B, Beltrami 1987 B, Zwillinger 1989 B, Verhulst 1990, B, Slotine & Li 1991 B] eingeführt hat.

4.7.1 Leistung in einem konservativen Kraftfeld

Für den Physiker werden die Ljapunow-Funktionen verständlich bei der Betrachtung der Leistung eines Massenpunktes in einem stationären konservativen Kraftfeld

(4.7 - 1a) $\qquad \vec{F}(\vec{r}) = -grad\ E_{pot}(\vec{r}) = -grad\ V(\vec{r})$

mit der potentiellen Energie

(4.7 - 1b) $\qquad E_{pot}(\vec{r}) = V(\vec{r}) = -\int_{\vec{0}}^{\vec{r}} \vec{F}(r) \cdot d\vec{r} + V(\vec{0})$

Die Arbeit δW am Massenpunkt bei einer Verschiebung vor $\vec{r}$ nach $\vec{r} + d\vec{r}$ beträgt

(4.7 - 2a) $\qquad \delta W = -\vec{F}(\vec{r}) \cdot d\vec{r} = +grad\ V(\vec{r}) \cdot d\vec{r} = dV$

Dementsprechend ist die momentane Leistung P am Ort $\vec{r}$

(4.7 - 2b) $\qquad P = \dfrac{\delta W}{dt} = +grad\ V(r) \cdot \vec{v}(\vec{r}) = \dot{V}(\vec{r})$

P ist positiv, wenn dem Massenpunkt Energie zugefügt wird, und negativ, wenn ihm Energie entzogen wird.

In Gleichung (4.7 - 2b) wird angenommen, dass sich der Massenpunkt in einem stationären Geschwindigkeitsfeld entsprechend dem autonomen Differentialgleichungs-System

(4.1 - 3b) $\qquad \dot{\vec{r}} = \vec{v}(\vec{r}) \quad \text{mit} \quad \dfrac{\partial}{\partial t}\vec{v} = 0$

befindet. Der Verlust von Energie bedeutet für die Lösung dieses Differentialgleichungs-System Stabilisierung, der Gewinn Destabilisierung in der Umgebung des kritischen Punktes $\vec{r}_S$ mit

(4.1 - 4) $\qquad \vec{v}(\vec{r}_S) = \vec{0}$

Somit gilt

(4.7 - 3) $\qquad \dot{V}(r) \begin{cases} > 0 \text{ Lösung} & \text{instabil} \\ = 0 \text{ Lösung} & \text{stabil} \\ < 0 \text{ Lösung asymptotisch stabil} \end{cases}$ (4.3 – 17d)
(4.3 – 17b)

$\dot{V}(r)$ gibt Auskunft über die Stabilität der Lösungen des Differentialgleichungs-Systems (4.1 - 3b) obschon diese nicht bekannt sind. Dies ist der Zweck einer Ljapunow-Funktion.

4.7.2 Ljapunow-Funktionen und Stabilität

Ljapunow-Funktionen sind *definiert* als positiv definite skalare Funktionen $V(\vec{r})$ im Orts- oder Phasenraum, welche in einem offenen Bereich B um den Ursprung $\vec{r} = \vec{0}$ folgende Bedingungen erfüllen:

(4.7 - 4a) $\qquad$ *grad* $V(\vec{r})$ *existiert*

(4.7 - 4b) $\qquad V(r)$ und *grad* $V(r)$ *stetig*

(4.7 - 4c) $\qquad V(\vec{r} = \vec{0}) = 0$

(4.7 - 4d) $\qquad V(\vec{r} \neq \vec{0}) > 0$

(4.7 - 4e) $\qquad \dot{V}(\vec{r}) \leq 0$

Der *Stabilitätssatz von Ljapunow* lautet [LaSalle & Lefschetz 1961 B, 1967 B]:
Existiert im offenen Bereich um den Ursprung $\vec{r} = \vec{0}$ eine Ljapunow-Funktion $V(\vec{r})$ gemäss (4.7 - 4a-e), dann sind die Lösungen des autonomen Differentialgleichungs-Systems (4.1 - 3b) und der entsprechenden Differentialgleichungen *stabil* (4.3 - 17d).

Eine weitergehende Aussage ermöglicht der *Satz über die asymptotische Stabilität* [LaSalle & Lefschetz 1961 B, 1967 B]:
Ist sowohl $V(\vec{r})$ als auch $-\dot{V}(\vec{r})$ positiv definit, dann sind die Lösungen des autonomen Differentialgleichungs-Systems (4.1- 3b) und der entsprechenden Differentialgleichungen *asymptotisch stabil* (4.3 - 17b). Ein positiv definites $-\dot{V}(\vec{r})$ bedeutet, dass die Bedingung (4.7 - 4e) ersetzt wird durch die zwei Bedingungen

(4.7 - 4f) $\qquad \dot{V}(\vec{r} = \vec{0}) = 0$

(4.7 - 4g) $\qquad \dot{V}(\vec{r} \neq 0) < 0$

Mit einer Zusatzbedingung kann der Satz über die asymptotische Stabilität noch wirkungsvoller formuliet werden [LaSalle & Lefschetz 1961 B, 1967 B] als *Satz über den Attraktor im Ursprung:*
Erfüllt die Ljapunow-Funktion $V(\vec{r})$ ausser den Bedingungen (4.7 - a - d, g, f) zusätzlich die Bedingung
(4.7 - 4h) $\quad\quad 0 < V(\vec{r}) < E$

in einem Bereich B_E um den Ursprung $\vec{r} = \vec{0}$ gemäss Figur 4.7 - 1 ist jede Lösung des autonomen Differentialgleichungs-Systems (4.1 - 3b) und der entsprechenden Differentialgleichungen im Bereich B_E *asymptotisch stabil* (4.3 - 17b) *und strebt für $t \to \infty$ gegen den Ursprung $\vec{r} = \vec{0}$*.

4.7.3 Instabilität

Die Instabilität der Lösung im Ursprung $\vec{r} = \vec{0}$ wird bestimmt durch den *Instabilitätssatz von Tschetajew* [LaSalle & Lefschetz 1961 B, 1967 B]:
Erfüllt die skalare Funktion $V(\vec{r})$ im offenen Bereich B die Bedingungen (4.7 - 4a, b, c) sowie zusätzlich in einem Bereich B_I in B, wobei der Ursprung $\vec{r} = \vec{0}$ einen Randpunkt von B_I bildet, die Bedingungen:
(4.7 - 4i) $\quad\quad \dot{V}(\vec{r}) > 0$ für $\vec{r}$ in B
(4.7 - 4j) $\quad\quad V(\vec{r}) = 0$ für $\vec{r}$ auf Rand von B_I
(4.7 - 4k) $\quad\quad V(\vec{r}) > 0$ für $\vec{r}$ in B_I

wie in Figur 4.7 - 2 illustriert, dann ist die Lösung des autonomen Differentialgleichungs-Systems (4.1 - 3b) und der entsprechenden Differentialgleichungen im Ursprung $\vec{r} = \vec{0}$ *instabil*.

4.7.4 Hamilton-Funktion als Ljapunow-Funktion

Im allgemeinen ist die Konstruktion von Ljapunow-Funktionen schwierig. Für autonome zweidimensionale Differentialgleichungs-Systeme
(4.2 - 40) $\quad\quad \dot{x} = -U_x + H_y$
$\quad\quad\quad\quad\quad\;\, \dot{y} = -U_y - H_x$

mit den Potentialen $U = U(x, y)$ und $H = H(x, y)$ kann die Hamilton-Funktion $H(x, y)$ als Ljaponow-Funktion verwendet werden, vorausgesetzt, dass sie in x und y *positiv definit* ist:
(4.7 - 5a) $\quad\quad V = V(x, y) = H(x, y)$

Die zeitliche Änderung dieser Ljapunow-Funktion ist bestimmt durch das Differentialgleichungs-System (4.2 - 40) und hat die Form
(4.7 - 5b) $\quad\quad \dot{V} = \dot{H} = -\left[H_x(x,y) \cdot U_x(x,y) + H_y(x,y) \, U_y(x,y) \right].$

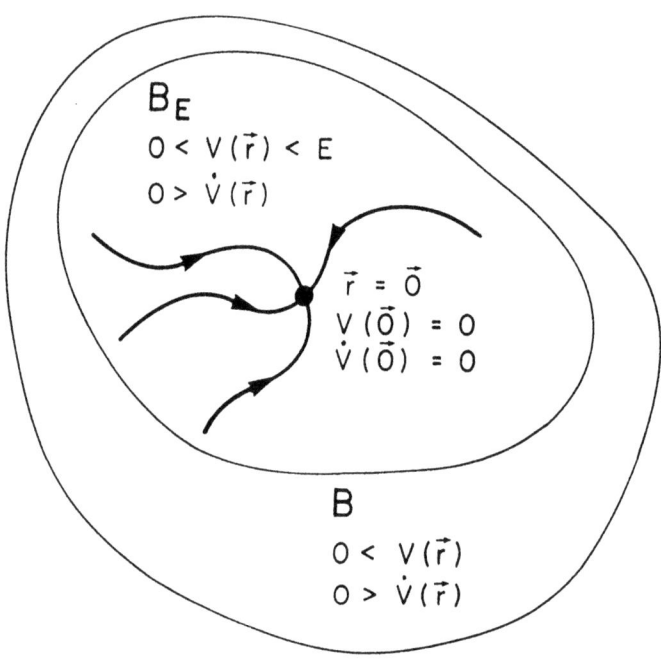

Figur 4.7 - 1: Satz über den Attraktor im Ursprung.

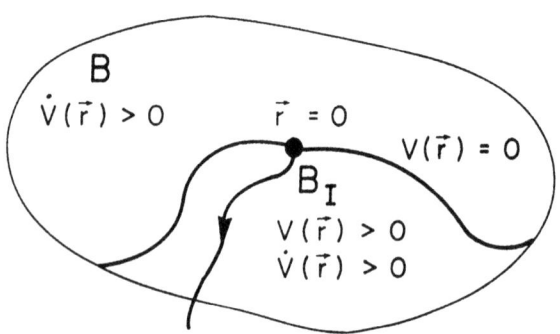

Figur 4.7 - 2: Instabilitätssatz von Tschetajew.

Ein *Beispiel* sind die Ljaponow-Funktionen der in Kapitel 2.5 beschriebenen *Liénard-Oszillatoren*, welche durch die Differentialgleichung
(2.5 - 1a) $\quad \ddot{x} - S(x) \cdot \dot{x} + D(x) \cdot x = 0$
beschrieben werden. Diese Gleichung entspricht dem autonomen Differentialgleichungs-System
(2.5 - 1b) $\quad \dot{x} = -U_x(x) + y$
$\quad\quad\quad\quad\quad \dot{y} = -H_x(x)$
mit den Potentialen
(2.5 - 1c) $\quad U = U(x) \quad \text{und} \quad H = H(x,y) = \frac{1}{2} F(x^2) + \frac{1}{2} y^2$

Die Gleichungen (2.5 - 1a) und (2.5 - 1b) werden verknüpft durch die Bedingungen
$$S(x) = -U_{xx}(x) \quad \text{und} \quad D(x) = d\,F(x^2)/dx^2$$

Verwendet man H(x, y) als Ljapunow-Funktion
(4.7 - 6a) $\quad V = V(x,y) = H(x,y) = \frac{1}{2} F(x^2) + \frac{1}{2} y^2$
so findet man mit Gleichung (4.7 - 5b)
(4.7 - 6b) $\quad \dot{V} = -H_x(x) U_x(x) = +x \cdot D(x) \cdot \int_0^x S(x) dx$
in Übereinstimmung mit der Referenz [LaSalle & Lefschetz 1961 B, 1967 B].

Der *harmonische Oszillator* mit und ohne Dämpfung oder Verstärkung entspricht gemäss (2.2 - 1b) einem linearen Liénard-Oszillator mit
(4.7 - 7a) $\quad S(x) = -2/\tau \quad \text{und} \quad D(x) = \Omega^2$

Dies ergibt die Ljapunow-Funktion
(4.7 - 7b) $\quad V = V(x,y) - H(x,y) = \frac{1}{2} \Omega^2 x^2 + \frac{1}{2} y^2$

und deren zeitliche Änderung
(4.7 - 7c) $\quad \dot{V} = \dot{H} = -(2/\tau)\,\Omega^2 x^2 = -Q^{-1} \Omega^3 x^2$

wobei Q die Kreisgüte (2.2 - 2) darstellt. Den Erwartungen entsprechend resultieren die Gleichungen (4.7 - 7b&c) in den Stabilitätskriterien:

(4.7 - 7d) $\quad Q \begin{cases} > 0 & \text{Lösungen asymptotisch stabil} \,(4.3-17b) \\ = 0 & \text{Lösungen} \quad \text{stabil} \quad\quad (4.3-17d) \\ < 0 & \text{Lösungen} \quad \text{instabil} \end{cases}$

4.8 Populationsdynamik

4.8.1 Modelle

Wachstum und Zerfall einzelner oder wechselwirkender Populationen von sich selbst reproduzierenden Lebewesen sind im allgemeinen *nichtlinear* [Beltrami 1987 B]. Entsprechend kompliziert sind die Differentialgleichungen oder Differentialgleichungs-Systeme, welche in den Modellen der Populationsdynmaik verwendet werden. Modelle, deren Gleichungen analytisch gelöst wurden, sind selten. Dafür bekannt sind das *Malthus-Modell* [Tu 1992 B] und das *logistische Modell* [Verhulst 1838 Z, Beltrami 1987 B, Percival & Richards 1982 B, Tu 1992 B] für Einzelpopulationen und das *Lotka-Volterra Modell* [Lotka 1920 Z, 1925 B, Volterra 1931 B, 1937 Z, Goel et al. 1971 Z, Betrami 1987 B, Tu 1992 B] für die Wechselwirkung der Populationen von Räuber und Bente. Das logistische Modell hat eine zusätzlich Bedeutung, weil es in *mathematisch diskreter* Formulierung entsprechend Kapitel 6.2 ein Standard-Beispiel für *deterministisches Chaos* darstellt [Betrami 1987 B, Froyland 1992 B, Percival & Richards 1982 B, Schuster 1984 B, Verhulst 1990 B]. Die Verallgemeinerung des Lotka-Volterra Modells führt zum *quadratischen Modell* [Beltrami 1987 B], das jedoch analytisch nicht gelöst ist.

Im Folgenden ist eine *Population* definiert als die Anzahl Individuen gleicher Art zur Zeit t.

4.8.2 Einzelpopulationen

Bei der Dynamik einer einzelnen Population $x(t) \geq 0$ gibt es zwei bekannte Modelle [Beltrami 1987 B, Tu 1992 B]:

Erstens nimmt man beim *Malthus-Modell* [Tu 1992 B] an, dass die Population $x(t) \geq 0$ pro Individuum (per capita) mit der Wachstumsrate $1/\tau$ kontinuierlich zunimmt, wobei die Wachstumsrate $r = 1/\tau$ der Differenz zwischen den mittleren Geburts- und Sterberaten entspricht. Somit gilt die Beziehung

(4.8 - 1a) $\quad \dot{x} = (1/\tau)x$

Diese Gleichung hat die Lösung

(4.8 - 1b) $\quad x(t) = x(0) \cdot exp(t/\tau)$

was bedeutet, dass die Population mit der Zeit über alle Grenzen wächst. Dies ist meistens nicht möglich, da die Resourcen des Lebensraums beschränkt sind. Ist x_m die maximale Population für welche die Resourcen des Lebensraums genügen, in Englisch die "carrying capacity", dann sinkt die Wachstumsrate r pro Individuum für hohe Populationen x(t) gemäss dem *kontinuierlichen logistischen Modell* entsprechend

(4.8 - 2a) $\quad r = (1/\tau) \cdot [1 - (x(t)/x_m)]$

Somit ändert sich die Population x(t) wie

(4.8 - 2b) $\quad \dot{x} = (1/\tau) \cdot x \cdot [1 - (x/x_m)] = f(x)$

Diese Gleichung hat zwei stationäre Lösungen, eine instabile für x = 0 und eine stabile für x = x_m. Die allgemeine Lösung für eine beliebige Anfangspopulation x(0) ≥ 0 hat die in Figur 4.8 - 1 illustrierte Form

(4.8 - 2c) $\quad x(t) = 0 \quad$ für $\quad x(0) = 0$

$$x(t) = \frac{x_m}{1 + [\{x_m/x(0)\} - 1] \cdot exp(-t/\tau)} \quad \text{für} \quad x(0) > 0$$

Für x(0) > 0 strebt x(t) für grosse Zeiten gegen x_m.

4. 8. 3   Das Lotka - Volterra Modell

Das Lotka-Volterra Modell [Lotka 1920 Z, 1925 B, Volterra 1931 B, 1937 Z, Goel et al. 1971 Z, Beltrami 1987 B, Tu 1992] beschreibt eine *Episitie*, das heisst ein Verhältnis der Populationen y(t) ≥ 0 und x(t) ≥ 0 von Räubern und ihrer Beute, zum Beispiel Füchse und Hasen, Lärchenwicklern und Lärchen, Haien und ihren Bentefischen.

In einem Lebensraum mit unbeschränkten Resourcen vermehrt sich die Beute bei Abwesenheit der Räuber entsprechend (4.8 - 1a) unbegrenzt gemäss

(4.8 - 3a) $\quad \dot{x} = (1/\tau_B) \cdot x$

Dagegen vermindert sich die Population y(t) bei Fehlen der Beute entsprechend.

(4.8 - 3b) $\quad \dot{y} = -(1/\tau_R) \cdot y$

Sind Räuber und Beute vorhanden, dann gibt es eine bilineare Wechselwirkung WW ihrer Populationen y(t) und x(t):

(4.8 - 3c) $\quad WW \quad \text{proportional} \quad x \cdot y$

Insgesamt resultieren die aufgeführten Beziehungen (4.8 - 3a-c) in *Differentialgleichungs-System vom Lotka-Volterra*:

(4.8 - 4a) $\quad \tau_B \cdot \dot{x} = \tau_B \cdot u = +x - x \cdot (y/y_0)$

$\quad \tau_R \cdot \dot{y} = \tau_R \cdot v = -y + (x/x_0) \cdot y$

mit

(4.8 - 5a) $\quad (rot\ \vec{v})_z = v_x - u_y = (1/\tau_B y_0)x + (1/\tau_R x_0)y \geq 0$

Dieses Gleichungs-System hat zwei *stationäre Lösungen*, eine *instabile* bei x = y = 0 und eine *stabile* bei x=x_0, y = y_0.

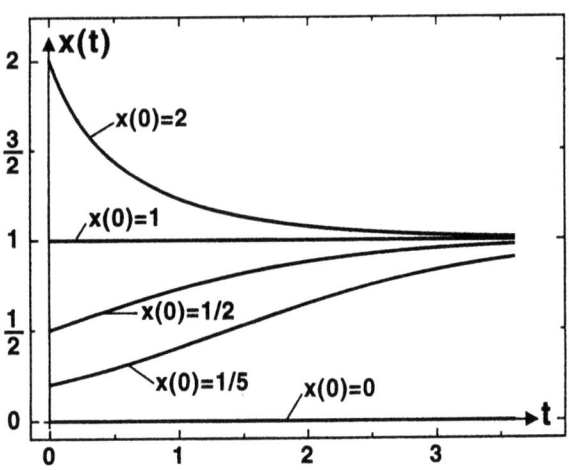

Figur 4.8 - 1: Zeitliches Verhalten x(t) des kontinuierlichen logistischen Modells mit $\tau = 1$, $x_m = 1$.

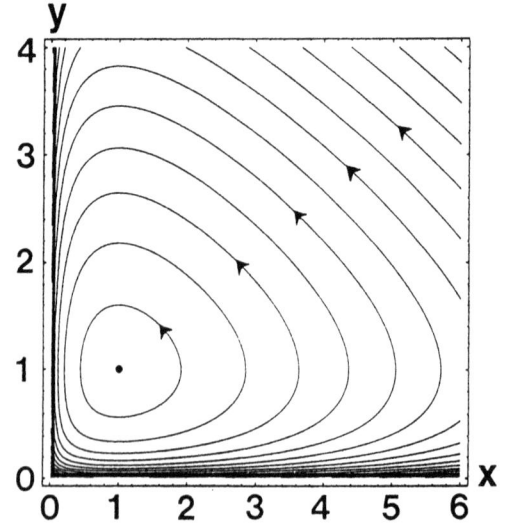

Figur 4.8 - 2: X - Y - Diagramm des normierten Lotka-Volterra-Modells mit $\tau_B = 5$, $\tau_R = 10$.

Das Lotka-Volterra-System lässt sich normieren mit dem Ansatz $X = x/x_0 \geq 0$ und $Y = y/y_0 \geq 0$. Dies ergibt
(4.8 - 4b)
$$\tau_B \cdot \dot{X} = X - XY$$
$$\tau_R \cdot \dot{Y} = -Y + XY$$
mit
(4.8 - 5b) $\quad (rot \, \vec{v})_z = v_x - u_y = (1/\tau_B)X + (1/\tau_R)Y \geq 0$

Die stabile stationäre Lösung ist $X = Y = 1$ und die instabile $X = Y = 0$.

Da das nichtnormierte (4.8 - 4a) und das normierte (4.8 - 4b) Lotka-Volterra-System autonom sind, kann die Zeit t eliminiert werden:
$$\frac{dY}{dX} = (\tau_B / \tau_R) \cdot \frac{-Y + XY}{+X - XY}$$
oder
$$\tau_B \left(1 - X^{-1}\right) dX + \tau_R \left(1 - Y^{-1}\right) dY = 0$$

Die Integration der zweiten Gleichung ergibt die Gleichung für die Bahntrajektorien im X-Y-Raum, welche wegen (4.8 - 5b) in Gegenuhrzeigersinn durchlaufen werden:
(4.8 - 6) $\quad \tau_B(X - \ln X) + \tau_R(Y - \ln Y) = const \geq \tau_B + \tau_R$

Diese Trajektorien sind in Figur 4.8 - 2 illustriert.

Für kleine Abweichungen $\delta X = X-1$ und $\delta Y = Y-1$ von der stabilen stationären Lösung $X = Y = 1$ entsprechen die Trajektorien Ellipsen
(4.8 - 7a) $\quad \tau_B \, \delta X^2 + \tau_R \, \delta Y^2 \approx const \geq \tau_B + \tau_R$

und das approximierte Lotka-Volterra-System
(4.8 - 7b) $\quad \tau_B \, \delta \dot{X} = -\delta Y \, ; \quad \tau_R \, \delta \dot{Y} = +\delta X$
mit
$$\delta \ddot{X} + \omega_{LV}^2 \, \delta X = \delta \ddot{Y} + \omega_{LV}^2 \delta Y = 0$$
beschreibt einen *Wirbel*, der mit der Kreisfrequenz
(4.8 - 7c) $\quad \omega_{LV} \approx +(\tau_B \cdot \tau_R)^{-1/2}$
im Gegenuhrzeigersinn umlaufen wird.

Der *zeitliche Verlauf* der normierten Populationen X(t) und Y(t) ist in Figur 4.8 - 3 dargestellt.

Das Lotka-Volterra Modell der Populationen von Räubern und ihrer Beute zeigt folgende *Phänomene:*

α) Stationäre Populationen sind singulär.

β) Instationäre Populationen werden nie stationär.
γ) Instationäre Populationen sind periodisch mit einer Periode T welche von den Anfangsbedingungen abhängt. Für beinahe stationäre Populationen ist die Periode

(4.8 - 7d) $$T \approx 2\pi(\tau_B \cdot \tau_R)^{1/2}$$

Weitere, kompliziertere Modelle [Tu 1992 B] von zwei wechselwirkenden Populationen zeigen, wann instationäre Populationen stationär werden oder einzelne Populationen aussterben.

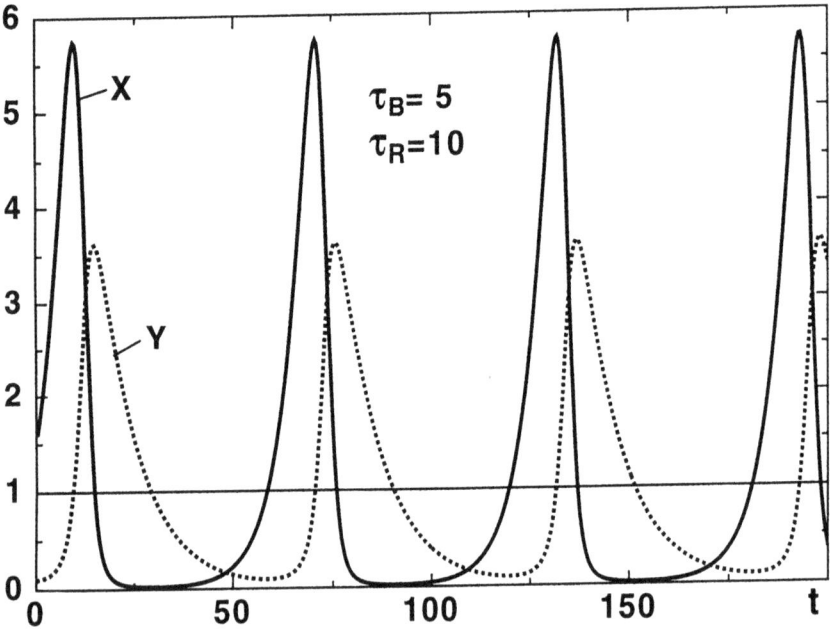

Figur 4.8 - 3: Zeitliches Verhalten X(t) und Y(t) des normierten Lotka-Volterra-Modells für $\tau_B = 5$, $\tau_R = 10$.

5. SCHWINGUNGEN VON ÜBERTRAGUNGSSYSTEMEN

5.1 Zeitunabhängige lineare Übertragungssysteme

Ein zeitunabhängiges lineares Übertragungssystem transformiert ein Eingangssignal x(t) in ein Ausgangssignal y(t) gemäss der *linearen* Transformation:

(5.1 - 1a) $$y(t) = \Theta\{x(t)\} = \int_{-\infty}^{t} d\vartheta \cdot \phi(t-\vartheta) \cdot x(\vartheta) = \int_{0}^{\infty} d\tau \cdot \phi(\tau) \cdot x(t-\tau)$$

wobei $\Theta\{..\}$ den *Übertragungsoperator* darstellt. $\phi(\tau)$ ist die *Übertragungsfunktion*, in Englisch "transfer function" oder "response function".

Das *Kausalitätsprinzip* bedingt, dass das Ausgangssignal y(t) zur Zeit t nur von Eingangssignalen $x(\vartheta)$ zu *früheren Zeiten* ϑ beeinflusst wird. Dies bedeutet, dass die Übertragungsfunktion $\phi(\tau)$ für nur positive τ von Null ist:

(5.1 - 2a) $\quad \phi(\tau \leq 0) = 0$

Deswegen kann die Gleichung (5.1 - 1a) auch so formuliert werden:

(5.1 - 1b) $$y(t) = \Theta\{x(t)\} = \int_{-\infty}^{+\infty} d\vartheta \cdot \phi(t-\vartheta) \cdot x(\vartheta) = \int_{-\infty}^{+\infty} d\tau \cdot \phi(\tau) \cdot x(t-\tau)$$

Somit entspricht das Ausgangssignal y(t) der *Faltung*, in Englisch "convolution" des Eingangssignals x(t) mit der Übertragungsfunktion $\phi(t)$.

Die Übertragungsfunktion $\phi(t)$ entspricht der *Stossantwort* des Übertragungssystems. Diese bezeichnet das Ausgangssignal y(t) des Übertragungssystems auf ein Eingangssignal x(t) in der Form einer Dirac-Deltafunktion gemäss (2.2 - 27 c&d):

(5.1 - 3a) $\quad x(t) = \delta(t)$

(5.1 - 3b) $$y(t) = \int_{0}^{\infty} d\tau \cdot \phi(\tau) \cdot \delta(t-\tau) = \phi(t)$$

Das Übertragungssystem kann auch charakterisiert werden durch das Ausgangssignal y(t) = W(t) zur Zeit t > 0 für ein Eingangssignal x(t) das zur Zeit t = 0 von Null auf Eins springt:

(5.1 - 42a) $$x(t) = H(t) = \begin{cases} 0 & \text{für } t < 0 \\ 1/2 & \text{für } t = 0 \\ 1 & \text{für } t > 0 \end{cases}$$

wobei H(t) die Heaviside-Stufenfunktion gemäss (2.2 - 27abc) darstellt. Das Ausgangssignal ist

(5.1 - 4b) $$y(t \geq 0) = \Theta\{H(t)\} = W(t \geq 0) = \int_0^t \phi(\tau)d\tau = \int_{-\infty}^t \phi(\tau)d\tau$$

W(t) wird als *Wirkungsfunktion* bezeichnet [Pöschl 1956 B]. Wegen der zeitlichen Invarianz des Übertragungssystems bestimmt W(t) auch das Ausgangssignal y(t) zur Zeit t, wenn das Eingangssignal zu einem beliebigen früheren Zeitpunkt t_0 von Null auf Eins springt:

(5.1 - 4c) $$y(t) = \Theta\{H(t-t_0)\} = W(t-t_0) \text{ mit } t > t_0$$

Die Wirkungsfunktion W(t) ist gemäss (5.1 - 2a) nur für positive Zeiten t von Null verschieden:

(5.1 - 5a) $$W(t \leq 0) = 0$$

Ein Übertragungssystem heisst *normiert*, wenn gilt

(5.1 - 5b) $$W(\infty) = \int_{0+}^{\infty} \phi(\tau)d\tau = \int_{-\infty}^{+\infty} \phi(\tau)d\tau = 1$$

Das *transiente Verhalten* eines Übertragungssystems offenbart sich im Ausgangssignal y(t) hervorgerufen durch ein Eingangssignal x(t) das für negative Zeiten t < 0 konstant ist und für positive Zeiten variert.

(5.1 - 6a) $$x(t) = x_0[1 - H(t)] + H(t)x_1(t) = \begin{cases} x_0 & \text{für } t \leq 0 \\ x_1(t) & \text{für } t > 0 \end{cases} \text{ mit } x_1(0) = 0$$

Das entsprechende Ausgangssignal y(t) ist

(5.1 - 6b) $$y(t) = x_0 \psi(t) + \int_0^t d\tau \phi(\tau) x(t-\tau)$$

mit $$\psi(t) = \int_t^{\infty} \phi(\tau)d\tau = W(\infty) - W(t)$$

ψ(t) bezeichnet die *Relaxationsfunktion* [Schötzau & Kneubühl 1994 Z]. Das Integral in der Formel (5.1 - 6b) entspricht einer *Faltung*, in Englisch "convolution" des Eingangssignals x(t) mit der Übertragungsfunktion φ(t).

Zur Berechnung des Ausgangssignals y(t) mit der Formel (5.1 - 6b) eignet sich die *Laplace-Transformation* (3.2 - 22a). Die Laplace-Transformierte der Formel (5.1 - 6b) ist

(5.1 - 6c) $$y(p) = x_0 \cdot \psi(p) + \phi(p) \cdot x(p)$$
mit $$x(p) = \mathbf{L}\{x(t)\}; y(p) = \mathbf{L}\{y(t)\}; \phi(p) = \mathbf{L}\{\phi(t)\}$$
und $$\psi(p) = \mathbf{L}\{\psi(p)\} = p^{-1} \cdot [W(\infty) - \phi(p)]$$

Für die in Kapitel 3.1.1 definierten *kausalen Systeme* gilt
(3.1 - 6) $\quad\quad\quad x(t \leq 0) = x_0 = 0$

Unter dieser Voraussetzung ist das Ausgangssignal y(t) gemäss (5.1 - 5b) die *Faltung* des Eingangssignals x(t) mit der Übertragungsfunktion $\phi(t)$:

(5.1 - 6d) $\quad\quad\quad y(t) = \int_0^t d\tau\, \phi(\tau) x(t - \tau)$

Somit ist die *Laplace-Transformierte* y(p) des Ausgangssignals y(t) das Produkt der Laplace-Transformierten x(p) des Eingangssignals x(t) multipliziert mit der Laplace-Transformierten $\phi(p)$ der Übertragungsfunktion $\phi(t)$:

(5.1 - 6e) $\quad\quad\quad y(p) = \phi(p) \cdot x(p)$

Zur *Illustration* der beschriebenen Verhältnisse eignet sich das *System mit exponentieller Relaxation*, welches für Physik und Technik von Interesse ist:

Dieses System ist charakterisiert durch die exponentiellen Funktionen

(5.1 - 7a) $\quad\quad\quad \phi(t > 0) = \Theta^{-1} \exp(-t/\Theta)$ mit $\Theta > 0$

(5.1 - 7b) $\quad\quad\quad W(t > 0) = 1 - \exp(-t/\Theta)$ mit $W(\infty) = 1$

(5.1 - 7c) $\quad\quad\quad \psi(t > 0) = 1 - W(t > 0) = \exp(-t/\Theta)$

Übertragungs- und Relaxationsfunktionen komplizierterer normierter relaxierender Übertragungssysteme sind anderswo [Schötzau & Kneubühl 1994 Z] aufgelistet.

Der Übertragungsoperator $\Theta\{..\}$ kann *durch eine lineare Differentialgleichung ersetzt werden*, wenn die Übertragungsfunktion $\phi(t)$ eine homogene lineare Differentialgleichung erfüllt:

(5.1 - 8a) $\quad\quad\quad \sum_{n=0}^{N} a_n\, \phi^{(n)}(t) = 0$

Dies resultiert aus folgender Darstellung des Übertragungsoperators $\Theta\{...\}$ und dessen Differentiationen nach der Zeit t:

(5.1 - 8b) $\quad\quad\quad y(t) = \Theta\{x(t)\} = \int_{-\infty}^{t} d\vartheta \cdot \phi(t - \vartheta) \cdot x(\vartheta)$

$$\dot{y}(t) = \dot{\Theta}\{x(t)\} = \phi(0+) \cdot x(t) + \int_{-\infty}^{t} d\vartheta \cdot \dot{\phi}(t - \vartheta) \cdot x(\vartheta)$$

$$y^{(n)}(t) = \Theta^{(n)}\{x(t)\} = \sum_{r=0}^{n-1} \phi^{(r)}(0+) \cdot x^{(n-r-1)}(t) + \int_{-\infty}^{t} d\vartheta \cdot \phi^{(n)}(t - \vartheta) \cdot x(\vartheta)$$

Durch Linearkombination der $y^{(n)}$ (t > 0) entsprechend (5.1 - 8a) findet man die *Übertragungs-Differentialgleichung* für y (t >0):

(5.1 - 8c)
$$\sum_{n=0}^{N} a_n \cdot y^{(n)}(t) = \sum_{m=1}^{N} x^{(m-1)}(t) \cdot \sum_{k=m}^{N} a_k \cdot \phi^{(k-m)}(0+)$$

Zum *Beispiel* erfüllt beim normierten *Übertragungssystem mit exponentieller Relaxation* die Übertragungsfunktion (5.1 - 7a) die Differentialgleichung

(5.1 - 9a) $\qquad \phi(t) + \Theta \cdot \dfrac{d}{dt}\phi(t) = 0 \quad \text{mit} \quad \phi(0+) = 1/\Theta$

Gemäss (5.1 - 8c) sind daher Eingangssignal x(t) und Ausgangssignal y(t) verknüpft durch die Übertragungs-Differentialgleichung

(5.1 - 9b) $\qquad y(t) + \Theta \cdot \dfrac{d}{dt} y(t) = x(t)$

Die Lösung dieser Differentialgleichung ergibt entsprechend (5.1 - 1a)

(5.1 - 9c) $\qquad y(t) = \displaystyle\int_{-\infty}^{t} d\vartheta \cdot \dfrac{1}{\Theta} exp\left(-\dfrac{t-\vartheta}{\Theta}\right) x(\vartheta) = \int_{-\infty}^{t} d\vartheta\, \phi(t-\vartheta)\, d\vartheta$

Der Transfer von *stationären harmonischen Schwingungen* durch zeitunabhängige lineare Übertragungssysteme kann untersucht werden mit dem komplexen Ansatz:

(5.1 - 10) $\qquad x(t) = x(\omega) \cdot exp(-i\omega t)$
$\qquad\qquad\quad y(t) = y(\omega) \cdot exp(-i\omega t)$

mit komplexen Amplituden x(ω) und y(ω) von Eingangssignal x(t) und Ausgangssignal y(t). Mit Hilfe der Formel (5.1 - 1b) findet man den Übertragungsoperator $\Theta\{...\}$ für diese komplexen Amplituden

(5.1 - 11a) $\qquad y(\omega) = \Theta\{x(\omega)\} = 2\pi \phi(\omega) \cdot x(\omega) = x(\omega) \cdot \displaystyle\int_{0}^{\infty} dt \cdot \phi(t) \cdot exp(i\omega t)$

$\qquad\qquad\text{mit} \qquad \phi(\omega) = \mathbf{F}\{\phi(t)\}$

wobei $\mathbf{F}\{..\}$ die Fouriertransformation (2.2 - 37a) bedeutet. Somit wird der Transfer harmonischer Schwingungen durch lineare Übertragungssysteme durch die Fourier-Transformierte der Übertragungsfunktion bestimmt.

Für das normierte *Übertragungssystem mit exponentieller Relaxation*, das durch die Gleichungen (5.1 - 7abc) definiert ist, findet man folgenden Übertragungsoperator von x (ω) auf y (ω):

(5.1 - 11b) $\qquad y(\omega) = \Theta\{x(\omega)\} = [1 - i\omega\Theta]^{-1} \cdot x(\omega)$

Verwendet man den Ansatz (5.1 - 10) in der *Übertragungs-Differentialgleichung* (5.1 - 8c) so erhält mit für den Übertragungsoperator

(5.1 - 11c) $$y(\omega) = \Theta\{x(\omega)\} = \frac{\sum_{m=1}^{N}(-i\omega)^{m-1}\sum_{k=m}^{N}a_k\phi^{k-m}(0+)}{\sum_{n=0}^{N}a_n(-i\omega)^n} \cdot x(\omega)$$

Für die Übertragungs-Differentialgleichung (5.1 - 9a) des *Übertragungssystems mit exponentieller Relaxation* (5.1 - 7abc) erhält man das bereits bekannte Resultat (5.1 - 11b).

Nichtlineare Übertragungssysteme verhalten sich erheblich komplizierter als lineare. Ein nichlinearer Übertragungsoperator hat zum Beispiel die Form

(5.1 - 12) $$y(t) = \Theta_{NL}(x(t)) = \int_0^\infty d\tau \phi(\tau) f(x(t-\tau))$$

mit der Übertragungsfunktion $\phi(\tau)$ und der nichtlinearen Modifikationsfunktion f(x). Ein derartiger nichtlinearer Übertragungsoperator wird neu in der Dynamik der Bogenentladungen verwendet [Schötzau & Kneubühl 1994 Z].

5.2 Regel - und Schwingkreise

Übertragungssysteme bilden Bestandteile von Regel- und Schwingkreisen. Die Figuren 5.1 - 1&2 zeigen einen Regel- und einen Schwingkreis. Jeder dieser Kreise besteht aus einem linearen *Übertragungssystem* und einer linearen *Rückkopplung*, in Englisch "feedback". Das Übertragungssystem wird beschrieben durch den linearen Übertragungsoperator

(5.1 - 1a) $$y(t) = \Theta\{x(t)\} = \int_{-\infty}^{t} d\vartheta \cdot \phi(t-\vartheta) \cdot x(\vartheta) = \int_{0}^{\infty} d\tau \cdot \phi(\tau) \cdot x(t-\tau)$$

und die Rückkopplung durch den linearen Rückkopplungsoperator

(5.2 - 1) $$z(t) = \Phi\{y(t)\} = \sum_{k=0}^{K} f_k \frac{d^{(k)}}{dt^k} y(t)$$

Die Eigenschaften des *Regelkreises* werden bestimmt durch die Gleichungen

(5.2 - 2a) $\quad y(t) = \Theta\{x(t) + z(t)\}$

(5.2 - 2b) $\quad z(t) = \Theta\{y(t)\}$

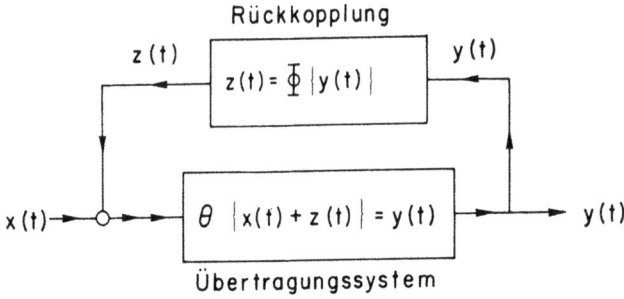

Figur 5.2 - 1: Regelkreis zusammengesetzt aus einem linearen Übertragungssystem und einer linearen Rückkopplung.

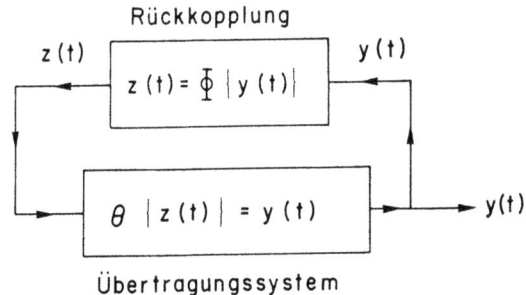

Figur 5.2 - 2: Schwingkreis zusammengesetzt aus einem linearen Übertragungssystem und einer linearen Rückkopplung.

Das Verhalten des Regelkreises gegenüber *stationären harmonischen Schwingungen* kann mit dem komplexen Ansatz (5.1 - 10) anhand der Gleichungen (5.2 - 2a&b) ermittelt werden. Durch Einsetzen findet man gemäss (5.1 - 11a) und (5.2 - 2a&b)

(5.2 - 3a) $\quad y(\omega) = 2\pi\phi(\omega) \cdot [x(\omega) + z(\omega)] \quad \text{mit } \phi(\omega) = \mathbf{F}\{\phi(t)\}$

(5.2 - 3b) $\quad z(\omega) = y(\omega) \cdot \sum_{k=0}^{K} f_k (-i\omega)^k$

und durch Kombination dieser beiden Gleichungen

(5.2 - 3c) $\quad y(\omega) = x(\omega) \cdot 2\pi\phi(\omega) \cdot \left[1 - 2\pi\phi(\omega) \sum_{k=0}^{K} f_k (-i\omega)^k \right]^{-1}$

Betrachtet man als *Beispiel* einen Regelkreis bestehend aus einem normierten Übertragungssystem mit exponentieller Relaxation gemäss (5.1 - 7abc) und einer *Geschwindigkeits-proportionalen Rückkopplung*

(5.2 - 4a) $\quad z(t) = \Phi_1\{y(t)\} = f_1 \dfrac{dy(t)}{dt}$

so ergibt sich aus den Gleichungen (5.1 - 11b), (5.2 - 2a&b) und (5.2 - 3c)

(5.2 - 4b) $\quad y(\omega) = x(\omega) \cdot [1 - i\omega(\Theta - f_1)]^{-1}$
$\quad\quad\quad\quad\quad = x(\omega) \quad \text{für} \quad f_1 = \Theta$

Somit eliminiert die Rückkopplung die Dämpfung des normierten Übertragungssystems mit exponentieller Relaxation für $f_1 = \Theta$.

Transiente Prozesse im Regelkreis lassen sich einfach beschreiben, wenn vorausgesetzt wird, dass der Regelkreis ein *kausales* System gemäss Kapitel 3.1.1 darstellt. Entsprechend (3.1 - 6) bedeutet diese Annahme, dass gilt

(5.2 - 5a) $\quad x^{(n)}(t \le 0) = y^{(n)}(t \le 0) = 0 \text{ für } n = 0, 1, 2, \ldots$

Unterwirft man unter dieser Voraussetzung die charakteristischen Gleichungen (5.2 - 2a&b) des Regelkreises der *Laplace-Transformation* (3.2 - 22a&b), so findet man für die Laplace-Transformierte y(p) des Ausgangssignals y(t)

(5.2 - 5b) $\quad y(p) = R(p) \cdot x(p) = \left[\phi(p)^{-1} - \sum_{k=0}^{K} f_k\, p^k\right]^{-1} \cdot x(p)$

wobei x(p) und φ(p) die Laplace-Transformierten des Eingangssignals x(t) und der Übertragungsfunktion φ(t) sind. R(p) ist der *Übertragungsfaktor des Regelkreises* [Pöschl 1956 B]. Der *Regelkreis ist stabil*, wenn kein Pol p_r des Übertragungsfaktors einen Realteil grösser Null aufweist [Pöschl 1956 B]:

(5.2 - 5c) $\quad$ Stabilität: $Re\, p_r \le 0$ für $R(p_r) = \pm\infty$, $r = 1, 2, \ldots$

Der in Figur 5.2 - 2 dargestellte *Schwingkreis* entspricht dem Regelkreis von Figur 5.2 - 1, wenn das Eingangssignal x(t) Null gesetzt wird. Deshalb werden die Eigenschaften eines Schwingkreises gemäss den Gleichungen (5.2 - 2a&b) bestimmt durch die Beziehungen:

(5.2 - 6a) $\quad y(t) = \Theta\{z(t)\}$

(5.2 - 6b) $\quad z(t) = \Phi\{y(t)\}$

Die Elimination von z(t), respektive y(t) in dessen beiden Gleichungen ergibt:

(5.2 - 6c) $\quad y(t) = \Theta\{\Phi\{y(t)\}\}$

(5.2 - 6d) $\quad z(t) = \Phi\{\Theta\{z(t)\}\}$

Die *Oszillations-Bedingung für den Schwingkreis* gewinnt man mit dem komplexen Ansatz (5.1 - 10) für harmonische Schwingungen. Mit diesem Ansatz findet man

(5.2 - 7a) $\quad \left[1 - 2\pi\phi(\omega)\sum_{k=0}^{K} f_k(-i\omega)^k\right] \cdot y(\omega) = 0$

sowie eine entsprechende Bedingung für z(ω). Damit die Amplitude y(ω) der Schwingung mit der Kreisfrequenz ω am Ausgang des Oszillators von Null verschieden ist, muss der vorangehende Faktor Null sein. Dies ergibt die *Oszillations-Bedingung*:

(5.2 - 7b) $$2\pi\phi(\omega)\cdot\sum_{k=0}^{K}f_k(-i\omega)^k = 1$$

Diese Gleichung hat Lösungen von der Form
(5.2 - 7c) $\qquad\qquad \omega = \omega_m + i\alpha_m \quad$ mit $\; m = 1, 2, 3, ...$

Diese Lösungen entsprechen für $\omega_m > 0$ und

(5.2 - 7d) $\qquad\quad\begin{array}{l}\alpha_m > 0: \text{ anwachsenden}\\ \alpha_m = 0: \text{ stationären}\\ \alpha_m < 0: \text{ abklingenden}\end{array}\Bigg\}$ Schwingungen

Betrachtet man zum *Beispiel* einen Schwingkreis aufgebaut aus einem normierten Übertragungssystem mit exponentieller Relaxation gemäss (5.1 - 7abc) und einer Rückkopplung charakterisiert durch

(5.2 - 8a) $$\Phi\{z(t)\} = \left\{f_0 + f_1\frac{d}{dt} + f_2\frac{d^2}{dt^2}\right\}z(t)$$

so ergeben die Gleichungen (5.1 - 11b) und (5.2 - 7b) die Oszillations-Bedingung:

(5.2 - 8b) $\qquad\qquad f_2\omega^2 + i\omega(f_1 - \Theta) - (f_0 - 1) = 0$

Dieses System kann stationär harmonisch schwingen, wenn

(5.2 - 8c) $\qquad\qquad f_0 > 1\,;\; f_1 = \Theta\;$ und $\;\omega = \omega_1 = +\sqrt{(f_0 - 1)/f_2}$

Schliesslich muss erwähnt werden, dass die Oszillationsbedingung (5.2 - 7b) sowie (5.2 - 8b) *keine Auskunft* gibt *über die Amplitude einer stationären harmonischen Schwingung* mit reellen ω_m. Grund dafür ist die Linearität der Komponenten des durch (5.2 - 6a&b) definierten Schwingkreises, das heisst des Übertragungssystems und der Rückkopplung. Die Amplitude einer stationären Schwingung eines Schwingkreises wird ausschliesslich durch *nichtlineare Effekte* bestimmt.

5.3 Totzeitsysteme

5.3.1 Normierte Totzeitsysteme

In einem normierten Totzeitsystem wird das Eingangssignal x(t) ohne Veränderung um die konstante *Totzeit* $\tau > 0$ verzögert:

(5.3 - 1a) $\qquad\qquad y(t) = \Theta\{x(t)\} = x(t - \tau)$

Deshalb kann der *Übertragungsoperator* $\Theta\{..\}$ eines normierten Totzeitsystems als *inverser Propagator* aufgefasst werden:

(5.3 - 1b) $\quad y(t) = \Theta\{x(t)\} = P^{-1}(t - \tau, t)\, x(t) = P(t, t - \tau) x(t) =$

$$= exp\left\{-\tau \frac{d}{dt}\right\} x(t) = x(t - \tau)$$

Das normierte Totzeitsystem ist charakterisiert durch folgende *Übertragungs-, Wirkungs-* und *Relaxationsfunktionen*:

(5.3 - 2a) $\quad\quad\quad\quad \phi(t > 0) = \delta(t - \tau)$ mit $\tau > 0$

(5.3 - 2b) $\quad\quad\quad\quad W(t > 0) = H(t - \tau)$ mit $W(\infty) = 1$

(5.3 - 2c) $\quad\quad\quad\quad \psi(t > 0) = 1 - W(t > 0) = 1 - H(t - \tau)$

Für *stationäre harmonische Schwingungen* (5.1 - 10) mit den komplexen Amplituden $x(\omega)$ und $y(\omega)$ ergibt sich entsprechend (5.1 - 11a) der Übertragungsoperator:

(5.3 - 3) $\quad\quad\quad\quad y(\omega) = \Theta\{x(\omega)\} = 2\pi\, \phi(\omega) \cdot x(\omega) = exp(i\, \omega\, \tau) \cdot x(\omega)$

Transiente Prozesse in kausalen (5.2 - 5a) und nichtkausalen Systemen wie zum Beispiel in Regelkreisen (5.2 - 5b&c) werden häufig mit der *Laplace-Transformation* (3.2 - 22a&b) berechnet. Die Laplace-Transformation des *Übertragungsoperators* eines normierten Totzeitsystems ist [Zwillinger 1989 B]:

(5.3 - 4a) $\quad L\{y(t)\} = y(p) = L\{\Theta\{x(t)\}\} = L\{x(t - \tau)\} =$

$$= x(p) \cdot exp(-\tau p) + x_0\, p^{-1}\left[1 - exp(-\tau p)\right]\text{, wenn } x(t < 0) = x_0$$

Ebenso nützlich ist die Laplace-Transformation des *inversen Übertragungsoperators*:

(5.3 - 4b) $\quad L\{x(t)\} = x(p) = L\{\Theta^{-1}\{y(t)\}\} = L\{y(t + \tau)\} =$

$$= y(p) \cdot exp(+\tau p) + y_0\, p^{-1}\left[1 - exp(+\tau p)\right]\text{, wenn } y(t < \tau) = y_0$$

5.3.2 Totzeitsysteme in Regel- und Schwingkreisen

Regel- und Schwingkreise mit integrierten Totzeitsystemen werden häufig beschreiben durch sogenannte *Totzeit- oder Verzögerungsgleichungen*, in English "delay equations" [Myskis 1955 B, Penney 1959 B, Saathy 1981 B, Zwillinger 1989 B, Bainov & Mishev 1991 B]. Als Illustration dienen folgende zwei Beispiele:

α) *Regel- und Schwingkreis mit integrierender Rückkopplung*

Ein Regel- und Schwingkreis gemäss Kapitel 5.2 und Figuren 5.2 - 1&2, der aus einem *normierten Totzeitsystem* entsprechend

(5.3 - 5a) $\quad\quad\quad\quad y(t) = \Theta\{x(t) + z(t)\} = x(t - \tau) + z(t - \tau)$

und einer *integrierenden Rückkopplung*

(5.3 - 5b) $\quad\quad\quad\quad z(t) = \Phi_{-1}\{y(t)\} = f_{-1} \cdot \int\limits_{-\infty}^{t} y(\vartheta) d\vartheta$

besteht, wird durch die beiden folgenden Verzögerungsgleichungen beschrieben. Für den *Regelkreis* gilt

(5.3 - 5c) $$\frac{d}{dt}y(t) = f_{-1}y(t-\tau) + \frac{d}{dt}x(t-\tau)$$

und für den *Schwingkreis*:

(5.3 - 5d) $$\frac{d}{dt}y(t) = f_{-1} \cdot y(t-\tau)$$

Für *stationäre harmonische Schwingungen* (5.1 - 10) findet man beim *Regelkreis* mit Hilfe von (5.3 - 3) folgende Relation zwischen den komplexen Amplituden x(ω) und y(ω) von Eingangs- und Ausgangssignal:

(5.3 - 6a) $$y(\omega) = x(\omega) \cdot [exp(-i\omega\tau) + f_{-1}/i\omega]^{-1}$$

Die entsprechende *Oszillations-Bedingung* für den *Schwingreis* ist

(5.3 - 6b) $$exp(i\omega\tau) = -i\omega/f_{-1}$$

Die Lösungen dieser Gleichung sind

(5.3 - 6c) $$\omega_n = (2n+1)\pi/2\tau \quad \text{mit} \quad n = 0, +1, \pm 2, \ldots$$
$$(f_{-1})_n = \omega_n \cdot (-1)^{n+1}$$

Der Schwingkreis schwingt deshalb nur dann in einer Resonanz-Kreisfrequenz ω_n, wenn die Rückkopplung f_{-1} angepasst ist.

Transiente Phänomene in diesem Schwingkreis können durch die Laplace-Transformation der Verzögerungsgleichung (5.3 - 3d) berechnet werden. Dazu dient die Formel (5.3 - 4a). Das Resultat der Laplace-Transformation ist

(5.3 - 7) $$y(p)/y(t=0) = \frac{p + f_{-1}[1 - exp(-\tau p)]}{p[p - f_{-1}exp(-\tau p)]}$$

β) *Regel- und Schwingkreis mit Geschwindigkeits-proportionaler Rückkopplung*
Betrachtet man einen Regel- und Schwingkreis gemäss Kapitel 5.2 und Figuren 5.2 - 1&2 mit einem *normierten Totzeitsystem* entsprechend

(5.3 - 5a) $$y(t) = \Theta\{x(t) + z(t)\} = x(t-\tau) + z(t-\tau)$$

und einer *Geschwindigkeits- proportionalen Rückkopplung*

(5.2 - 4a) $$z(t) = \Phi_1\{y(t)\} = f_1 \frac{d}{dt}y(t)$$

so findet man für den *Regelkreis* die Verzögerungsgleichung

(5.3 - 8a) $$y(t) = x(t-\tau) + f_1 \cdot \frac{d}{dt}y(t-\tau)$$

oder $$y(t+\tau) = x(t) + f_1 \cdot \frac{d}{dt}y(t)$$

und für den *Schwingkreis*

(5.3 - 8b) $$y(t) = f_1 \cdot \frac{d}{dt} y(t - \tau)$$

oder $$y(t + \tau) = f_1 \cdot \frac{d}{dt} y(t)$$

Für *stationäre harmonische Schwingungen* (5.1 - 10) ergibt Gleichung (5.3 - 8a) für den *Regelkreis* die folgende Beziehung zwischen den komplexen Amplituden x(ω) und y(ω) von Eingangs- und Ausgangssignal:

(5.3 - 9a) $$y(\omega) = x(\omega) \cdot [exp(-i\omega\tau) + i\omega f_1]^{-1}$$

Die entsprechende *Oszillations-Bedingung für den Schwingkreis* kann aus der Gleichung (5.3 - 8b) hergeleitet werden. Sie lautet

(5.3 - 9b) $$exp(i\omega\tau) = -1/i\omega f_1$$

Diese Gleichung hat die Lösungen

(5.3 - 9c) $$\omega_n = (2n+1)\pi/2\tau \quad \text{mit} \quad n = 0, \pm 1, \pm 2, \ldots$$
$$(f_1)_n = \omega_n^{-1} \cdot (-1)^n$$

Dieser Schwingkreis schwingt demnach nur dann in der Resonanz-Kreisfrequenz ω_n wenn die Rückkopplung f_1 angepasst ist.

Für eine *kurze Totzeit* τ kann die Funktion y(t-τ) provisorisch in eine Taylor-Reihe entwickelt werden. Dann gilt für die Verzögerungsgleichung (5.3 - 8b) die *Näherung*

(5.3 - 9d) $$y(t) \approx f_1 \frac{d}{dt} y(t) - \tau f_1 \frac{d^2}{dt^2} y(t)$$

In dieser Näherung wird die Verzögerungsgleichung (5.3 - 8b) durch eine gewöhnliche lineare Differentialgleichung 2. Ordnung ersetzt, die einfach gelöst werden kann.

Transiente Phänomene in diesem Schwingkreis können durch die Laplace-Transformation der zweiten Verzögerungsgleichung (5.3 - 8b) mit Hilfe der Gleichung (5.3 - 4b) gelöst werden. Diese Laplace-Transformation ergibt

(5.3 - 10) $$y(p)/y(t=0) = \frac{exp(\tau p) - f_1 p - 1}{p[exp(\tau p) - f_1 p]}$$

5.3.3 Nichtlineare Totzeitsysteme

Ein nichtlineares Totzeitsystem kann beschrieben werden durch den Übertragungsoperator

(5.3 - 11) $$y(t) = \Theta_{NL}\{x(t)\} = F(x(t - \tau))$$

wobei F(x) eine nichtlineare Funktion darstellt. Wegen der Nichtlinearität kann weder die Laplace-Transformation noch die Fourier-Transformation sinnvoll für die Berechnung derartiger Totzeitsysteme eingesetzt werden.

α) *Nichtlineares Totzeitsystem mit integrierender Rückkopplung*

Als erstes *Beispiel* dient ein *Schwingkreis* mit einem *nichtlinearen Totzeitsystem* mit dem Übertragungsoperator

(5.3 - 12a) $\qquad y(t) = \Theta_{NL}\{z(t)\} = 1 + [z(t-\tau)]^{-2}$

und der *integrierenden Rückkopplung:*

(5.3 - 5b) $\qquad z(t) = \Phi_{-1}\{y(t)\} = f_{-1} \cdot \int_{-\infty}^{t} y(\vartheta) d\vartheta.$

Die entsprechende *Verzögerungsgleichung* oder "*delay equation*" ist

(5.3 - 12b) $\qquad \dfrac{1}{f_{-1}} \dfrac{d}{dt} z(t) = 1 + [z(t-\tau)]^{-2}$

Die Gleichung hat die Lösungen

(5.3 - 12c) $\qquad z(t) = tan(\omega_n t - \varphi_n), \varphi_n$ beliebig

mit $\qquad \omega_n = (2n+1)\pi/2\tau \quad , \quad n = 0, \pm 1, \pm 2, \ldots$

und $\qquad (f_{-1})_n = \omega_1$

β) *Nichtlineares Totzeitsystem mit Geschwindigkeits-proportionaler Rückkopplung*

Das *zweite Beispiel* betrifft einen *Schwingkreis* mit einem *nichtlinearen Totzeitsystem* definiert durch

(5.3 - 13a) $\qquad y(t) = \Theta_{NL}\{z(t)\} = z(t-\tau) + \alpha\left[A^2 - z^2(t-\tau)\right]^{1/2}$

und der *Geschwindigkeits-proportionalen Rückkopplung*

(5.2 - 4a) $\qquad z(t) = \Phi_1\{y(t)\} = f_1 \cdot \dfrac{d}{dt} y(t)$

Dieser Schwingkreis wird charakterisiert durch die *Verzögerungsgleichung*

(5.2 - 13b) $\qquad \dfrac{1}{f_1} \int^{t} z(\vartheta) d\vartheta = z(t-\tau) + \alpha\left[A^2 - z^2(t-\tau)\right]^{1/2}$

Diese Gleichung hat Lösungen

(5.2 - 13c) $\qquad z(t) = A\cos(\omega_k t - \varphi_k), \varphi_k$ beliebig,

welche bestimmt sind durch die Bedingungen

(5.2 - 13d) $\qquad ctg\, \omega_k \tau = \alpha \quad \text{und} \quad (f_1)_k = \omega_k^{-1}(1+\alpha^2)^{-1/2}$

6. INSTABILITÄT UND CHAOS

6.1 Bifurkation

6.1.1 Definition

Die Bifurkation [Beltrami 1987 B, Birkhoff & Rota 1989 B, Chow & Hale 1982 B, Guckenheimer & Holmes 1983 B, Hale 1969 B, Iooss & Joseph 1980 B, Poston & Steward 1978 B, Ruelle 1989 I, B, Schuster 1984 B, Tu 1992 B, Verhulst 1985 B, Zwillinger 1989 B] betrifft drastische strukturelle Änderungen von dynamischen Systemen bei bestimmten Werten von charakteristischen System-Parametern. Somit ist sie auch ein Thema der Katastrophen-Theorie [Arnold 1984 B, Poston & Steward 1978 B, Thom 1975 B]. Die vermutlich ersten expliziten Untersuchungen der Bifurkation wurden von Poincaré durchgeführt [Poincaré 1885 Z, Tu 1992 B].

Ein dynamisches System wird häufig durch eine Differentialgleichung oder ein System von Differentialgleichungen mit einem oder mehreren System-Parametern $\mu_1, \cdots, \mu_N$ beschrieben. Das dynamische System *erfährt nach Definition eine Bifurkation*, wenn bei einem bestimmten Satz $\mu_{1B}, \cdots, \mu_{NB}$ von Parametern die Anzahl der Lösungen der entsprechenden Differentialgleichung oder des Systems von Differentialgleichungen ändert. Diesen Satz von Parametern nennt man *Bifurkationspunkt* im Parameterraum. An diesem Punkt ändert häufig nicht nur die Anzahl der Lösungen, sondern auch ihre Art. Insbesondere erfolgt oft ein *Wechsel zwischen Stabilität und Instabilität* der Lösungen.

Es existieren *verschiedene Typen von Bifurkation*, zum Beispiel die Heugabel-Bifurkation, in Englisch *"pitchfork bifurcation"* und die *Hopf-Bifurkation* [Hopf 1942 Z], welche in den Unterkapiteln 6.1.3 und 6.1.4 beschrieben werden.

6.1.2 Bifurkation autonomer Systeme

Ein autonomes System (4.1 - 3a&b) von Differentialgleichungen mit N System-Parametern $\mu_1, \cdots, \mu_N$ kann dargestellt werden als

(6.1 - 1a) $\quad dx_j / dt = \dot{x}_j = v_j(x_1 \cdots x_k \cdots x_n; \mu_1 \cdots \mu_r \cdots \mu_N)$
mit $\quad j = 1,2,\cdots,n; \quad k = 1,2,\cdots,n; \quad r = 1,2,\cdots,N$
oder in Vektorform
(6.1 - 1b) $\quad \dot{\vec{r}} = \vec{v}(\vec{r},\vec{\mu})$
mit $\quad \vec{r} = [x_1 \cdots x_n]; \quad \vec{v} = [v_1 \cdots v_n]; \quad \vec{\mu} = [\mu_1 \cdots \mu_N]$

Als *Jacobi-Matrix* dieses Systems definiert man die Matrix [Zwillinger 1989 B]

(6.1 - 2) $$J(\vec{r},\vec{\mu}) = \frac{d\vec{v}}{d\vec{r}} = \left(\frac{\partial v_j}{\partial x_k}(\vec{r},\vec{\mu}); j,k = 1,2,\cdots,n\right)$$

Für eine Lösung $\vec{r}(t,\vec{\mu})$ des Systems (6.1 - 1a&b) gibt die Jacobi-Matrix (6.1 - 2) Auskunft über ihre Stabilität. Dazu müssen ihre Eigenwerte λ_j (t, $\vec{\mu}$); j = 1, 2, $\cdots$, n berechnet werden. Dann können drei Fälle unterschieden werden.

α) Sind *alle* Re λ_j (t, $\vec{\mu}$) für ein $\vec{\mu}$ negativ, dann ist $\vec{r}(t,\vec{\mu})$ eine *stabile Lösung*

β) Ist *ein* Re λ_j (t, $\vec{\mu}$) für ein $\vec{\mu}$ positiv, dann ist $\vec{r}(t,\vec{\mu})$ eine *instabile Lösung*.

γ) Ist *ein oder sind mehrere* Eigenwerte λ_j (t, $\vec{\mu}$) für ein $\vec{\mu}$ *Null*, dann ist dieses $\vec{\mu}$ ein *Bifurkationspunkt* $\vec{\mu}_B$, wo die *Anzahl* sowie die *Stabilität* ihrer reellen Lösungen ändern kann. In diesem Fall gilt für die Determinante der Jacobi-Matrix:
(6.1 - 3) $\quad\quad\quad det\, J(\vec{r}(t,\vec{\mu}_B),\vec{\mu}_B) = 0$

Beschränkt man sich auf *stationäre* Lösungen, das heisst *kritische Punkte* $\vec{r}_K$, dann gilt die Zusatzbedingung
(6.1 - 4a) $\quad\quad\quad \vec{v}(\vec{r}_K,\vec{\mu}) = \vec{0}$
Auch in diesem Fall gelten die Aussagen α), β) und γ) bezüglich der Eigenwerte $\lambda_j\,(\vec{r}_K,\vec{\mu})$ und die Aussage über die Determinante (6.1 - 3).

6. 1. 3 Heugabel-Bifurkation als Katastrophe

Die *Heugabel-Bifurkation*, in Englisch "pitchfork bifurcation" erscheint zum Beispiel beim in Figur 6.1 - 1 illustrierten *mathematischen Pendel, welches um seine vertikale Achse gleichförmig rotiert.* Es bildet das Prinzip des *Watt'schen Zentrifugalregulators.* Dieses mathematische Pendel besteht aus einem Massenpunkt mit der Masse m, der an einem masselosen Arm der Länge a aufgehängt ist. Die gleichförmige Rotation wird beschrieben durch die konstante Kreisfrequenz ω, welche den System-Parameter μ = ω darstellt. Auf die Masse m wirken das Gewicht G und die Zentrifugalkraft F_Z. Der Drallsatz bestimmt die *Bewegungs-Differentialgleichung*:
(6.1 - 5a) $\quad \dot{L} = ma^2\ddot{\varphi} = T = -Ga\,sin\,\varphi + F_Z a\,cos\,\varphi = -mga\,sin\,\varphi + m\omega^2 a\,sin\,\varphi\,cos\,\varphi$
oder $\quad\quad \ddot{\varphi} = -\omega_0^2\,sin\,\varphi\left[1-(\omega/\omega_0)^2 cos\,\varphi\right]$ mit $\omega_0^2 = g/a$

wobei g ≈ 9.81 m/s² die Erdbeschleunigung und ω_0 die Eigenkreisfrequenz des nichtrotierenden Pendels bedeuten.

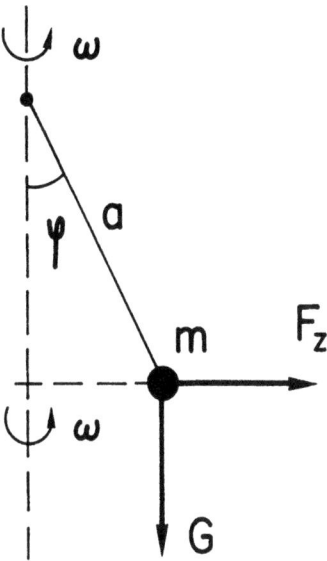

Figur 6.1 - 1: Rotierendes mathematisches Pendel

Die *stationären Lösungen*, respektive *Gleichgewichtslagen* entsprechend $\ddot{\varphi} = \dot{\varphi} = 0$ sind für

(6.1 - 5b) für $0 \leq \omega \leq \omega_0$: $\varphi_0 = 0$ *stabil*

für $\omega_0 \leq \omega$: $\varphi_0 = 0$ *instabil*

$$\varphi_{1,2} = \pm \arccos(\omega_0 / \omega)^2 \quad stabil$$

Stabilität und Instabilität der stationären Lösungen können mit Hilfe der approximierten Bewegungs-Gleichungen für kleine Abweichungen $\Delta \varphi$ von den stationären Lösungen φ_k ; $k = 0, 1, 2$ bestimmt werden

(6.1 - 5c) $\varphi = \varphi_0$: $\Delta \ddot{\varphi} = -\Omega_0^2 \Delta \varphi = -\left(\omega_0^2 - \omega^2\right) \Delta \varphi$

$\varphi = \varphi_{1,2}$: $\Delta \ddot{\varphi} = -\Omega_1^2 \Delta \varphi = -\omega_0^2 \left[(\omega / \omega_0)^2 - (\omega_0 / \omega)^2\right] \Delta \varphi$

Stabilität herrscht wenn $\Omega_{0,1}^2 > 0$, Instabilität wenn $\Omega_{0,1}^2 < 0$. Reelle $\Omega_{0,1}$ sind Eigenkreisfrequenzen der Schwingungen um die stabilen Gleichgewichtslagen φ_k. Diese Gleichgewichtslagen φ_k sind als Funktionen des System-Parameters $\mu = \omega$ in Figur 6.1 - 2 dargestellt. Die beschriebenen Ergebnisse und Figur 6.1 - 2 zeigen, dass die folgenden *Bifurkationspunkte* existieren:

(6.1 - 5d) $\mu_B = \omega_B = \pm \omega_0$

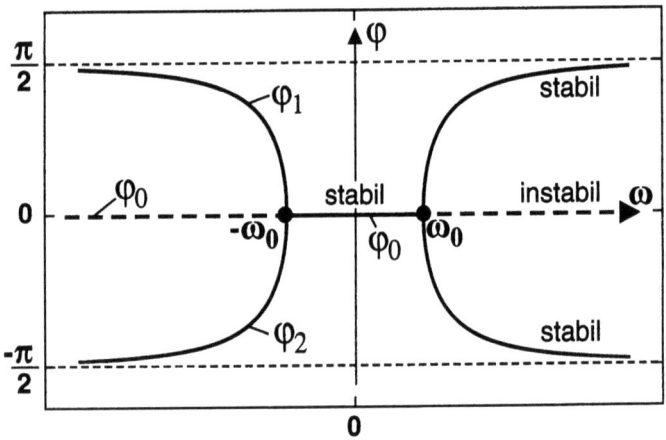

Figur 6.1 - 2: Katastrophen- Mannigfaltigkeit des rotierenden mathematischen Pendels: Gleichgewichtslagen φ_k, k = 0, 1, 2 als Funktionen der Kreisfrequenz ω. Die Heugabel-Bifurkationspunkte als Katastrophenlagen sind bei $\omega = \pm \omega_0$.

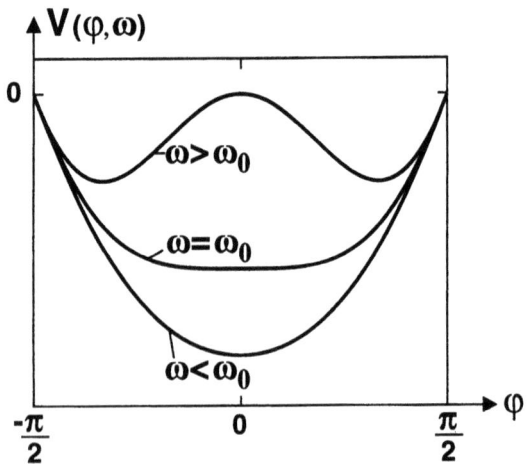

Figur 6.1 - 3: Das Potential $V(\varphi, \omega)$ des rotierenden mathematischen Pendels gemäss (6.1 - 6a) für $\omega < \omega_0$, $\omega = \omega_0$ und $\omega > \omega_0$.

Entsprechend dem Verhalten der stationären Lösungen φ_k ($\mu = \omega$) an den Bifurkationspunkten (6.1 - 5d) bezeichnet man die Bifurkationen des rotierenden mathematischen Pendels als *Heugabel-Bifurkationen* [Mahnke et al. 1992 B], in Englisch *"pitchfork bifurcations"*.

Die besprochene Bifurkation kann auch als *Katastrophe* im Sinne der *Katastrophen-Theorie* [Arnold 1984 B, Poston & Steward 1978 B, Thom 1975 B, Tu 1992 B] interpretiert werden. Für diese Interpretation startet man mit dem *Potential* $V(\varphi, \omega)$ entsprechend der potentiellen Energie E_{pot} des rotierenden mathematischen Pendels, welche sich mit der Bewegungs-Gleichung (6.1 - 5a) bestimmen lässt:

(6.1 - 6a) $$E_{pot} = V(\varphi,\omega) = -ma^2 \omega_0^2 \cos\varphi \left[1 - \frac{1}{2}(\omega/\omega_0)^2 \cos\varphi\right]$$

Wieder repräsentiert die Kreisfrequenz ω den System-Parameter μ.
Die *Gleichgewichtslagen* φ_k; k = 0, 1, 2 entsprechen der Bedingung

(6.1 - 6b) $$\frac{\partial}{\partial \varphi} V(\varphi,\omega) = ma^2 \sin\varphi \left[\omega_0^2 - \omega^2 \cos\varphi\right] = 0$$

Diese Gleichgewichtslagen φ_k werden durch die Gleichung (6.1 - 5b) und die Figur 6.1 - 2 als Funktionen der Kreisfrequenz ω beschrieben. In der Katastrophentheorie bezeichnet man die Gesamtheit der Gleichgewichtslagen φ_k als Funktionen des Systems-Parameters $\mu = \omega$ als *Katastrophen-Mannigfaltigkeit*. Die *Katastrophenlagen* oder *strukturell instabilen Gleichgewichtslagen* sind Gleichgewichtslagen φ_k gemäss (6.1 - 6b) welche die *Katastrophen-Bedingung*

(6.1 - 6c) $$\frac{\partial^2}{\partial \varphi^2} V(\varphi,\omega) = ma^2 \left[\omega_0^2 \cos\varphi + \omega^2 (1 - 2\cos^2\varphi)\right] = 0$$

erfüllen. Da die Gleichgewichtlagen φ_k bereits durch die Gleichung (6.1 - 6b) festgelegt sind, bestimmt die Katastrophen-Bedingung die *Katastrophenlagen* μ_K des System-Parameters $\mu = \omega$. Diese entsprechen im vorliegenden Fall den Bifurkationspunkten:

(6.1 - 6d) $$\mu_K = \omega_K = \mu_B = \omega_B = \pm\omega_0, \quad \omega_0 = +\sqrt{g/a}$$

In Figur 6.1 - 3 ist das Potential $V(\varphi, \omega)$ gemäss (6.1 - 6a) für $\omega < \omega_0$, $\omega = \omega_0$ und $\omega > \omega_0$ aufgezeichnet.

6.1.4 Hopf - Bifurkation

Eine Hopf - Bifurkation erscheint in einem einfachen rotationssymmetrischen nichtlinearen System gemäss Unterkapitel 4.6.2 mit einem Systemparameter μ. Es kann in den Polarkoordinaten r, φ wie folgt dargestellt werden

(6.1 - 7a) $$\dot{\varphi} = -r^{-1} H_r = \omega = const$$

$$\dot{r} = -U_r = -r(\mu + r^2)$$

Seine Potentiale sind

(6.1 - 7b)
$$H(r,\varphi) = H(r) = -\omega r^2$$
$$U(r,\varphi) = U(r) = \frac{1}{2}r^2\left(\frac{1}{2}r^2 + \mu\right)$$

In kartesischen Koordinaten erscheint dieses System in der Form

(6.1 - 7c)
$$\dot{x} = v_x = -(r^2 + \mu)x - \omega y$$
$$\dot{y} = v_y = +\omega x - (r^2 + \mu)y$$

mit $x = r \cdot \cos \varphi$, $y = r \cdot \sin \varphi$ und $r^2 = x^2 + y^2$.

Die Lösung dieses Systems in Polarkoordinaten ist für

(6.1 - 7d) $\mu \neq 0$
$$\varphi(t) = \omega t + \varphi_0$$
$$r^2(t) = r_0^2 \mu \, exp(-2\mu t)\left[r_0^2\{1 - exp(-2\mu t)\} + \mu\right]^{-1}$$

mit $\varphi(0) = \varphi_0$ und $r(0) = r(\varphi = \varphi_0) = r_0$

(6.1 - 7e) $\mu = 0$
$$\varphi(t) = \omega t + \varphi_0$$
$$r(t) = r_0^2\left[1 + 2tr_0^2\right]$$

Somit gilt für

(6.1 - 7d)
$$\mu \geq 0 : r(t \to +\infty) = 0$$
$$\mu < 0 : r(t \to +\infty) = \sqrt{-\mu}$$

Dies bedeutet, dass der Ursprung $r = 0$ für $\mu \geq 0$ einen stabilen kritischen Punkt oder Attraktor darstellt, der für $\mu < 0$ instabil wird.

Für $\mu < 0$ tritt anstelle des Attraktors im Ursprung $r = 0$ ein Grenzzyklus mit dem Radius $r = \sqrt{-\mu}$. Der Fall $\mu = -1$ ist als Standard-Beispiel (4.6 - 4 abc) im Unterkapitel 4.6.2 aufgeführt und in den Figuren 4.6 - 2a&b illustriert.

Das Verhalten der Lösungen des durch die Gleichungen (6.1 - 7abc) definierten Systems zeigt, dass $\mu = 0$ den *Bifurkationspunkt einer Hopf - Bifurkation* [Hopf 1942 Z] darstellt. Nach *Definition* verwandelt eine einfache *Hopf-Bifurkation* einen stabilen kritischen Punkt in einen Grenzzyklus [Schuster 1984 B].

Das beschriebene System (6.1 - 7abc) ist *autonom*. Somit lässt sich die Bifurkations-Theorie des Unterkapitels 6.1.2 auf die Gleichungen (6.1 - 7c) anwenden. Die Vektoren von (6.1 - 1b) und die Jacobi-Matrix (6.1 - 2) können in diesem Fall wie folgt beschrieben werden

(6.1 - 8a) $\vec{r} = [x,y]$, $\vec{v} = [v_x, v_y]$, $\vec{\mu} = [\mu]$, und

(6.1 - 8b) $$J = J(x,y,\mu) = \begin{Bmatrix} -\mu - 3x^2y^2 & -\omega - 2xy \\ +\omega - 2xy & -\mu - x^2 - 3y^2 \end{Bmatrix}$$

Für den *kritischen Punkt* des Systems (6.1 - 7c) im Ursprung $\vec{r} = [0,0]$ ist entsprechend (6.1 - 4a) die Geschwindigkeit null:

(6.1 - 9a) $\vec{v}(0,0,\mu) = \vec{0}$

Für die *Jacobi-Matrix* gilt gemäss (6.1 - 8b)

(6.1 - 9b) $$J(0,0,\mu) = \begin{pmatrix} -\mu & -\omega \\ \omega & -\mu \end{pmatrix}$$

Die Eigenwerte $\lambda_{1,2}$ dieser Matrix sind

(6.1 - 9c) $\lambda_{1,2}(0,0,\mu) = -\mu \pm i\omega$

Somit kreuzt beim Bifurkationspunkt $\mu_B = 0$ ein konjugiert komplexes Paar Eigenwerte $\lambda_{1,2}$ die imaginäre Achse. Dies ist *typisch für Hopf-Bifurkationen*. Bei diesem Vorgang verwandelt sich der stabile kritische Punkt $\vec{r}_K = [0,0]$ in einen instabilen.

Ein zweites Beispiel für eine Hopf-Bifurkation ist der *van der Pol-Oszillator*, der durch die Bewegungs-Gleichung

(2.5 - 28b) $x'' + \mu(x^2 - 1) \cdot x' + x = 0$

beschrieben wird. In dieser Gleichung ist der übliche Parameter ist ε durch den System-Parameter μ ersetzt. Der *Bifurkationspunkt* ist $\mu_B = 0$.

Für *negative* $\mu < 0$ ist der *kritische Punkt in* $\vec{r}_K = [0,0]$ *im Ursprung stabil*, jedoch der *Grenzzyklus instabil*.

Für positive $\mu > 0$ ist dagegen der *kritische Punkt* $\vec{r}_K = [0,0]$ *im Ursprung instabil* und der *Grenzzyklus stabil*. Der Grenzzyklus entspricht der stabilen van der Pol-Oszillation.

Der van der Pol-Oszillator kann auch durch das einparametrige *System*

(6.1 - 10a) $\dot{x} = v_x = y$

$\dot{y} = v_y = -x - \mu(x^2 - 1)y$

beschrieben werden. Die entsprechende *Jacobi-Matrix* (6.1 - 2) ist

(6.1 - 10b) $$J(0,0,\mu) = \begin{pmatrix} 0 & 1 \\ -1 & \mu \end{pmatrix}$$

Ihre Eigenwerte $\lambda_{1,2}$ sind

(6.1 - 10c) $\qquad \lambda_{1,2}(0,0,\mu) = (\mu/2) \pm i\left[1 - (\mu/2)^2\right]^{1/2}$

Wie beim zuvor beschriebenen System (6.1 - 7c) kreuzt in diesem System bei der Hopf-Bifurkation $\mu_B = 0$ ein konjugiert komplexes Paar $\lambda_{1,2}$ von Eigenwerten die imaginäre Achse.

6.2 Instabilitäten und deterministisches Chaos

Instabilitäten der Strahlungsemission wurden bereits am ersten Laser, dem Rubinlaser [Maiman 1960 Z] beobachtet. Der Rubinlaser zeigte eine irreguläre, mit Rauschen und Pulsen begleitete Emission selbst unter quasi-stationären Betriebsbedingungen. Lange Zeit kümmerten sich die Theoretiker wenig um dieses Phänomen, da die rapide Entwicklung und die vielfältige Anwendung der Laser eine Reihe anderer Probleme zum Studium anbot. Heute ist jedoch das Interesse an diesem und verwandten Phänomenen gross, da vor wenigen Jahren tiefgreifende mathematische Entdeckungen über *Instabilitäten und chaotisches Verhalten* von klassischen dynamischen Systemen gemacht wurden [Bai-Lin 1984 B, Baker & Gollub 1990 B, Bergé et al. 1984 B, Colle t & Eckmann 1983 B, Critanovic 1984 B, Froyland 1992 B, Gleick 1990 B, Guckenheimer & Holmes 1983 B, Infeld & Rowlands 1990 B, Kunick & Steeb 1986 B, Mahnke et al. 1992 B, Moon 1987 B, Ott 1993 B, Percival & Richards 1982 B, Ruelle 1989 II B, Schroeder 1991 B, Schuster 1984 B, Tu 1992 B, Verhulst 1990 B].

Es ist heute bekannt, dass viele physikalische Systeme, welche wie der Laser gewisse Nichtlinearitäten aufweisen, Instabilitäten und Chaos zeigen, deren Verhalten als deterministisch bezeichnet werden muss. *Deterministisches Chaos* betrifft chaotische Lösungen von exakt definierten nichtlinearen Gleichungen und Gleichungssystemen.

Die Erkenntnis, dass Chaos vom stationären Zustand nur über endlich viele verschiedene universelle Routen mit gut definierten mathematischen Szenarien erreicht werden kann, hat die Suche nach physikalischen Systemen mit derartigen Eigenschaften gefördert. Diese Phänomene werden heute in den verschiedensten Bereichen beobachtet und studiert. Ausser dem Laser zu erwähnen sind Strömungen von Flüssigkeiten und Gasen, chemische Raktionen, nichtlineare und supraleitende elektronische Elemente sowie Oekologie. Dass selbst einfach erscheinende, nichtlineare elektronische Elemente Instabilitäten und chaotisches Verhalten zeigen, beweist der *angetriebene Toda-Oszillator* [Lauterborn & Meyer-Ilse 1986 Z, Kurz & Lauterborn 1988 Z], welcher durch folgende Differentialgleichung definiert ist:

(6.2 - 1a) $\qquad d^2x/dt^2 + r(dx/dt) + [exp(x) - 1] = a \cos \omega t$

Daraus erhält man durch eine einfache Variablen-Transformation ein System von drei gekoppelten, zum Teil nichtlinearen Differentialgleichungen erster Ordnung:

(6.2 - 1b) $\quad dX/dt = Y$
$\quad\quad\quad\quad\quad dY/dt = -rY + [1 - exp(X)] + a\, cos\, Z$
$\quad\quad\quad\quad\quad dZ/dt = \omega$

Den Anstoss zu Studien über Instabilitäten und Chaos gab eine theoretische Untersuchung der Dynamik der Erdatmosphäre [Lorenz 1963 Z], in der demonstriert wurde, dass ein anderes einfaches System von drei gekoppelten, nichtlinearen Differentialgleichungen erster Ordnung für bestimmte Parameterbereiche chaotische Lösungen aufweist [Sparrow 1982 B]. Dieses *Lorenz-Modell* wird im Unterkapitel 6.4 diskutiert.

Später wurde bewiesen [Haken 1975 Z], dass entsprechende Gleichungen gelten für das *Maxwell-Bloch-Modell* eines einfachen Zweiniveau-Lasers im Einmoden-Betrieb mit homogen verbreitertem Verstärkungsprofil [Kneubühl & Sigrist 1989 B]. Diese Arbeit ist grundlegend für das heutige Verständnis der *nichtlinearen Dynamik der Laser* [Haken 1983 B, 1984 B, 1985 B, Harrison & Biswas 1985 Z, Lugiato & Narducci 1985 Z].

Um zu entscheiden, ob ein dynamisches System sich chaotisch verhält, benötigt man ein *Kriterium für Chaos*. Dazu eignet sich gemäss Erfahrung das Konzept des *Ljapunow-Exponenten*. Dabei fasst man die Variablen X, Y, Z, ... des zu untersuchenden Systems von gekoppelten nichtlinearen Differentialgleichung, wie zum Beispiel (6.2 - 1b) zu einem Vektor $\vec{R} = \{X, Y, Z, ...\}$ zusammen. Die Anfangsbedingungen des Systems zur Zeit t = 0 werden durch den Vektor $\vec{R} = 0$ dargestellt, die entsprechende Lösung durch die Trajektorie $\vec{R}(t)$ mit der Zeit t als Kurvenparameter. Zwei Trajektorien $\vec{R}_1(t)$ und $\vec{R}_2(t)$ bezeichnet man als zur Zeit t benachbart, wenn ihr Abstand

(6.2 - 2a) $\quad |\Delta\vec{R}(t)| = |\vec{R}_2(t) - \vec{R}_1(t)|$

klein ist. Chaos herrscht dann, wen eine nicht abzählbare Menge von zur Zeit t = 0 benachbarter Trajektorien mit der Zeit t exponentiell auseinanderläuft, d.h. wenn für grosse Zeiten t gilt

(6.2 - 2b) $\quad\quad lim \quad |\Delta\vec{R}(t)| \approx |\Delta\vec{R}(0)|\, exp(\Lambda + \lambda\, t)\, \text{mit}\, \lambda > 0 \quad \text{für Chaos}$
$\quad\quad\quad\quad\, t \longrightarrow \infty$

oder genauer

(6.2 - 2c) $\quad\quad lim \quad \left[t^{-1} ln|\Delta\vec{R}(t)|\right] = \lambda > 0 \quad \text{für Chaos}$
$\quad\quad\quad\quad\, t \longrightarrow \infty$

λ bezeichnet den Ljapunow-Exponenten.

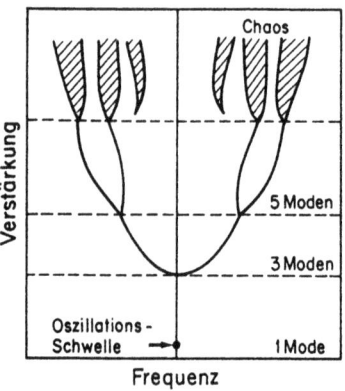

Figur 6.2 - 1: Die Route zum Chaos über Moden-Aufspaltung [Minden & Casperson 1985 Z].

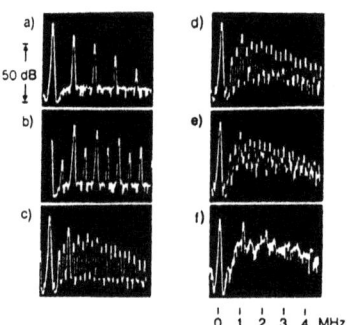

Figur 6.2 - 2: Übergang vom stationären oszillierenden Zustand a) zum Chaos f) über subharmonische Instabilitäten beim 81,5 µm NH$_3$-Ringlaser [Weiss et al. 1985 Z].

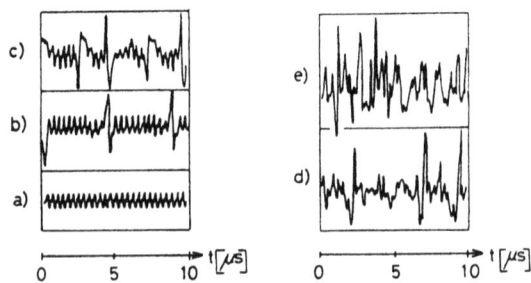

Figur 6.2 - 3: Intermittierende Route eines 3,39 µm Helium-Neon-Lasers vom stationären oszillierenden Zustand a) zum Chaos e) [Weiss et al. 1983 Z].

Die verschiedenen Wege oder Routen vom stationären Zustand zum deterministischen Chaos lassen sich heute weitgehend experimentell mit Lasern demonstrieren. Folgende *Routen zum Chaos* müssen erwähnt werden:

α) Das historische *Landau-Hopf-Modell* beschreibt den Übergang von einer laminaren Strömung zur Turbulenz, das heisst zum Chaos. Hier treten mit zunehmendem typischen Kontrollparameter α, wie zum Beispiel der Strömungsgeschwindigkeit v, immer mehr Oszillationen mit verschiedenen Kreisfrequenzen ω_1, ω_2, ω_3, ...auf. Die Turbulenz oder das Chaos ist demnach charakterisiert durch eine unendliche Anzahl Oszillationen mit Kreisfrequenzen ω_k, welche zueinander in einem irrationalen Verhältnis stehen. Das Landau-Hopf-Modell wurde aufgegeben, unter anderem weil Experimente zeigen, dass Strömungen bereits nach dem Auftreten von Oszillationen mit zwei oder maximal drei verschiedenen Kreisfrequenzen ω_k turbulent werden.

β) Das *Modell von Newhouse, Ruelle und Takens* fordert, dass Chaos bereits nach einer Oszillation gekennzeichnet durch zwei Kreisfrequenzen ω_1 und ω_2 mit irrationalem Verhältnis auftritt [Newhouse et al. 1978 Z]. Diese Forderung basiert auf Voraussetzungen über dynamische Systeme, die wahrscheinlich in vielen realen Fällen nicht zutreffen. In Wirklichkeit können mehr als zwei, jedoch nur endlich viele verschiedene Kreisfrequenzen ω_k vor dem Chaos auftreten.

Eine Verwandtschaft zu den Modellen α) und β) zeigt das Phänomen der *induzierten Moden-Aufspaltung*, englisch "mode-splitting", in Lasern mit inhomogen verbreitertem Verstärkungsprofil [Kneubühl & Sigrist 1989 B]. Die in Figur 6.2 - 1 illustrierte Route zum Chaos führt über die Oszillationsschwelle und zwei Modenaufspaltungen.

γ) Eine bekannte Route zum Chaos führt über eine Folge von *Perioden-Verdoppelungen*, das heisst die *Entstehung von Subharmonischen*. Diese Perioden-Verdoppelungen erfolgen bei charakteristischen Werten α_m des ansteigenden Kontrollparameters α. In vielen Systemen erfüllen diese charakteristischen Werte das Gesetz

(6.2 - 3) $$\delta = \lim_{m \to \infty} (\alpha_{m+1} - \alpha_m)/(\alpha_{m+2} - \alpha_{m+1}) = 4{,}6692016$$

wobei δ als *Feigenbaum-Konstante* bezeichnet wird. Figur 6.2 - 2 zeigt die Route über die Bildung von subharmonischen Instabilitäten zum Chaos in einem mit 10,78 µm NO_2-Laser-gepumpten 81,5 µm NH_3-Ringlaser mit der Resonatorabstimmung als Kontrollparameter α.

δ) Die *intermittierende Route von Manneville-Pomeau* zeigt ein charakteristisches Verhalten des Signals als Funktion der Zeit. Dieses verhält sich zeitweise völlig regulär, dazwischen jedoch chaotisch. Die Perioden regulären und chaotischen Verhaltens sind statistisch verteilt. Mit Zunahme des Kontrollparameters vermehren sich die Perioden chaotischen Verhaltens bis zum Übergang ins vollständige Chaos. Figur 6.2 - 3 zeigt die intermittierende Route eines 3,39 µm Helium-Neon-Lasers mit dem Kippwinkel φ eines Resonatorspiegels als Kontrollparameter α.

6.3 Die logistische Abbildung

Die *logistische Abbildung*, in Englisch "logistic map" [Baker & Grollub 1990 B, Froyland 1992 B, Mahnke et al. 1992 B, Percival & Richards 1982 B, Schroeder 1991 B, Schuster 1984 B, Tu 1992 B, Verhulst 1990 B] ist ein Parade-Beispiel einer eindimensionalen nichtlinearen diskreten Abbildung [Collet & Eckmann 1983 B]. Sie hat die Form einer Iteration

(6.3 - 1) $\quad\quad\quad x_{n+1} = r \cdot x_n(1 - x_n) = f(x_n) \quad$ mit $\quad n = 0, 1, 2, 3, ...$

Diese Iteration wurde erstmals 1845 vom belgischen Biomathematiker P. F. Verhulst in einer Untersuchung über Populationsdynamik eingeführt [Schuster 1984 B]. Die Bezeichnung "logistisch" stammt vom französischen Wort "logis" für Haus oder Quartier. Die logistische Abbildung entspricht einem diskreten *dynamischen System* mit stabilen kritischen Punkten oder Attraktoren, Oszillationen entsprechend seltsamen oder fremdartigen Attraktoren [Kunik & Steeb 1986 B], in Englisch "strange attractors", Heugabel Bifurkationen mit Perioden-Verdoppelungen, in Englisch "period doubling" und deterministischem Chaos.

Die logistische Abbildung (6.3 - 1) kann hergeleitet werden vom *kontinuierlichen logistischen Modell* einer Einzelpopulation gemäss Unterkapitel 4.8.2. Dieses Modell ist charakterisiert durch die Gleichung

(4.8 - 2b) $\quad\quad\quad \dot{x} = \frac{1}{\tau} x \cdot \left[1 - \frac{x}{x_m}\right] = f(x)$

wobei x = x(t) die Population zur Zeit t darstellt. Diese Differentialgleichung hat eine eindeutige analytische Lösung (4.8 - 2c) für gegebenes x(0).

Zur Lösung dieser Gleichung mit einer digitalen Rechenmaschine kann man zum Beispiel die kontinuierliche Zeit t in gleiche Zeitintervalle Δt einteilen und setzen

(6.3 - 2a) $\quad\quad\quad t = n \cdot \Delta t \quad$ mit $\quad n = 0, 1, 2, ...$
(6.3 - 2b) $\quad\quad\quad x(t) = x(n \cdot \Delta t) = X_n$

(6.3 - 2c) $\quad \dot{x}(t) \quad \Delta t^{-1} \cdot [x((n+1) \cdot \Delta t) - x(n \cdot \Delta t)] = \Delta t^{-1} \cdot [X_{n+1} - X_n]$

Auf diese Weise verwandelt man die kontinuierliche logistische Gleichung (4.8 - 2b) in die Iterations-Gleichung

(6.3 - 2d) $\quad X_{n+1} = \left(1 + \dfrac{\Delta t}{\tau}\right) X_n - \dfrac{\Delta t}{\tau x_m} X_n^2$

Durch die folgende Transformation

(6.3 - 2e) $\quad X_n = x_m \left(1 + \dfrac{\tau}{\Delta t}\right) \cdot x_n \quad \text{und} \quad r = \left(1 + \dfrac{\Delta t}{\tau}\right)$

lässt sich diese Iterations-Gleichung in die logistische Abbildung

(6.3 - 1) $\quad x_{n+1} = r \cdot x_n (1 - x_n) = f(x_n)$ mit $n = 0, 1, 2, \ldots$

umformen.

Die *logistische Abbildung ist deterministisch* weil sie jedem x_n ein x_{n+1} *eindeutig* zuordnet. Die logistische Abbildung kann durch eine *graphische Zuordnung* von x_{n+1} zu x_n mit Hilfe der logistischen Parabel $f(x_n)$ vorgenommen werden. Dies ist in den Figuren 6.3 - 1 illustriert. Die logistische Abbildung bestimmt die Gesamtheit der Reihen x_1, x_2, x_3, ... für alle Anfangswerte x_0. Diese sind abhängig vom Parameter r. Die logistische Abbildung dem Parameter r wird weitgehend charakterisiert durch das spezifische Auftreten verschiedener Typen von Reihen x_1, x_2, x_3 ..., zum Beispiel von konvergierenden periodischen oder chaotischen Reihen. Dies wurde erstmals eingehend untersucht von M. J. Feigenbaum [Feigenbaum 1978 Z, 1979 Z, 1980 B].

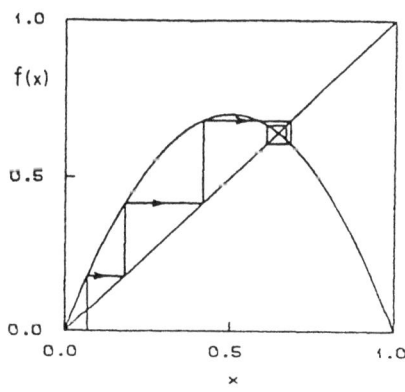
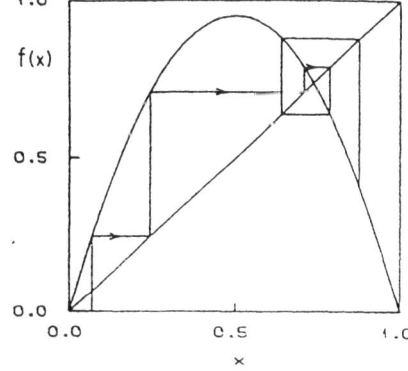

Figur 6.3 - 1: Graphische logistische Abbildungen für r = 2,8 und r = 3,8.

Die *periodischen Iterationsreihen* x_0, x_1, x_2... sind gekennzeichnet durch ihre *Iterations-Perioden* T, die durch die Beziehung
(6.3 - 3) $\qquad x_0(r,T) = x_{kT}(r,T)$ mit $k = 0,1,2,...$
definiert ist.

Die *einfache Periode* T = 1 umfasst *Fixpunkte* $x_n(r,1)$. Diese sind bestimmt durch die Gleichung
(6.3 - 4a) $\qquad x_n = x_{n+1} = r\, x_n(1-x_n)$ mit $n = 0,1,.....$

Für einen festen Parameter r gibt es somit zwei Fixpunkte
(6.3 - 4b) $\qquad x_0^{(1)}(r,1) = 0$ und $x_0^{(2)}(r,1) = 1 - \frac{1}{r}$

Die *Stabilität* dieser Fixpunkte wird bestimmt durch die Iterationen ihrer Nachbarpunkte:
(6.3 - 5a) $\qquad y_0 = x_0(r,1) + \varepsilon$

Die Iteration von y_0 ergibt

(6.3 - 5b) $\qquad y_1^{(1)} \approx \varepsilon r \qquad\qquad$ für $y_0^{(1)} = \varepsilon$

$\qquad\qquad y_1^{(2)} \approx 1 - \frac{1}{r} + \varepsilon(2-r) \quad$ für $y_0^{(2)} = 1 - \frac{1}{r} + \varepsilon$

Somit ist der Fixpunkt

(6.3 - 5c) $\qquad x_0^{(1)}(r,1) = 0 \begin{cases} \text{instabil} & \text{für} \quad r > 1 \\ \text{stabil} & \text{für} \quad r = 1 \\ \text{streng stabil für} & 0 < r < 1 \end{cases}$

$\qquad x_0^{(2)}(r,1) = 1 - \frac{1}{r} \begin{cases} \text{instabil} & \text{für} \quad 0 < r < 1; r > 3 \\ \text{stabil} & \text{für} \quad r = 1;3 \\ \text{streng stabil für} & 1 < r < 3 \end{cases}$

Demnach sind $x_0^{(1)}(r,1)$ für $0 < r < 1$ und $x_0^{(2)}(r,1)$ für $1 < r < 3$ *einfache Attraktoren*.

Die *doppelte Periode* T = 2 betrifft die Punkte $x_n(r,2)$ für die gilt
(6.3 - 6a) $\qquad x_n = x_{n+2} = r^2 x_n(1-x_n)[1 - r x_n(1-x_n)]$

Für einen festen Parameter r existieren demnach vier Punkte $x_0(r,2)$ mit der Periode T = 2:

(6.3 - 6b) $\qquad x_0^{(1)}(r,2) = x_0^{(1)}(r,1) = 0$

$\qquad\qquad x_0^{(2)}(r,2) = x_0^{(2)}(r,1) = 1 - \frac{1}{r}$

$\qquad\qquad x_0^{(3,4)}(r,2) = \frac{1}{2}\left(1 + \frac{1}{r}\right) \cdot \left(1 \pm \left[\frac{r-3}{r+1}\right]^{1/2}\right)$ für $r \geq 3$

Die Lösungen $x_0^{(3,4)}(r,2)$ mit der doppelten Periode T = 2 existieren somit nur für r ≥ 3. Deshalb ist $r_1 = 3$, $x_0 = 2/3$ der *Bifurkationspunkt* einer *Heugabel-Bifurkation*, bei der sich der einfache Attraktor $x_0^{(2)}(r,1)$ instabil wird und zwei stabile Lösungen $x_0^{(3,4)}(r,2)$ mit der doppelten Periode T = 2 entstehen. Somit erfolgt bei dieser Bifurkation eine *Perioden-Verdoppelung*, also das *Auftreten einer Subharmonischen*.

Für die *Stabilität* der Lösungen $x_0^{(3,4)}(r,2)$ gilt

(6.3 - 6) $\qquad x_0^{(3,4)}(r,2) \begin{cases} \text{instabil} & \text{für } r > 1+\sqrt{6} \\ \text{stabil} & \text{für } r = 1+\sqrt{6} \\ \text{streng stabil} & \text{für } 3 < r < 1+\sqrt{6} \end{cases}$

Die analytische Berechnung von Lösungen $x_0^{(3,4)}(r,T)$ mit grösseren Perioden T > 2 ist aufwendig. Es treten noch unendlich viele Heugabel-Bifurkationen mit Perioden-Verdoppelung auf. Die entsprechenden *Bifurkationspunkte* r_k, wo die Zyklen mit Perioden $T = 2^k$ starten, sind

$r_1 = 3$, $\quad r_2 \approx 3{,}4495$, $\quad r_3 \approx 3{,}5441$, $\quad r_4 \approx 3{,}5644$,
$r_5 \approx 3{,}5688$, $\quad r_6 \approx 3{,}5697, ..., \quad r_\infty \approx 3{,}5699$

Diese Bifurkationspunkte definieren entsprechend (6.2 - 3) die *universelle Feigenbaum-Konstante*

(6.3 - 7) $\qquad \delta = \lim_{k \to \infty} \frac{r_{k+1} - r_k}{r_{k+2} - r_{k+1}} = 4{,}669'2016..$

Im Bereich $r_\infty < r \leq 4$ tritt *Chaos* auf. Dieser Bereich hat jedoch *periodische Fenster* wo Zyklen mit den Perioden $T \neq 2^k$, das heisst T = 3,5,6,7,...auftreten. Hier spricht man von *Ordnung im Chaos*. Bei r = 4 hat man ein *voll entwickeltes Chaos* [Mahnke et al. 1992 B]. Die Figur 6.3 - 2 zeigt das *Feigenbaum-Diagramm*, welches die logistische Abbildung für lange Zeiten t entsprechend n —> ∞ als Funktion des Parameters r umfasst. Dieses Diagramm gibt einen Überblick über die stabilen Zyklen und das Chaos. Die instabilen Lösungen treten nicht in Erscheinung.

6.4 Das Lorenz-Modell

Das von E.N. Lorenz 1963 eingeführte Modell der Dynamik der Erdatmosphäre (Lorenz 1963 Z) ist charakterisiert durch das folgende System von drei nichtlinear gekoppelten Differentialgleichungen erster Ordnung [Froyland & Alfsen 1984 Z, Froyland 1992 B, Gaponov-Greknov & Rabinovich 1992 B, Guckenheimer & Holmes 1983 B, Haken 1978 B, Kunick & Steeb 1986 B, Ruelle 1989 II B, Sparrow 1982 B, Verhulst 1990 B]:

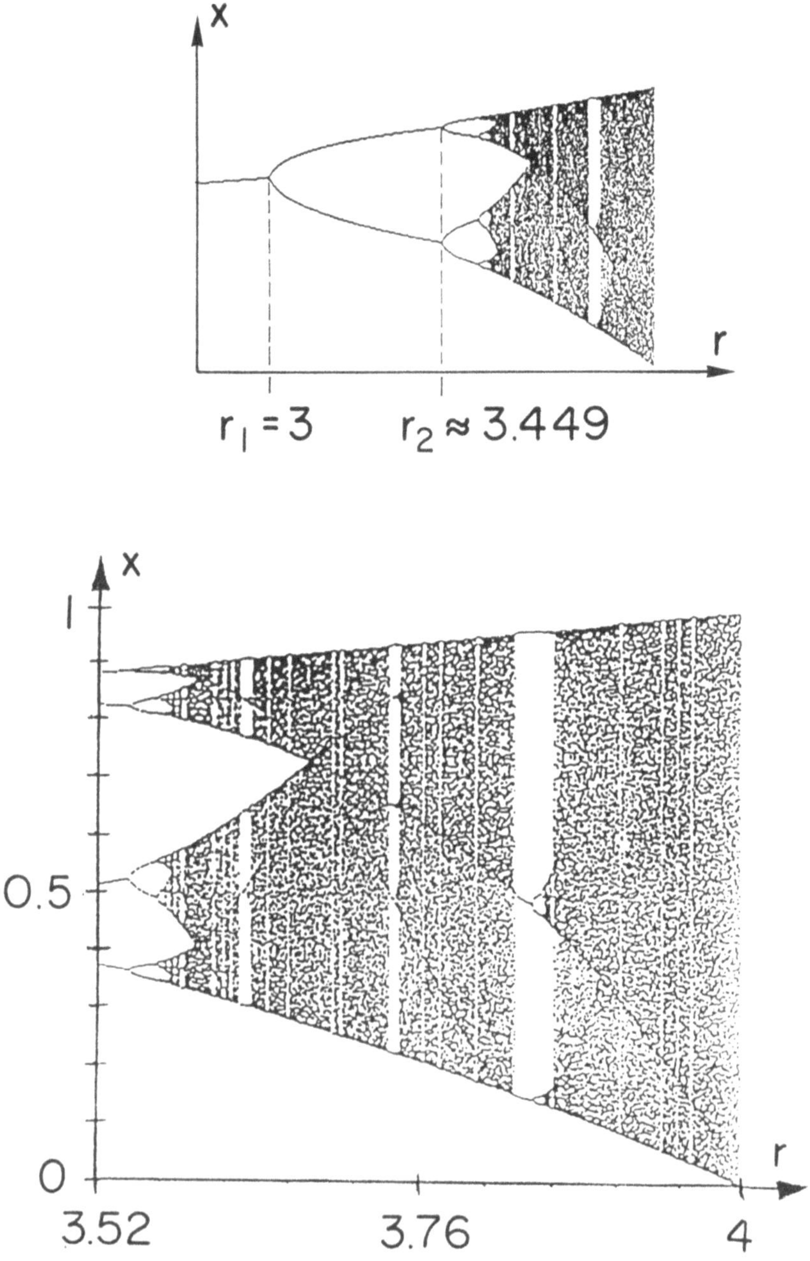

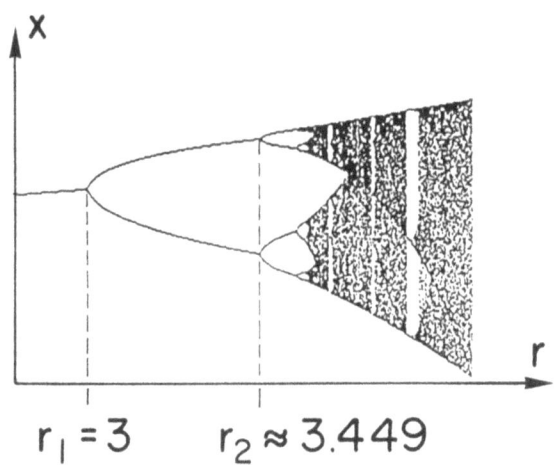

Figur 6.3 - 2: Feigenbaum-Diagramm

(6.4 - 1a)
$$\dot{x} = v_x = -\sigma x + \sigma y$$
$$\dot{y} = v_y = +\rho x - y - zx \quad \text{mit} \quad \rho, \beta > 0, \sigma > 1 + \beta$$
$$\dot{z} = v_z = -\beta z + xy$$

E.N. Lorenz demonstrierte, dass dieses System für bestimmte Parameter-Bereiche chaotische Lösungen hat. Er gab damit den Anstoss zu den umfangreichen Untersuchungen des *deterministischen Chaos*.

Die *Lorenz-Gleichungen* (6.4 - 1b) sind *äquivalent* zu den *Laser-Ratengleichungen* [Haken 1978 B]:

(6.4 - 1b)
$$\dot{E} = -\kappa E + \kappa P$$
$$\dot{P} = -\gamma P + \gamma \cdot DE$$
$$\dot{D} = \gamma_p (\Lambda + 1) - \gamma_p D - \gamma_p \Lambda \cdot EP$$

wobei E das elektrische Feld, P die Polarisation, und D die Populations-Inversion darstellen.

Interpretiert man die Lorenz-Gleichungen als *stationäres Strömungsfeld eines Fluids* gemäss Kapitel 4.2, dann findet man gemäss (4.2 - 2abc), (4.2 - 5d) und (4.2 - 6)

(6.4 - 2a) $\quad div\ \vec{v}(\vec{r}) = -(1 + \beta + \sigma) < 0$

(6.4 - 2b) $\quad 2\vec{\omega}(\vec{r}) = rot\ \vec{v}(\vec{r}) = [2x, -y, \rho - y - z]$

mit $\quad rot\ \vec{v}(\vec{r}) = \vec{0}$ für $\vec{r} = [0, 0, \rho]$

Die stationären oder kritischen Punkte $\vec{r}_K$ mit $\vec{v}(\vec{r}_K) = 0$ sind

(6.4 - 3a) $\quad \vec{r}_{K,1} = \vec{0} = [0, 0, 0]$

(6.4 - 3b) $\quad \vec{r}_{K,2\&3} = \left[\pm\sqrt{\beta(\rho-1)}, \pm\sqrt{\beta(\rho-1)}, \rho - 1 \right]$ für $\rho > 1$

Über die *Stabilität der kritischen Punkte* $\vec{r}_K$ entscheidet die Jacobi-Matrix (6.1 - 2) der Lorenz-Gleichungen (6.4 - 1a):

(6.4 - 4) $\quad \boldsymbol{J}(\vec{r}, \beta, \rho, \sigma) = \begin{pmatrix} -\sigma & +\sigma & 0 \\ (\rho - z) & -1 & -x \\ y & x & -\beta \end{pmatrix}$

Für den kritischen Punkt $\vec{r}_{K,1} = \vec{0}$ sind die Eigenwerte dieser Matrix

(6.4 - 5) $\quad \lambda_j \{ \boldsymbol{J}(\vec{r}_{K,1}, \beta, \rho, \sigma) \} = -\beta$ und $-\frac{1}{2}(1+\sigma) \pm \frac{1}{2}\left[(1+\sigma)^2 + 4(\rho - 1)\right]^{1/2}$

mit $\quad j = 1, 2, 3$

Für $0 < \rho \leq 1$ ist kein Eigenwert positiv, also $\vec{r}_{k,1}$ stabil. Dagegen wird für $\rho > 1$ ein Eigenwert positiv und $\vec{r}_{k,1}$ instabil.

Für die beiden kritischen Punkte $\vec{r}_{K,2\&3}$ sind die Eigenwerte der Jacobi-Matrix (6.4 - 4) bestimmt durch die Eigenwertgleichung [Verhulst 1990 B]:

(6.4 - 6a) $\quad \lambda_j^3 + \lambda_j^2(1+\beta+\sigma) + \lambda_j\beta(\rho+\sigma) + 2\beta\sigma(\rho-1) = 0$

mit $\quad \lambda_j = \lambda_j\{J(\vec{r}_{K,2\&3},\beta,\rho,\sigma)\}$ und $j = 1, 2, 3$

Für $\rho \approx 1$ sind diese Eigenwerte in erster Näherung

(6.4 - 6b) $\quad \lambda_j(\rho \approx 1) \approx -\beta, -(1+\sigma), -\dfrac{2\sigma}{1+\sigma}(\rho-1)$ mit $j = 1, 2, 3$

Somit sind die kritischen Punkte $\vec{r}_{K,2\&3}$ für $\rho \geq 1$ stabil. Am Bifurkationspunkt $\rho = 1$ findet demnach eine *Heugabel-Bifurkation*, in Englisch "*pitchfork bifurcation*" von $\vec{r}_{K,1}$ zu $\vec{r}_{K,2\&3}$ statt.

Für $1 < \rho < \rho_H$ bleiben alle drei Eigenwerte λ_j negativ, so dass die kritischen Punkte $\vec{r}_{K,2\&3}$ normale Attraktoren bilden [Verhulst 1990 B].

Für den Grenzwert

(6.4 - 6c) $\quad \rho = \rho_H = \sigma(\sigma+\beta+3)(\sigma-\beta-1)^{-1}$

tritt eine *Hopf-Bifurkation* auf mit den Eigenwerten [Guckenheimer & Holmes 1983 B]:

(6.4 - 6d) $\quad \lambda_j(\rho_H) = -(1+\beta+\sigma)$ und $\pm i[2\sigma(\sigma+1)/(\sigma-\beta-1)]^{1/2}$

mit $\quad j = 1, 2, 3$

Im Prinzip sind für $\rho > \rho_H$ alle drei Fixpunkte $\vec{r}_{K,m}$; m = 1, 2, 3 instabil [Guckenheimer & Holmes 1983 B]. Es existieren keine geschlossenen Bahnen um die kritischen Punkte $\vec{r}_{K,2\&3}$, sondern nur Trajektorien, welche sich unerwartet kompliziert um diese zwei Punkte winden. Es handelt sich um den *seltsamen Lorenz-Attraktor*, in Englisch "strange Lorenz-Attractor", der in Figur 6.4 - 1 illustriert ist. Der Begriff "strange attractor" stammt von D. Ruelle und F. Takens [Ruelle & Takens 1971 Z]. Die Parameter des in Figur 6.4 - 1 illustrierten Lorenz-Attraktors sind die meist verwendeten [Hainer et al. 1987 B]:

$$\beta = 8/3, \rho = 28, \sigma = 10$$

und entsprechend

$$\vec{r}_{K,2\&3} = [\pm 8.49, \pm 8.49, 27] \text{ und } \rho_H = 24.74$$

Die *Trajektorien um den Lorenz-Attraktor* können wie folgt charakterisiert werden [Verhulst 1990 B]:

α) Die Trajektorien sind nicht geschlossen.

β) Keine Trajektorie repräsentiert einen Übergang zu einem bekannten regulären Verhalten. Jede Trajektorie beschreibt Schlaufen, in Englisch "loops" um jede der beiden kritischen Punkte $\vec{r}_{K,2\&3}$ ohne ersichtliche Gesetzmässigkeit in bezug auf die Anzahl Schlaufen per Punkt.

γ) Die Reihe der aufeinanderfolgenden Anzahlen von Schlaufen um die beiden kritischen Punkte $\vec{r}_{K,2\&3}$ ist empfindlich abhängig von den Anfangsbedingungen und von kleinen Störungen.

δ) Auch Trajektorien mit stark verschiedenen Anfangsbedingungen verhalten sich ähnlich.

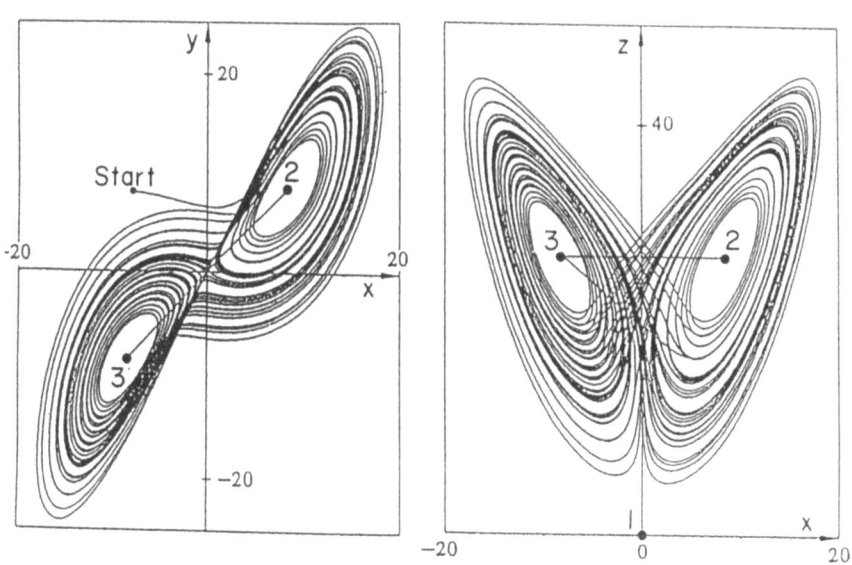

Figur 6.4 - 1: Lorenz-Attraktor

7. LINEARE WELLEN

7.1 Grundlagen

7.1.1 Der Begriff Welle

Als *Welle* bezeichnet man die *Ausbreitung einer Anregung oder einer Störung* in einem kontinuierlichen Medium oder in einer periodischen Struktur. Sie wird beschrieben durch die Anregung oder Störung u oder $\vec{u}$ als Funktion des Ortes $\vec{r}$ = {x, y, z} und der Zeit t.

Die *Ursache* für die Ausbreitung einer Anregung oder einer Störung in einem Medium in Gestalt einer Welle ist die Kopplung zwischen den lokalen Anregungen oder Teilchen des Mediums.

In vielen Fällen wird in einer Welle *Energie transportiert.*

Als *Beispiele* können folgende Wellen erwähnt werden:

Bei der eindimensionalen *Seilwelle* ist das Medium ein elastisches Seil. Die Störung entspricht der seitlichen Auslenkung des Seils.
Bei einer *Oberflächenwelle* ist das Medium die zweidimensionale Oberfläche einer Flüssigkeit oder eines Kristalls. Die Störung ist die vertikale Auslenkung der Flüssigkeitsoberfläche oder der Kristalloberfläche aus ihrer Ruhelage.
Bei einer *Schallwelle* oder *akustischen Welle* ist das Medium ein fester Körper, eine Flüssigkeit oder ein Gas. Die Störung ist die lokale Druck- oder Dichteänderung, welche mit einer mittleren lokalen Verschiebung der Atome oder Moleküle verknüpft ist. Im starren Körper existiert keine Schallwelle.
Bei einer *elektromagnetischen Welle*, wie z.B. Licht, ist das Medium das dreidimensionale Vakuum oder ein fester, flüssiger oder gasförmiger Stoff. Die Anregung umfasst zeitlich veränderliche elektrische und magnetische Felder.
Bei einer *Welle auf einer linearen Kette* ist das Medium z.B. eine lineare Anordnung von Massenpunkten m in gleichen Abständen, welche durch Federn mit Federkonstanten f verbunden sind. Die Störung entspricht den Verschiebungen der Massen in Richtung der Kette.
Phononen sind Wellen von Verschiebungen der Atome und Ionen von der Gleichgewichtslage in periodischen Kristallgittern.

7.1.2 Wellentypen

a) Skalare und vektorielle Wellen

In Bezug auf die Dimension der Anregung oder Störung unterscheidet man zwischen skalaren und vektoriellen Wellen. Bei *skalaren Wellen* ist die Anregung oder Störung *eindimensional*, bei *vektoriellen Wellen mehrdimensional* gemäss

(7.1 - 1) $\quad\quad$ skalare Welle $\quad : \; u = u(\vec{r},t)$
$\quad\quad\quad\quad\quad$ vektorielle Welle $\quad : \; \vec{u} = \vec{u}(\vec{r},t)$

Beispiele sind der *Schall in Flüssigkeiten und Gasen* als *skalare Welle* mit u als Druckschwankung Δp oder Dichteschwankung $\Delta \rho$ sowie die *elektromagnetische Strahlung* als *vektorielle Welle* mit $\vec{u}$ als elektrisches Feld $\vec{E}$ oder magnetisches Feld $\vec{H}$.

b) Ebene Wellen

Die *einfachsten Wellen in dreidimensionalen Raum* sind die *ebenen Wellen*. Sie sind gekennzeichnet durch eine *Ausbreitungsrichtung* welche durch den Einheitsvektor $\vec{e}$ mit $|\vec{e}| = 1$ dargestellt wird. Die Wellenfronten und Phasenflächen der ebenen Wellen bilden Ebenen, die senkrecht auf der Ausbreitungsrichtung $\vec{e}$ stehen. Diese Ebenen werden beschrieben durch $\vec{r} \cdot \vec{e} = const$. Ebene Wellen haben somit folgende mathematische Form

(7.1 - 2) $\quad\quad$ ebene skalare Welle $\quad : \; u = u(\vec{r} \cdot \vec{e},t)$
$\quad\quad\quad\quad\quad$ ebene vektorielle Welle $\quad : \; \vec{u} = \vec{u}(\vec{r} \cdot \vec{e},t)$

Als *Beispiel* erwähnen kann man eine ebene skalare Welle, welche sich in der z-Richtung $\vec{e} = [0,0,1]$ fortpflanzt und die xy - Ebenen als Wellenfronten aufweist:

$$u = u(\vec{r} \cdot \vec{e},t) = u(z,t)$$

c) Longitudinale und transversale Wellen

Bei *vektoriellen Wellen* $\vec{u}(\vec{r},t)$ in *mehrdimensionalen isotropen Medien* unterscheidet man zwischen longitudinalen und transversalen Wellen. Die Anregungen oder Störungen $\vec{u}(\vec{r},t)$ dieser Wellentypen erfüllen folgende Bedingungen:

(7.1 - 3) $\quad\quad$ longitudinale Wellen $\quad : \; \text{rot } \vec{u}_L(\vec{r},t) = \vec{0}$
$\quad\quad\quad\quad\quad$ transversale Wellen $\quad : \; \text{div } \vec{u}_T(\vec{r},t) = 0$

Beispiel für eine *transversale Welle* ist die *elektromagnetische Strahlung im Vakuum* mit $\vec{u}_T$ als elektrisches oder magnetisches Feld $\vec{E}$ oder $\vec{H}$. Für diese Felder gelten die vier *Maxwell-Gleichungen* [Jackson 1975 B]:

(7.1 - 4) $\quad\quad$ rot $\vec{E} = -\mu_0 \, \partial \vec{H} / \partial t \quad$; rot $\vec{H} = +\varepsilon_0 \, \partial \vec{E} / \partial t$
$\quad\quad\quad\quad$ div $\vec{E} = 0 \quad\quad\quad\quad\quad$; div $\vec{H} = 0$

Somit erfüllen $\vec{E}$ und $\vec{H}$ die Bedingung (7.1 - 3) für transversale Wellen.

Beispiel für eine *longitudinale Welle* ist *Schall in Flüssigkeiten und Gasen* mit $\vec{u}_L$ als lokale Geschwindigkeit $\vec{v}(\vec{r},t)$ oder deren lokale Änderung $\partial \vec{v}(\vec{r},t)/ \partial t$ mit [Kneubühl 1994 B].

$$\text{rot } \vec{v}(\vec{r},t) = rot\left(\frac{\partial}{\partial t} \vec{v}(\vec{r},t)\right) = \vec{0}$$

Daher erfüllen diese Felder die Bedingung (7.1 - 3) für longitudinale Wellen.

Die *Bedeutung* von longitudinalen und transversalen Wellen wird offensichtlich, wenn *ebene vektorielle Wellen* in isotropen Medien in Betracht gezogen werden. Für ebene Wellen, welche sich in der z-Richtung fortpflanzen findet man gemäss (7.1 - 3) für

(7.1 - 5) longitudinale Wellen $\quad \vec{u}_L = [\quad 0, \quad\quad 0, u_z(z,t)] \quad ; \text{ rot } \vec{u}_L = 0$
transversale Wellen $\quad \vec{u}_T = [u_x(z,t), u_y(z,t), \quad\quad 0] \quad ; \text{ div } \vec{u}_T = 0$

Somit ist die Anregung $\vec{u}_L$ bei ebenen longitudinalen Wellen parallel zur Fortpflanzungsreichtung $\vec{e}$. Im Gegensatz dazu stehen $\vec{u}_T$ und $\vec{e}$ bei den transversalen Wellen senkrecht zueinander.

In *dreidimensionalen Medien* besteht zwischen den Richtungen der Anregung $\vec{u}$ von longitudinalen und transversalen Wellen entsprechend (7.1 - 5) ein wesentlicher Unterschied. Bei den longitudinalen Wellen ist die Richtung von $\vec{u}_L$ durch die Ausbreitungsrichtung $\vec{e}$ festgelegt. Im Gegensatz dazu kann bei transversalen Wellen die Richtung von $\vec{u}_T$ in bezug auf die Ausbreitungsrichtung $\vec{e}$ um 2π gedreht werden. Die Ausrichtung von $\vec{u}$ bezeichnet man als *Polarisation*, die Richtung von $\vec{u}_T$ als *Polarisationsrichtung*. Bei elektromagnetischer Strahlung bezeichnet man heute die $\vec{E}$-Richtung als Polarisationsrichtung. Früher betrachtete man dagegen die $\vec{H}$-Richtung als Polarisationsrichtung. Diese Überlegungen zeigen, dass die *Polarisation bei transversalen Wellen existiert*, jedoch *nicht bei longitudinalen Wellen*.

In *anisotropen Medien* können Wellen auftreten, die sowohl longitudinale als auch transversale Komponenten aufweisen. Beispiele sind sowohl elektromagnetische Wellen als auch Schallwellen in niedrigsymmetrischen Kristallen.

d) Longitudinale und skalare Wellen

Longitudinale Wellen sind *äquivalent* zu skalaren Wellen. Eine skalare Welle u kann in eine longitudinale Welle $\vec{u}_L$ umgewandelt werden, indem man setzt

(7.1 - 6a) $\quad\quad\quad \vec{u}_L(\vec{r},t) = -\text{const} \cdot \text{grad } u(\vec{r},t)$

Diese Anregung $\vec{u}_L$ ist wirbelfrei entsprechend (7.1 - 3) weil gilt
(7.1 - 6b) $$\text{rot}(\vec{u}_L(\vec{r},t)) = \text{rot}(\text{grad } u(\vec{r},t)) = \vec{0}$$
Somit repräsentiert $\vec{u}_L$ eine longitudinale Welle.

Als *Beispiel* dient *Schall in Flüssigkeiten und Gasen*. In diesem Fall findet man [Kneubühl 1994 B]:

(7.1 - 7) $$u = \Delta p(\vec{r},t); \quad \vec{u}_L = \frac{\partial}{\partial t}\vec{v}(\vec{r},t)$$

$$\vec{u}_L = \frac{\partial}{\partial t}\vec{v}(\vec{r},t) = -\rho \text{ grad } \Delta p(\vec{r},t) = -\text{const} \cdot \text{grad } u$$

In diesen Gleichungen bedeuten Δp die Druckschwankungen, $\partial \vec{v}/\partial t$ die lokalen Geschwindigkeitsänderungen und ρ die mittlere Dichte der Flüssigkeit oder des Gases. Diese Gleichungen demonstrieren, dass Schall in Flüssigkeiten oder Gasen sowohl als longitudinale als auch als skalare Welle betrachtet werden kann.

7.1.3 Grundgesetze linearer Wellen

Lineare Wellen erfüllen gemäss Definition drei äquivalente Grundgesetze: das Superpositionsprinzip von Huygens, das Prinzip der ungestörten Überlagerung sowie die Linearität der Wellengleichung.

a) Das Superpositionsprinzip

Das Superpositionsprinzip bestimmt, dass zwei gleichartige *lineare* Wellenfelder $\vec{u}_1(\vec{r},t)$ und $\vec{u}_2(\vec{r},t)$ sich *additiv* überlagern:

(7.1 - 8) $$\vec{u}_{(1+2)}(\vec{r},t) = \vec{u}_1(\vec{r},t) + \vec{u}_2(\vec{r},t)$$

Das Superpositionsprinzip wird in der Optik zum Beispiel zur Berechnung von Beugung und Interferenz verwendet.

b) Das Prinzip der ungestörten Überlagerung

Das Prinzip der ungestörten Überlagerung bestimmt, dass bereits vorhandene gleichartige Wellenfelder $\vec{u}_i(\vec{r},t), i = 1,2,...$ die Ausbreitung eines Wellenfeldes $\vec{u}(\vec{r},t)$ nicht beeinflussen.

c) Linearität der Wellengleichung

Lineare Wellen sind Lösungen einer *linearen* partiellen Differentialgleichung. *Eindimensionale* lineare Wellen erfüllen *im einfachsten Fall* eine Gleichung von der Form

(7.1 - 9a) $$\sum_{k=0}^{\infty}\sum_{p=0}^{\infty} a_{kp}\frac{\partial^{k+p}}{\partial t^k \partial z^p}u(z,t) = 0$$

und *dreidimensionale* lineare Wellen eine solche mit der Gestalt

(7.1 - 9b) $$\sum_{k=0}^{\infty}\sum_{m=0}^{\infty}\sum_{n=0}^{\infty}\sum_{p=0}^{\infty} a_{kmnp}\frac{\partial^{k+m+n+p}}{\partial t^k \partial x^m \partial y^n \partial z^p}\vec{u}(x,y,z,t) = \vec{0}$$

Typische Wellengleichungen sind die *hyperbolischen* partiellen Differentialgleichungen zweiter Ordnung [Webster & Szegö 1930 B, Morse & Feshbach 1953 B, Courant & Hilbert 1968 B, Whitham 1974 B], zum Beispiel die skalaren Hertz-Gleichungen (7.2 - 11b).

Als *Beispiel* dienen *elektromagnetische Wellen im Vakuum*. Berechnet man ausgehend von den Maxwell-Gleichungen (7.1 - 4)
$$\text{rot rot } \vec{E} = \text{grad div } \vec{E} - \Delta \vec{E} = ... \quad \text{und} \quad \text{rot rot } \vec{H} = \text{grad div } \vec{H} - \Delta \vec{H} = ...$$
so findet man die *Hertz-Gleichungen* für elektromagnetische Wellen

(7.1 - 10a) $\quad \dfrac{\partial^2}{\partial t^2} \vec{E} = c^2 \Delta \vec{E} \quad \text{und} \quad \dfrac{\partial^2}{\partial t^2} \vec{H} = c^2 \Delta \vec{H}$

mit der *Vakuum-Lichtgeschwindigkeit*
(7.1 - 10b) $\quad c = +(\varepsilon_0 \mu_0)^{-1/2}$

Die Wellengleichungen (7.1 - 10a) sind lineare partielle Differentialgleichungen, welche den Laplace-Operator Δ gemäss Definition (4.2 - 21) enthalten.

7. 2 Harmonische Wellen und Wellengruppen

7. 2. 1 Komplexe und reelle harmonische Wellen

Skalare *komplexe harmonische Wellen* u(z, t) in eindimensionalen Raum sind *periodisch in Zeit und Raum*:

(7.2 - 1) $\quad u = u(z,t) = u(z,t+T) = u(z+\lambda,t) =$
$\qquad\qquad = U \cdot exp[i(\beta z - \omega t)] = U \cdot exp[-i(\omega t - \beta z)]$

mit $\quad \omega = 2\pi \nu = 2\pi / T$
und $\quad \beta = k = 2\pi \tilde{\nu} = 2\pi / \lambda$

In diesen Gleichungen bedeuten U die komplexe Amplitude, ω die Kreisfrequenz, ν die Frequenz, T die Periode, $\beta = k$ die Fortpflanzungskonstante oder Kreiswellenzahl, $\tilde{\nu}$ die Wellenzahl und λ die Wellenlänge. β wird meistens von den Elektroingenieuren verwendet, k von den Physikern. Vorausgesetzt, dass $\omega > 0$ ist, läuft die komplexe Welle (7.2 - 1) für $\beta = k > 0$ in Richtung + z, das heisst nach rechts sowie für $\beta = k < 0$ in Richtung - z, das heisst nach links.

Die *Operatoren der partiellen Differentiation* wirken auf die komplexen harmonischen Wellen wie folgt

(7.2 - 2) $\quad u_z = \dfrac{\partial}{\partial z} u = i\beta \cdot u \quad ; \quad u_t = \dfrac{\partial}{\partial t} u = -i\omega \cdot u$

Diese Formeln gestatten die Definition der *Operatoren der Fortpflanzungskonstante* $\beta = k$ und Operator *der Kreisfrequenz* ω:

(7.2 - 3) $\quad k\,u = \beta\,u = -i\,u_z = -i\dfrac{\partial}{\partial z}u \quad ; \quad \omega u = +i\,u_t = +i\dfrac{\partial}{\partial t}u$

Als *Beispiel* eignet sich die *de Broglie-Welle der Wellenmechanik*
(7.2 - 4a) $\quad \psi = \psi(z,t) = \Psi \cdot exp\left[(i/\hbar)\cdot(pz - Et)\right]$

wobei E die Energie, p den Impuls in der z-Richtung und
$$h = 2\pi \cdot \hbar \cong 6{,}626 \cdot 10^{-34}\ Ws^2$$
die *Plancksche Konstante* bedeutet. Die de Broglie-Welle ist gemäss den *Planckschen Beziehungen* eine komplexe harmonische Welle. Die Planckschen Beziehungen sind
(7.2 - 5) $\quad E = \hbar\omega \quad$ und $\quad p = \hbar k = \hbar\beta$
Berücksichtigt man diese Beziehungen und sucht eine andere Darstellung der de Broglie-Welle so findet man eine komplexe harmonische Welle gemäss (7.2 - 1):
(7.2 - 4b) $\quad \psi = \psi(z,t) = \Psi \cdot exp\left[i(\beta z - \omega t)\right]$
Kombiniert man jedoch die Planckschen Beziehungen mit den Operatoren (7.2 - 3) für $\beta = k$ und ω, so findet man die *wellenmechanischen Operatoren* für p und E:
(7.2 - 6) $\quad p\psi = -i\hbar\dfrac{\partial}{\partial z}\psi \quad$ und $\quad E\psi = +i\hbar\dfrac{\partial}{\partial t}\psi$

Skalare *reelle harmonische Wellen* $w(z,t)$ im eindimensionalen Raum sind ebenfalls *periodisch in Zeit und Raum*:
(7.2 - 7) $\quad w = w(z,t) = w^*(z,t) = w(z, t+T) = w(z+\lambda, t) = W\,cos\,\Phi =$
$\qquad\qquad = W \cdot cos(\beta z - \omega t + \varphi) = W\,cos(\omega t - \beta z - \varphi)$
mit $\quad W = W^* \quad$ und $\quad \Phi = \beta z - \omega t + \varphi$
wobei W die reelle Amplitude, Φ die Phase und φ die Phasenverschiebung darstellen.

In bezug auf die reellen harmonischen Wellen ist zu beachten, dass meistens nur *reelle Operatoren* verwendet werden können, so zum Beispiel

(7.2 - 8) $\quad \omega^2 w = -w_{tt} = -\dfrac{\partial^2}{\partial t^2}w\ ,\quad \omega\beta w = +w_{zt} = +\dfrac{\partial^2}{\partial z \partial t}w\ ,\quad \beta^2 w = -w_{zz} = -\dfrac{\partial^2}{\partial t^2}w$

Die reellen harmonischen Wellen $w(z,t)$ und die komplexen harmonischen Wellen $u(z,t)$ sind verknüpft durch folgende Relationen

(7.2 - 9) $\quad w(z,t) = Re\{u(z,t)\} = \frac{1}{2}[u(z,t) + u*(z,t)] = \frac{1}{2}u(z,t) + c.c.$

mit $\quad U = W \cdot exp(i\varphi)$

wobei c.c. das konjugiert Komplexe bedeutet.

7. 2. 2 Dispersionsrelationen

Die massgebenden Parameter der komplexen und reellen harmonischen Wellen (7.2 - 1) und (7.2 - 7) sind die Kreisfrequenz ω und die Fortpflanzungskonstante β = k. Das Medium oder die Struktur in der sich eine lineare Welle bewegt wird charakterisiert durch die Beziehung zwischen ω und β = k, welche man als *Dispersionsrelation* bezeichnet. Diese lässt sich bestimmen anhand der linearen Wellengleichung (7.1 - 9a&b). Die Dispersionsrelation für *skalare eindimensionale lineare Wellen* findet man der Einsetzen der komplexen harmonischen Welle u(z, t) in die entsprechende Wellengleichung (7.1 - 9a). Das Resultat ist

(7.2 - 10a) $\quad D(\omega,\beta) = \sum_{k=0}^{\infty} \sum_{p=0}^{\infty} i^{(p-k)} a_{kp} \omega^k \beta^p = 0$

Diese implizite Gleichung lässt sich unter Umständen nach ω oder β auflösen:
(7.2 - 10b) $\quad \omega = \omega(\beta)$
(7.2 - 10c) $\quad \beta = \beta(\omega)$
Je nach Fachbereichen wird eine von diesen expliziten Funktionen bevorzugt, z.B. $\omega(\beta)$ in der Festkörperphysik und $\beta(\omega)$ in der modernen Optik.

Bewirkt das Medium in der sich die Welle bewegt *weder Dämpfung noch Verstärkung*, dann entspricht in den Dispersionsrelationen (7.2 - 10abc) einem *reellen* ω ein *reelles* β = k und vice versa.

Als *Beispiel* dient die Dispersionsrelation der *elektromagnetischen Wellen im Vakuum*. Eine derartige linear polarisierte ebene Welle hat die Form
(7.2 - 11a) $\quad \vec{E} = [E(z,t),0,0]$
$\quad \vec{H} = [0,H(z,t),0]$
Für diesen Typ elektromagnetischer Wellen reduzieren sich die vektoriellen Hertz-Gleichungen (7.1 - 10a) auf die einfacheren *skalaren Hertz-Gleichungen*.
(7.2 - 11b) $\quad E_{tt} = c^2 E_{zz}$ und $H_{tt} = c^2 H_{zz}$
Somit erfüllen elektromagnetische Wellen im Vakuum die *Dispersionsrelation*
(7.2 - 12) $\quad \omega = \pm c\beta = \pm ck > 0$

Somit existieren Lösungen dieser Dispersionsrelation bei denen sowohl ω als auch β reell ist.

Bewirkt jedoch das Medium *eine Dämpfung oder Verstärkung*, dann treten als Lösungen der Dispersionsrelationen (7.2 - 10abc) Paare von ω und β auf, bei denen mindestens ω oder β komplex ist. Ist $\omega(\beta)$ oder $\beta(\omega)$ eine *komplexe analytische Funktion*, dann entspricht die *Dispersionsrelation* einer konformen, das heisst winkeltreuen Abbildung der komplexen β-Zahlenebene auf die komplexe ω-Zahlenebene und vice versa. Dabei stellt sich die Frage, ob ω und β komplex gewählt werden sollen, oder ob ω oder β reell sein soll. Meistens ist es sinnvoll, entweder ω oder β reell zu wählen.

Interessiert man sich für *laufende Wellen*, so setzt man ω reell gemäss
(7.2 - 13a) $\qquad \omega = 2\pi / T = Re\,\omega > 0;\ Im\,\omega = 0$
$\qquad\qquad\quad \beta = Re\,\beta + i\,Im\,\beta = 2\pi / \lambda_{eff} + i\gamma$
und findet die Welle
(7.2 - 13b) $\qquad u(z,t) = U\,exp\left[i\left(\dfrac{2\pi z}{\lambda_{eff}} - \omega t\right)\right] exp(-\gamma z)$

wobei λ_{eff} die *effektive Wellenlänge* und γ die *Wellendämpfung* bezeichnet. Es gilt
(7.2 - 13c) $\qquad \lambda_{eff} = 2\pi / Re\,\beta$ und $\gamma = Im\,\beta$
Die Welle (7.2 - 13b) wird in der + z-Richtung für $\gamma > 0$ gedämpft und für $\gamma < 0$ verstärkt.

Interessiert man sich jedoch für *stehende Wellen*, das heisst *Schwingungen oder transiente Vorgänge mit ortsabhängiger Amplitude*, so setzt man β *reell* gemäss
(7.2 - 14a) $\qquad \beta = 2\pi / \lambda = Re\,\beta > 0;\ Im\,\beta = 0$
$\qquad\qquad\quad \omega = Re\,\omega + i\,Im\,\omega = (2\pi / T_{eff}) - i\vartheta$
und findet
(7.2 - 14b) $\qquad u(z,t) = [U \cdot exp(i\beta z)] \cdot exp\left(i\dfrac{2\pi t}{T_{eff}} exp(-\vartheta t)\right)$

mit der *effektiven zeitlichen Periode* T_{eff} und der *Schwingungs-Dämpfung* ϑ. Für diese gilt
(7.2 - 14c) $\qquad T_{eff} = 2\pi / Re\,\omega$ und $\vartheta = -Im\,\omega$
Für $\vartheta > 0$ wird die Schwingung gedämpft, für $\vartheta < 0$ verstärkt.

Als *Beispiel* eignen sich *Diffusion* und *Wärmeleitung*. Bei einfachsten Verhältnissen werden diese beschrieben durch die *zweite Ficksche Gleichung*, Diffusions- oder Wärmeleitungsgleichung [Kneubühl 1994 B].

(7.2 - 15a) $\quad u_t = D \cdot \Delta u = D(u_{xx} + u_{yy} + u_{zz}); D > 0$

wobei D die Diffusionskonstante bedeutet. Beschränkt man sich auf eindimensionale Diffusion und Wärmeleitung und betrachtet die komplexe harmonische Welle u(z, t) gemäss (7.2 - 1) so findet man die Dispersionsrelation:

(7.2 - 15b) $\quad \omega = -iD\beta^2 \quad$ oder $\quad \beta = (1+i) \cdot \sqrt{\omega/2D}$

Für die *laufende Welle* mit ω reell ergibt sich

(7.2 - 15c) $\quad u(z,t) = U \cdot exp[i(z\sqrt{\omega/2D} - \omega t)] \cdot exp(-z\sqrt{\omega/2D})$

mit $\quad \lambda_{eff} = 2\pi\sqrt{2D/\omega} \quad$ und $\quad \gamma = \sqrt{\omega/2D}$

Diese Formel beschreibt eine gedämpfte *Wärmewelle* wenn man U und u(z, t) als Temperaturen auffasst:

(7.2 - 15d) $\quad \Delta T = U$

$T(z,t) - T_0 = Re\{\Delta T \, exp[i(z\sqrt{\omega/2D} - \omega t)] \cdot exp(-z\sqrt{\omega/2D})\}$

$\qquad\qquad\;\; = \Delta T \, cos(z\sqrt{\omega/2D} - \omega t) \cdot exp(-z\sqrt{\omega/2D})$

D entspricht in diesem Fall der Wärmediffusionskonstante.

Für die "*stehende Welle*", welche in diesem Fall eine exponentiell abklingende, räumlich periodische Anregung oder Störung darstellt, erhält man

(7.2 - 15e) $\quad u(z,t) = U \, exp(i\beta z) \, exp(-D\beta^2 t)$

mit $\quad T_{eff} = \infty \quad$ und $\quad \vartheta = D\beta^2$

Betrachtet man auch hier U und u(z, t) als Temperaturen, so ergibt sich eine *periodische Temperaturverteilung*, die exponentiell abklingt:

(7.2 - 15f) $\quad \Delta T = U$

$T(z,t) - T_0 = Re\{\Delta T \cdot exp(i\beta z) \cdot exp(-D\beta^2 t)\}$

$\qquad\qquad\;\; = \Delta T \cdot cos\beta z \cdot exp(-D\beta^2 t)$

7. 2. 3 Wellengeschwindigkeiten

Es gibt im Prinzip zwei Arten von Wellengeschwindigkeiten. Dies sind die *Phasengeschwindigkeit* v und die *Gruppengeschwindigkeit* v_g. Die Phasengeschwindigkeit v entspricht der Geschwindigkeit der harmonischen Welle, die Gruppengeschwindigkeit v_g der Geschwindigkeit einer Wellengruppe oder eines Pulses. Sind die beiden Geschwindigkeiten in einem Medium gleich, so bezeichnet man dieses als *dispersionsfrei*, sonst spricht man von *Medium mit Dispersion*. In der Optik verwendet man häufig anstelle von Phasen- und Gruppengeschwindigkeit v und v_g den *Brechungs- oder Phasenindex* n = c/v und den *Gruppenindex* N = c/v_g wobei c die Lichtgeschwindigkeit im Vakuum bedeutet.

a) Die Phasengeschwindigkeit

Die Phasengeschwindigkeit v ist die Geschwindigkeit der komplexen und reellen harmonischen Wellen (7.2 - 1) und (7.2 - 7) sowie deren Phasen Φ gemäss (7.2 - 7). Für *reelle Dispersionsrelationen* β(ω) mit reellen ω und β setzt man zur Bestimmung der Phasengeschwindigkeit v

(7.2 - 16a)
$$\Phi = \Phi(z,t) = \beta z - \omega t + \varphi =$$
$$= \Phi(z + \upsilon\Delta t, t + \Delta t) = \beta(z + \upsilon\Delta t) - \omega(t + \Delta t) + \varphi$$

und findet

(7.2 - 17a) $\qquad \upsilon = \omega / \beta = \nu \cdot \lambda = \lambda / T = \nu / \tilde{\nu}$

Die Bedingung (7.2 - 16a) für die Phasen Φ kann direkt auf die komplexen und reellen harmonischen Wellen angewendet werden.

(7.2 - 16b) $\qquad u = u(z,t) = u(z + \upsilon\Delta t, t + \Delta t)$

(7.2 - 16c) $\qquad w = w(z,t) = w(z + \upsilon\Delta t, t + \Delta t)$

Ist die *Dispersionsrelation* β(ω) *komplex*, dann muss zur Berechnung der Phasengeschwindigkeit v eine *laufende Welle* in Betracht gezogen werden. Deshalb wählt man in diesem Fall ω reell und β komplex. In diesem Fall ist die Phasengeschwindigkeit bestimmt durch

(7.2 - 17b) $\qquad \upsilon = \omega / \text{Re}\,\beta(\omega) = \nu \cdot \lambda_{\text{eff}} = \lambda_{\text{eff}} / T$

wobei λ_{eff} die effektive Wellenlänge gemäss (7.2 - 13c) darstellt.

b) Die Gruppen- oder Enveloppengeschwindigkeit

Die Gruppen- oder Enveloppengeschwindigkeit v_g ist die Geschwindigkeit der Enveloppe einer Wellengruppe [Brillouin 1960 B]. Eine Wellengruppe entspricht der *Überlagerung von harmonischen Wellen mit ähnlichen Kreisfrequenzen* ω und Fortpflanzungskonstanten β.

(7.2 - 18) $\qquad u(z,t) = \int\limits_{\omega_0 - \Delta\omega}^{\omega_0 + \Delta\omega} U(\omega') \exp[i(\beta(\omega')z - \omega' t + \varphi)] d\omega'$

mit $\qquad \omega_0 \gg \Delta\omega > 0$

wobei β(ω) die reelle oder komplexe Dispersionsrelation beschreibt.

Zur Bestimmung der Gruppen- oder Enveloppengeschwindigkeit v_g entwickelt man die Dispersionsrelation β(ω) in eine Taylor-Reihe um ω_0 und findet in erster Näherung:

(7.2 - 19a) $\qquad \beta(\omega) = \beta_0 + \Delta\omega \dfrac{d\beta}{d\omega}(\omega_0) \quad \text{mit} \quad \beta(\omega_0) = \beta_0$

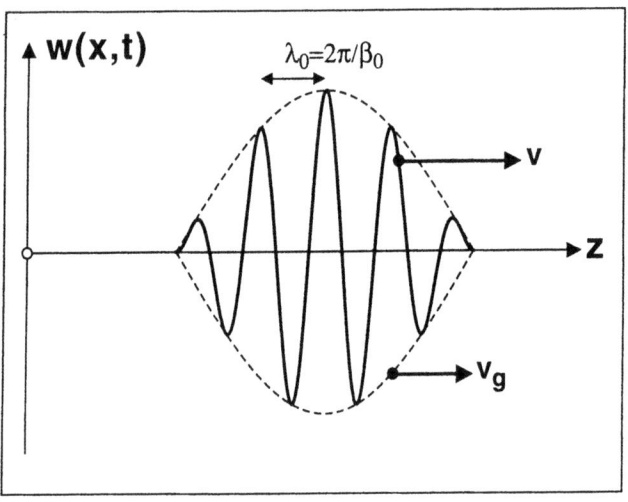

Figur 7.2 - 1: Wellengruppe mit normaler Dispersion. Eingezeichnet sind die Phasengeschwindigkeit v und die Gruppengeschwindigkeit v_g.

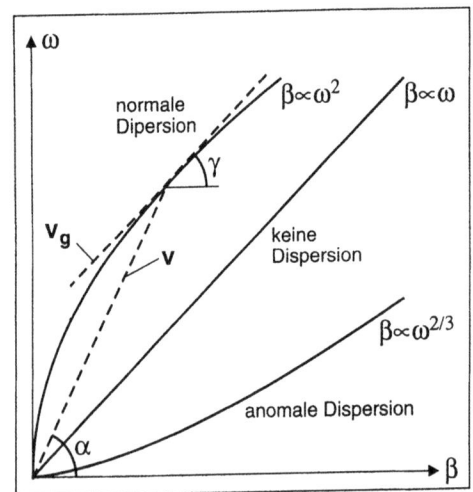

Figur 7.2 - 2: Dispersionsrelationen $\beta(\omega)$ der Schwerewellen auf Flachwasser mit normaler Dispersion (7.2 - 28b), der Schwerewellen auf Tiefwasser mit normaler Dispersion (7.2 - 29b) und der Kapillarwellen mit anomaler Dispersion (7.2 - 30b). Für die normale Dispersion eingezeichnet sind die Winkel α = arctg v und γ = arctg v_g, welche die Phasengeschwindigkeit v und die Gruppengeschwindigkeit v_g repräsentieren.

Diese Näherung ermöglicht die *Zerlegung der Wellengruppe* (7.2 - 18) in eine *Trägerwelle* mit der Kreisfrequenz ω_0 und der Fortpflanzungskonstanten β_0 und in eine *Enveloppe* E(z, t):

(7.2 - 19b) $$u(z,t) = E(z,t) \cdot exp\left[i(\beta_0 z - \omega_0 t)\right]$$

mit $$E(z,t) = \int_{-\Delta\omega}^{+\Delta\omega} U(\omega_0 + \Delta\omega') \, exp\left[i\Delta\omega'\left(z\frac{d\beta}{d\omega}(\omega_0) - t\right)\right] d\Delta\omega'$$

Die Gruppen- oder Enveloppengeschwindigkeit v_g wird definiert durch die Bedingung

(7.2 - 19c) $$E = E(z,t) = E(z + u_g \Delta t, t + \Delta t)$$

Die zweite Gleichung (7.2 - 19b) ergibt für Dispersionsrelationen $\beta(\omega)$ mit ω und β reell

(7.2 - 20a) $$v_g = \frac{d\omega}{d\beta} = \left[\frac{d\beta}{d\omega}\right]^{-1}$$

und für Dispersionsrelationen $\beta(\omega)$ mit ω reell und β komplex

(7.2 - 20b) $$v_g = \left[\frac{d\,Re\,\beta}{d\omega}\right]^{-1}$$

Bei einer Wellengruppe (7.2 - 18) entspricht gemäss (7.2 - 19b) und (7.2 - 17a) die Phasengeschwindigkeit $v = \omega_0/\beta_0$ der *Geschwindigkeit der Trägerwelle*
(7.2 - 17c) $$v = \omega_0 / \beta_0$$

Der *Unterschied* zwischen Gruppengeschwindigkeit v_g und Phasengeschwindigkeit v einer Wellengruppe wird für eine reelle Dispersionsrelation $\beta(\omega)$ in Figur 7.2 - 1 illustriert.

c) Brechungs- und Gruppenindex

In der *Optik* in der *Mikrowellen-Technik* werden anstelle der Kreisfrequenz ω oder Frequenz ν, der Phasengeschwindigkeit v und der Enveloppen- oder Gruppengeschwindigkeit v_g oft die Vakuum-Wellenlänge λ_v, der Brechungsindex n und der Gruppenindex N verwendet. Die *Vakuum-Wellenlänge* λ_v ist wie folgt definiert:
(7.2 - 21) $$\lambda_v = c / v = 2\pi c / \omega = cT$$
wobei c die Lichtgeschwindigkeit im Vakuum bedeutet.

Für Wellen in Medien *ohne Absorption oder Verstärkung*, welche durch *reelle Dispersionsrelationen* $\beta(\omega)$ mit reellen ω und β gekennzeichnet sind, werden der *Brechungsindex* n und der *Gruppenindex* N wie folgt definiert

(7.2 - 22a) $$n = c / v = c\frac{\beta}{\omega} = \lambda_v / \lambda$$

(7.2 - 23a) $$N = c / v_g = c\frac{d\beta}{d\omega}$$

In Medien mit *Absorption oder Verstärkung*, welche eine komplexe Dispersionsrelation $\beta(\omega)$ mit ω reell und β komplex aufweisen, gilt jedoch

(7.2 - 22b) $\qquad n = c / v = \dfrac{Re \beta}{\omega} = \lambda_v / \lambda_{\text{eff}}$

(7.2 - 23b) $\qquad N = c / v_g = c \dfrac{d\, Re \beta}{d\omega}$

Für *alle Medien*, das heisst solche mit oder ohne Absorption oder Verstärkung gelten die Relationen

(7.2 - 24a) $\qquad v_g = v \left[1 - \dfrac{\omega}{v} \dfrac{dv}{d\omega} \right]^{-1} = v \left[1 + \dfrac{\lambda_v}{v} \dfrac{dv}{d\lambda_v} \right]^{-1}$

(7.2 - 24b) $\qquad N = n + \omega \dfrac{dn}{d\omega} = n - \lambda_v \dfrac{dn}{d\lambda_v}$

Zur *Illustration* von Brechungs- und Gruppenindizes eignen sich *Mikrowellen in metallischen Hohlleitern* [Marcuvitz 1948 B, Montgomery et al. 1948 B, Klages 1956 B, Borgnis & Papas 1958 Z]. Alle diese Wellen lassen sich darstellen als Linearkombinationen von charakteristischen Hohlrohrwellen, in Englisch "modes". Jede dieser Hohlrohrwellen hat ihre charakterisitsche untere Grenzkreisfrequenz ω_C, in Englisch "cut-off circular frequency". Ihre Felder erfüllen Wellengleichungen der Form

(7.2 - 25a) $\qquad u_{tt} - c^2 u_{zz} + \omega_C^2 \cdot u = 0$

In der *Teilchenphysik* wird diese Wellengleichung als *lineare Klein-Gordon-Gleichung* bezeichnet. Löst man diese Gleichung mit Hilfe einer komplexen harmonischen Welle (7.2 - 1), so ergibt sich die Dispersionsrelation:

(7.2 - 25b) $\qquad \omega^2 = \omega_C^2 + c^2 \beta^2$

Diese Dispersionsrelation gestattet die Berechnung der entsprechenden Phasen- und Gruppengeschwindigkeiten v und v_g sowie von Brechungs- und Gruppenindex n und N.

(7.2 - 25c) $\qquad v = c^2 / v_g = c \left[1 - (\omega_C / \omega)^2 \right]^{-1/2} = c \left[1 - (\lambda_v / \lambda_{vC})^2 \right]^{-1/2}$

(7.2 - 25d) $\qquad n = 1 / N = \left[1 - (\omega_C / \omega)^2 \right]^{1/2} = \left[1 - (\lambda_v / \lambda_{vC})^2 \right]^{1/2}$

Diese Gleichungen zeigen, dass

(7.2 - 25e) $\qquad v(\omega = \omega_C) = \infty \, ; \, v_g(\omega = \omega_C) = 0$

Somit werden die Hohlrohrwellen für hohe Kreisfrequenzen $\omega \longrightarrow \infty$ und kurze Vakuum-Wellenlängen $\lambda_v \longrightarrow 0$ von den Hohlrohrwänden wenig beeinflusst.

7.2.4 Phasen- und Gruppendispersion

Als gewöhnliche *Dispersion oder Phasendispersion* bezeichnet man die Frequenzabhängigkeit von Phasengeschwindigkeit v und Brechungsindex n:

$$v = v(\omega) \quad \text{und} \quad n = n(\omega) = c / v(\omega)$$

Dispersion bedeutet, dass sich sowohl die Phasengeschwindigkeit v und die Gruppengeschwindigkeit v_g als auch der Brechungsindex n und der Gruppenindex N unterscheiden. Dies ergibt sich aus den Beziehungen (7.2 - 24ab).

Man unterscheidet drei *Dispersionstypen*
(7.2 - 26)

normale Dispersion: $\quad v_g < v; \quad N > n; \quad \dfrac{dn}{d\omega} > 0; \quad \dfrac{dn}{d\lambda_v} < 0$

keine Dispersion: $\quad v_g = v; \quad N = n; \quad \dfrac{dn}{d\omega} = \dfrac{dn}{d\lambda_v} = 0$

anomale Dispersion: $\quad v_g > v; \quad N < n; \quad \dfrac{dn}{d\omega} < 0; \quad \dfrac{dn}{d\lambda_v} > 0$

Zur *Illustration der Dispersion* eignen sich *Oberflächenwellen auf Flüssigkeiten*, insbesondere Wasser. Transversale Oberflächenwellen auf Flüssigkeiten mit der Dichte ρ der Oberflächenspannung σ und der Tiefe h erfüllen die Dispersionsrelation [Lüst 1978 B]:

(7.2 - 27) $\qquad \omega^2 = \beta g \left(1 + \dfrac{\sigma}{\rho g} \beta^2 \right) \tanh(h\beta)$

mit $\qquad [\rho] = kg / m^3, [\sigma] = N7m = kg / s^2, g = 9{,}81 m / s^2$

Bei diesen Wellen existieren drei Grenzfälle mit verschiedenen Dispersionen:

a) Schwerewellen auf Flachwasser

Die Wellenlänge λ dieser Wellen erfüllt die beiden Bedingungen

(7.2 - 28a) $\qquad \lambda << h \quad \text{und} \quad \dfrac{\sigma}{\lambda^2} << \rho g$

Die erste Bedingung bedeutet Flachwasser, die zweite die Dominanz der Schwerkraft über die Oberflächenspannung. Diese beiden Bedingungen reduzieren die Dispersionsrelation (7.2 - 27) auf

(7.2 - 28b) $\qquad \beta = \omega \cdot [gh]^{-1/2}$

Die entsprechenden Phasen- und Gruppengeschwindigkeiten sind

(7.2 - 28c) $\qquad v = v_g = [gh]^{1/2} = const$

Somit haben diese Wellen *keine Dispersion*.

b) Schwerewellen auf tiefem Wasser

Die Wellenlänge λ dieser Wellen erfüllt die Bedingungen

(7.2 - 29a) $\qquad \lambda \ll h \quad \text{und} \quad \dfrac{\sigma}{\lambda^2} \ll \rho g$

Die erste Bedingung bedeutet in diesem Fall tiefes Wasser, die zweite wie zuvor die Dominanz der Schwerkraft über die Oberflächenspannung. Diese zwei Bedingungen vereinfachen die Dispersionsrelation (7.2 - 27) mit dem Resultat

(7.2 - 29b) $\qquad \beta = g^{-1} \cdot \omega^2$

Die entsprechenden Phasen- und Gruppengeschwindigkeiten sind

(7.2 - 29c) $\qquad v = 2v_g = g/\omega$

Wegen $v > v_g$ zeigen diese Wellen *normale Dispersion*.

c) Kapillarwellen

Die Wellenlänge λ dieser Wellen erfüllt die Bedingungen

(7.2 - 30a) $\qquad \lambda \ll h \quad \text{und} \quad \dfrac{\sigma}{\lambda^2} \gg \rho g$

Die erste Bedingung bedeutet wieder tiefes Wasser, die zweite die Dominanz der Oberflächenspannung über die Schwerkraft. Beide Bedingungen erfordern *extrem kurze Wellenlängen* λ. Sie reduzieren die Dispersionsrelation (7.2 - 27) auf

(7.2 - 30b) $\qquad \sigma \cdot \beta^3 = \rho \cdot \omega^2$

Dieser Dispersionsrelation entsprechen die Phasen- und Gruppengeschwindigkeiten

(7.2 - 30c) $\qquad v = \dfrac{2}{3} v_g = (\sigma/\rho)^{5/6} \cdot \omega^{1/3}$

Wegen $v < v_g$ zeigen diese Wellen *anomale Dispersion*.

In Figur 7.2 - 2 sind die Dispersionsrelationen der Kapillarwellen sowie der Schwerewellen auf tiefem und flachen Wasser dargestellt. Dabei ist zu beachten, dass in der $\beta\omega$ - Ebene die Richtung ω/β der Phasengeschwindigkeit v und die Tangentenrichtung $d\omega/d\beta$ der Gruppengeschwindigkeit v_g entsprechen:

(7.2 - 31) $\qquad tg\,\alpha = \omega/\beta = v \quad \text{und} \quad tg\,\gamma = d\omega/d\beta = v_g$

Die *Gruppendispersion* beschreibt die Frequenzabhängigkeit der Gruppengeschwindigkeit v_g und des Gruppenindex N:

$$v_g = v_g(\omega) \quad \text{und} \quad N = N(\omega)$$

Die Gruppendispersion kann daher dargestellt werden durch $dv_g/d\omega$, $dN/d\omega$ und $dN/d\lambda_v$. Für *Dispersionsrelationen* $\beta(\omega)$ mit ω und β reell gilt gemäss (7.2 - 23a)

(7.2 - 32a) $\qquad \dfrac{dN}{d\omega} = c \cdot \dfrac{d^2\beta}{d\omega^2}$

(7.2 - 33a) $$\frac{dv_g}{d\omega} = -v_g^2 \cdot \frac{d^2\beta}{d\omega^2}$$

und *für Dispersionsrelationen* β(ω) mit ω reell und β komplex

(7.2 - 32b) $$\frac{dN}{d\omega} = c \cdot \frac{d^2 Re\beta}{d\omega^2}$$

(7.2 - 33b) $$\frac{dv_g}{d\omega} = -v_g^2 \cdot \frac{d^2 Re\beta}{d\omega^2}$$

Allgemein gelten die Beziehungen:

(7.2 - 32c) $$\frac{dN}{d\omega} = -c\, v_g^{-2} \cdot \frac{dv_g}{d\omega} = 2\frac{dn}{d\omega} + \omega\frac{d^2n}{d\omega^2} \;;\; \frac{dN}{d\lambda_v} = -\lambda_v \frac{d^2n}{d\lambda_v^2}$$

(7.2 - 33c) $$\frac{dv_g}{d\omega} = \frac{1}{2}\frac{d}{d\omega}\{v_g^2\}$$

In der *Optoelektronik* unterdrückt man die Gruppendispersion, weil diese frequenzabhängige *Pulslaufzeiten* bewirkt. Die Pulslaufzeit wird durch die Gruppengeschwindigkeit v_g bestimmt.

7.2.5 Enveloppen

Bei der vorangehenden Besprechung der Gruppen- oder Enveloppengeschwindigkeit v_g im Absatz (7.2.3b) wurde eine Wellengruppe u(z, t) als *Produkt* einer *Enveloppe* E(z, t) mit einer komplexen harmonischen *Trägerwelle* mit einer reellen Kreisfrequenz ω_0 und einer reellen Fortpflanzungskonstanten β_0 dargestellt:

(7.2 - 19b) $$u(z,t) = E(z,t) \cdot exp[i(\beta_0 z - \omega_0 t)]$$

Wenn die Enveloppe E(z, t) viel langsamer mit Ort z und Zeit t variiert als die Trägerwelle mit der Wellenlänge $\lambda_0 = 2\pi/\beta_0$ und der Periode $T_0 = 2\pi/\omega_0$, dann kann die Wellengruppe u(z, t) weitgehend mit Hilfe der Enveloppe E(z, t) beschrieben werden. Dies ist jedoch nur möglich, wenn eine Differentialgleichung für E(z, t), das heisst eine *Enveloppen-Gleichung* zur Verfügung steht. Diese Gleichung lässt sich bestimmen anhand der eigentlichen Wellengleichung für u(z,t) und der entsprechenden Dispersionsrelation (7.2 - 10 abc). Zu diesem Zweck betrachtet man eine komplexe harmonische Enveloppe

(7.2 - 34a) $$E(z,t) = E_0 \cdot exp[i(\Delta\beta \cdot z - \Delta\omega \cdot t)]$$

welche die Trägerwelle zu einer gewöhnlichen komplexen harmonischen Welle (7.2 - 1) ergänzt:

(7.2 - 34b) $$u(z,t) = E_0\, exp[i\{(\beta_0 + \Delta\beta)z - (\omega_0 + \Delta\omega)t\}],$$

derart, dass $\beta = \beta_0 + \Delta\beta$ und $\omega = \omega_0 + \Delta\omega$

Setzt man dieses β und dieses ω in die entsprechende Dispersionsrelation (7.2 - 10 abc) ein, so findet man die Beziehung zwischen $β_0$ und $ω_0$ sowie die *Dispersionsrelation der Enveloppe* in drei Taylor-Entwicklungen:

(7.2 - 35a) $\qquad 0 = D(ω_0\, β_0)$

und $\qquad 0 = Δω \cdot \dfrac{\partial D}{\partial ω}(ω_0,β_0) + Δβ \cdot \dfrac{\partial D}{\partial β}(ω_0,β_0) + Δω \cdot Δβ \cdot \dfrac{\partial^2 D}{\partial ω \partial β}(ω_0,β_0) + + +$

oder

(7.2 - 35b) $\qquad ω_0 = ω(β_0)\quad \text{und}\quad Δω = Δβ \cdot \dfrac{dω}{dβ}(β_0) + \dfrac{Δβ^2}{2} \cdot \dfrac{d^2ω}{dβ^2}(β_0) + + +$

oder

(7.2 - 35c) $\qquad β_0 = β(ω_0)\quad \text{und}\quad Δβ = Δω \cdot \dfrac{dβ}{dω}(ω_0) + \dfrac{Δω^2}{2} \cdot \dfrac{d^2β}{dω^2}(ω_0) + + +$

Die implizite Darstellung (7.2 - 37a) und die beiden expliziten Darstellungen (2.7 - 37 b&c) der Enveloppen-Dispersionsrelation enthalten als Variable $Δβ$ und $Δω$. Die Enveloppen-Dispersionsrelation kann in die Enveloppen-Gleichung transformiert werden, indem man $Δβ$ und $Δω$ durch entsprechende Differentialoperatoren ersetzt. Diese können durch partielle Differentiation der komplexen harmonischen Enveloppe (7.2 - 34a) nach Ort z und Zeit t ermittelt werden. Diese Differentiation ergibt:

(7.2 - 36a) $\qquad E_z = i Δβ \cdot E \quad \text{und}\quad E_t = -i Δω \cdot E$

wobei die Indizes z und t die Differentiation nach z und t andeuten. Das Resultat ermöglicht die Einführung der beiden *Enveloppen-Operatoren* für $Δβ$ und $Δω$

(7.2 - 36b) $\qquad Δβ\, E = -i \dfrac{\partial}{\partial z} E \quad \text{und}\quad Δω\, E = +i \dfrac{\partial}{\partial t} E$

Das Folgende betrifft die Umwandlung der beiden *expliziten Formen* (7.2 - 35 b&c) der *Enveloppen-Dispersionsrelation* in die entsprechenden Enveloppen-Gleichungen.

Durch Einsetzen der Enveloppen-Operatoren (7.2 - 36b) in die *erste explizite Form* (7.2 - 35b) *der Enveloppen-Dispersion* und mit Berücksichtigung der Gleichung (7.2 - 27a) und (7.2 - 33c) betreffend die Gruppengeschwindigkeit v_g und ihre Dispersion $dv_g/dω$ findet man die *Enveloppen-Gleichung*

(7.2 - 37a) $\qquad iE_t = -i\, v_g \cdot E_z - \dfrac{1}{4}\left\{\dfrac{d}{dω} v_g^2\right\} \cdot E_{zz} + +$

wobei v_g und $d\, v_g^2 / dω$ die Werte für $β = β_0$, $ω = ω_0$ darstellen.

Die Terme mit E_{zz}, E_{zzz}, etc fallen weg, wenn die Gruppendispersion fehlt. Dann bewegt sich die Enveloppe ungestört mit der Gruppengeschwindigkeit v_g. Aus diesem Grund ist es sinnvoll, das ruhende Koordinatensystem zt durch ein Koordinatensystem ZT zu ersetzen, welches sich mit der Gruppengeschwindigkeit v_g bewegt. Die Koordinatentransformation hat die Form:

(7.2 - 38a) $\qquad Z = z - v_g \cdot t \quad \text{und} \quad T = t$

Sie ergibt unter anderem

(7.2 - 38b) $\qquad E_z = E_Z \quad \text{und} \quad E_t = E_T - v_g E_Z$

Verwendet man diese Transformation für die Enveloppen-Gleichung (7.2 - 37a), so erhält man in zweiter Näherung die *lineare zeitabhängige Schrödinger - Gleichung*.

(7.2 - 37b) $\qquad i E_T = -\dfrac{1}{4}\left\{\dfrac{d}{d\omega} v_g{}^2\right\} \cdot E_{ZZ}$

Die Anwendung der Enveloppen-Operatoren (7.2 - 36b) auf die *zweite explizite Form* (7.2 - 35c) *der Enveloppen-Dispersion* ergibt unter Berücksichtigung der Gleichungen (7.2 - 20a) (7.2 - 23a), (7.2 - 32a) und (7.2 - 33a) bezüglich Gruppengeschwindigkeit v_g und Gruppenindex N die *Enveloppen-Gleichung* [Hasegawa 1989 B]:

(7.2 - 39a) $\qquad -i E_z = +i v_g{}^{-1} \cdot E_t - \dfrac{1}{2} v_g{}^{-2} \dfrac{dv_g}{d\omega} \cdot E_{tt} + +$

oder $\qquad -ic E_z = +i N \cdot E_t + \dfrac{1}{2} \dfrac{dN}{d\omega} \cdot E_{tt} + +$

wobei für v_g, $dv_g/d\omega$, N, $dN/d\omega$ die Werte für $\beta = \beta_0$ und $\omega = \omega_0$ bedeuten.

In Gleichung (7.2 - 39a) fallen bei fehlender Gruppendispersion die Terme mit E_{tt}, E_{ttt}, etc. weg. In diesem Fall bewegt sich die Enveloppe ungestört mit der Gruppengeschwindigkeit v_g. Im Allgemeinen ist es daher auch hier von Vorteil, das ruhende Koordinatensystem zt durch ein Koordinatensystem ZT zu ersetzen, das sich mit der Gruppengeschwindigkeit v_g bewegt. Die entsprechende Koordinatentransformation lautet:

(7.2 - 40a) $\qquad Z = z \quad \text{und} \quad T = t - \dfrac{1}{v_g} z$

Sie bewirkt

(7.2 - 40b) $\qquad E_z = E_Z - \dfrac{1}{v_g} E_T \quad \text{und} \quad E_t = E_T$

und transformiert die Enveloppen-Gleichung (7.2 - 39a) in zweiter Näherung in die Gleichung

(7.2 - 39b) $\qquad i E_Z = -\dfrac{1}{2} v_g{}^{-2} \dfrac{dv_g}{d\omega} \cdot E_{TT} = +\dfrac{1}{2c} \dfrac{dN}{d\omega} \cdot E_{TT}$,

welche eine *lineare Schrödinger-Gleichung mit vertauschten Ort Z und Zeit* T darstellt.

Die beiden transformierten Enveloppen-Gleichungen (7.2 - 37b) und (7.2 - 39b) beschreiben die *Formänderung der Enveloppe*, die man beobachtet, wenn man sich mit der Gruppengeschwindigkeit v_g *mitbewegt*.

Die besprochenen Enveloppen-Gleichungen linearer Wellen bilden die Basis der Enveloppen-Gleichungen von nichtlinearen Wellen, welche zum Beispiel für die Theorie der Solitonen wichtig sind.

7. 3 Lineare Wellen in homogenen Medien

Dieses Kapitel gibt eine Übersicht der bekanntesten linearen Wellen in homogenen eindimensionalen Medien. Sie umfasst Wellengleichungen, Dispersionsrelationen, Phasen- und Gruppengeschwindigkeiten, sowie allgemeine und spezielle nichtharmonische Lösungen. Die komplexen (7.2 - 1) und reellen (7.2 - 7) *harmonischen Wellen* werden durch die *Dispersionsrelationen* (7.2 - 10abc) bestimmt, zum Beispiel durch β(ω) auf folgende Art

(7.3 - 1a) $\quad u(z,t) = U \exp[i(\beta(\omega)z - \omega t)]$

oder

(7.3 - 1b) $\quad \omega(z,t) = W \cos[\beta(\omega)z - \omega t + \varphi]$

In vielen Fällen genügt es nicht, die *allgemeine Lösung* einer Wellengleichung zu kennen. Wichtiger ist meistens die Kenntnis der *Ausbreitung und Veränderung von Wellen unter bestimmten Anfangsbedingungen*. Es gibt zwei wesentliche Arten von Anfangsbedingungen. Die erste betrifft die Ausbreitung von Wellen, die zweite die Dynamik ausgedehnter Wellenzüge wie zum Beispiel stehende Wellen. Über die *Ausbreitung von Wellen* erhält man vor allem Auskunft durch Lösung der Wellengleichungen mit vorgegebenem zeitlichen Verlauf am Ort z = 0:

(7.3 - 2a) $\quad u(0,t) = L(t)$

(7.3 - 2b) $\quad u_z(0,t) = M(t) = dN(t)/dt$

Dagegen findet man Auskunft über die *Dynamik ausgedehnter Wellenzüge* mit den Anfangsbedingungen für t = 0:

(7.3 - 3a) $\quad u(z,0) = F(z)$

(7.3 - 3b) $\quad u_t(z,0) = G(z) = dH(z)/dz$

Wie zuvor werden die partiellen Differentiationen nach Ort z und Zeit t mit den Indizes z und t dargestellt.

7.3.1 Hertz - Gleichung

Die Hertz-Gleichung

(7.3 - 4a) $\quad u_{tt} - v^2 \cdot u_{zz} = 0 \quad \text{mit} \quad v = const$

beschreibt alle *dispersionfreien eindimensionalen Wellen auf der Geraden* und entspricht für v = c den vektoriellen Hertz-Gleichungen (7.1 - 10a) der dreidimensionalen elektromagnetischen Wellen im Vakuum. Ihre Dispersionrelation ist linear:

(7.3 - 4b) $\quad \omega = \pm v \beta \geq 0 \quad \text{mit} \quad v = const$

Dementsprechend zeigen diese Wellen *keine Dispersion*, da die Phasengeschwindigkeit v und die Gruppengeschwindigkeit v_g gleich sind:

(7.3 - 4c) $\quad v = v_g$

Gemäss dem *Gesetz von* d'Alembert [Webster 1927 B, Webster & Szegö 1930 B] besteht die *allgemeine Lösung* der Hertz-Gleichung (7.3 - 1a) aus einer beliebigen in Richtung + z laufenden Welle und einer zweiten beliebigen in Richtung - z laufenden Welle

(7.3 - 4d) $\quad u(z,t) = f(z - vt) + g(z + vt)$

wobei die zweifach differentierbaren Funktionen f(z) und g(z) beliebig gewählt werden können. Weil die Hertz-Wellen keine Dispersion aufweisen, bleibt ihre *Form im Verlauf der Zeit unverändert*.

Mit den Anfangsbedingungen (7.3 - 2a&b), welche die Beschreibung der *Wellenausbreitung* gestattet, findet man die Lösung [Webster 1927 B, Webster & Szegö 1930 B]:

(7.3 - 4e) $\quad u(z,t) = \frac{1}{2}L\left(t - \frac{z}{v}\right) - \frac{v}{2}N\left(t - \frac{z}{v}\right) + \frac{1}{2}L\left(t + \frac{z}{v}\right) + \frac{v}{2}N\left(t + \frac{z}{v}\right)$

mit $\quad u(0,t) = L(t) \quad \text{und} \quad u_z(0,t) = dN(t)/dt$

Ebenso ergibt sich für die Anfangsbedingungen (7.3 - 2ab), welche das Studium der *Dynamik ausgebreiteter Wellenzüge* ermöglicht, die Lösung

(7.3 - 4f) $\quad u(z,t) = \frac{1}{2}F(z - vt) - \frac{1}{2v}H(z - vt) + + \frac{1}{2}F(z + vt) + \frac{1}{2v}H(z + vt)$

mit $\quad u(z,0) = F(z) \quad \text{und} \quad u_t(z,0) = dH(z)/dz$

7.3.2 Reduzierte Hertz-Gleichung

Die reduzierte Hertz-Gleichung

(7.3 - 5a) $\quad u_t \pm v \cdot u_z = 0 \quad \text{mit} \quad v = const > 0$

repräsentiert *beliebige dispersionsfreie Wellen*, welche entweder (+) in die Richtung + z oder (-) in die Richtung - z laufen. Sie bildet die lineare Basisgleichung für viele nichtlineare Wellengleichungen. Ihre Dispersionsgleichung ist linear:

(7.3 - 5b) $\omega = v \cdot \beta$ mit $v = const > 0$

Dementsprechend sind Phasen- und Gruppengeschwindigkeit identisch:
(7.3 - 5c) $v = v_g$

Somit zeigen die Wellen *keine Dispersion*.

Die *allgemeine Lösung* der reduzierten Hertz-Gleichung ist
(7.3 - 5d) $u(z,t) = f(z \mp v t)$

wobei f(z) eine beliebige zweifach differentierbare Funktion bedeutet. Die *Wellenform bleibt unverändert*, weil die reduzierte Hertz-Gleichung keine Dispersion bewirkt.

Die Lösung für die *Anfangsbedingung* (7.3 - 2a) ist
(7.3 - 5e) $u(z,t) = L\left(t \mp \dfrac{z}{v}\right)$

mit $u(0,t) = L(t)$

Dagegen ergibt diejenige für die Anfangsbedingung (7.3 - 3a)
(7.3 - 5f) $u(z,t) = F(z \mp v t)$

mit $u(z,0) = F(z)$

7. 3. 3 Lineare Klein-Gordon-Gleichung

Die lineare Klein-Gordon-Gleichung
(7.2 - 25a) $u_{tt} - c^2 u_{zz} + \omega_C^2 \cdot u = 0$

beschreibt die *Wellenmechanik freier relativistischer Teilchen* sowie die Fortpflanzung von *Hohlrohrwellen*, in Englisch "modes", in Mikrowellen-Hohlleitern aus ideal leitenden Metallen gemäss (7.2 - 25a-e). Für die Hohlrohrwellen bedeutet ω_C die *untere Grenzkreisfrequenz*, in Englisch "cut-off circular frequency". Der Parameter c ist die Lichtgeschwindigkeit des Vakuums.

Die lineare Klein-Gordon-Gleichung ist verknüpft mit der *Energie-Impuls-Relation* freier relativistischer Teilchen mit der Masse m und dem Impuls p:
(7.3 - 6a) $E^2 = m^2 c^4 + c^2 p^2$

Ersetzt man E und p durch die entsprechenden wellenmechanischen Operatoren (7.2 - 6), so ergibt sich die lineare Klein-Gordon-Gleichung (7.2 - 25a), wobei in diesem Fall
(7.3 - 6b) $\omega_C = c \cdot \beta_C = 2\pi c / \lambda_C = mc^2 / \hbar$

die *Compton-Kreisfrequenz* und λ_C die *Compton - Wellenlänge* darstellen.

Die *Dispersionsrelation*, welche der linearen Klein-Gordon-Gleichung entspricht, lautet

(7.2 - 25b) $\quad \omega^2 = \omega_C^2 + c^2\beta^2 \quad \text{mit} \quad \omega \geq \omega_C \geq 0$

Dementsprechend beschreibt die lineare Klein-Gordon-Gleichung Wellen mit *normaler Dispersion* gemäss

(7.2 - 25c) $\quad v = c^2 / v_g = c\left[1 - (\omega_C / \omega)^2\right]^{-1/2} \geq v_g$

(7.2 - 25d) $\quad n = 1 / N = \left[1 - (\omega_C / \omega)^2\right]^{1/2} \leq N$

und *Gruppendispersion* entsprechend

(7.3 - 7) $\quad \dfrac{dN}{d\omega} = -N^3 \omega_C^2 / \omega^3$

Die *Lösung* der linearen Klein-Gordon-Gleichung (7.2 - 25a) mit den Anfangsbedingungen (7.2 - 2a&b), welche zur Beschreibung der *Wellenausbreitung* führen, sind verwandt mit Lösungen von *Telegraphen-Gleichungen* [Webster 1927 B, Webster & Szegö 1930 B]:

(7.3 - 8a)
$$u(z,t) = \frac{1}{2}L\left(t - \frac{z}{c}\right) + \frac{1}{2}L\left(t + \frac{z}{c}\right) +$$
$$+ \frac{1}{2}\omega_C z \cdot \int_{t-\frac{z}{c}}^{t+\frac{z}{c}} d\tau L(\tau) \cdot \frac{J_1\left(\beta_C\left[c^2(t-\tau)^2 - z^2\right]^{1/2}\right)}{\left[c^2(t-\tau)^2 - z^2\right]^{1/2}}$$
$$+ \frac{1}{2}c \cdot \int_{t-\frac{z}{c}}^{t+\frac{z}{c}} d\tau M(\tau) \cdot J_0\left(\beta_C\left[c^2(t-\tau^2) - z^2\right]^{1/2}\right)$$

mit $\quad u(0,t) = L(t) \quad \text{und} \quad u_z(0,t) = M(t)$

Die in den Integralen auftretenden Funktionen $J_k(x), k = 0,1,2,....)$ sind Bessel-Funktionen erster Art [Abramowitz und Stegun 1965 B].

Verwendet man jedoch die Anfangsbedingungen (7.3 - 3a&b), welche die Berechnung der *Dynamik ausgedehnter Wellenfelder* gestatten, so findet man [Webster 1927 B, Webster & Szegö 1930 B, Wyld 1976 B].

(7.3 - 8b)
$$u(z,t) = \frac{1}{2}F(z - ct) + \frac{1}{2}F(z + ct) -$$
$$- \frac{1}{2}\omega_c t \cdot \int_{z-ct}^{z+ct} dy F(y) \frac{I_1\left(\beta_C\left[(z-y)^2 - c^2 t^2\right]^{1/2}\right)}{\left[(z-y)^2 - c^2 t^2\right]^{1/2}} +$$

$$+\frac{1}{2c}\cdot\int_{z-ct}^{z+ct}dy\,G(y)\,I_0\left(\beta_C\left[(z-y)^2-c^2t^2\right]^{1/2}\right)$$

mit $\quad u(z,0)=F(z)\quad\text{und}\quad u_t(z,0)=G(z)$

Die in dieser Gleichung auftretenden Funktionen

$$I_k(x)=(i)^{-k}J_k(ix)\quad;k=0,1,2,...$$

sind die modifizierten Bessel-Funktionen erster Art [Abramowitz & Stegun 1965 B].

Die beiden Gleichung (7.5 - 8a&b) zeigen, dass die Anregungen L(t) und F(z) sich ungestört als Wellen mit der Geschwindigkeit nach beiden Richtungen fortpflanzen genau so wie Hertz-Wellen (7.3 - 4d). Zurück bleibt jedoch noch eine Störung, welche durch die Integrale dargestellt wird [Webster & Szegö 1930 B]. Diese Störung ist die Wirkung der Dispersion.

7.3.4 Lineare Diffusionsgleichung

Die lineare Diffusions- oder Wärmeleitungsgleichung, auch zweite *Ficksche Gleichung* genannt, hat die Form

(7.2 - 15a) $\quad u_t = D\cdot u_{zz}$

wobei D die Diffusionskonstante darstellt. Diese Gleichung zweiter Ordnung ist *parabolisch* [Webster & Szegö 1930 B, Morse & Feshbach 1953 B, Courant & Hilbert 1968 B]. Die entsprechende komplexe *Dispersionsrelation* lautet

(7.2 - 15b) $\quad \omega=-iD\beta^2\quad\text{oder}\quad\beta=(1+i)\cdot\sqrt{\omega/2D}$

Die *harmonischen Lösungen* (7.2 - 15c&e) der linearen Diffusionsgleichung (7.2 - 15a) sind im Absatz 7.2.2 beschrieben.

Die Lösung der Diffusionsgleichung (7.2 - 15a) mit der Anfangsbedingung (7.3 - 2a), welche die Beschreibung der eigentlichen *Diffusion* und der *Ausbreitung der Wärmewellen* ermöglicht, kann nach Duhamel auf folgende Arten dargestellt werden [Duhamel 1833 Z, Webster & Szegö 1930 B]:

(7.3 - 9a) $\quad u(z,t) = \dfrac{2}{\sqrt{\pi}}\int_0^\infty L\!\left(t-\dfrac{z^2}{4Ds^2}\right)\cdot\exp\!\left(-s^2\right)ds=$

$\qquad\qquad\qquad = \dfrac{z}{\sqrt{4\pi D}}\int_0^\infty L(t-s)\cdot\exp\!\left[-\dfrac{z^2}{4Ds}\right]\cdot s^{-3/2}ds=$

$$= \frac{z}{\sqrt{4\pi D}} \int_{-\infty}^{t} L(s) \cdot exp\left[-\frac{z^2}{4D(t-s)}\right](t-s)^{-3/2} ds$$

mit $\quad u(0,t) = L(t)$.

Die Lösung der Diffusionsgleichung (7.2 - 15b) für die Anfangsbedingung (7.3 - 3a), welche zum Beispiel eine momentane *Temperatur- oder Konzentrationsinhomogenität* darstellt, kann wie folgt beschrieben werden [Webster & Szabö 1930 B, Margenau & Murphy 1956 B]:

(7.3 - 9b) $\quad u(z,t) = \int_{-\infty}^{+\infty} \Gamma(z,t,y) \cdot F(y) dy = \int_{-\infty}^{+\infty} \frac{1}{\sqrt{4\pi Dt}} \cdot exp\left[-\frac{(z-y)^2}{4Dt}\right] \cdot F(y) dy =$

$$= \frac{1}{\sqrt{\pi}} \int_{-\infty}^{+\infty} exp(-y^2) F(z + \sqrt{4Dt}\, y) dy$$

mit $\quad u(z,0) = F(z)$,

wobei $\Gamma(z,t,y)$ die *Green- Funktion* darstellt. Eine spezielle Lösung dieser Gleichung ist der sogenannte Diffusions- oder Wärmepol:

(7.3 - 9c) $\quad u(z,t) = \frac{F_0}{\sqrt{4\pi Dt}} exp\left[-\frac{z^2}{4Dt}\right]$

mit $\quad u(z,0) = F(z) = F_0 \cdot \delta(z)$

Wegen der Dispersion wird der Dirac-δ-Puls im Verlauf der Zeit verbreitert.

7. 3. 5 Linearisierte Korteweg - de Vries Gleichung

Die linearisierte Korteweg-de Vries (KdV)-Gleichung [Karpman 1975 B, Drazin 1983 B]
(7.3 - 10a) $\quad u_t + v_0 \cdot u_z + K \cdot u_{zzz} = 0 \quad$ mit $\quad v_0 \geq 0; K > 0$
umfasst den linearen dispersiven Teil der bekannten *nichtlinearen KdV-Gleichung* [Dodd et al. 1982 B, Drazin 1983 B], die im Kapitel 8.4 besprochen wird. Die *Dispersionsrelation* der linearen KdV-Gleichung ist kubisch und reell

(7.3 - 10b) $\quad \omega = \beta\left(v_0 - K\beta^2\right)$

Entsprechende *Gruppen- und Phasengeschwindigkeiten* sind

(7.3 - 10c) $\quad v = v_0\left[1 - K\beta^2\right]$

(7.3 - 10d) $\quad v_g = v_0\left[1 - 3K\beta^2\right]v$

Somit zeigen die linearen KdV-Wellen *normale Dispersion*.

Das *Cauchy-Verfahren* [Webster & Szegö 1930 B] gestattet die Lösung der linearisierten KdV-Gleichung (7.3 - 10a) für die Anfangsbedingung (7.3 - 3a) [Karpman 1975 B]:

(7.3 - 10e) $$u(z,t) = \int_{-\infty}^{+\infty} \Gamma(z,t,y) \cdot F(y) dy =$$

$$= \int_{-\infty}^{+\infty} (3Kt)^{-1/3} \cdot Ai\big([3Kt]^{-1/3}[(z-y) - v_0 t]\big) \cdot F(y) dy$$

mit $\quad u(z,0) = F(z)$

In dieser Gleichung bedeuten $\Gamma(z, t, y)$ die *Green-Funktion* und $Ai(x)$ eine Airy-Funktion [Abramowitz & Stegun 1965 B]. Die KdV-Welle (7.3 - 10e) läuft mit der Geschwindigkeit v_0 in der Richtung +z.
Eine spezielle Lösung ist der *Airy-Puls*:

(7.3 - 10f) $\quad u(z,t) = F_0 \cdot [3Kt]^{-1/3} \cdot Ai\big([3Kt]^{-1/3} \cdot [z - v_0 t]\big)$

mit $\quad u(z,0) = F(z) = F_0 \cdot \delta(z)$

Dieser Puls läuft ebenfalls mit der Geschwindigkeit v_0 in Richtung +z. Mit zunehmender Zeit t wird er wegen der Dispersion schwächer und breiter. Er ist in Figur 7.3 - 1 illustriert.

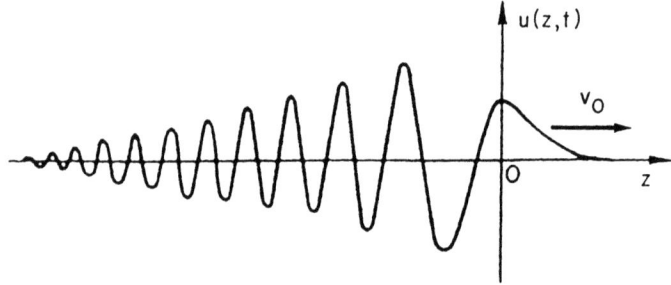

Figur 7.3 - 1: Airy Puls entsprechend (7.3 - 10f)

7.3.6 Lineare Schrödinger-Gleichung

In der klassischen nichtrelativistischen Mechanik ist die Energie-Impuls-Relation eines freien Teilchens mit der Masse m

(7.3 - 11a) $\quad E = p^2 / 2m$

Ersetzt man die Energie E und den Impuls p durch die entsprechenden wellenmechanischen Operatoren (7.2 - 6) so erhält man die *lineare zeitabhängige Schrödinger-Gleichung*

(7.3 - 11b) $\quad i\hbar\psi_t = -\dfrac{\hbar^2}{2m}\psi_{zz}$

Zum physikalischen Verständnis dieser Gleichung muss erwähnt werden, dass in der Wellenmechanik die Wellenfunktion ψ(z,t) die *Aufenthaltswahrscheinlichkeit* ρ(z,t) eines Teilchens mit der Masse m am Ort z zur Zeit t auf folgende Weise bestimmt:

(7.3 - 11c) $\quad \rho(z,t) = \psi^*(z,t) \cdot \psi(z,t)$

Im Allgemeinen hat die Schrödinger-Gleichung (7.3 - 11b) die *Normalform*

(7.3 - 12a) $\quad iu_t = -S \cdot u_{zz}$

wobei $S = \hbar/2m$ in der Wellenmechanik. Weitere Schrödinger-Gleichungen mit anderem Parameter S sind die *Enveloppen-Gleichungen* (7.2 - 37b) und (7.2 - 39b). Die Schrödinger-Gleichung (7.3 - 12a) verwandelt sich in die Diffusions-Gleichung, wenn man S = -i D setzt.

Die *Dispersionsrelation* der Normalform (7.3 - 11a) der Schrödinger-Gleichung

(7.3 - 12b) $\quad \omega = S\beta^2$

ergibt die *Phasen- und Gruppengeschwindigkeiten:*

(7.3 - 12e) $\quad \upsilon = \omega / \beta = S\beta = \sqrt{S\omega}$

(7.3 - 12d) $\quad \upsilon_g = d\omega / d\beta = 3S\beta = 3\sqrt{S\omega} > \upsilon$

Somit zeigen die Wellen der Schrödinger-Gleichung *anomale Dispersion*.

Die Lösung der Normalform der Schrödinger-Gleichung für die Anfangsbedingung (7.3 - 3a) lässt sich von der entsprechenden Lösung (7.3 - 9b) der Diffusionsgleichung herleiten, wenn man D = i S setzt. Dieses Verfahren ergibt:

(7.3 - 13a)

$$u(z,t) = \int_{-\infty}^{+\infty}\Gamma(z,t,y)\cdot F(y)\,dy = \int_{-\infty}^{+\infty}\dfrac{1}{\sqrt{4\pi i St}}\exp\left[i\dfrac{(z-y)^2}{4St}\right]F(y)dy =$$

mit $\quad u(z,0) = F(z),$

wobei Γ(z, t, y) die *Green-Funktion* darstellt.

Eine spezielle Lösung dieser Art ist das gleichförmig bewegte *Wellenpaket*, in Englisch "wave packet" [Margenau & Murphy 1956 B, Flügge 1990 B].

(7.3 - 13b)
$$u(z,t) = U \cdot \left[1 + 2i\frac{St}{a^2}\right]^{-1/2} \cdot exp-\left[\frac{z^2 - 2ia^2\beta_0 z + 2ia^2 St\beta_0^2}{2(a^2 + 2iSt)}\right]$$

mit
$$u(z,0) = U exp\left(-\frac{z^2}{2a^2}\right) \cdot exp(i\beta_0 z)$$

Die *Bewegung und Verbreiterung* des Wellenpakets wird ersichtlich, wenn man mit der Funktion (7.3 - 13b) die wellenmechanische Aufenthaltswahrscheinlichkeit ρ (z, t) gemäss (7.3 - 11c) berechnet:

(7.3 - 13c)
$$\rho(z,t) = \psi^* \psi = u^*(z,t)u(z,t) =$$

$$= \frac{U^*U}{\left[1 + (2St/a^2)^2\right]^{1/2}} \cdot exp-\left[\frac{(z - v_0 t)^2}{a^2\left[1 + (2St/a^2)^2\right]}\right]$$

mit $v_0 = 2S\beta_0 = \hbar\beta_0/m$

Somit bewegt sich das Wellenpaket gleichförmig mit der Geschwindigkeit v_0 und verbreitert sich wegen der Dispersion dauernd.

7. 4   Lineare Wellen in periodischen Strukturen und Medien

Der Begriff Welle betrifft nicht nur die Ausbreitung von Anregungen und Störungen in homogenen kontinuierlichen Medien. Er kann ebenso angewendet werden auf die Ausbreitung von Anregungen und Störungen in periodischen kontinuierlichen Medien und periodischen diskreten Strukturen wie z.B. periodischen Ketten oder periodischen Kristallgittern. Charakteristisch für Wellen in periodischen Medien und Strukturen sind periodische Dispersionsrelationen, Brillouin-Zonen und Frequenzlücken. Im vorliegenden Kapitel behandelt werden Wellen auf Ketten und in periodischen passiven und aktiven optischen Medien, sowie die Wellenmechanik von Teilchen in periodischen Potentialen, wie zum Beispiel Elektronen in Halbleitern.

7.4.1 Unendliche Ketten mit gleichen Federn und Massen

Unendliche Ketten mit gleichen Federn und Massen eignen sich als eindimensionale Modelle für die Gitterdynamik von einatomigen Kristallen, wie zum Beispiel Silizium, Germanium und Diamant. Eine derartige Kette ist in Figur 7.4 - 1 illustriert. Im Gleichgewichtszustand haben alle Massen m den gleichen Abstand a. Sie sind mit gleichen Federn verbunden, welche durch die lineare Kraftkonstante f gekennzeichnet sind.

Von Interesse sind die *longitudinalen* (L) *Wellen* auf dieser Kette, welche entstehen, wenn die Massen m aus ihren Gleichgewichtslagen *in Kettenrichtung* verschieden verschoben werden. Die Massen m werden mit n numeriert entsprechend ihrer Gleichgewichtslage z_G = na. Somit sind ihre *longitudinalen Verschiebungen* gekennzeichnet durch die Funktionen

(7.4 - 1a) $\quad u = u_n(t) = u(z_G = na)\quad$ mit $n = 0, \pm 1, \pm 2, ...$

Dementsprechend werden ihre *momentanen Lagen* z beschrieben als

(7.4 - 1b) $\quad z = z_n(t) = z(z_G = na, t) = na + u(z_G = na, t)$

Die *Dynamik der Verschiebungen* (7.4 - 1a) wird durch das Newtonsche Gesetz der Mechanik bestimmt. Dabei ist zu berücksichtigen, dass die *Federkräfte nur zwischen nächsten Nachbarn wirken*. Dies gilt auch meistens in guter Näherung für Atome und Ionen in Kristallen. Unter diesen Voraussetzungen erfüllen die longitudinalen Verschiebungen u_n die *Bewegungs-Gleichungen*

(7.4 - 1c) $\quad m \cdot \ddot{u}_n = -f(u_n - u_{n-1}) + f(u_{n+1} - u_n)$

oder

(7.4 - 1d) $\quad 4\omega_0^{-2} \cdot u_{tt}(na,t) = u(na-a,t) - 2u(na,t) + u(na+a,t)$

mit $\quad \omega_0 = 2\sqrt{f/m}$

Zur Berechnung der Dispersionsrelation der harmonischen Wellen auf der Kette lohnt sich die Einführung der *Translationsoperatoren*, die wie folgt definiert sind

(7.4 - 2a) $\quad \mathbf{T(a)}\{u(z,t)\} = u(z+a,t)$

Eine andere Darstellung der Translationsoperatoren beruht auf der Taylor-Reihe:

(7.4 - 2b) $\quad \mathbf{T(a)}\{u(z,t)\} = \sum_{r=0}^{\infty} \frac{1}{r!}\left(a\frac{\partial}{\partial z}\right)^r u(z,t) = \exp\left(a\frac{\partial}{\partial z}\right) u(z,t)$

Verwendet man die Translationsoperatoren zur Darstellung der Bewegungsgleichung (7.4 - 1d) so erhält man die *Wellengleichung*

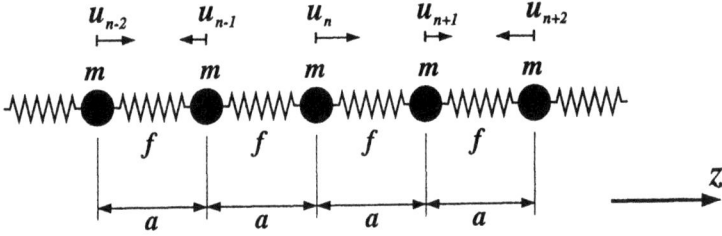

Figur 7.4 - 1: Kette mit gleichen Federn und Massen

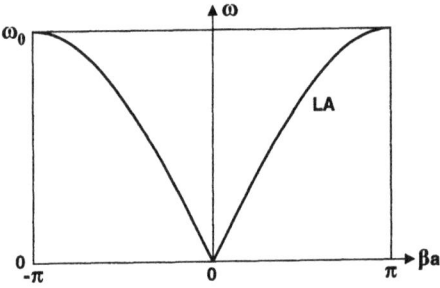

Figur 7.4 - 2: Dispersionsrelation $\omega(\beta)$ einer Kette mit gleichen Federn und Massen gemäss (7.4 - 3b)

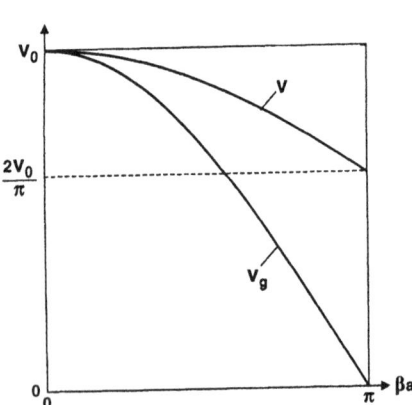

Figur 7.4 - 3: Phasengeschwindigkeit $v(\beta)$ und Gruppengeschwindigkeit $v_g(\beta)$ einer Kette mit gleichen Federn und Massen gemäss (7.4 - 3c&d)

(7.4 - 1e) $\quad 4\omega_0^{-2} \dfrac{\partial^2}{\partial t^2} u(z,t) = exp\left(a\dfrac{\partial}{\partial z}\right) u(z,t) + exp\left(-a\dfrac{\partial}{\partial z}\right) u(z,t) - 2u(z,t)$

mit $\quad z = na, n = 0, \pm 1, \pm 2, ...$

Eine *harmonische Welle* auf der Kette hat die komplexe Form:
(7.4 - 3a) $\quad u(z,t) = u(na,t) = U \cdot exp[i(\beta z - \omega t)] = U \cdot exp[i(\beta na - \omega t)]$
Verwendet man diese Wellenform u(z,t) in der Wellengleichung (7.4 - 1e) so erhält man

$$-4(\omega / \omega_0)^2 = exp(+i\beta a) + exp(-i\beta a) - 2$$

und nach Umformung
(7.4 - 3b) $\quad \omega = \omega_0 \cdot sin(\beta a / 2) \cdot sign\beta > 0$

Diese Formel repräsentiert die *Dispersionsrelation* der Wellen auf der linearen Kette mit gleichen Federn und Massen. Diese Dispersionsrelation ist *periodisch in* β, weil die Kette in z periodisch ist. Der räumlichen Periode a der Kette entspricht die Periode $2\pi / a$ der Dispersionsrelation. Die einzelnen Perioden der Dispersionsrelation bezeichnet man als *Brillouin-Zonen* [Brillouin 19646 B]. Als zentrale, nullte Brillouin-Zone kann man - π/a < β ≤ π / a wählen. Figur 7.4 - 2 zeigt die Dispersionsrelation (7.4 - 3b) der Kette in dieser zentralen Brillouin-Zone.

Die *Phasen- und Gruppengeschwindigkeiten* der Wellen auf der Kette können wie üblich berechnet werden:
(7.4 - 3c) $\quad v = \omega / \beta = v_0 \dfrac{sin(\beta a / 2)}{\beta a / 2} \cdot sign\beta \quad \text{mit} \quad v_0 = \dfrac{1}{2}\omega_0 a = \sqrt{f / m}$
(7.4 - 3d) $\quad v_g = d\omega / d\beta = v_0 \, cos(\beta a / 2) \cdot sign\beta$

Weil $|v_g| \leq |v|$ ist zeigen die Kettenwellen *normale Dispersion*. Phasen- und Gruppengeschwindigkeit sind in Figur 7.3 - 3 für $0 \leq \beta < \pi/a$ aufgezeichnet. Die Gruppengeschwindigkeit v_g wird Null für $\beta = \pi/a$.

Die Kreisfrequenz ω der Kettenwellen variiert von $\omega = 0$ bei $\beta = 0$ bis $\omega = \omega_0$ bei $\beta = \pi/a$. Dieses Verhalten wird verständlich wenn man die *Phasendifferenz der Schwingungen benachbarter Massen* betrachtet. Diese Phasendifferenz ist
(7.4 - 3e) $\quad \Delta\Phi = \beta a$
Somit schwingen die benachbarten Massen in Phase für $\beta = 0$ und in Gegenphase für $\beta = \pi/a$. Im ersten Fall wird die Feder zwischen den Massen nicht und im zweiten Fall maximal beansprucht. Dies bedeutet, dass ω Null ist für $\beta = 0$ und $\omega = \omega_0$ maximal ist für $\beta = \pi/a$. Weil für $\omega \approx 0$ die Schwingungen benachbarter Massen annähernd in Phase sind, spricht man von *longitudinal akustischen oder L A - Wellen*.

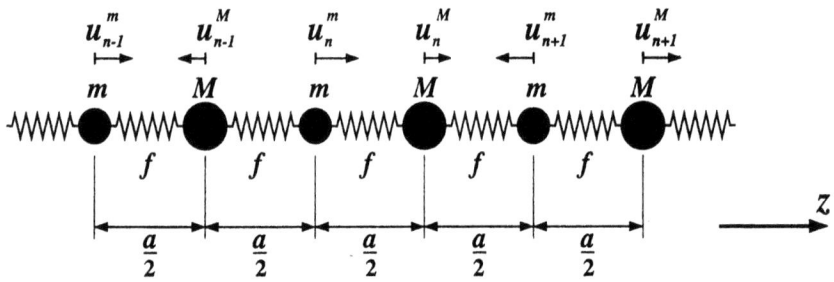

Figur 7.4 - 4: Kette mit gleichen Federn und alternierenden Massen.

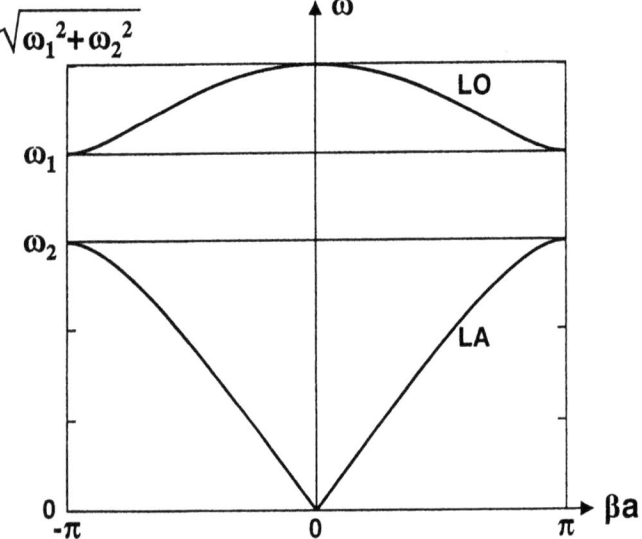

Figur 7.4 - 5: Dispersionsrelation $\omega(\beta)$ einer Kette mit gleichen Federn und alternierenden Massen gemäss (7.4 - 5e).

7. 4. 2 Unendliche Ketten mit gleichen Federn und alternierenden Massen

Unendliche Ketten mit gleichen Federn und alternierenden Massen dienen als eindimensionale Modelle für die *Gitterdynamik von Ionenkristallen* mit zwei Arten Ionen, wie zum Beispiel NaCl, KCl, LiF etc. Eine derartige Kette ist in Figur 7.4 - 4 dargestellt. Sie besteht aus alternierend angeordneten Massen m und M welche durch identische Federn mit der linearen Federkonstanten f verbunden sind. Im Gleichgewichtszustand haben die Massen den Abstand a/2. Somit hat die Kette die Periode a, welche der Länge ihrer eindimensionalen kristallographischen Elementarzelle entspricht.

Die Massen m sind gekennzeichnet durch ihre Gleichgewichtslagen $z_G = na$, n= 0, ±1, ±2, ...und die grösseren Massen M durch ihre Gleichgewichtslagen $z_G = (2n+1)a/2$. Somit werden ihre *longitudinalen Verschiebungen* aus ihren Gleichgewichtslagen beschrieben durch die Funktionen

(7.4 - 4a) $\qquad u^m = u_n^m(t) = u(z_G = na, t)$

$\qquad\qquad u^M = u_n^M(t) = u(z_G = (n+\frac{1}{2})a, t)$

Dementsprechend sind ihre momentanen Lagen

(7.4 - 4b) $\qquad z^m = z^m(t) = na + u(z_G = na, t)$

$\qquad\qquad z^M = z_n^M(t) = (n+\frac{1}{2})a + u(z_G = (n+\frac{1}{2})a, t)$

Die *Dynamik der Verschiebungen* (7.4 - 4a) wird einerseits bestimmt durch das Newtonsche Gesetz der Mechanik und andrerseits durch die Annahme, dass die *Federkräfte nur zwischen benachbarten Massen wirken*. Somit gelten für die longitudinalen Verschiebungen (7.4 - 4a) die *Bewegungs-Gleichungen*:

(7.4 - 4c) $\qquad m\ddot{u}_n^m = -f\left(u_n^m - u_{n-1}^M\right) - f\left(u_n^m - u_n^M\right)$

$\qquad\qquad M\ddot{u}_n^M = -f\left(u_n^M - u_n^m\right) - f\left(u_n^M - u_{n+1}^m\right)$

mit M ≥ m, oder

(7.4 - 4d) $\quad 2\omega_1^{-2} u_{tt}(na,t) = u((n-\frac{1}{2})a,t) + u((n+\frac{1}{2})a,t) - 2u(na,t)$

$\qquad 2\omega_2^{-2} u_{tt}((n+\frac{1}{2})a,t) = u(na,t) + u((n+1)a,t) - 2u((n+\frac{1}{2})a,t)$

mit $\qquad \omega_1 = +\sqrt{2f/m} \geq \omega_2 = +\sqrt{2f/M}$

Durch Anwendung der *Translationsoperatoren* (7.4 - 2a&b) transformiert man die Bewegungs-Gleichungen (7.4 - 4d) in die *gekoppelten Wellengleichungen*

(7.4 - 4e) $\quad 2\omega_1^{-2} \dfrac{\partial^2}{\partial t^2} u(z,t) \quad = \left\{1 + exp\left(-a\dfrac{\partial}{\partial z}\right)\right\} u(z + \dfrac{a}{2}, t) - 2u(z,t)$

$\quad\quad\quad\quad 2\omega_2^{-2} \dfrac{\partial^2}{\partial t^2} u(z + \dfrac{a}{2}, t) = \left\{1 + exp\left(+a\dfrac{\partial}{\partial z}\right)\right\} u(z, t) - 2u(z + \dfrac{a}{2}, t)$

mit $\quad z = na, \ n = 0, \pm 1, \pm 2, \ldots$

Bei einer *harmonischen Welle* auf der beschriebenen Kette müssen den Massen m und M verschiedene Amplituden zugeschrieben werden:

(7.4 - 5a) $\quad\quad\quad u(z,t) = U^m \, exp[i(\beta z - \omega t)]$

$\quad\quad\quad\quad\quad u(z + \dfrac{a}{2}, t) = U^M \, exp[i(\beta z - \omega t)]$

mit $z = n\,a, \ n = 0, \pm 1, \pm 2, \ldots$

Verwendet man diesen Wellen-Ansatz in der Wellengleichung (7.4 - 4e) so findet man

(7.4 - 5b) $\quad 2\{(\omega/\omega_1)^2 - 1\} \cdot U^m + \{1 + exp(-i\beta a)\} \cdot U^M = 0$

$\quad\quad\quad \{1 + exp(+i\beta a)\} \cdot U^m + 2\{(\omega/\omega_2)^2 - 1\} \cdot U^M = 0$

Diese beiden linearen Gleichungen für U^m und U^M haben nur dann eine nichttriviale Lösung, wenn die Determinante der Koeffizienten Null ist. Diese Bedingung ergibt die *Säkulargleichung*:

(7.4 - 5c) $\quad [(\omega/\omega_1)^2 - 1] \cdot [(\omega/\omega_2)^2 - 1] = \dfrac{1}{4}[1 + exp(-i\beta a)] \cdot [1 + exp(+i\beta a)] =$

$\quad\quad\quad\quad\quad\quad\quad\quad\quad\quad\quad\quad\quad\quad = cos^2(\beta a/2)$

welche die *Dispersionsrelation* $D(\beta, \omega)$ der Kette darstellt. Sie kann in eine quadratische Gleichung für ω^2 umgeformt werden:

(7.4 - 5d) $\quad\quad\quad D(\beta, \omega) = \omega^4 - (\omega_1^2 + \omega_2^2)\omega^2 + \omega_1^2 \omega_2^2 sin^2(\beta a/2) = 0$

Diese Gleichung kann nach ω^2 aufgelöst werden

(7.4 - 5e) $\quad\quad\quad \omega^2 = \omega^2(\beta) = \dfrac{\omega_1^2 + \omega_2^2}{2} \pm \dfrac{1}{2}\left[\omega_1^4 + \omega_2^4 + 2\omega_1^2\omega_2^2 cos\beta a\right]^{1/2}$

Somit hat die in Figur 7.4 - 5 dargestellte Dispersionsrelation *zwei Zweige*, den *longitudinal akustischen* (LA) für das - Zeichen, und den *longitudinal optischen* (LO) für das + Zeichen. Die Bezeichnung dieser Zweige wurde gewählt auf Grund des realen

Amplitudenverhältnisses r und der *Phasendifferenz* ΔΦ der *Schwingungen benachbarter Massen* m und M. Diese sind bestimmt durch das Gleichungssystem (7.4 - 5b):

(7.4 - 6a) $$r \cdot exp(i\Delta\Phi) = U^M / U^m = \frac{1}{2} \frac{1+exp(i\beta a)}{1-(\omega/\omega_2)^2}$$

Für lange Wellen mit β ≈ 0 unterscheiden sich die r und Δ Φ der beiden Zweige LO und LA bedeutend:

(7.4 - 6b) LA: $r(\beta = 0, \omega = 0) = 1$, $\Delta\Phi(\beta = 0, \omega = 0) = 0$

LO: $r(\beta = 0, \omega = \omega_0) = \frac{m}{M}$, $\Delta\Phi(\beta = 0, \omega = \omega_0) = \pi$

Beim niederfrequenten *longitudinal akustischen Zweig* (LA) schwingen die benachbarten verschiedenen Massen mit fast gleichen Amplituden für β ≈ 0 *im Takt*. Dagegen schwingen benachbarte verschiedene Massen beim hochfrequenten *longitudinal optischen Zweig* (LO) für β ≈ 0 mit verschiedenen Amplituden *im Gegentakt*. Der hochfrequente longitudinale Zweig der Dispersionsrelation wird *optisch* genannt, weil die verschiedenen Massen m und M in diesem Fall im Gegentakt schwingen. Bei den Ionenkristallen, zum Beispiel NaCl, entsprechen den zwei verschiedenen Massen entgegengesetzt elektrisch geladene Ionen. Schwingen diese im Gegentakt, so entsteht ein oszillierender elektrischer Dipol, der elektromagnetische Strahlung emittiert oder absorbiert. Schwingen die verschieden geladenen Ionen jedoch im Takt, so entsteht kein oszillierender elektrischer Dipol und somit keine Wechselwirkung mit elektromagnetischer Strahlung.

Die Dispersionsrelation (7.4 - 5e) zeigt eine *Frequenzlücke,* in Englisch "frequency gap", zwischen dem LA und dem LO Zweig der Dispersionsrelation. Die Lücke ist bestimmt durch die Gleichung

(7.4 - 7) $\omega_{LO}^2(\beta = 0) - \omega_{LA}^2(\beta = 0) = \left[\omega_1^4 + \omega_2^4 + 2\omega_1^2\omega_2^2 cos\beta a\right]^{1/2}$

Diese Lücke schliesst sich bei β = + π/a für $\omega_1 = \omega_2$ respektive m = M.

Wegen der Periodizität der Kette ist die Dispersionsrelation (7.4 - 5d) *periodisch in der Fortpflanzungskonstante* β mit der Periode 2 π / a. Jede Periode enspricht einer *Brillouin-Zone* [Brillouin 1946 B]. Als zentrale nullte Brillouin-Zone wird häufig der Bereich - π/a < β < + π/a gewählt.

Die Berechnung der Phasen- und Gruppengeschwindigkeiten ist umständlich. Die Gruppengeschwindigkeit v_g ist bestimmt duch die Formel

(7.4 - 8) $\quad v_g = d\omega/d\beta = -D_\beta(\beta,\omega)/D_\omega(\beta,\omega) = \dfrac{a}{2\omega} \cdot \dfrac{\omega_1^2 \omega_2^2 \sin\beta a}{2\omega^2 - \omega_1^2 - \omega_2^2}$

wobei D(β, ω) die Dispersionsrelation (7.4 - 5d) darstellt.

7.4.3 Periodische lineare optische Medien

Periodische optische Medien sind gekennzeichnet durch eindimensional periodische Brechungsindizes n, Dämpfung γ oder Verstärkung α. Dazu gehören im Prinzip Schichtleiter und optische Fasern mit periodischen Kenndaten, Hohlleiter mit periodischem Querschnitt sowie die "Distributed Bragg Reflectors" und "Distributed Feedback Laser" der Quantenoptik [Kogelnik & Shank 1971 Z, Kneubühl & Sigrist 1989 B, Kneubühl 1993 B].

a) Die Wellengleichung

Die Eigenschaften der periodischen linearen optischen Medien werden am einfachsten beschrieben durch *modifizierte skalare Hertz-Gleichungen* mit periodischen reellen oder komplexen Koeffizienten. Diese Gleichungen können formal hergeleitet werden [Kneubühl & Sigrist 1989 B, Kneubühl 1993 B] aus den Maxwell-Gleichungen für Medien mit periodischer Dielektrizitätsfunktion $\varepsilon(z)$ und elektrischer Leitfähigkeit $\sigma(z)$ sowie mit konstanter magnetischer Permeabilität μ:

(7.4 - 9a) $\quad\quad rot\,\vec{H} \quad = \quad \sigma(z)\cdot\vec{E} + \varepsilon_0 \varepsilon(z)\dot{\vec{E}}$

(7.4 - 9b) $\quad\quad rot\,\vec{E} \quad = \quad -\mu\mu_0 \dot{\vec{H}}_0$

(7.4 - 9c) $\quad\quad div\,\vec{H} \quad = \quad 0$

(7.4 - 9d) $\quad\quad div\,\varepsilon(z)\vec{E} \quad = \quad 0 \quad\text{oder}\quad div\,\vec{E} = -\vec{E}\cdot grad(\ln\varepsilon(z))$

(7.4 - 9e) $\quad\quad \varepsilon(z) = \varepsilon(z+L)\quad\text{und}\quad \sigma(z) = \sigma(z+L)$,

wobei L die räumliche Periode darstellt.

Betrachtet man eine transversale elektromagnetische Welle in der z-Richtung mit dem elektrischen Feld $\vec{E} = [E(z,t), 0, 0]$, dann gilt anstatt der Gleichung (7.4 - 9d) die Beziehung

(7.4 - 9f) $\quad\quad div\,\vec{E} = 0$ für $\vec{E} = [E(z,t), 0, 0]$.

Die modifizierte Hertz - Gleichung für das elektrische Feld $\vec{E}$ (z, t) gewinnt man mit dieser Voraussetzung wie folgt:

$$rot(rot\,\vec{E}) = -\Delta\vec{E} + grad\,div\,\vec{E} =$$

$$= -\Delta \vec{E} = rot\left(-\mu\mu_0 \vec{H}_t\right) = -\mu\mu_0 \frac{\partial}{\partial t} rot \vec{H} =$$

$$= -\mu\mu_0\, \sigma(z)\vec{E}_t - \mu\,\varepsilon(z)\,\mu_0\varepsilon_0\, \vec{E}_{tt}$$

Somit ist die *periodische modifizierte Hertz-Gleichung* für das skalare Feld E(z,t):

(7.4 - 10) $\qquad n^2(z)\cdot c^{-2} E_{tt} + s(z) E_t = E_{zz}$

mit $\qquad n^2(z) = \mu\varepsilon(z) = n^2(z+L)\ ;\ s(z) = \mu\mu_0\,\sigma(z)\ =\ s(z+L)$

und $\qquad c^{-2} = \mu_0\varepsilon_0$

In dieser Gleichung bedeutet s(z) > 0 *Dämpfung* und s(z) < 0 *Verstärkung*.

Die für die Theorie der periodischen linearen optischen Medien massgebenden Lösungen der Gleichung (7.4 - 10) sind die *harmonischen oszillierenden Wellen* in der Form

(7.4 - 11a) $\qquad E(z,t) = u(z)\cdot exp(-i\omega t)$

wobei u(z) die komplexe oder reelle *Hill-Differentialgleichung* [Strutt 1932 B, Magnus & Winkler 1966 B, Jakubovic & Starzinski 1975 B]

(7.4 - 11b) $\qquad u_{zz} + \left[(n(z)\omega/c)^2 + i\omega s(z)\right] u = 0$

erfüllt. Diese Gleichung ist äquivalent der *Wellengleichung der periodischen linearen optischen Medien*

(7.4 - 11c) $\qquad u_{zz} + K^2(\omega,z)u = 0\quad \text{mit}\quad K(\omega,z) = K(\omega,z+L)$

Für kleine | s(z) | gilt

(7.4 - 11d) $\qquad K(\omega,z) \cong (n(z)\omega/c) - i\alpha(z)$

mit $\qquad \alpha(z) = -\gamma(z) = -i c\, s(z)/2n(z)$

wobei α(z) die Verstärkung und γ(z) die Dämpfung bedeutet.

Die Wellengleichung (7.4 - 11 c) wird häufig als Basis für die Theorien der "Distributed Feedback" oder DFB Laser im Dauerstrich-Betrieb (cw) verwendet [Kogelnik & Shank 1971 Z, Kneubühl 1993 B]. Wenn α(z) = α konstant und n(z) = n(z+L) periodisch ist, dann spricht man von *Indexmodulation*. Ist dagegen α(z) = α(z+L) periodisch und n(z) = n konstant, dann handelt es sich um *Verstärkungsmodulation*. Bei *gemischter Modulation* sind sowohl α(z) = α(z+L) als auch n(z) = n(z+L) periodisch [Kneubühl & Sigrist 1989 B, Kneubühl 1993 B].

Die Lösungen der Wellengleichung (7.4 - 11c) *ohne Randbedingungen* geben Auskunft über die *Dispersionsrelationen* der Wellen in periodischen linearen optischen Medien.

Für *reelle* K(ω,z), welche periodische optische Medien ohne Dämpfung oder Verstärkung kennzeichnen, entspricht die Wellengleichung (7.4 - 11c) der normierten Schwingungsgleichung (2.3 - 3) von periodisch modulierten Oszillatoren, vorausgesetzt, dass Ort und Zeit vertauscht werden. Deswegen können für reelle K(z, ω) alle Gesetze und Formeln des Kapitels 2.3.7 über periodisch modulierte Oszillatoren sinngemäss auf die Lösung der Wellengleichung (7.4 - 11c) übertragen werden.

Die zwei bekanntesten Lösungsmethoden für die Wellengleichung (7.4 - 11c) mit *komplexen oder reellen* K(ω, z) sind die *Matrix-Methode* [Gnepf & Kneubühl 1986 Z, Kneubühl & Sigrist 1989 B, Kneubühl 1993 B] und die *Theorie der gekoppelten Wellen* [Kogelnik & Shank 1972 Z, Kneubühl & Sigrist 1989 B, Kneubühl 1993 B].

b) Die Matrix-Methode

Die Matrix-Methode für Wellen in periodischen linearen optischen Medien ermöglicht im Gegensatz zur Theorie der gekoppelten Wellen die *exakte analytische Lösung* der charakteristischen Wellengleichung (7.4 - 11c). Sie ist vor allem geeignet für periodische Rechteck- oder Stufenmodulation, in Englisch "square-wave or step modulation". Hier ist zu erwähnen, dass reelle Hill-Differentialgleichungen mit Rechteck- und Stufenmodulation schon früh in der Mechanik [Meissner 1918 Z], der Elektrotechnik [Brillouin 1946 B] und in der Festkörperphysik [Kronig & Penney 1931 Z, Brillouin 1946 B] untersucht wurden.

Zur Einführung in die Konzepte der Matrix-Theorie eignet sich die einfachste Wellengleichung vom Typus (7.4 - 11c), welche einem *homogenen Medium* mit

(7.4 - 12a) $K(\omega,z) = K(\omega) = (n\omega/c) - i\alpha$

entspricht. Die Lösungen dieser Wellengleichung sind einfach, weil K(ω, z) = K(ω) nicht von z abhängt:

(7.4 - 12b) $u(z) = E_{\pm} \exp(\pm i\beta z)$ mit $\beta = K(\omega) = n\omega/c - i\alpha$

Die Fortpflanzungskonstante β ist bestimmt durch die *Dispersionsrelation*

(7.4 - 12c) $\beta = K(\omega) = (n\omega/c) - i\alpha$

Die Lösungen (7.4 - 12b) entsprechen zwei *entgegenlaufenden Wellen*, gemäss

(7.4 - 12d) $E(z,t) = E_+ \exp[i(\beta z - \omega t)] + E_- \exp[-i(\beta z + \omega t)]$

E_+ ist die Amplitude der nach + z laufenden Welle, E_- diejenige der nach - z laufenden Welle.

Die Lösungen (7.4 - 12b&c) können auch mit dem *Translationsoperator* **T(L)** dargestellt werden, welcher das Feld E (z,t) und sein Gradient $E_z(z,t)$ am Ort z mit dem Feld E(z+L,t) und sein Gradient $E_z(z+L,t)$ am Ort z+L verknüpft:

(7.4 - 13a) $$\begin{pmatrix} E(z+L,t) \\ E_z(z+L,t) \end{pmatrix} = \mathbf{T(L)} \begin{pmatrix} E(z,t) \\ E_z(z,t) \end{pmatrix}$$

Für das ortsunabhängige $K(\omega, z) = K(\omega)$ ist dieser Translationsoperator die *Translations-Matrix*:

(7.4 - 12e) $$\mathbf{T(L)} = \begin{pmatrix} cos K(\omega)L & +K^{-1}(\omega) \, sin K(\omega)L \\ -K(\omega) \, sin K(\omega L) & cos K(\omega)L \end{pmatrix}$$

Im allgemeinen sind diese Translations-Matrizen *unimodular*, das heisst
(7.4 - 13b) $det \, \mathbf{T(L)} = 1$

Wichtig für die Theorie der Wellen in periodischen linearen optischen Medien ist die Tatsache, dass die *Eigenwerte* $\Lambda(L)$ der Translations-Matrix die Fortpflanzungskonstante β bestimmen [Brillouin 1946]:
(7.4 - 13b) $\Lambda(L) = exp(\pm i\beta L)$

Weil die Translations-Operatoren **T(L)** gemäss (7.4 - 13b) unimodular sind, kann β gemäss (7.4 - 13b & c) mit Hilfe ihrer *Spur* berechnet werden:

(7.4 - 13d) $cos \beta L = \dfrac{1}{2} spur \, \mathbf{T(L)}$

Für lineare optische Medien mit der *Periode* L bestimmt diese Formel *Frequenzlücken und Bänderstruktur der Dispersionsrelation* $\beta(\omega)$ nach folgendem Schema

(7.4 - 13e)
α) *Bänder erlaubter Frequenzen*: : ungedämpfte Wellen $(Im \, \beta) = 0$, wobei $cos \beta L$ reell, $cos^2 \beta L \leq 1$:

β)   *Frequenzlücken*: gedämpfte $(Im \, \beta > 0)$ oder verstärkte $(Im \, \beta < 0)$ Wellen

Wendet man die Formel (7.4 - 13d) zur Bestimmung der Fortpflanzungskonstanten β auf den Translationsoperator (7.4 - 12e) für ortsunabhängige $K(\omega, z) = K(\omega)$ an, so findet man

(7.4 - 14a) $cos \beta L = cos K(\omega) L$

(7.4 - 14b) $Re \, \beta = \pm (n\omega / c) + \dfrac{2\pi}{L} m, m = 0, \pm 1, \pm 2, \ldots$

(7.4 - 14c) $Im \, \beta = -\alpha$

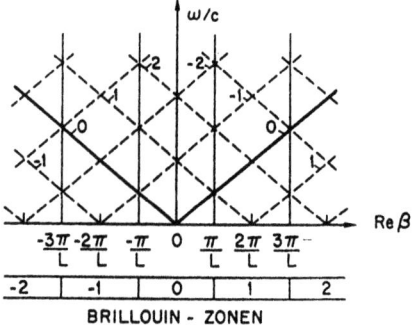

Figur 7.4 - 6: Dispersionsrelation eines Mediums mit schwacher periodischer Modulation

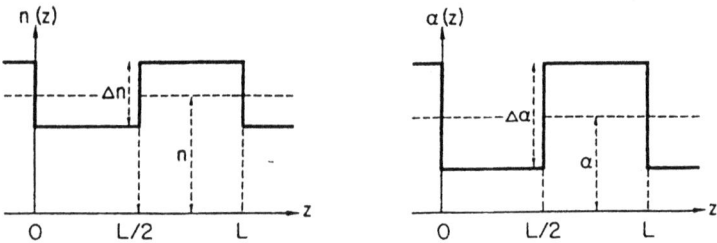

Figur 7.4 - 7: Rechtecks-Modulation von Brechungsindex und Verstärkung

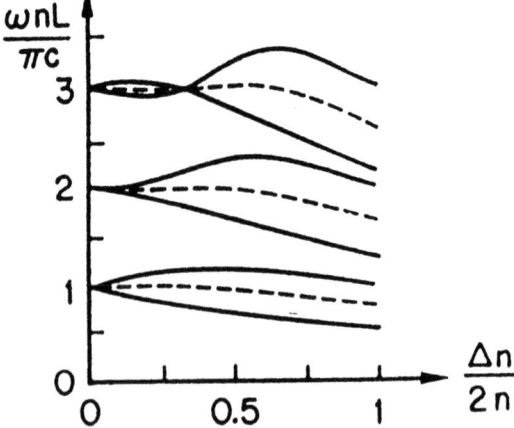

Figur 7.4 - 8: Bandstruktur der Rechtecks-Modulation $\Delta n/2n$ des Brechungsindex. Aufgezeichnet sind Lage und Grösse der Frequenzlücken $\Delta \omega_r$ als Funktion von $\Delta n/2n$ sowie die Mitten der Frequenzlücken.

Für m = 0 ist diese Dispersionsrelation identisch mit (7.4 - 12c). Sie ist jedoch auch für m ≠ 0 sinnvoll, wenn das ursprünglich homogene Medium eine *schwache periodische Störung* mit der Periode L aufweist. Die Periodizität der Störung bewirkt die *Periodizität der Dispersionsrelation* $\beta(\omega)$ mit der Periode $\Delta\beta = 2\pi / L$. Die einzelnen Perioden bezeichnet man in der Festkörperphysik als *Brillouin-Zonen* [Brillouin 1946 B, Bethe & Sommerfeld 1967 B, Kittel 1971 B]. Diese sind in Figur 7.4 - 6 gemeinsam mit der Dispersionsrelation (7.4 - 14b) eingezeichnet. Die verschiedenen mit m numerierten Zweige haben die gleiche *Gruppengeschwindigkeit* v_g, jedoch verschiedene *Phasengeschwindigkeiten* v:

(7.4 - 14d) $\quad v = \pm(c/n) \cdot [1 \pm (\lambda/L) \cdot m]^{-1}$ mit $\lambda = 2\pi c / n\omega$, m = 0, ±1, ±2, ...

(7.4 - 14e) $\quad v_g = c/n$

Die Schnittpunkte der verschiedenen Zweige der Dispersionsrelation (7.4 - 14b) erfüllen die *Bragg-Bedingung*:

(7.4 - 14f) $\quad Re\,\beta = 2\pi / \lambda_{eff} = r \cdot (\pi/L)$ mit $r = 0, \pm 1, \pm 2, ...$

Unter dieser Bedingung treten die für periodische Medien charakteristischen Effekte auf, zum Beispiel Bragg-Effekt und "Distributed Feedback". Der Parameter r kennzeichnet die Ordnung des Bragg-Effekts.

Zur Illustration der Wellen in periodischen linearen optischen Medien *schwacher und starker Modulation* eignet sich die in Figur 7.4 - 7 dargestellte *allgemeine Rechteckmodulation*. Sie wird durch folgendes $K(\omega, z)$ beschrieben:

(7.4 - 15a) $\quad 0 < z < L/2: \; K(\omega, z) = K_1 = K - \Delta K$
$\quad\quad\quad\quad\; L/2 < z < L: \; K(\omega, z) = K_2 = K + \Delta K$

mit $\quad K = n\omega/c + i\alpha, \; \Delta K = \frac{1}{2}\{\Delta n_\omega / c + i\Delta\alpha\}$

Der entsprechende *Translationsoperator* hat die Form:

(7.4 - 15b) $\quad \mathbf{T}(L) = \prod_{j=1}^{2} \begin{pmatrix} cos(K_j L/2) & +K_j^{-1} sin(K_j L/2) \\ -K_j sin(K_j L/2) & cos(K_j L/2) \end{pmatrix}$

Gemäss Formel (7.4 - 13d) entspricht dieser Translationsoperator folgender *Dispersionsrelation*

(7.4 - 15c) $\quad cos\,\beta L = \dfrac{K^2 cos KL - \Delta K^2 cos\Delta KL}{K^2 - \Delta K^2}$

wobei K und ΔK gemäss (7.4 - 15a) lineare Funktionen von ω sind. Diese Dispersionsrelation gilt für kleine und grosse, reelle und komplexe K und ΔK, also für jede Art Modulation.

Für *schwache Modulationen* mit | ΔK | << | K | gilt folgende *Näherung* für die Dispersionsrelation (7.4 - 15c):

(7.4 - 15d) $$(\beta - \beta_r)^2 = \{n\omega/c + i\alpha - n\omega_r/c\}^2 - \left\{\frac{n}{2}\cdot(\Delta\omega_r/c)\right\}^2$$

mit $$\left\{\frac{n}{2}(\Delta\omega_r/c)\right\}^2 = \frac{1}{2}\kappa_r^2\left\{1 - (-1)^r \cos\left(\frac{\Delta n}{2n}\pi r\right)\right\}$$

$$\kappa_r = 2\left\{\frac{\Delta n}{2nL} + \frac{i\Delta\alpha}{2\pi r}\right\}$$

$$\beta_r = \frac{n}{c}\omega_r = r\cdot\frac{\pi}{L}; r = 0, \pm 1, \pm 2, ...$$

Dabei bedeuten $\Delta\omega_r$ die *Frequenzlücke* und κ_r die *Kopplungskonstante*. Die Frequenzlücke $\Delta\omega_r$ wird bei passiven periodischen Strukturen mit $\alpha = \Delta\alpha = 0$ bei $\beta = \beta_r = r\pi/L$ beobachtet. Dann gilt

(7.4 - 15e) $$\omega(\beta_r) = \omega_r \pm \frac{1}{2}\Delta\omega_r \quad \text{mit} \quad \omega_r = r\cdot(c/n)\cdot(\pi/L)$$

wobei ω_r die *Bragg-Kreisfrequenz darstellt*. Aus (7.4 - 15d) geht hervor, dass für schwache Brechungsindex-Modulationen mit kleinem Δn die Frequenzlücke $\Delta\omega_r$ bei allen geraden Ordnungen mit r = 2,4,6,... des Bragg-Effektes in erster Näherung verschwindet. Ebenso verschwindet die Frequenzlücke $\Delta\omega_r$ für

(7.4 - 15f) $$cos\frac{\Delta n}{2n}\pi r = (-1)^r$$

Figur 7.4 - 8 zeigt Lage und Grösse der Frequenzlücken $\Delta\omega_r$ für den Bragg-Effekt erster bis dritter Ordnung r als Funktion der Rechteckmodulation Δn/2n des Brechungsindex berechnet aus (7.4 - 15c) für $\alpha = \Delta\alpha = 0$.

Die Formeln (7.4 - 15c&d) gestatten, die Dispersionsrelationen für alle Modulationstypen zu berechnen, d.h. für reine Brechungsindex-, reine Verstärkungs- und Kombinations-Modulationen. In Figur 7.4 - 9 sind die Dispersionsrelationen, d.h. Re Lβ und Im Lβ als Funktionen der normierten Frequenz nLω/c, für die reine Brechungsindex-Modulation (Δα = 0) ohne (α = 0) und mit (α > 0) Verstärkung gemeinsam mit reiner schwacher (Δα > 0) und starker (Δα > 0) Verstärkungs-Modulation (Δn = 0) aufgezeichnet.

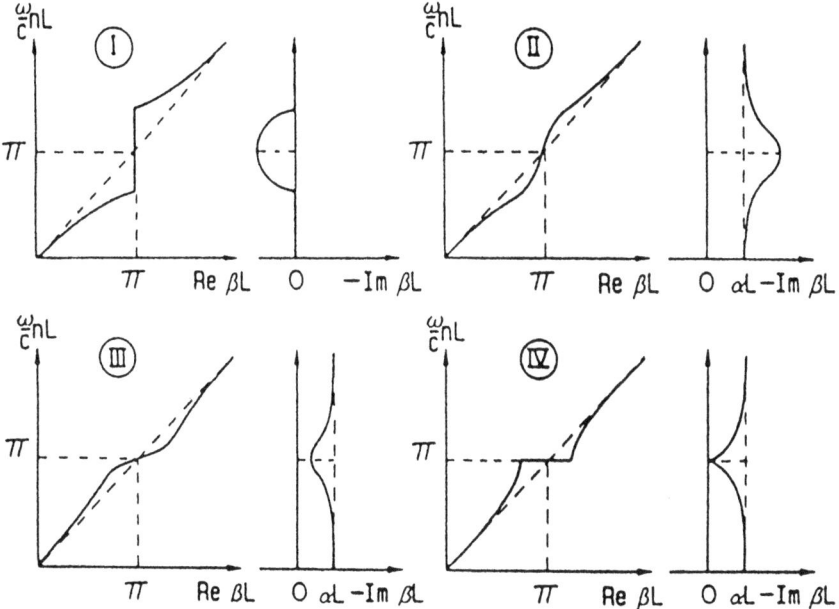

Figur 7.4 - 9: Dispersionsrelationen für die erste Ordnung Bragg- oder DFB-Effekt für I) reine Brechungsindex-Modulation ohne Verstärkung, II) reine Brechungsindex-Modulation mit Verstärkung, III) schwache reine Verstärkungs-Modulation, IV) starke reine Verstärkungs-Modulation.

Die Figur 7.4 - 9 zeigt folgende wichtige Effekte:

A) Die Frequenzlücken $\Delta\omega_r$ passiver periodischer Medien ($\alpha = \Delta\alpha = 0$) werden durch die Verstärkung ($\alpha > 0$) geschlossen.

B) Bei reiner Brechungsindex-Modulation ($\Delta n \neq 0$; $\Delta\alpha = 0$) mit Verstärkung ($\alpha > 0$) treten anstelle der Frequenzlücken $\Delta\omega_r$ resonante Zunahmen der Verstärkung $\text{Im}\beta < 0$.

C) Bei reinen Verstärkungs-Modulationen ($\Delta n = 0$; $\Delta\alpha \neq 0$; $\alpha < 0$) treten anstelle der Frequenzlücken $\Delta\omega_r$ resonante Abnahmen der Verstärkung $\text{Im}\beta < 0$.

D) Bei starker reiner Verstärkungs-Modulation ($\Delta n = 0$; $\Delta\alpha \gg 0$; $\alpha \gg 0$) entstehen Lücken im Realteil $\text{Re}\beta$ der Fortpflanzungskonstanten β. Dies bedeutet, dass zu jeder Bragg-Frequenz ω_r ein ganzer Bereich von effektiven Wellenlängen $\lambda_{\text{eff}} = 2\pi / \text{Re}\beta$ gehört.

E) Bei Kombinations-Modulationen werden die Frequenzlücken $\Delta\omega_r$ entsprechend A) geschlossen und an ihre Stellen treten resonante Zu- und Abnahmen der Verstärkung $\text{Im}\beta < 0$.

Für die *"Distributed Feedback" Laser* genügt die Kenntnis der Dispersionsrelation allein nicht. Zusatzlich notwendig sind mindestens die *Resonanzfrequenzen* und die *Schwellenverstärkungen* der einzelnen Moden. Diese können berechnet werden durch die Berücksichtigung der endlichen Länge der Laser und den entsprechenden Randbedingungen [Kogelnik & Shank 1971 Z, Gnepf & Kneubühl 1984 Z, Kneubühl & Sigrist 1989 B, Kneubühl 1993 B].

c) Die Theorie der gekoppelten Wellen

Die Theorie der gekoppelten Wellen, in Englisch "coupled-wave theory", [Brillouin 1946 B, Kogelnik & Shank 1972 Z, Kneubühl & Sigrist 1989 B, Kneubühl 1993 B] ist ein Verfahren zur *approximativen Lösung* der Wellengleichung (7.4 - 11c) der periodischen linearen optischen Medien. Sie ist mehr oder weniger beschränkt auf *schwache harmonische Modulationen* von Brechungsindex n, Verstärkung α oder Dämpfung γ = - α. Unter dieser Voraussetzung entspricht die Wellengleichung einer reellen oder komplexen Matthieu-Differentialgleichung [Morse 1930 Z, Strutt 1932 B, Abramowitz & Stegun 1965 B, Magnus & Winkler 1966 B]. Zur Lösung der Wellengleichung (7.4 - 11c) startet man in der Theorie der gekoppelten Wellen mit folgendem Ansatz:

(7.4 - 16a)
$$K(\omega,z) = K(\omega,z+L) = \{n\omega/c + i\alpha\} + \{\Delta n\omega/c + i\Delta\alpha\}cos 2\pi z/L$$
mit $\quad |\Delta n| << n \quad$ und $\quad |\alpha|, |\Delta\alpha| << n\omega/c|$

Daraus ergibt sich für $K^2(\omega, z)$ die Näherung
(7.4 - 16b)
$$K^2(\omega,z) = n^2(\omega/c)^2 + i\alpha 2n\omega/c + (n\omega/c)\{\Delta n\omega/c + i\Delta\alpha\}2cos\, 2\pi z/L$$

Bei der Theorie der gekoppelten Wellen konzentriert man sich meistens auf *Bragg- und DFB-Effekte erster Ordnung*. Bragg-Fortpflanzungskonstante β_B und Bragg-Kreisfrequenz ω_B sind daher definiert als
(7.4 - 16c) $\qquad \beta_B = \pi/L \quad$ und $\quad \omega_B = \pi c/nL$

Zur Lösung der Wellengleichung (7.4 - 11c) mit der harmonischen Modulation (7.4 - 16b) von $K^2(\omega, z)$ macht man für u(z) den Ansatz:
(7.4 - 17a) $\qquad u(z) = E_+(z)\,exp(+i\beta_B z) + E_-(z)exp(-i\beta_B z)$

Das positive Vorzeichen entspricht einer nach + z laufenden, das negative einer nach - z laufenden harmonischen Welle mit der Bragg-Fortpflanzungskonstante β_B. Die harmonische Modulation durch das in (7.4 - 16a) definierte periodische $K(\omega, z)$ ist proportional zu

(7.4 - 17b) $\quad 2\cos(2\pi z/L) = 2\cos 2\beta_B z = \exp(-2i\beta_B z) + \exp(+2i\beta_B z)$

und *koppelt daher die* in (7.4 - 17a) beschriebenen *beiden nach links und nach rechts laufenden Wellen* mit der Fortpflanzungskonstanten β_B. Diese Kopplung bewirkt eine Änderung der beiden Amplituden E_+ und E_- längs dem periodischen Medium, d.h. beide sind Funktionen von z. Die Energie einer dieser Wellen wird durch die Kopplung auf die andere übertragen und vice versa.

Zur Berechnung der ortsabhängigen Amplituden $E_+(z)$ und $E_-(z)$ setzen wir voraus, dass ihre zweiten Ableitungen $d^2 E_\pm(z)/d^2 z$ vernachlässigbar sind. Durch Kombination von (7.4 - 11c), (7.4 - 16b) und (7.4 - 17a) findet man das *Gleichungssystem der gekoppelten Wellen*:

(7.4 - 17c) $\quad \dfrac{d}{dz}\begin{pmatrix} E_-(z) \\ E_+(z) \end{pmatrix} = \begin{pmatrix} -i[\Delta\omega(n/c)+i\alpha] & -i\kappa \\ +i\kappa & +i[\Delta\omega(n/c)+i\alpha] \end{pmatrix}\begin{pmatrix} E_-(z) \\ E_+(z) \end{pmatrix}$

mit $\quad \Delta\omega = (\omega - \omega_B) \quad$ und $\quad 2\kappa = [(\Delta n/n)(\pi/L) + i\Delta\alpha]$

In dieser Gleichung bezeichnet κ die *Kopplungskonstante*.

Die Eigenwerte $i\Delta\beta$ der Matrix, welche das Gleichungssystem (7.4 - 17c) charakterisiert, berechnen sich aus folgender Gleichung

$$\det\begin{pmatrix} -i[\Delta\omega(n/c)+i\alpha+\Delta\beta] & -i\kappa \\ +i\kappa & +i[\Delta\omega(n/c)+i\alpha-\Delta\beta] \end{pmatrix} = 0,$$

oder

(7.4 - 17d) $\quad \{\Delta\omega(n/c)+i\alpha\}^2 = \kappa^2 + \Delta\beta^2$

mit $\quad \Delta\beta = \beta - \beta_B \quad$ und $\quad \Delta\omega = \omega - \omega_B$

$\Delta\beta$ bestimmt einerseits die Abweichung der Fortpflanzungskonstanten β von β_B, andrerseits die Periode $\Omega = 2\pi/\text{Re}\Delta\beta$ der Modulation der Amplituden $E_\pm(z)$ durch die Kopplung. Die Gleichung (7.4 - 17d) repräsentiert die *Dispersionsrelation* in der Umgebung des Bragg- oder DFB-Effektes erster Ordnung, d.h. in der Nähe der Bragg-Fortpflanzungskonstanten $\beta_B = \pi/L$ und der Bragg-Kreisfrequenz ω_B. Diese Dispersionsrelation (7.4 - 17d) entspricht der approximativen Dispersionsrelation 7.4 - 15d der Matrix-Theorie. Auch sie ergibt für reine Brechungsindex-Modulation ($\Delta\alpha = 0$) ohne Verstärkung ($\alpha = 0$) eine *Frequenzlücke*:

(7.4 - 17e) $\quad \omega(\beta_B) = \omega_B \pm (\Delta\omega_B/2) \quad$ mit $\quad \Delta\omega_B = 2(c/n)\kappa$

welche gemäss Formel (7.4 - 15d) der mit der Matrix-Methode bestimmten Frequenzlücke $\Delta\omega_l$ entspricht.

In Bezug auf *"Distributed Feedback" Laser* ist zu erwähnen, dass die Dispersionsrelation (7.4 - 17d) eine *unendlich lange* periodische Laserstruktur betrifft. Dagegen werden die *Resonanzkreisfrequenzen* ω_q und *Schwellenverstärkungen* α_q, in Englisch "threshold gains", durch die *endliche Länge* R = ML und die Bedingungen an den Rändern der Laserstruktur mitbestimmt. M ist wie in die Anzahl Perioden der Laserstruktur und L die Periode. In der Theorie der gekoppelten Wellen wird häufig angenommen, dass sich die Laserstruktur von z = -R/2 = -ML/2 bis z = +R/2 = + ML/2 erstreckt, und dass ausserdem gilt

(7.4 - 17f) $\qquad E_-(-ML/2) = E_+(+ML/2) = 0$

Diese Randbedingungen gestatten eine relativ einfache Berechnung der Resonanzkreisfrequenzen ω_q und der entsprechenden Schwellenverstärkungen α_q [Kogelnik & Shank 1972 Z, Gnepf & Kneubühl 1986 Z, Kneubühl & Sigrist 1989 B, Kneubühl 1993 B].

7. 4. 4 Wellenmechanik eines Teilchens in einem periodischen Potential

Die Wellenmechanik eines Teilchens mit der Masse m in einem periodischen eindimensionalen Potential V(z) wird bestimmt durch die *zeitabhängige Schrödinger-Gleichung*

(7.4 - 18) $\qquad i\hbar\, \psi_t(z,t) = \dfrac{-\hbar^2}{2m}\, \psi_{zz}(z,t) + V(z)\, \psi(z,t)$

mit $\qquad V(z) = V(z+L)\quad$ und $\quad F(z) = F(z+L) = -V_z(z)$

wobei F(z) die periodische Kraft auf das Teilchen darstellt.

Weil das Potential V(z) nicht variert mit der Zeit t, existiert eine stationäre Lösung der Gleichung (7.4 - 18a) in der Form

(7.4 - 19a) $\qquad \psi(z,t) = \Psi(z)\cdot exp(-i\omega t) = \Psi(z)\cdot exp\left(-\dfrac{iE}{\hbar}t\right)$

wobei ω gemäss den Planckschen Beziehungen

(7.2 - 5) $\qquad \omega = E/\hbar\quad$ und $\quad \beta = p/\hbar$

mit der *Energie* E des stationären Zustands verknüpft ist. Gemäss (7.3 -11c) und (7.4 - 19a) ist in diesem Fall die *Aufenthaltswahrscheinlichkeit des Teilchens zeitunabhängig*:

(7.4 - 19b) $\qquad \rho = \psi*(z,t)\,\psi(z,t) = \Psi*(z)\cdot\Psi(z) = \rho(z)$

Kombiniert man die Gleichungen (7.4 - 18) und (7.4 - 19a), so erhält man die *zeitunabhängige Schrödinger-Gleichung*

(7.4 - 19c) $\quad \Psi_{zz}(z) + \frac{2m}{\hbar^2}(E - V(z)) \cdot \Psi(z) = 0$

mit $\quad V(z) = V(z+L)$ und $E = \hbar\omega$

Diese Gleichung ist *analog zur Wellengleichung* (7.4 - 11c) *periodischer linearer optischer Medien:*

(7.4 - 11c) $\quad u_{zz}(z) + K^2(\omega,z) \cdot u(z) = 0$ mit $K(\omega,z) = K(\omega, z+L)$,

wenn man setzt

(7.4 - 20) $\quad K^2(\omega,z) = \frac{2m}{\hbar^2}(\hbar\omega - V(z))$

Somit können die Lösungen der Wellengleichung (7.4 - 11c) als Lösungen der zeitunabhängigen Schrödinger-Gleichung (7.4 - 19c) verwendet werden, sofern die Planckschen Beziehungen (7.2 - 5) in Betracht gezogen werden. Dabei entspricht einer Dispersionsrelation ω (β) die Energie - Impuls - Relation E(p).

Die *Wellenfunktionen* Ψ(z) der Lösungen der eindimensionalen zeitunabhängigen Schrödinger-Gleichung (7.4 - 19c) zeigen besondere Eigenschaften:

Gemäss dem *Theorem von Floquet* existieren zu jeder Energie E zwei Lösungen $\Psi_r(z)$, r = 1,2 für die gilt [Flügge 1990 B]:

(7.4 - 21a) $\quad \Psi_r(z+L) = \lambda_r \Psi_r(z) \quad , \quad r = 1, 2,$ wobei
(7.4 - 21b) $\quad \lambda_1 \cdot \lambda_2 = 1$

Das *Theorem von Bloch* postuliert, dass diese Wellenfunktionen charakterisiert sind durch die Form

(7.4 - 22a) $\quad \Psi_r(z) = \Psi(z,\pm\beta) = \Phi(z,\pm\beta) \cdot exp(\pm i\beta z)$ mit
(7.4 - 22b) $\quad \Phi(z+L,\pm\beta) = \Phi(z,\pm\beta)$

Diese *Bloch-Funktionen* erfüllen die Bedingung

(7.4 - 22c) $\quad \Psi(z+L,\pm\beta) = \Psi(z,\pm\beta) \cdot exp(i\beta L)$

Wegen

(7.4 - 23a) $\quad exp(i2\pi \cdot n) = 1, n = 0, \pm 1, \pm 2, ...$

gilt

(7.4 - 23b) $\quad \Psi(z, \beta + n2\pi / L) = \Psi(z,\beta), \quad n = 0, \pm 1, \pm 2, ...$

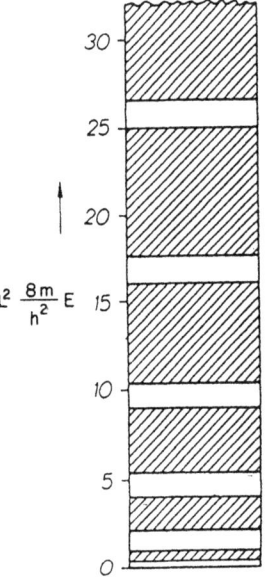

Figur 7.4 - 10: Erlaubte Energiebänder (weiss) und verbotene Zonen (schraffiert) eines Teilchens in periodischen Potential (7.4 - 21a) mit $\kappa L = 4$.

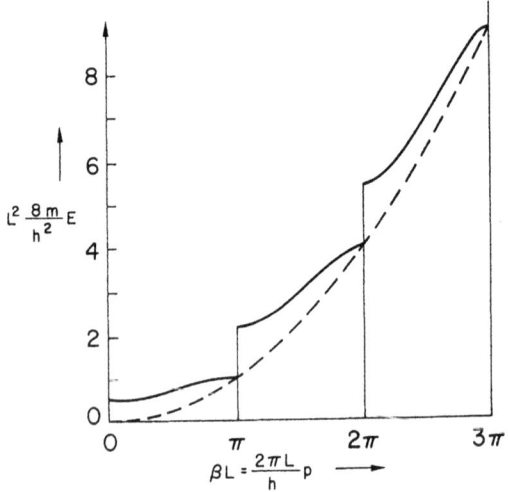

Figur 7.4 - 11: Energie-Impuls-Relationen $E(p = \hbar \beta)$ der drei tiefsten erlaubten Energiebänder eines Teilchens in periodischen Potential (7.4 - 21a) mit $\kappa L = 4$ gestrichelt eingezeichnet ist die parabolische Energie-Impuls-Relation des freien Teilchens.

Dies bedeutet, dass β und somit auch $p = \hbar\beta$ nur bis auf modulo $2\pi/L$, respektive h/L, bestimmt ist. Deshalb hat die *Energie-Impuls-Relation* E(p) eines Teilchens im periodischen Potential die *Periode*
(7.4 - 23c) $\qquad \Delta p = p_{n+1} - p_n = h/L \;\; oder \;\; \Delta\beta = \beta_{n+1} - \beta_n = 2\pi/L$

Die Bereiche der einzelnen Perioden bezeichnet man als *Brillouin-Zonen*. Für diese Bereiche gilt für das *Volumen in Phasenraum* gemäss (7.4 - 23c)
(7.4 - 23d) $\qquad \Delta p \cdot L = h$
Diese Beziehung ist wichtig für die statistische Mechanik.

Als *Illustration* dient im Folgenden die Wellenmechanik eines *Teilchens in einem Kamm-Potential* V(x) bestehend aus äquidistanten Dirac-Delta-Funktionen (2.2 - 27d) in der Form [Flügge 1990 B]

(7.4 - 24a) $\qquad V(z) = V(z+L) = \frac{\hbar^2 \kappa}{m} \sum_{n=-\infty}^{n=+\infty} \delta(z + nL)$

Dies ergibt die *Dispersionsrelation* (Flügge 1990 B)
(7.4 - 24b) $\qquad cos\,\beta L = cos\,k L + (\kappa/k) sin\,k L = \frac{cos(kL - \varphi)}{cos\varphi}$

mit $\qquad k^2 = \frac{2m}{\hbar}\omega = \frac{2m}{\hbar^2}E \quad und \quad tg\,\varphi = \kappa/k$

In der *Festkörperphysik* bezeichnet man Bereiche von E, respektive $\omega = E/\hbar$ als *erlaubte Bänder*, wenn p, respektive $\beta = p/\hbar$ reell sind. In diesem Fall ist $cos\,\beta L$ reell und $cos^2 \beta L \leq 1$. Zwischen den erlaubten Bändern sind die *verbotenen Zonen* mit p, respektive $\beta = p/\hbar$ komplex und Im $\beta > 0$. In diesen Zonen sind die *Wellen gedämpft*. Die *Grenzen oder Kanten* der erlaubten Bänder sind bestimmt durch die Bedingung
(7.4 - 24c) $\qquad cos\,\beta L = \pm 1$

Für die Dispersionsrelation (7.4 - 24b) sind die Grenzen der erlaubten Bänder
(7.4 - 24d) $\qquad$ *Unterkanten* $\;:\; k L = n\pi + 2\varphi, n = 0,1,2,...$
$\qquad\qquad\quad$ *Oberkanten* $\;:\; k L = (n+1)\pi$

Die Figuren 7.4 - 10/12 zeigen die Verhältnisse für $\kappa L = 4$. Die Figur 7.4 - 10 zeigt die erlaubten Bänder (weiss) und verbotenen Zonen (schraffiert). Die Energieskala ist $E \cdot 8 mL^2 / h^2 = (kL/\pi)^2$. In der Figur 7.4 - 11 ist die Energie - Impuls-Relation E(p), respektive die Dispersionsrelation $\omega(\beta)$ für die drei tiefsten Bänder dargestellt. Zum Vergleich ist die Energie-Impuls-Relation $E(p) = p^2/2m$ eines freien Teilchens eingezeichnet (gestrichelt). Figur 7.4 - 12 zeigt schliesslich die Energie-Impuls-Relation E(p), respektive Dispersionsrelation ω(β) mit κ L = 4 und modulo h/L reduziertem Impuls p, respektive modulo 2 π / L reduzierter Fortpflanzungskonstante β für die drei tiefsten erlaubten Bänder.

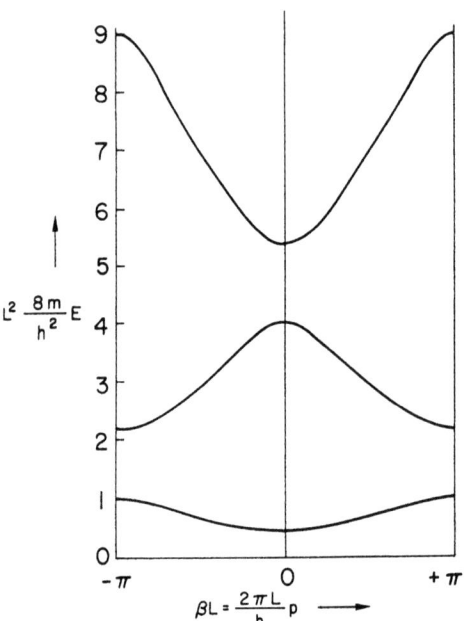

Figur 7.4 - 12: Energie-Impuls-Relation E(p = ℏ β) der drei tiefsten Energiebänder eines Teilchens im periodischen Potential (7.4 - 21a) mit κ L = 4 und modulo 2 π / L reduzierter Fortpflanzungskonstante β.

8. NICHTLINEARE WELLEN

8.1 Nichtlineare periodische und solitäre Wellen

Bei *periodischen linearen Wellen* sind Kreisfrequenz ω oder Periode $T = 2\pi/\omega$, Fortpflanzungskonstante β oder Wellenlänge $\lambda = 2\pi / \beta$, Phasengeschwindigkeit υ und Gruppengeschwindigkeit υ_g durch die Dispersionsrelation verknüpft. Die Amplitude u_0 dieser Wellen ist jedoch nicht durch die Wellengleichung bestimmt. Typische lineare periodische Wellen sind die harmonischen Wellen.

Im Gegensatz dazu ist die Amplitude u_0 bei *nichtlinearen periodischen Wellen* ebenfalls mit Kreisfrequenz ω Fortpflanzungskostante β, Phasengeschwindigkeit υ und Gruppengeschwindigkeit υ_g durch die Dispersionsrelation verknüpft. Typische nichtlineare periodische Wellen haben die Form von Flachwasserwellen, in Englisch "cnoidal waves" [Korteweg & de Vries 1895 Z]. Sie werden zur Hauptsache durch periodische Jakobische elliptische Funktionen [Abramowitz & Stegun 1965 B, Gradshteyn & Ryzhik 1965 B] beschrieben, zum Beispiel cn (x | m).

Wellengruppen, Wellenpakete und Pulse, welche durch *lineare Wellengleichungen* bestimmt sind, werden wie im vorangehenden Kapitel 7 beschrieben durch die *Dispersion* im Verlauf ihrer Fortpflanzung verbreitet, deformiert oder gar zerstört.

Im Gegensatz dazu kann bei *Wellengruppen, Wellenpaketen oder Pulsen*, welche durch *nichtlineare Wellengleichungen* bestimmt sind, *die Nichtlinearität die Wirkung der Dispersion kompensieren*. In diesem Fall bewegen sich Wellengruppen, Wellenpakete oder Pulse *ohne Veränderung*. Man spricht dann von *solitären Wellen*, in Englisch "solitary waves". Reelle solitäre Wellen $u(z, t)$ können wie folgt definiert werden [Dodd et al 1982 B, Drazin 1983 B]:

(8.1 - 1a) $\quad u(z,t) = U(z - \upsilon_g t) = U(Z)$

(8.1 - 1b) $\quad u^2(z,t) = U^2(Z) \leq c_3^2 < \infty$

(8.1 - 1c) $\quad \lim_{Z \to -\infty} U(Z) = const = c_1 \quad$ und $\quad \lim_{Z \to +\infty} U(Z) = const = c_2$

Typische Beziehungen zwischen c_1 und c_2 sind $c_1 = c_2 = 0$ sowie $c_1 - c_2 = \pm 2\pi$.

Der Begriff "*solitary wave*" wurde eingeführt von Scott-Russel [Scott-Russell 1844 Z, Dodd et al. 1982 B, Drazin 1983 B] für einzelne Wellenbuckel auf Wasser in einem engen Kanal, welche sich offenbar ohne Form- und Grössenänderung mit unverminderter Geschwindigkeit υ_g über grosse Strecken fortbewegten. Scott-Russel fand, dass die

Geschwindigkeit v_g von der maximalen Erhebung u_0 des Buckels über die ruhige Wasseroberfläche und von der Tiefe h des ruhigen Wassers im Kanal abhängt:

(8.1 - 2a) $\qquad v_g^2 = g(h + u_0)$ mit $g = 9.81 \, m/s^2$

wobei g die Erdbeschleunigung darstellt. Diese Verhältnisse sind in Figur 8.1 - 1 illustriert. Später [Boussinesq 1871 Z, Rayleigh 1876 Z] wurde bewiesen, dass dieser Wasserbuckel beschrieben werden kann durch die Formel.

(8.1 - 2b) $\qquad u(z,t) = u_0 \, \text{sech}^2 \beta(z - v_g t) = u_0 \, ch^{-2} \beta(z - v_g t)$

mit einer Fortpflanzungskonstanten β, welche bestimmt ist durch die Beziehung

(8.1 - 2c) $\qquad \beta^2 = 3 u_0 \left[4h^2(h + u_0) \right]^{-1}$ mit $u_0 > 0$

Da in dieser Beziehung die Amplitude u_0 mit der Fortpflanzungskonstante β verknüpft ist, handelt es sich beim diskutierten Wellenbuckel um eine nichtlineare Wasserwelle.

Eine allgemeine Theorie derartiger Wasserwellen wurde 1895 von Korteweg und de Vries entwickelt [Korteweg & de Vries 1895 Z]. Das Resultat ist die *Korteweg-de- Vries-Gleichung*:

(8.1 - 3) $\qquad u_t = \dfrac{3}{2} \sqrt{g/h} \{ u u_z + \sigma u_{zzz} + \alpha u_z \}$

mit $\qquad 9\sigma = h^3 - 3hT/g\rho$

T ist die Oberflächenspannung [Kneubühl 1994 B], ρ die Dichte und α eine beliebige kleine Konstante.

Siebzig Jahre später bemerkten Zabusky und Kruskal, dass derartige solitäre Wellen *sich bei Zweier- und Mehrfach-Kollisionen ohne Veränderung von Form und Grösse durchdringen* [Zabusky & Kruskal 1965 Z]. Deshalb bezeichneten sie solitäre Wellen mit dieser Eigenschaft als *Solitonen*. Dies besagt, dass diese solitären Wellen Eigenschaften von Teilchen haben.

In den folgenden Unterkapiteln 8.2 - 8.8 werden die bekanntesten Solitonen, solitären Wellen und periodischen nichtlinearen Wellen besprochen. Nicht erwähnt werden *Erhaltungssätze*, in Englisch "conservation laws" [Bhatnagar 1979 B, Drazin 1983 B, Zwillinger 1989 B]. Diese sind eine Folge der *Kontinuitätsgleichung* in einer Dimension:

(8.1 - 4) $\qquad \rho_t + j_z = 0$ mit $\rho = \rho(u, \cdot\cdot), j = j(u, \cdot\cdot)$

ρ repräsentiert eine Dichte, j eine Stromdichte.

Als Beispiel dient die Kontinuitätsgleichung von Fluiden, bei der gilt

(8.1 - 5) $\qquad \rho(u, \cdot\cdot) = \rho(z,t)$ und $j(u, \cdot\cdot) = \rho(z,t) \cdot v(z,t)$

Wenn ρ_t und j_z der Gleichung (8.1 - 4) über z integriert werden können gilt allgemein:

(8.1 - 6a) $$\frac{d}{dt}\int_{-\infty}^{+\infty}\rho\,dz = -[j]_{-\infty}^{+\infty} = 0, \text{ oder}$$

(8.1 - 6b) $$\int_{-\infty}^{+\infty}\rho(z,t)dz = const.$$

Wellengleichungen können oft so umgeformt werden, dass sie der Kontinuitätsgleichung (8.1 - 4) entsprechen. Dies gestattet *spezifische Dichten ρ und Stromdichten j* zu definieren. Als Beispiel eignet sich die *normierte Korteweg-de Vries-Gleichung*.

(8.4 - 1) $$u_t + 6uu_z + u_{zzz} = 0.$$

Folgende Beispiele von ρ und j können in diesem Fall erwähnt werden:

α) Durch Vergleich von (8.1 - 4) und (8.4 - 1) findet man

(8.1 - 7a) $\qquad \rho = u \quad$ und $\quad j = 3u^2 + u_{zz}$

sowie den *Erhaltungssatz*

(8.1 - 7b) $$\int_{-\infty}^{+\infty} u(z,t)dz = const$$

β) Multipliziert man (8.4 - 1) mit 2 u so kann man setzen

(8.1 - 8a) $\qquad \rho = u^2 \quad$ und $\quad j = 2u^3 - u_z^2 + 2uu_{zz}$.

Dementsprechend gilt der *Erhaltungssatz*

(8.1 - 8b) $$\int_{-\infty}^{+\infty} u^2(z,t)dz = const$$

Bei der Korteweg-de Vries-Gleichung (8.4 - 1) existiert eine unendliche Reihe derartiger Erhaltungssätze [Zwillinger 1989 B].
Spezifische Dichten ρ und Stromdichten j können auch für *lineare Wellengleichungen* eingeführt werden, wie zum Beispiel für die *lineare Schrödinger-Gleichung* eines Teilchens in einem Potential V(z):

(8.1 - 9a) $$iu_t = -u_{zz} + V(z)\cdot u$$

In diesem Fall setzt man [Zwillinger 1989 B]

(8.1 - 9b) $\qquad \rho = ir(z)\cdot u \quad$ und $\quad j = r(z)u_z - r'(z)u$

wobei r(z) durch die Differentialgleichung

(8.1 - 9c) $\qquad r''(z) + V(z)r(z) = 0$

bestimmt ist. Dementsprechend gilt der *Erhaltungssatz*

(8.1 - 9d) $$i\int_{-\infty}^{+\infty} r(z)u(z,t)dz = const$$

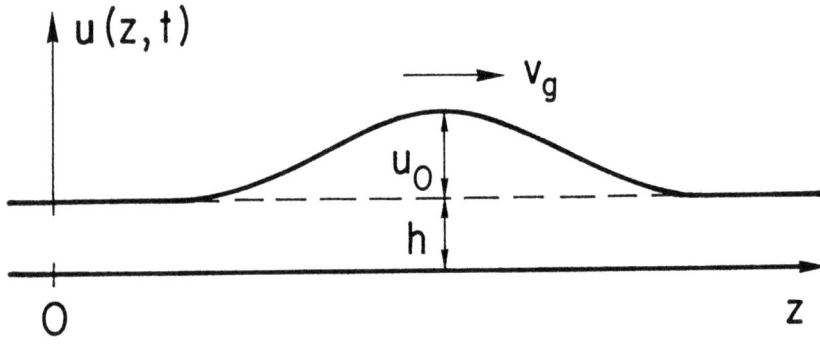

Figur 8.1 - 1: Solitäre Welle von Scott-Russell

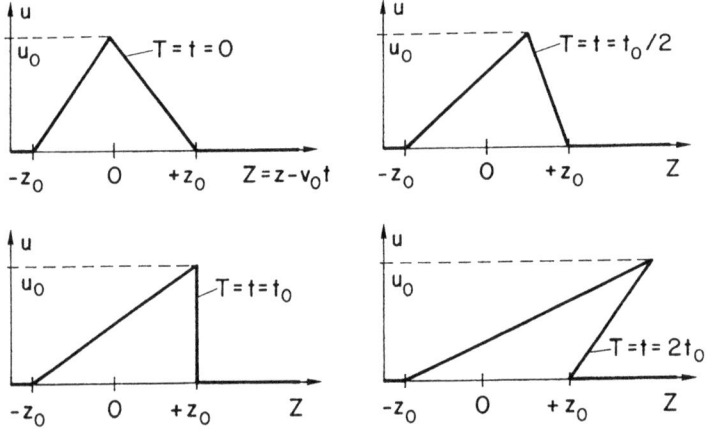

Figur 8.2 - 1: Nichtlineare Welle ohne Dispersion gemäss (8.2 - 4 abc)

8.2 Dispersionsfreie nichtlineare Wellen

Die *lineare reduzierte Hertz-Gleichung* des Kapitels 7.3.2
(7.3 - 5a) $\quad u_t + v u_z = 0 \quad \text{mit} \quad v = const$
beschreibt *dispersionsfreie Wellen*. Ihre *allgemeine Lösung* hat die Form
(7.3 - 5d) $\quad u(z,t) = f(z - vt) \quad \text{mit} \quad u(z,0) = f(z)$
wobei f(z) eine beliebige differenzierbare Startfunktion darstellt. Diese Lösung beschreibt Wellen ohne Dispersion, weil ihre Phasen- und Gruppengeschwindigkeiten gleich sind:
(7.3 - 5c) $\quad v = v_g$

Ersetzt man in der linearen reduzierten Hertz-Gleichung die konstante Geschwindigkeit v durch eine Geschwindigkeit, welche von der Wellenfunktion u abhängt:
(8.2 - 1a) $\quad v = v(u)$
so wird die *reduzierte Hertz-Gleichung nichtlinear:*
(8.2 - 1b) $\quad u_t + v(u) \cdot u_z = 0$
Sie hat *Lösungen* in der Form [Dodd et al. 1982 B]:
(8.2 - 1c) $\quad u = u(z,t) = f(z - v(u) \cdot t) \quad \text{für} \quad u(z,0) = f(z)$
wobei für f(z) eine beliebige differenzierbare Funktion gewählt werden kann. Auch in diesem Fall bezeichnet man die Welle als *dispersionsfrei*, weil in der Gleichung (8.2 - 1b) *kein dispersiver Term* in der Form u_{zzz}, etc. vorkommt [Dodd et al. 1982 B].

Die Bestimmung der Wellenfunktion u(z, t) anhand der impliziten Lösung (8.2 - 1c) ist für die meisten Funktionen f(z) ebenso schwierig wie mit der nichtlinearen reduzierten Hertz-Gleichung selbst. Aus diesem Grund beschränkt man sich zum Beispiel auf den *einfachen Fall* wo [Dodd et al. 1982 B, Drazin 1983 B]:
(8.2 - 2a) $\quad v = v_0 + u$
Dieser Ansatz ergibt die *Wellengleichung*
(8.2 - 2b) $\quad u_t + (v_0 + u)u_z = u_t + v_0 \cdot u_z + u \cdot u_z = 0$
mit den Lösungen
(8.2 - 2c) $\quad u(z,t) = f(z - v_0 t - u(z,t) \cdot t) \quad \text{für} \quad u(z,0) = f(z)$
Diese Gleichungen lassen sich vereinfachen mit Hilfe der *Galilei-Transformation*
(8.2 - 3a) $\quad Z = z - v_0 t \quad \text{und} \quad T = t$
Die resultierenden Gleichungen sind [Bhatnagar 1979 B]
(8.2 - 3b) $\quad u_T + u \cdot u_Z = 0 \quad , \quad \text{und}$

(8.2 - 3c) $\quad u(Z,T) = f(Z - u(Z,T) \cdot T) \quad \text{für} \quad u(Z,0) = f(Z)$

Die nichtlinearen reduzierten Hertz-Gleichungen (8.2 - 1b), (8.2 - 2b) und (8.2 - 3b) bedeuten *Nichtlinearität bei fehlender Dispersion*. Ihre Wirkung kann gut illustriert werden mit der Startfunktion

(8.2 - 4a) $\quad u(z,0) = f(z) = u_0 \cdot \Lambda(z/z_0) \quad$ mit $\quad z_0 > 0, u_0 > 0$

wobei

(8.2 - 4b) $\quad \Lambda(x) = \begin{cases} 0 & \text{für } |x| \geq 1 \\ 1 - |x| & \text{für } |x| \leq 1 \end{cases}$

die Dreiecks-Funktion [Bracewell 1986 B], in Englisch "triangle function" darstellt.

Dieser Ausgangsfunktion f(z) entspricht die Wellenfunktion

(8.2 - 4c) $\quad u(Z,T) = u_0 \dfrac{1 + (Z/z_0)}{1 + (T/t_0)} \quad$ für $\quad -z_0 \leq Z - uT \leq 0$

$\quad u(Z,T) = u_0 \dfrac{1 - (Z/z_0)}{1 - (T/t_0)} \quad$ für $\quad 0 \leq Z - uT \leq z_0$

$\quad u(Z,T) = 0 \quad$ für $\quad |Z - uT| \geq z_0 \quad$ mit $\quad t_0 = z_0/u_0$,

welche in Figur 8.2 - 1 für T = t = 0, $t_0/2$, t_0, $2 t_0$, illustriert ist. Diese Figur zeigt, dass bei dieser Welle die grossen Werte von u sich rascher bewegen als die kleinen. Bei T = t = t_0 bildet u(Z,T) eine *Schockwelle*. Für T = t > t_0 überschlägt sich die Welle u(Z, T), in Englisch "The wave breaks". Die Funktion u(Z, T) wird dabei mehrwertig [Dodd et al. 1982 B].

Schockwellen und *Wellenbrechung* sind charakteristisch für nichtlineare Wellen *ohne Dissipation und Dispersion*. Dissipations- und Dispersionsterme u_{zz}, u_{zzz}, etc. in der Wellengleichung können die *Brechung der Wellen verhindern* [Dodd et al. 1982 B], wie in Kap. 8.3 gezeigt wird.

8.3 Nichtlineare Diffusion

Die einfachste nichtlineare Diffusion wird beschrieben durch *Burgers Gleichung* [Burgers 1948 Z, Dodd et al. 1982 B, Drazin 1983 B]. Diese entsteht, wenn man der nichtlinearen reduzierten Hertz-Gleichung (8.2 - 3b) einen Dissipations- oder Diffusions-Term u_{zz} zufügt:

(8.3 - 1) $\quad u_t + u u_z = D \cdot u_{zz}$

D ist die Diffusionskonstante. Durch Elimination des nichtlinearen Terms $u u_z$ aus dieser Gleichung erhält man die lineare Diffusionsgleichung (7.2 - 15a).
Burgers Gleichung kann durch zwei Arten Transformationen in die lineare Diffusionsgleichung (7.2 - 15a) verwandelt werden:

α) Bei der *Cole - Hopf - Transformation* [Hopf 1950 Z, Cole 1951 Z, Dodd et al. 1982 B, Drazin 1983 B] setzt man

(8.3 - 2a) $$u(z,t) = -2D\frac{\partial}{\partial z}(\ln W(z,t))$$

und erhält durch Einsetzen in (8.3 - 1) und Integration von u über z:
(8.3 - 2b) $$W_t - f(t) \cdot W = D \cdot W_{zz}$$

wobei f(t) eine frei wählbare Funktion der Zeit t ist. Setzt man zudem

(8.3 - 2c) $$W(z,t) = w(z,t) \cdot exp \int_{t_0}^{t} f(\tau) d\tau$$

so findet man, dass w(z, t) die lineare Diffusionsgleichung erfüllt:
(7.2 - 15a) $$w_t = D \cdot w_{zz}$$

β) Bei der *Bäcklund - Transformation* [Drazin 1983 B] setzt man
(8.3 - 3a) $$w_z = -uw/2D$$
(8.3 - 3b) $$w_t = (u^2 - 2Du_z) \cdot w/4D$$

und findet
(8.3 - 1) $$u_t + uu_z = D \cdot u_{zz} \quad , \quad \text{und}$$
(7.2 - 15a) $$w_t = D \cdot w_{zz}$$

Eine *zeitunabhängige Lösung* von Burgers Gleichung ist
(8.3 - 4) $$u(z,t) = u(z) = -2D[z - z_0]^{-1}$$

Die folgende *zeitabhängige Lösung* beschreibt eine Welle mit dem *Taylor-Schock-Profil* [Dodd et al. 1982 B, Drazin 1983 B]:
(8.3 - 5) $$u(z,t) = v_0 \cdot [1 - tanh\{v_0(z - v_0 t)/2D\}],$$

welche sich mit konstanter Geschwindigkeit v_0 bewegt. Beliebig kleine D > 0 *verhindern die Wellenbrechung*, welche für D = 0 gemäss (8.2 4c) für T = t > t_0 auftritt.

8.4 Die Korteweg - de Vries Gleichung

8.4.1 Aequivalente Gleichungen
Addiert man zur nichtlinearen reduzierten Hertz-Gleichung (8.2 - 3b) den *Dispersionsterm* u_{zzz} so erhält man die *Normalform* der *Korteweg - de Vries-Gleichung*, abgekürzt *KdV - Gleichung* [Korteweg & de Vries 1895 Z]
(8.4 - 1) $$u_t + 6uu_z + u_{zzz} = 0$$

In der Literatur werden verschiedene andere Formen dieser Gleichung verwendet [Dodd et al. 1982 B, Drazin 1983 B, Drazin & Johnson 1989 B, Ablowitz & Clarkson 1991 B].

Diese lassen sich durch *lineare Variablen-Transformation* von der Normalform (8.4 - 1) herleiten:

(8.4 - 2a) $\quad\quad u = \alpha(w + v_0), z = \beta Z, t = \gamma T$

Das Resultat der Transformation ist

(8.4 - 2b) $\quad\quad w_T + 6(\alpha\gamma/\beta)(w + v_0)w_Z + (\gamma/\beta^3)w_{ZZZ} = 0$

Setzt man

(8.4 - 3a) $\quad\quad u(z,t) = \dfrac{\partial}{\partial z} w(z,t) \quad ,$

so findet man

(8.4 - 3b) $\quad\quad w_t + 3(w_z^2) + w_{zzz} = g(t)$

wobei g(t) eine beliebige Funktion der Zeit t ist.
Wenn gilt

(8.4 - 4a) $\quad\quad g(t) = 0,$

dann verwandelt die *Cole-Hopf-Transformation* [Hopf 1950 Z, Cole 1951 Z, Dodd et al. 1982 B]:

(8.4 - 4b) $\quad\quad w(z,t) = 2\dfrac{\partial}{\partial z}\ln f(z,t) \quad \text{und} \quad u(z,t) = 2\dfrac{\partial^2}{\partial z^2}\ln f(z,t)$

die nichtlineare Gleichung (8.4 - 3b) und die Normalform (8.4 - 1) der KdV-Gleichung in die homogene *Hirota-Gleichung* [Hirota 1971 Z, Dodd et al. 1982 B]:

(8.4 - 4c) $\quad\quad f f_{zt} - f_z f_t + f f_{zzzz} + 3 f_{zz}^2 - 4 f_z f_{zzz} = 0$

Wichtige Lösungen der KdV-Gleichung (8.4 - 1) und ihren äquivalenten Gleichungen repräsentieren Wellen mit endlichen Amplituden, welche sich mit einer konstanten Geschwindigkeit v bewegen und dabei ihre Form nicht ändern. Diese *formfesten laufenden Wellen*, in Englisch "travelling waves", werden beschrieben durch Wellenfunktionen U(Θ) einer einzigen Variablen Θ, die eine Linearkombination von z und t darstellt

(8.4 - 5) $\quad\quad u(z,t) = U(\Theta) \quad \text{mit} \quad U^2(\Theta) < \infty ,$

wobei $\quad\quad \Theta = \beta z - \omega t + \delta = \beta(z - v_0 t) + \delta \quad \text{und} \quad v_0 = \omega/\beta$

Verwendet man den Ansatz (8.4 - 5a) zur Lösung der Normalform (8.4 - 1) der KdV-Gleichung, so findet man vorerst die Differentialgleichung

(8.4 - 6a) $\quad\quad (6U - v_0)U' + \beta^2 U''' = 0$

Die Integration dieser Gleichung über Θ ergibt

(8.4 - 6b) $\quad\quad \beta^2 U'' - v_0 U + 3U^2 = A$

oder $\quad\quad \dfrac{1}{2}\beta^2 \dfrac{d}{dU}(U')^2 - v_0 U + 3U^2 = A$

Integriert man diese Gleichung über U so erhält man

(8.4 - 6c) $$\frac{1}{2}\beta^2(U')^2 = B + AU + \frac{1}{2}v_0 U^2 - U^3,$$

wobei A und B beliebige Konstanten sind. Unter der Voraussetzung, dass

(8.4 - 6d) $$(U')^2 \geq 0,$$

kann die Gleichung (8.4 - 6c) umgeformt werden in

(8.4 - 6e) $$\left[B + AU + \frac{1}{2}v_0 U^2 - U^3 \right]^{-1/2} \beta\, dU = \sqrt{2}\, d\Theta$$

oder $$[-(U-a)(U-b)(U-c)]^{-1/2} \sqrt{2}\, \beta\, dU = \sqrt{2}\, d\Theta$$

mit $a \leq b \leq c$

Die Lösungen dieser Gleichung sind *elliptische Integrale erster Art* [Abramowitz & Stegun 1965 B, Gradshteyn & Ryzhik 1965 B]. Lösungen U(Θ) gemäss (8.4 - 5a) gibt es nur für reelle a, b, c. Es existieren drei Typen von Lösungen [Ablowitz & Clarkson 1991 B]:

(8.4 - 6f) $a < b < c$:   U(Θ) = periodische "cnoidal waves"

$a = b < c$:   U(Θ) = Solitonen, solitäre Wellen

$a \leq b = c$:   U(Θ) = const

Die Solitonen und die periodischen "cnoidal waves", in Deutsch Flachwasserwellen, werden in den folgenden Unterkapiteln besprochen.

Wenn man die formfesten laufenden Wellen mit Hilfe der *Hirota-Gleichung* (8.4 - 4c) berechnet, setzt man

(8.4 - 7a) $$f(z,t) = F(\Theta)$$

mit $\Theta = \beta z - \omega t + \delta = \beta(z - v_0 t) + \delta$ und $v_0 = \omega / \beta$

Verwendet man diesen Ansatz für die Hirota-Gleichung (8.4 - 4c) so findet man

(8.4 - 7b) $$v_0 = \omega / \beta = \beta^2 \left[FF^{(4)} + 3(F'')^2 - 4F'F''' \right] \cdot \left[FF'' - (F')^2 \right]^{-1}$$

(8.4 - 7c) $$U(\Theta) = U(\beta z - \omega t + \delta) = \frac{2\beta^4}{v_0 F^2} \left[FF^{(4)} + 3(F'')^2 - 4F'F''' \right]$$

Die erste Gleichung entscheidet ob die gewählte Funktion F(Θ) eine Lösung ergibt. Wenn ja, dann bestimmt sie "Dispersionsrelation" v_0 (β) oder ω(β). Die zweite Gleichung bestimmt in diesem Fall die Lösung U(β z - ω t + δ). Diese Gleichungen können benützt werden zur Ermittlung von Solitonen-Lösungen der KdV - Gleichung [Hirota 1971 Z, Dodd et al. 1982 B, Ablowitz & Clarkson 1991 B].

8.4.2 Korteweg - de Vries - Solitonen

Die Lösungen der KdV-Gleichung (8.4 -1) bilden *Solitonen*, wenn gemäss (8.4 - 6f) die Parameter a, b, c der Gleichung (8.4 - 6e) reell sind und die Bedingung a = b < c erfüllen.

Am einfachsten findet man Solitonen-Lösungen mit den modifizierten Hirota-Gleichungen (8.4 - 7b & c). Ein *einzelnes Soliton* erhält man, wenn man setzt

(8.4 - 8a) $\quad\quad F(\Theta) = ch\,\Theta$

Mit diesem Ansatz ergibt die Gleichung (8.4 - 7b) die "Dispersionsrelation":

(8.4 - 8b) $\quad\quad v_0 = \omega/\beta = 4\beta^2$

Das entsprechende Soliton ist gemäss Gleichung (8.4 - 7c):

(8.4 - 8c) $\quad\quad u(z,t) = U(\Theta) = \frac{1}{2} v_0 \, sech^2\left[\frac{1}{2}\sqrt{v_0} \cdot (z - v_0 t - z_0)\right]$

Dieses Soliton ist illustriert in Figur 8.4 - 1. Seine Höhe u_{max} und Halbwertsbreite $\Delta z_{1/2}$ sind abhängig von seiner Geschwindigkeit v_0:

(8.4 - 8d) $\quad\quad u_{max} = v_0/2 \text{ und } \Delta z_{1/2} \approx \dfrac{3 \cdot 524}{\sqrt{v_0}}$

Das *gleiche Soliton* (8.4 - 8c) findet man, wenn man in den modifizierten Hirota-Gleichungen (8.4 - 7b&c) setzt

(8.4 - 9a) $\quad\quad F(\Theta) = 1 + exp\,\Theta$

Die Gleichung (8.4 - 7b) ergibt bei diesem Ansatz die *"Dispersionsrelation"*

(8.4 - 9b) $\quad\quad v_0 = \omega/\beta = \beta^2$

Obschon sich diese "Dispersionsrelation" von derjenigen der Gleichung (8.4 - 8b) unterscheidet, erhält man durch Einsetzen von (8.4 - 9a&b) in die Gleichung (8.4 - 7c) ebenfalls das Soliton (8.4 - 8c).

Eine *allgemeinere Form des Solitons* (8.4 - 8c) findet man, wenn man die Formel (8.4 - 6e) integriert mit der Voraussetzung a, b, c reell und a = b < c [Ablowitz & Clarkson 1991 B]:

(8.4 - 10a) $\quad\quad v_0 = \omega/\beta = 4\beta^2$

(8.4 - 10b) $\quad\quad u(z,t) = u_0 + \frac{1}{2} v_0 \, sech^2\left\{\frac{1}{2}\sqrt{v_0}\left[2 - (v_0 + 6u_0)t - z_0\right]\right\}$

Die Geschwindigkeit v dieses Solitons ist somit

(8.4 - 10c) $\quad\quad v = v_0 + 6u_0$

Die Hirota-Gleichung (8.4 - 4c) wurde hergeleitet zur Berechnung der n-Solitonen-Lösungen der KdV-Gleichung (8.4 - 1) [Hirota 1971]. Die *Zwei-Solitonen-Lösung* erhält man mit dem Ansatz [Dodd et al. 1982 B]:

(8.4 - 11a) $\quad\quad u = 2\dfrac{\partial^2}{\partial x^2} f$

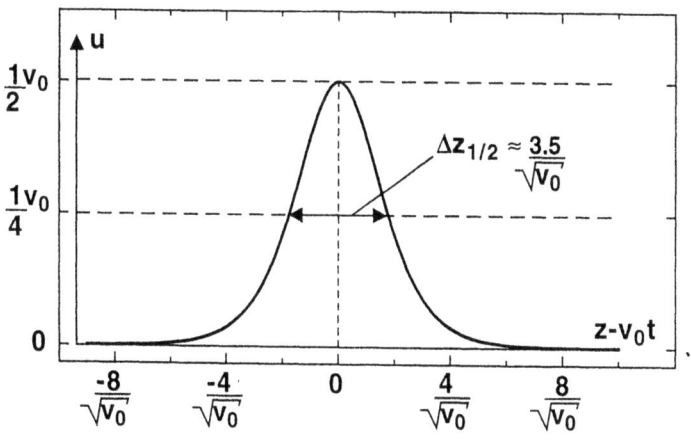

Figur 8.4 - 1: Korteweg - de Vries - Soliton gemäss (8.4 - 8c).

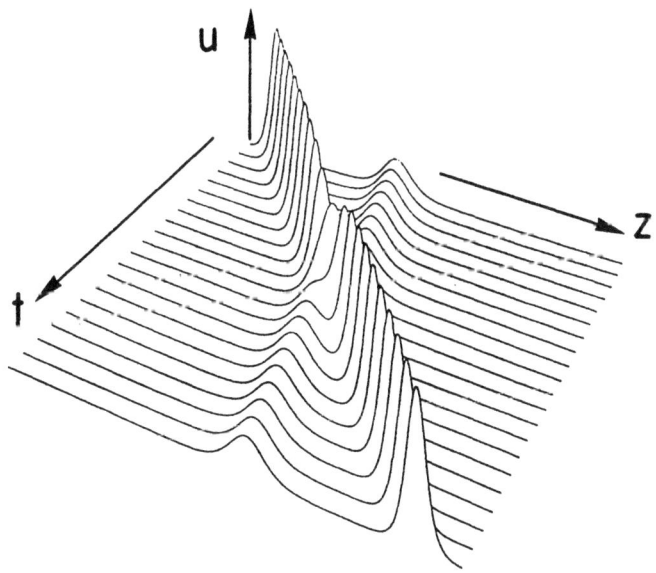

Figur 8.4 - 2: Kollision von zwei Korteweg - de Vries - Solitonen

$$f = 1 + exp\,\Theta_1 + exp\,\Theta_2 + A \cdot exp(\Theta_1 + \Theta_2)$$

$$\Theta_k = \beta_k\left(z - \beta_k^2 t\right) + \delta_k = \beta_k\left(z - \beta_k^2 t - z_k\right)$$

$$A = \left[(\beta_1 - \beta_2)/(\beta_1 + \beta_2)\right]^2$$

Die Lösung ist [Ablowitz & Clarkson 1991 B]
(8.4 - 11b)

$$u(z,t) = \left(\beta_2^2 - \beta_1^2\right) \frac{\left(\beta_2^2 - \beta_1^2\right) + \beta_2^2\,ch\Theta_1 + \beta_1^2\,ch\Theta_2}{(\beta_2 - \beta_1)ch(\Theta_2 + \Theta_1) + (\beta_2 + \beta_1)ch(\Theta_2 - \Theta_1)}$$

Die *Durchdringung* zweier derartiger Solitonen *ohne Auswirkung* zeigt Figur 8.4 - 2. Diese Art Durchdringung charakterisiert die echten Solitonen.

8. 4. 3 Periodische Korteweg-de Vries Wellen

Die Lösungen der KdV-Gleichung (8.4 -1) sind periodische nichtlharmonische Wellen, in Englisch "*cnoidal waves*" [Korteweg & de Vries 1895 Z], wenn entsprechend (8.4 - 6f) die Parameter a, b, c der Gleichung (8.4 - 6e) reell sind und die Bedingung a < b < c erfüllen. Diese Wellen haben die Form [Drazin 1983 B, Ablowitz & Clarkson 1991 B]:

(8.4 - 12a) $\qquad u = u_0 + \dfrac{m}{2} v_0\, cn^2(\dfrac{1}{2}\sqrt{v_0}\,[z - vt - z_0]\,|\,m)$,

sowie die Geschwindigkeit
(8.4 - 12b) $\qquad v = (2m - 1)v_0 + 6u_0$,

die Wellenlänge
(8.4 - 12c) $\qquad \lambda = 4K(m)/\sqrt{v_0}$,

und die Periode
(8.4 - 12d) $\qquad T = \lambda / v$

In diesen Gleichungen bedeuten cn(x | m) den Jacobischen elliptischen Kosinus und K(m) das vollständige elliptische Integral erster Art [Abramowitz & Stegun 1965 B, Gradshteyn & Ryzhik 1965 B], welche im Kapitel 2.5 beschrieben wurden (2.5 - 9a & b, 10 abc) und in den Figuren 2.5 - 2&3 illustriert sind.

Eine *andere Darstellung* dieser Wellen ist

(8.4 - 13a) $\qquad u = u_0 + u_1\, cn^2(\dfrac{2K(m)}{\lambda}[z - vt - z_0]\,|\,m)$

wobei u_0, u_1 und v vorgegeben sind. Der massgebende Parameter m ist bestimmt durch die Formel

(8.4 - 13b) $\qquad 0 \leq m = 2u_1\left[6u_0 + 4u_1 - v\right]^{-1} \leq 1$

Diese Formel bedeutet eine Einschränkung für u_0, u_1 und υ. Wenn m bestimmt ist, kann auch die Wellenlänge λ und die Periode T berechnet werden

(8.4 - 13c) $\qquad \lambda = K(m) \cdot \sqrt{8m/u_1}$

(8.4 - 13d) $\qquad T = K(m)\sqrt{8m/u_1 \upsilon^2}$

8.4.4 Verallgemeinerte Korteweg - de Vries - Gleichungen

Verallgemeinerte Korteweg - de Vries - Gleichungen entsprechen der Differentialgleichung [Drazin 1983 B]:

(8.4 - 14a) $\qquad u_t + (n+1)(n+2)u^n u_z + u_{zzz} = 0 \quad$ mit $\quad n = 1, 2, 3, \ldots\ldots$

Die eigentliche KdV-Gleichung entspricht n = 1. Diese Gleichungen haben als Lösungen *solitäre Wellen* in der Form

(8.4 - 15) $\qquad u^n(z,t) = \frac{1}{2}\upsilon_0 \, sech^2\left\{\frac{n}{2}\sqrt{\upsilon_0}(z - \upsilon_0 t - z_0)\right\}$

Setzt man in der Gleichung (8.4 - 14a) den Parameter n = 2, dann erhält man die einfachste verallgemeinerte KdV-Gleichung

(8.4 - 14b) $\qquad u_t + 12 u^2 u_z + u_{zzz} = 0$

Zusätzlich zur solitären Welle (8.4 - 15) hat diese Gleichung eine Lösung in der Gestalt eines bewegten *oszillatorischen Pulses*, in Englisch "*breather*" oder "*bion*" [Drazin 1983 B]:

(8.4 - 16) $\qquad u(z,t) = -\sqrt{2}\,\frac{\partial}{\partial z}\arctan\left\{\frac{\beta_2 \, sin[\beta_1(z - \upsilon_1 t - z_1)]}{\beta_1 \, ch[\beta_2(z - \upsilon_2 t - z_2)]}\right\}$

mit $\qquad \upsilon_1 = 3\beta_2^2 - \beta_1^2 \quad$ und $\quad \upsilon_2 = \beta_2^2 - 3\beta_1^2$

Dieser oszillatorische Puls entspricht einer periodischen Welle mit der Geschwindigkeit υ_1, welche durch eine Enveloppe mit der Geschwindigkeit υ_2 begrenzt ist [Drazin 1983 B].

8.5 Nichtlineare Klein - Gordon - Gleichungen

8.5.1 Analoge Darstellungen

Die nichtlinearen Klein-Gordon-Gleichungen oder NKG-Gleichungen sind Verallgemeinerungen der in Kapitel 7.3.3 diskutierten linearen Klein-Gordon-Gleichung (7.2 - 25a). In der Physik werden sie entweder als

(8.5 - 1a) $\qquad u_{tt} - c^2 u_{zz} + \omega_C^2 \cdot \frac{d}{du}\Phi(u) = 0$

oder als

(8.5 - 1b) $\quad u_{zz} - c^{-2} \cdot u_{tt} = k_C^2 \cdot \dfrac{d}{du}\Phi(u)$

Dabei bedeuten

(7.3 - 6b) $\quad \omega_C = c\beta_C = 2\pi c / \lambda_C = mc^2 / \hbar$

die Compton-Kreisfrequenz und β_C die Compton-Kreiswellenzahl. Beispiele von nichtlinearen Klein-Gordon-Gleichungen in der Darstellung (8.5 - 1b) und Lösungen sind in Tabelle 8.5 - 1 aufgeführt. Variable und Parameter sind:

(8.5 - 2) $\quad y = z \pm \beta c t - z_0, \ \gamma = (1-\beta^2)^{-1/2}$

Die nichtlinearen Klein-Gordon-Gleichungen (8.5 - 1a&b) gelten für homogene Medien. Die Darstellung (8.5 - 1b) eignet sich zur Erweiterung auf aperiodische und periodische inhomogene Medien [Kneubühl & Feng 1991 Z]:

(8.5 - 3) $\quad u_{zz} - n^2(z) \cdot c^{-2} \cdot u_{tt} = k_C^2 \cdot \dfrac{d}{dU}\Phi(u,z)$

wobei n(z) den ortsabhängigen Brechungsindex bezeichnet.

Die beiden Darstellungen (8.5 - 1a&b) der NKG-Gleichungen können normiert werden durch die Transformation

(8.5 - 4a) $\quad T = \omega_C \cdot t \quad \text{und} \quad Z = \beta_C \cdot z.$

Das Resultat ist die Normalform:

(8.5 - 4b) $\quad u_{TT} - u_{ZZ} + \dfrac{d}{du}\Phi(u) = 0$

Mit der zusätzlichen Transformation

(8.5 - 5a) $\quad 2X = Z - T \quad \text{und} \quad 2Y = Z + T$

erhält man eine weitere Normalform:

(8.5 - 5b) $\quad u_{XY} = \dfrac{d}{du}\Phi(u)$

Die Differentialgleichung für formfeste laufende Wellen, in Englisch "travelling waves", wird von (8.5 - 4b) hergeleitet mit dem Ansatz

(8.5 - 6a) $\quad u(Z,T) = U(\Theta), \text{ wobei } U^2(\Theta) < \infty$

mit $\quad \Theta = Z - V \cdot T$

Das Resultat ist

(8.5 - 6b) $\quad (1-V^2)U'' = \dfrac{1}{2}(1-V^2)\dfrac{d}{dU}(U')^2 = \dfrac{d}{dU}\Phi(U)$

Die Integration dieser Gleichung über U ergibt

(8.5 - 6c) $\quad (1-V^2)(U')^2 = 2 \cdot [\Phi(U) + \Phi_0]$

Φ_0 ist eine frei wählbare Konstante. Damit die Lösungen dieser Gleichung reell sind, müssen die beiden Faktoren auf der rechten Seite dieser Gleichung gleiches Vorzeichen aufweisen. Diese Gleichung kann auch umgeformt werden in

Tabelle 8.5 - 1: Solitäre Lösungen von nichtlinearen Klein-Gordon Gleichungen [Kneubühl & Feng 1991]
Details sind im Text aufgeführt (8.5 - 2)

Typ	$\Phi(u)$	$\dfrac{d\Phi(u)}{du}$	$\dfrac{d^2\Phi}{du^2}(0)$	$\dfrac{d^3\Phi}{du^3}(0)$	Soliton u
Klein Gordon	$\dfrac{1}{2}u^2$	u	1	0	---
Sine - Gordon	$2\sin^2\dfrac{u}{2}$	$\sin u$	1	0	$4\tan^{-1}[\exp(\pm k_c\gamma y)]+n\pi$ ($n=0,\pm2,\pm4,...$)
	$-2\sin^2\dfrac{u}{2}$	$-\sin u$	-1	0	$4\tan^{-1}[\exp(\pm k_c\gamma y)]+n\pi$ ($n=\pm1,\pm3,\pm5,...$)
arctan	$\dfrac{1}{2}\sin^4 u$	$\dfrac{1}{2}\sin(2u)-\dfrac{1}{4}\sin(4u)$	0	0	$\dfrac{\pi}{2}\pm\tan^{-1}(k_c\gamma y)+n\pi$ ($n=0,\pm1,\pm2,...$)
ϕ^4 - model	$\dfrac{1}{2}u^2(2-u)^2$	$2u^3-6u^2+4u$	4	-12	$1\pm\tanh(k_c\gamma y)$
	$-\dfrac{1}{2}u^2+\dfrac{1}{4}u^4$	$-u+u^3$	-1	0	$\pm\tanh\left(\dfrac{k_c\gamma y}{\sqrt{2}}\right)$
	$\dfrac{1}{2}u^2-\dfrac{1}{4}u^4$	$u-u^3$	1	0	$\pm\sqrt{2}\,\mathrm{sech}(k_c\gamma y)$
ϕ^6 - model	$\dfrac{1}{8}u^2(2-u^2)^2$	$\dfrac{3}{4}u^5-2u^3+u$	1	0	$[1\pm\tanh(k_c\gamma y)]^{1/2}$
Casahorran ($n=3, 4, 5$)	$\dfrac{1}{2n^2}u^2(2-u^n)^2$	$\dfrac{1}{n^2}u(2-u^n)(2-(n+1)u^n)$	$\dfrac{4}{n^2}$	0	$[1\pm\tanh(k_c\gamma y)]^{1/n}$
sech ($n=1,2,3,...$)	$\dfrac{1}{2}u^2(1-u^n)$	$u-\dfrac{n+2}{2}u^{n+1}$	1	0	$(\pm1)^{n+1}\cdot\mathrm{sech}^{2/n}\!\left(\dfrac{n}{2}k_c\gamma y\right)$
Lorentz	$2u^3-2u^4$	$6u^2-8u^3$	0	12	$\left[1+(k_c\gamma y)^2\right]^{-1}$

(8.5 - 6d) $$\left(1-V^2\right)^{1/2}\left[\Phi(U)+\Phi_0\right]^{-1/2}dU = \sqrt{2}\,d\Theta$$

Die folgenden Betrachtungen beschränken sich auf die *Sine-Gordon-Gleichung*, welche einer speziell interessante nichtlineare Klein-Gordon-Gleichung darstellt. Meistens wird sie wie folgt definiert:

(8.5 - 7a) $\quad u_{tt} - u_{zz} + sin\,u = 0$

Das entsprechende Potential ist

(8.5 - 7b) $\quad \Phi(u) = 1 - cos\,u = 2\,sin^2(u/2)$

mit $\quad \Phi(0) = 0, \dfrac{d}{du}\Phi(0) = 0$

Die Gleichungen (8.5 - 6d) für laufende formfeste Wellen ist in diesem Fall

(8.5 - 7c) $\quad \left(1-V^2\right)^{1/2}\left[\Phi_0 + 2\,sin^2(U/2)\right]^{-1/2}d(U/2) = \dfrac{1}{\sqrt{2}}d\Theta$

mit $\quad \Theta = z - Vt - z_0$

Die Transformation

(8.5 - 7d) $\quad s = sin(U/2)$

verwandelt diese Gleichung in

(8.5 - 7e) $\quad \left(1-V^2\right)^{1/2}\left[\left(1-s^2\right)\left\{\Phi_0/2 + s^2\right\}\right]^{-1/2}ds = d\Theta$

Die Lösungen dieser Gleichung werden in den beiden nächsten Kapiteln besprochen. Sie werden bestimmt durch die Werte von Φ_0 und V^2. Im wesentlichen handelt es sich bei den Lösungen um Jacobische elliptische Funktionen [Abramowitz & Stegun 1965 B].

8.5.2 Sine - Gordon - Solitonen

Solitonen als Lösungen der SG-Gleichung (8.4 - 7a) erhält man unter den Voraussetzungen

(8.5 - 8a) $\quad V^2 < 1 \quad$ und $\quad \Phi_0 = 0$

Integriert man in diesem Fall die Gleichung (8.5 - 7c), so resultiert

(8.5 - 8b) $\quad u_{\alpha\sigma}(z,t) = U_{\alpha\sigma}(\Theta) = \alpha \cdot 4\,arc\,tan\left\{exp\left[\sigma\left(1-V^2\right)^{-1/2}\Theta\right]\right\}$

mit $\quad \alpha = \pm 1, \sigma = \pm 1$ und $\Theta = z - Vt - z_0$

Für diese Lösungen gilt

(8.5 - 8c) $\quad \Delta U = U_{\alpha\sigma}(+\infty) - U_{\alpha\sigma}(-\infty) = \alpha \cdot \sigma \cdot 2\pi$

Dementsprechend bezeichnet man sie als

(8.5 - 8d) $\quad$ "kink" - Solitonen $\quad$ für $\quad \alpha \cdot \sigma = +1 \quad$ und $\quad \Delta U = +2\pi$

$\quad\quad\quad\quad\quad$ "antikink"-Solitonen $\quad$ für $\quad \alpha \cdot \sigma = -1 \quad$ und $\quad \Delta U = -2\pi$

Figur 8.5 - 1 zeigt das "kink" - Soliton für $\alpha = \sigma = +1$ und $V^2 = 3/4$.

Diese und andere Solitonen können auch mit dem *Ansatz*

(8.5 - 9a) $$tan\left(\frac{1}{4}u(z,t)\right) = w(z,t) = f(z)/g(t)$$

ermittelt werden [Drazin 1983 B]. Wegen der Identität

(8.5 - 9b) $$sin\, u = 4w(1-w^2)\cdot(1+w^2)^{-2}$$

lässt sich die SG-Gleichung (8.5 - 7a) umformen in folgende Differentialgleichung für die Funktion w(z, t).

(8.5 - 9c) $$(1+w^2)(w_{tt} - w_{zz} + w) = 2w(w_t^2 - w_z^2 + w^2)$$

Diese Gleichung ergibt für f(z) und g(t) die Beziehung [Drazin 1983 B]:

(8.5 - 9d) $$\frac{(f''/f)'}{(f^2)'} = -\frac{(\ddot{g}/g)^{\cdot}}{(g^2)^{\cdot}} = 2\mu = const$$

mit $\quad f' = \dfrac{d}{dz}f \quad$ und $\quad \dot{g} = \dfrac{d}{dt}g$

Durch teilweise Integration der separierten Differentialgleichungen für f(z) und g(t) sowie Vergleich mit (8.5 - 9c) findet man

(8.5 - 9e) $$f'^2 = \mu f^4 + (1+\lambda)f^2 + \nu \quad \text{und} \quad \dot{g}^2 = -\mu g^4 + \lambda g^2 - \nu$$

Die Lösungen dieser Gleichungen sind *Jacobische elliptische Funktionen*.
Vorerst ist in bezug auf dieses Lösungsverfahren zu erwähnen, dass die Lösungen (8.5 - 8b) der SG-Gleichung in f(z) und g(t) aufgespalten werden kann. Dies zeigt sich, wenn man sie darstellt als

(8.5 - 9f) $$tan(\alpha u/4) = exp\, \sigma(1-V^2)^{1/2}(z - Vt - z_0)$$

Dieses Lösungsverfahren ergibt jedoch auch eine elementare Lösung, welche *zwei wechselwirkende gleiche Solitonen* darstellt. Setzt man in den Gleichungen (8.5 - 9e) die Parameter $\mu = 0$ und $\lambda > 0$, so findet man eine Lösung der Form [Drazin 1983 B]

(8.5 - 10a) $$u(z,t) = 4\, arc\, tan\left\{V\frac{sh\,\gamma z}{ch\,\gamma Vt}\right\} \quad \text{mit} \quad \gamma = (1-V^2)^{-1/2}$$

Diese Lösung ist in Figur 8.5 - 2 illustriert. Die beiden gleichen Solitonen laufen zu Beginn bei $t \ll -1$ auf einander zu, sind in Wechselwirkung bei $t \approx 0$ und trennen sich anschliessend bei $t \gg +1$ unverändert. Dies ist *charakteristisch für eigentliche Solitonen*.

Die Wechselwirkung zweier gleicher Solitonen wird noch besser illustriert, wenn man die Lösung u(z, t) der Lösung (8.5 - 10a) durch ihre partielle Ableitung $u_z(z, t)$ ersetzt:

(8.5 - 10b) $$u_z(z,t) = 4\gamma V \frac{ch\,\gamma z \cdot ch\,\gamma Vt}{sh^2\gamma z + ch^2\gamma Vt}$$

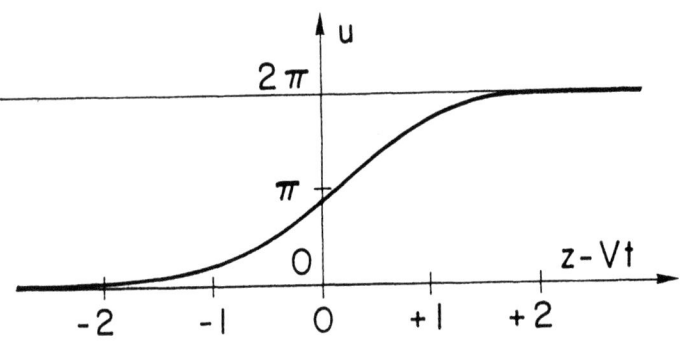

Figur 8.5 - 1: Sine - Gordon - Kink - Soliton gemäss (8.5 - 5b) mit $V^2 = 3/4$.

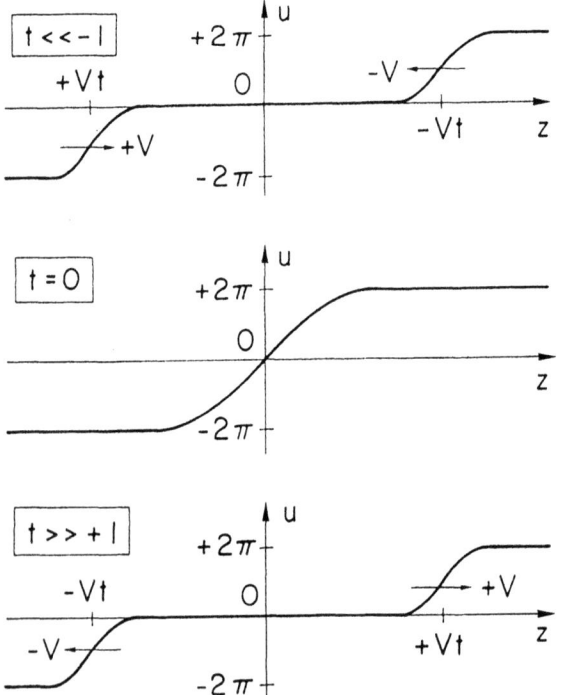

Figur 8.5 - 2: Wechselwirkung von zwei Sine - Gordon - "Kink" - Solitonen gemäss (8.5 - 10a)

Dies zeigt die Figur 8.5 - 3.

Die SG-Gleichung (8.5 - 7a) umfasst auch Solitonen in der Gestalt von *oszillatorischen Pulsen*, in Englisch "breathers" oder "bions". Setzt man in den Gleichungen (8.5 - 9e) die Parameter $\lambda = -\omega^2 < 0$ und $\nu > 0$, so resultiert [Drazin 1983 B]

$$(8.5 - 11) \qquad u(z,t) = 4\,arc\,tan\left\{\frac{(1-\omega^2)^{1/2}}{\omega}\,sech\left[(1-\omega^2)^{1/2}\,z\right]\cdot sin\,\omega t\right\}$$

Dieser oszillierende, stehende Puls ist in Figur 8.5 - 4 für verschiedene Zeiten t dargestellt.

8. 5. 3 Periodische Sine-Gordon-Wellen

Die Sine-Gordon-Gleichung (8.5 - 7a) hat als Lösungen auch periodische anharmonische Wellen mit beschränkten Amplituden. Sie werden in Englisch als *"cnoidal waves"* bezeichnet, da sie mit Jacobischen elliptischen Funktionen beschrieben werden. Diese Lösungen werden bestimmt durch die Gleichung (8.5 - 7a). Drei Fälle sind zu unterscheiden:

α) $\qquad V^2 < 1,\ \Phi_0 > 0$

Die entsprechende periodische Welle ist

$$(8.5 - 12a) \qquad u(z,t) = U(\Theta) = 2\,arc\,sin\left\{[m\Phi_0/2]^{1/2}\,sd\left([m(1-V^2)]^{-1/2}\,\Theta|m\right)\right\}$$

mit $\qquad \Theta = z - Vt - z_0$ und $m = (1+\Phi_0/2)^{-1}$.

Die Funktion $sd(x\,|\,m)$ ist eine periodische Jacobische elliptische Funktion [Abramowitz & Stegun 1965 B] mit den Grenzfunktionen

$$(8.5 - 12b) \qquad sd(x|0) = sin\,x \quad \text{und} \quad sd(x|1) = sh\,x$$

Dementsprechend sind Wellenlänge λ und Periode T:

$$(8.5 - 12c) \qquad \lambda = 4K(m)\cdot\left[m(1-V^2)\right]^{1/2} \quad \text{und}$$

$$T = 4K(m)\cdot\left[m(V^{-2}-1)\right]^{1/2} \quad ,$$

wobei K(m) das vollständige elliptische Integral erster Art gemäss (2.5 - 9a) und Figur 2.5 - 2 darstellt.

β) $\qquad V^2 > 1\,;\,-2 \leq \Phi_0 \leq 0$

Die entsprechende periodische Welle ist

$$(8.5 - 13a) \qquad u(z,t) = U(\Theta) = 2\,arc\,sin\left\{m^{1/2}\,sn((V^2-1)^{-1/2}\,\Theta|m)\right\}$$

mit $\qquad \Theta = z - Vt - z_0$ und $m = -\Phi_0/2$

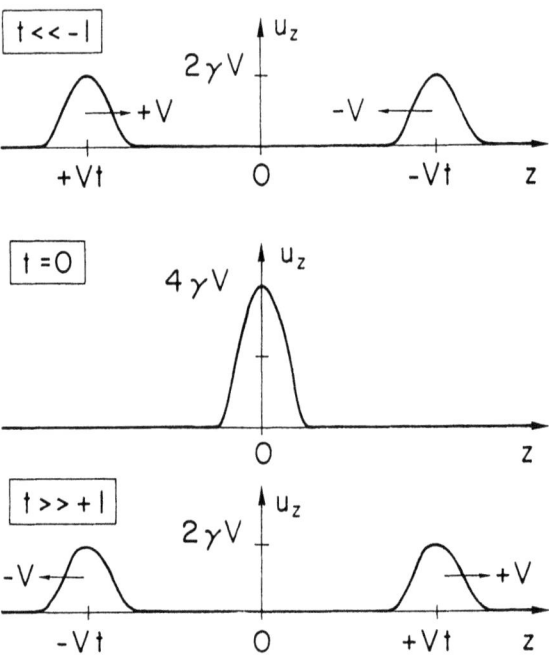

Figur 8.5 - 3: Wechselwirkung von zwei Sine - Gordon - "hump" - Solitonen u_z gemäss (8.5 - 10b).

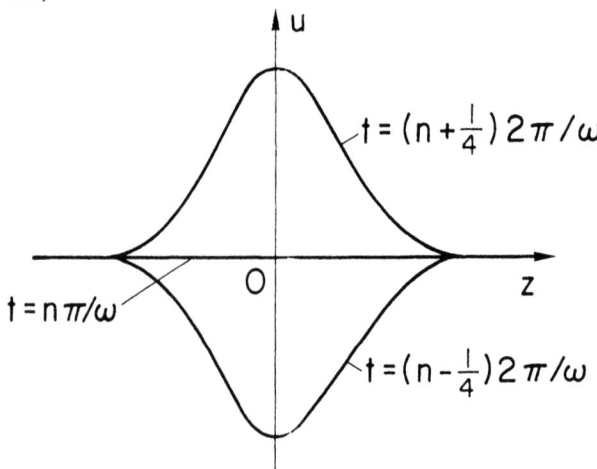

Figur 8.5 - 4: Oszillatorischer Sine-Gordon-Puls, in Englisch "breather" oder "bion".

Die Funktion sn(x | m) ist der Jacobische elliptische Sinus [Abramowitz & Stegun 1965 B] mit den Grenzfunktionen

(8.5 - 13b) $\qquad sn(x,0) = \sin x \quad$ und $\quad sn(x|1) = \tanh x$

Dementsprechend sind Wellenlänge λ und Periode T

(8.5 - 13c) $\qquad \lambda = 4K(m) \cdot \left(V^2 - 1\right)^{1/2} \quad$ und

$$T = 4K(m) \cdot \left(1 - V^{-2}\right)^{1/2}$$

γ) $\qquad V^2 > 1 \, ; \, -\infty < \Phi_0 < -2$

Die entsprechende periodische Welle ist

(8.5 - 14a) $\qquad u(z,t) = U(\Theta) = 2 arc \sin\left\{ sn\left(\left[m\left(V^2 - 1\right)\right]^{-1/2} \Theta | m\right)\right\}$

mit $\qquad \Theta = z - Vt - z_0 \quad$ und $\quad m = -2/\Phi_0$

Dementsprechend sind Wellenlänge λ und Periode T:

(8.5 - 14b) $\qquad \lambda = 4K(m) \cdot \left[m\left(V^2 - 1\right)\right]^{1/2} \quad$ und

$$T = 4K(m) \cdot \left[m\left(1 - V^{-2}\right)\right]^{1/2}$$

8.6 Nichtlineare Schrödinger-Gleichung

8.6.1 Wellenmechanik

Die zeitabhängige Schrödinger-Gleichung eines nichtrelativistischen Teilchens mit der Masse m in einem Potential V lautet in einer Dimension

(8.6 - 1a) $\qquad i\hbar \psi_t + \dfrac{\hbar^2}{2m} \psi_{zz} - V\psi = 0 \quad$ mit $\quad \psi = \psi(z,t)$

ψ ist die Wellenfunktion. Das Potential V ist in vielen Fällen eine Funktion des Ortes z. Es kann jedoch auch durch die wellenmechanische Aufenthaltswahrscheinlichkeit $|\psi|^2$ bestimmt sein, zum Beispiel in der Form

(8.6 - 1b) $\qquad V = V\left(|\psi|^2\right) = -\hbar\gamma |\psi|^2$

Verwendet man dieses Potential für die Schrödinger-Gleichung (8.6 - 1a) so erhält man die *kubische nichtlineare Schrödinger-Gleichung* oder NLS-Gleichung

(8.6 - 1c) $\qquad i\psi_t + \dfrac{\hbar}{2m} \psi_{zz} + \gamma |\psi|^2 \psi = 0$

Mit der Transformation

(8.6 - 2a) $\qquad T = \gamma \cdot sign\,\gamma \cdot t \quad$ und $\quad Z = (m\gamma\, sign\,\gamma\, /\, \hbar)^{1/2} z$

gewinnt man die *Normalform* dieser Gleichung

(8.6 - 2b) $$i\psi_T + \frac{1}{2}\psi_{ZZ} + \text{sign }\gamma \cdot |\psi|^2 \psi = 0$$

Das Potential V (8.6 - 1b) der NLS-Gleichung (8.6 - 1c) sinkt für *positives* $\gamma > 0$ mit zunehmender Dichte $|\psi|^2$. Ist die Dichte $|\psi|^2$ an einem Ort höher als in seiner Umgebung, so bewirkt dort dieses Potential ihre weitere Erhöhung, also "*self trapping*" *des Teilchens*. In bezug auf *solitäre* Wellen bedeutet dies das Auftreten von hellen, in Englisch "*bright*" Solitonen.

Im Gegensatz dazu sinkt das Potential (8.6 - 1b) für *negatives* $\gamma < 0$ mit abnehmender Dichte $|\psi|^2$. Ist die Dichte $|\psi|^2$ an einem Ort kleiner als in seiner Umgebung, so bewirkt dieses Potential dort ihre weitere Erniedrigung, also "*self trapping*" von Löchern. Für *solitäre Wellen* bedeutet dies das Auftreten von dunklen, in Englisch "*dark*" Solitonen.

Die eigentliche NLS-Gleichung (8.6 - 1c) und ihre Normalform (8.6 - 2b) spielen eine wichtige Rolle in der Wellenmechanik. Jedoch würde eine Besprechung der NLS-Gleichung und ihren Beziehungen zur Wellenmechanik den Rahmen dieses Buches sprengen. An ihrer Stelle wird im folgenden die *modifizierte kubische NLS-Gleichung des nichtlinearen Kerr-Mediums* und ihre Soliton-Lösungen [Hasegawa 1989 B] erläutert. Das nichtlineare Kerr-Medium hat in neuester Zeit in *nichtlinearer Optik, Quantenoptik und Kommunikationstechnologie mit optischen Fasern* Bedeutung gewonnen. Die modifizierte NLS-Gleichung unterscheidet sich von der eigentlichen NLS-Gleichung (8.6 - 1c) dadurch, dass *Ort z und Zeit t als Variable vertauscht* sind. Somit können die Soliton-Lösungen der eigentlichen NLS-Gleichung (8.6 - 1c) durch Vertauschen von Ort z und Zeit t mit den später beschriebenen Soliton-Lösungen der modifizierten NLS-Gleichung gewonnen werden.

8. 6. 2 Das Kerr-Medium

Das Kerr-Medium kann definiert werden durch einen *nichtlinearen optischen Brechungsindex* n in der Form

(8.6 - 3a) $$n(\omega, |E|^2) = n_0(\omega) + n_2 \cdot |E|^2$$

wobei ω die Kreisfrequenz und E das elektrische Feld darstellen. n_2 ist der Kerr-Koeffizient. Die entsprechende Fortpflanzungskonstante oder Kreiswellenzahl β ist

(8.6 - 3b) $$\beta = \beta(\omega, |E|^2) = c^{-1}\omega \cdot n(\omega, |E|^2) =$$
$$= c^{-1}\omega \cdot n_0(\omega) + c^{-1}\omega n_2 |E|^2$$

Betrachtet man eine elektromagnetische Welle deren Frequenzspektrum nur Kreisfrequenzen ω in der Nähe der *Träger-Kreisfrequenz* ω_0 umfasst, so kann die Fortpflanzungskonstante β der Gleichung (8.6 - 3b) wie folgt approximiert werden:

(8.6 - 4a) $\quad \Delta\beta = \beta(\omega, |E|^2) - \beta(\omega_0, 0) \approx \beta' \cdot \Delta\omega + \frac{1}{2}\beta''\Delta\omega^2 + \gamma|E|^2$

mit den Parametern

(8.6 - 4b) $\quad \beta' = (v_g)^{-1} = c^{-1}N = c^{-1}[n_0(\omega_0) + \omega_0\, n_0'(\omega_0)]$
$\quad\quad\quad\quad \beta'' = c^{-1}(dN/d\omega) = c^{-1}[2n_0'(\omega_0) + \omega_0\, n_0''(\omega_0)]$
$\quad\quad\quad\quad \gamma = c^{-1}\omega_0 n_2$

v_g bezeichnet die Gruppengeschwindigkeit, N den Gruppen-Brechungsindex und $dN/d\omega$ die Gruppen-Dispersion. Sie sind definiert als

(8.6 - 4c) $\quad N = c/v_g = c[\partial\beta/\partial\omega]_{\omega=\omega_0, E=0}$

und $\quad\quad\quad dN/d\omega = c[\partial^2\beta/\partial\omega^2]_{\omega=\omega_0, E=0}$

Ersetzt man in der Gleichung (8.6 - 4a) die Differenzen $\Delta\beta$ und $\Delta\omega$ durch die Enveloppen-Operatoren gemäss

(7.2 - 36b) $\quad \Delta\beta\, E = -iE_z \quad$ und $\quad \Delta\omega\, E = +iE_t$

so erhält man die *Enveloppen-Gleichung* [Hasegawa 1989 B].

(8.6 - 5a) $\quad iE_z + i\beta'E_t - \frac{1}{2}\beta'' E_{tt} + \gamma|E|^2 = 0$

Eliminiert man in dieser Gleichung den letzten, nichtlinearen Term, so erhält man die lineare Enveloppen-Gleichung (7.2 - 39a).

Die Gleichung (8.6 - 5a) beschreibt eine Enveloppe, welche sich mit der Gruppengeschwindigkeit v_g bewegt. Ersetzt man daher das ruhende Koordinatensystem z t durch das mit v_g bewegte Koordinatensystem z τ mit der Transformation

(8.6 - 6a) $\quad \tau = t - \beta'z = t - (z/v_g)$,

so erhält man als Enveloppen-Gleichung die *modifizierte NLS-Gleichung*:

(8.6 - 5b) $\quad iE_z - \frac{1}{2}\beta'' E_{\tau\tau} + \gamma|E|^2 E = 0$

Diese Gleichung kann normiert werden durch die Transformation

(8.6 - 6b) $\quad Z = \gamma \cdot \text{sign}\,\gamma \cdot z$
$\quad\quad\quad\quad T = [\gamma \cdot \text{sign}\,\gamma / \beta'' \cdot \text{sign}\,\beta'']^{1/2} \cdot \tau$

Das Ergebnis ist die *Normalform* der modifizierten NLS-Gleichung

(8.6 - 5d) $\quad iE_Z - \frac{1}{2}\left(\text{sign}\frac{dN}{d\omega}\right)E_{TT} + (\text{sign}\,\gamma)|E|^2 E = 0$

Die *Dispersionsrelation der NLS-Enveloppe* findet man mit Hilfe des Ansatzes einer *komplexen harmonischen Welle*:

(8.6 - 7a) $\quad E(z,t) = E_0\, exp[i(\Delta\beta_{NLS}\, z - \Delta\omega\, t)]$

Verwendet man diesen Ansatz für die Enveloppen-Gleichung (8.6 - 5a), so resultiert die Dispersionsrelation

(8.6 - 7b) $$\Delta\beta_{NLS} = \frac{N}{c}\Delta\omega + \frac{1}{2c}\left(\frac{dN}{d\omega}\right)\Delta\omega^2 + \gamma|E_0|^2$$

Die entsprechenden Phasen- und Gruppengeschwindigkeiten sind bestimmt durch die Relationen

(8.6 - 7c) $$c/\upsilon_{NLS} = N + \frac{1}{2}\left(\frac{dN}{d\omega}\right)\Delta\omega + \gamma/\Delta\omega|E_0|^2$$

(8.6 - 7d) $$c/\upsilon_{gNLS} = N + \left(\frac{dN}{d\omega}\right)\Delta\omega$$

8.6.3 Solitonen im Kerr-Medium

Im Kerr-Medium existieren helle und dunkle, in Englisch "bright and dark" Solitonen als Lösungen der modifizierten NLS-Gleichung. Da der Kerr-Koeffizient n_2 von Gleichung meistens positiv ist [Hasegawa 1989 B] wird γ ebenfalls als positiv angenommen.

Für *anomale Gruppendispersion* ist die NLS-Gleichung charakterisiert durch
(8.6 - 8a) $\quad dN/d\omega < 0 \quad$ und $\quad \gamma > 0$

In Analogie zur Schrödinger-Gleichung (8.6 - 1a) lässt sich die Normalform (8.6 - 5d) der modifizierten NLS-Gleichung schreiben als

(8.6 - 8b) $$iE_Z = -\frac{1}{2}E_{TT} - |E|^2 E$$

Das negative Vorzeichen des nichtlinearen Potentialterms bewirkt gemäss Unterkapitel 8.6.1 "self trapping" von Teilchen. Somit erwartet man ein "*bright*" Soliton. Dieses tritt auf in der Form

(8.6 - 8c) $$E_b(Z,T) = E_0 \exp\left[\frac{i}{2}E_0^2 Z\right] \cdot sech(E_0 T)$$

mit $\quad Z = \gamma z \quad$ und $\quad T = \left[-c \cdot \gamma\left(\frac{dN}{d\omega}\right)\right]^{1/2} \cdot \left[t - \left(z/\upsilon_g\right)\right]$,

und der reellen Amplitude E_0.

Betragsquadrat und Phase des Feldes sind dementsprechend

(8.6 - 8d) $\quad |E_0(Z,T)|^2 = E_0^2 \, sech^2 \, E_0 T$

(8.6 - 8e) $\quad \varphi = \varphi(Z) = \frac{1}{2}E_0^2 Z$

Die modifizierte NLS-Gleichung für *normale Gruppendispersion* ist gekennzeichnet durch
(8.6 - 9a) $\quad dN/d\omega > 0 \quad$ und $\quad \gamma > 0$
Somit ist die Normalform dieser Gleichung

(8.6 - 9b) $\quad -E_Z = -\frac{1}{2}E_{TT} + |E|^2 E$

Das positive Vorzeichen des nichtlinearen Potentialterms bedeutet gemäss Unterkapitel 8.6.1 "self trapping" von "Löchern". Deshalb erwartet man das Auftreten eines "*dark*" Solitons. Dieses existiert in der Form

(8.6 - 9c) $\quad E_0(Z,T) = E_0 \exp\left[\frac{i}{2}E_0^2 Z\right] \tanh E_0 T$

mit $\quad Z = \gamma z \quad$ und $\quad T = \left[c\gamma / \frac{dN}{d\omega}\right]^{1/2}\left[z - \left(t / v_g\right)\right]$

Betragsquadrat und Phase sind somit

(8.6 - 9d) $\quad |E_d(Z,T)|^2 = E_0^2\left[1 - \mathrm{sech}^2 E_0 T\right] = E_0^2\left(\tanh E_0 T\right)^2$

(8.6 - 9e) $\quad \varphi = \varphi(Z) = \frac{1}{2}E_0^2 Z$

Das "dark" Soliton (8.6 - 9d) bildet ein "Loch" im konstanten Niveau E_0^2 in Form und Grösse des "bright" Solitons (8.6 - 8d). Somit gilt für die in Figur 8.6 - 1 illustrierten "bright" und "dark" Solitonen

(8.6 - 10) $\quad |E_b(Z,T)|^2 + |E_d(Z,T)|^2 = E_0^2$

Weitere, kompliziertere Solitonen-Lösungen der NLS-Gleichung (8.6 - 5b&d) sind in der Literatur aufgeführt [Dodd et al. 1982 B, Hasegawa 1989 B, etc].

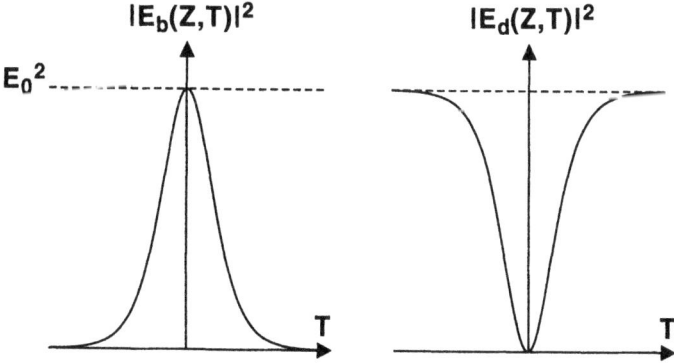

Figur 8.6 - 1: Helles und dunkles Soliton, in Englisch "bright and dark soliton", im Kerr-Medium.

8.6.4 Das Kerr-Medium mit Verstärkung

Das Kerr-Medium mit Verstärkung bildet ein Modell für Faser-Laser [Hasegawa 1989 B], in denen Solitonen eine zentrale Rolle spielen. Dieses Medium kann beschrieben werden mit einer erweiterten modifizierten NLS-Gleichung [Zakharov & Shabat 1972 Z, Hasegawa 1989 B]. Für ein Kerr-Medium mit anomaler Gruppendispersion und linearer Verstärkung kann die Normalform (8.6 - 8b) der modifizierten NLS-Gleichung wie folgt erweitert werden:

(8.6 - 11a) $\quad i E_Z = -E_{TT} - |E|^2 E + i g E$

Dabei bedeutet $g > 0$ Verstärkung, in Englisch "gain" und $g < 0$ Dämpfung, in Englisch "loss". Die einfachste Näherung einer Lösung dieser Gleichung ist das *Pseudo-Soliton*:

(8.6 - 11b) $\quad E(Z,T) \approx E_0(Z) exp\left[i \varphi_g(Z)\right] sech\left[E_0(Z) \cdot T\right]$

(8.6 - 11c) $\quad E_0(Z) = E_0 \, exp\, 2(gZ)$

(8.6 - 11d) $\quad \varphi_g(Z) = \frac{1}{8g} E_0^2 \left[exp(4gZ) - 1\right]$

mit $\quad Z = \gamma z \quad$ und $\quad T = \left[-c\gamma / \frac{dN}{d\omega}\right]^{1/2} \left[t - (z / v_g)\right]$

für $\quad |g| << |E(Z,T)|^2$

Die zusätzliche Näherung der Exponentialfunktionen in (8.6 - 11c&d) ergibt

(8.6 - 11e) $\quad E_0(Z) \approx E_0 [1 + 2gZ]$

(8.6 - 11f) $\quad \varphi_g(Z) \approx \frac{1}{2} E_0^2 \cdot Z [1 + 2gZ]$

Für die Deutung dieser Lösung ist es nützlich, die *Trägerwelle* mit der Kreisfrequenz ω_0 und der Fortpflanzungskonstanten $\beta_0 = \beta(\omega_0, E = 0)$ zu berücksichtigen. Dann erscheint die Lösung in der Form

(8.6 - 12a) $\quad E(z,t) = E_g(z,t) \cdot exp\left[i \Phi_g(z,t)\right]$

(8.6 - 12b)

$$E_g(z,t) \approx E_0 \cdot (1 + 2\gamma g z) \cdot sech\left\{E_0 (1 + 2\gamma g z)\left[-c\gamma / \frac{dN}{d\omega}\right]^{1/2} \cdot \left[t - (z / v_g)\right]\right\}$$

(8.6 - 12c)

$$\Phi_g(z,t) \approx \beta_0 z - \omega_0 t + \varphi_g(z,t) = \left[\beta_0 + \frac{\gamma}{2} E_0^2\right] z + g \gamma^2 E_0^2 z^2 - \omega_0 t$$

Somit ist dieses Pseudo-Solion gekennzeichnet durch die Fortpflanzungskonstante

(8.6 - 12d) $\quad \beta(z) = \Phi_z = \beta_0 + \frac{\gamma}{2} E_0^2 + 2 g \gamma^2 E_0^2 z$

und die Phasengeschwindigkeit

(8.6 - 12e) $$v(z) = v_0\left[1 + \frac{1}{2}(\gamma/\beta_0)E_0^2(1 + 4g\gamma z)\right]^{-1} \quad \text{mit} \quad v_0 = \omega_0/\beta_0$$

Dies bedeutet, dass die Phasengeschwindigkeit v des Pseudo-Solitons, welches sich mit der Phasengeschwindigkeit v_g bewegt, vom Ort z abhängt. Dies bezeichnet man als räumlichen "chirp". Die Formel (8.6 - 12e) zeigt, dass dieser *"chirp" durch die Verstärkung g bedingt* ist.

8.7 Maxwell - Bloch - Gleichungen

In der Theorie der nichtlinearen Optik und Quantenoptik werden kurze optische Pulse in dielektrischen Medien mit nichtlinearer Polarisation P durch die Maxwell-Bloch-Gleichungen charakterisiert [McCall & Hahn 1967 Z, 1969 Z, Lamb 1971 Z, Dodd et al. 1982 B, Meystre &Sargent 1990 B]. Diese wurden verwendet zur Theorie der *selbstinduzierten Transparenz*, in Englisch "self-induced transparency" eines absorbierenden Mediums für einen *kurzen optischen Puls*, wenn es eine homogene Konzentration n_0 von fast identischen quantenmechanischen *Zweiniveaux-Systemen* enthält. Die Energiedifferenz zwischen diesen Niveaux soll

(8.7 - 1a) $$\Delta E = E_a - E_b = \hbar[\omega_{ab} + \Delta\omega] \quad \text{mit} \quad |\Delta\omega| \ll \omega_{ab}$$

betragen, wobei $\Delta\omega$ individuell für jedes einzelne Zweiniveaux-System ist. Dies bedeutet *inhomogene Verbreiterung* [Kneubühl & Sigrist 1989 B] der Resonanzkreisfrequenz ω_{ab}. Das Matrixelement des für die induzierten Übergänge zwischen den beiden Niveaux E_a und E_b verantwortlichen elektrischen Dipolmoments $\vec{p}$ sei p_M. Die Polarisation P verursacht durch die Zweiniveaux-Systeme im Medium ist in erster Näherung

(8.7 - 1b) $$\vec{P} = n_0\vec{p}$$

Der Vektor $\vec{E}$ des elektrischen Feldes im Medium wird bestimmt durch die Feldgleichung

(8.7 - 2a) $$\Delta\vec{E} - c^{-2}\vec{E}_{tt} - (\sigma/\varepsilon_0)\vec{E}_t = \varepsilon_0^{-1}\vec{P}$$

Die elektrische Leitfähigkeit σ charakterisiert die Absorption des Mediums.

Nimmt man an, dass eine Welle mit dem elektrischen Feld $\vec{E}$ in der x-Richtung sich im Medium in der z-Richtung ausbreitet, so kann man den skalaren Ansatz

(8.7 - 2b) $$E_x(z,t) = E(z,t) \cdot cos \, \Phi(z,t) = E(z,t) \cdot cos(\beta_0 z - \omega_0 t + \varphi(z,t))$$

machen, wobei E(z, t) die Enveloppe und $\varphi(z, t)$ die Phase bedeutet. ω_0 ist die Trägerkreisfrequenz und $\beta_0 = \omega_0/c$ die Fortpflanzungskonstante des Trägers. Es wird angenommen, dass E(z, t) und $\varphi(z, t)$ wenig variieren mit z und t:

(8.7 - 2c) $$E_t \ll \omega_0 E; \; E_z \ll \beta_0 E \text{ und } \varphi_t \ll \omega_0\varphi; \; \varphi_z \ll \beta_0\varphi$$

Zur Formulierung der Dynamik des elektrischen Feldes nimmt man an, dass die Trägerfrequenz ω_0 des einfallenden kurzen optischen Pulses gleich der zentralen Resonanzfrequenz ω_{ab} der Zweiniveaux-Systeme ist:

(8.7 - 3a) $\qquad \omega_0 = \omega_{ab}$

Ferner zerlegt man das in Ort z und Zeit t ändernde elektrische Dipolmoment p(z, t, $\Delta\omega$) der Zweiniveaux-Systeme mit der Resonanzkreisfrequenz $\omega = \omega_{ab} + \Delta\omega$ in eine Komponente in Phase und in eine mit der Phase $\pi/2$ zum elektrischen Feld E(z, t).

(8.7 - 3b) $\qquad p = p_M \left[P(z,t,\Delta\omega) \cdot \sin\Phi(z,t) + Q(P,t,\Delta\omega) \cdot \cos\Phi(z,t) \right]$

Ausser dem definiert man die *Rabi-Kreisfrequenz* als

(8.7 - 3c) $\qquad \Omega_R(z,t) = p_M E(z,t) / \hbar$

Unter diesen Voraussetzungen findet man die *Maxwell-Bloch-Gleichungen*

(8.7 - 4a) $\qquad \dot{N} = -(N \pm 1)/T_1 - \Omega_R \cdot P$

(8.7 - 4b) $\qquad \dot{P} = -P/T_2 + [\Delta\omega + \varphi_t]Q + \Omega_R N$

(8.7 - 4c) $\qquad \dot{Q} = -Q/T_2 - [\Delta\omega + \varphi_t]P$

Dabei bedeutet N die normierte Populationsinversion sowie T_1 die longitudinale und T_2 die transversale Relaxationszeit der klassischen Bloch-Gleichungen der Kernresonanz. Der Faktor (N±1) ist bedingt durch die Anfangsbedingungen $N(z, -\infty) = \pm 1$.

Weil bei der selbstinduzierten Transparenz nur sehr kurze optische Pulse wirken, kommen die Relaxationszeiten T_1 und T_2 nicht zur Geltung. Man setzt daher

(8.7 - 5) $\qquad T_1 = T_2 = \infty$

und erhält die *vereinfachten Maxwell-Bloch-Gleichungen*:

(8.7 - 6a) $\qquad \dot{N} = -\Omega_R \cdot P$

(8.7 - 6b) $\qquad \dot{P} = [\Delta\omega + \varphi_t]Q + \Omega_R \cdot N$

(8.7 - 6c) $\qquad \dot{Q} = -[\Delta\omega + \varphi_t]P$

Für $\varphi_{tt} \approx 0$ kann man (8.7 - 6c) eliminieren und findet [Dodd et al. 1982 B]

(8.7 - 7) $\qquad \ddot{P} + [\Delta\omega + \varphi_t]^2 P = \dfrac{\partial}{\partial t}(\Omega_R N)$

Als *Anfangsbedingungen* der Maxwell-Bloch-Gleichungen wichtig sind

(8.7 - 8a) $\qquad N(z,-\infty) = \pm 1 \quad \text{und} \quad P(z,-\infty) = Q(z,-\infty) = 0$

Diese bedeuten, dass zu Beginn das Dipolmoment p null ist und zudem, dass entweder das Niveau a oder b besetzt ist. Also erfolgt zu Beginn entweder Emission oder Absorption durch die Zweiniveaux-Systeme.

Die Anfangsbedingungen (8.7 - 8a) erlauben eine *einfache Interpretation* der vereinfachten Maxwell-Bloch-Gleichungen (8.7 - 6abc). Multipliziert man sie mit N, P und Q und addiert so erhält man

(8.7 - 8b) $\qquad N\dot{N} + P\dot{P} + Q\dot{Q} = 0$

Integriert man diese Formel über die Zeit t mit den Anfangsbedingungen (8.7 - 8a), so resultiert

(8.7 - 8c) $\quad\quad\quad N^2 + P^2 + Q^2 = 1$

Dies bedeutet, dass der Vektor [N, P, Q] sich auf einer Kugel bewegt und bei [± 1, 0, 0] startet.

Die Lösung der vereinfachten Maxwell-Bloch-Gleichungen (8.7 - 6abc) in Hinblick auf kurze optische Pulse wird dominiert durch das *Puls-Flächen-Theorem*, in Englisch "pulse-area theorem". Die Puls-Fläche ist definiert als ein Winkel

(8.7 - 9a) $\quad\quad\quad \Theta = \Theta(z) = \int_{-\infty}^{+\infty} \Omega_R(z,t) dt = (p_M / \hbar) \int_{-\infty}^{+\infty} E(z,t) dt$

Für ein nichtabsorbierendes Medium charakterisiert durch die Leitfähigkeit $\sigma = 0$ ergeben die Maxell-Bloch-Gleichungen (8.7 - 6abc) für die Puls-Fläche $\Theta(z)$ die Differentialgleichung

(8.7 - 9b) $\quad\quad\quad d\Theta / dz = \pm(\alpha / 2) \sin\Theta$

mit $\quad\quad\quad\quad\quad\quad \alpha = const \cdot \omega_0 \cdot n_0 \cdot p_M^2$

Diese hat die Lösung

(8.7 - 9c) $\quad\quad\quad tan\left[\frac{1}{2}\Theta(z)\right] = tan\left[\frac{1}{2}\Theta(z_0)\right] \cdot exp[\pm\alpha(z - z_0)]$

welche in Figur 8.7 - 1 für das minus-Zeichen illustriert ist.

Das Medium wird als *Abschwächer*, in Englisch "attenuator" bezeichnet, wenn das Vorzeichen in Gleichung (8.7 - 9b) entsprechend Figur 8.7 - 1 *negativ* ist [Lamb 1971 Z]. Startet demnach ein Puls bei z_0 mit der Fläche $\Theta(z_0) < \pi$, etwa 0.9π, so nimmt diese ab mit zunehmendem z (in Figur 8.7 - 1 nach rechts) und der Puls wird somit abgeschwächt. Startet hingegen der Puls bei z_0 mit einer Fläche $\pi < \Theta(z_0) < 2\pi$ etwa 1.1π so wächst diese mit zunehmendem z gegen $\Theta(\infty) = 2 \pi$ und es formt sich ein stabiler formfester Puls mit $\Theta(z) = 2 \pi$. Dies wird in Figur 8.7 - 2 für $\Theta(z_0) = 0.9 \pi$ und $\Theta(z_0) = 1,1 \pi$ demonstriert.

Der stabile *2 π - Puls* mit

(8.7 - 10a) $\quad\quad\quad \Theta(z) = 2\pi = const$

hat die Form

(8.7 - 10b) $\quad\quad\quad E(z,t) = 2\beta\upsilon\, sech[\beta(z - \upsilon t) - \varphi] = 2\omega\, sech[\beta z - \omega t - \varphi]$

und die Dispersionsrelation [Dodd et al. 1982 B]

(8.7 - 10c) $\quad\quad\quad \beta^2 = \omega^2 \left[1 + \alpha\left(\omega_0^2 + \omega^2\right)^{-1}\right]$

oder $\quad\quad\quad\quad\quad\quad \upsilon = \pm\left[1 + \alpha\left(\omega_0^2 + \omega^2\right)^{-1}\right]^{-1/2}$

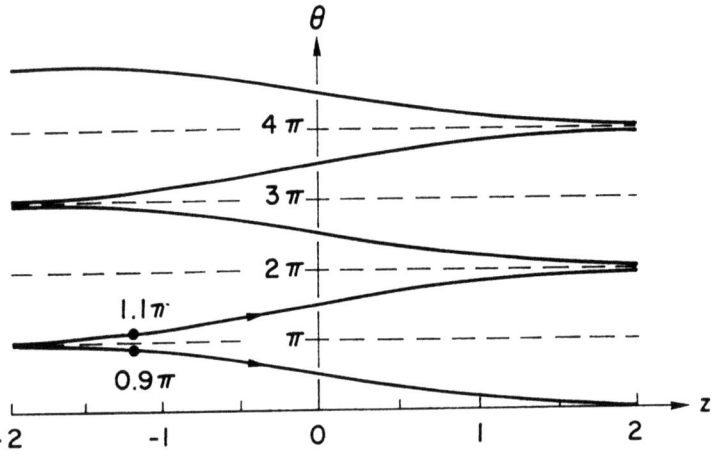

Figur 8.7 - 1: Pulsfläche $\Theta(z)$ für abschwächendes Maxwell-Bloch-Medium, das heisst negatives Vorzeichen in den Gleichungen (8.7 - 9b&c) [McCall & Hahn 1967 Z].

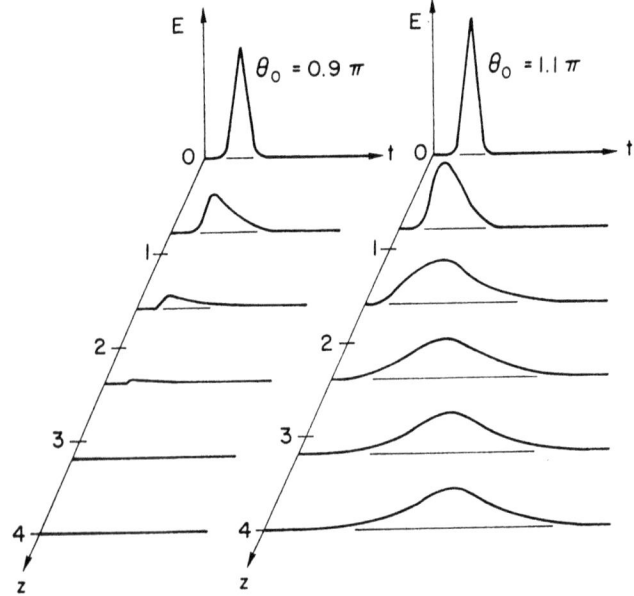

Figur 8.7 - 2: Entwicklung von Pulsen im abschwächenden Maxwell-Bloch-Medium für $\Theta(0) = 0.9$ und $\Theta(0) = 1,1$ [McCall & Hahn 1967 Z].

Ist dagegen das Vorzeichen in Gleichung (8.7 - 9b) *positiv*, dann spricht man von einem *Verstärker*, in Englisch "amplifier" [Lamb 1971 Z]. Diese Situation wird auch durch Figur 8.7 - 1 dargestellt, vorausgesetzt, dass man die z-Richtung umkehrt. Startet in diesem Fall ein Puls bei z_0 mit einer Fläche $\Theta(z_0) < \pi$, so geht er mit zunehmendem z (in Figur 8.7 - 1 nach links) über in einen stabilen Puls mit $\Theta(z) = \pi$. Startet er dagegen bei z_0 mit der Fläche $\pi > \Theta(z_0) < 2\pi$ so wird er mit zunehmendem z abgeschwächt und umgeformt in den erwähnten Puls mit $\Theta(z) = \pi$.

Der stabile π - *Puls* mit
(8.7 - 11a) $\qquad \Theta(z) = \pi \; const$
hat die Form [Lamb 1971]
(8.7 - 11b) $\qquad E(z,t) = \beta \upsilon \; sech[\beta(z - \upsilon t) - \psi] = \omega \; sech[\beta z - \omega t - \psi]$
π - und 2π - Pulse sind *keine Solitonen*, sondern *solitäre Wellen*, weil einerseits keine stabilen $n\pi$ - Pulse mit n > 2 existieren und keiner der Pulse eine Kollision überlebt [Dodd et al. 1982 B].

8. 8 Die Toda-Kette

8. 8. 1 Die Bewegungs-Gleichung

Die Toda-Kette [Toda 1967 Z, 1981 B] repräsentiert ein diskretes, periodisches und nichtlineares Medium. Entsprechend Figur 7.4 - 1 besteht sie aus identischen Massen m, welche durch identische Federn verbunden sind. Im Gleichgewicht haben die Federn die Länge a. Die Charakteristik der Federn ist *nichtlinear*. Sie wurde jedoch so gewählt, dass die Bewegungsgleichung der Toda-Kette analytische Lösungen aufweist.

Die *Bewegungs-Gleichung der Toda-Kette* entspricht einer nichtlinearen Erweiterung derjenigen einer linearen Kette aus identischen Massen und Federn, welche im Kapitel 7.4 beschrieben und in den Figuren 7.4 - 1/3 illustriert wurde. Die Bewegungsgleichung der linearen Kette ist gemäss Kapitel 7.4
(7.4 - 1c) $\qquad m \cdot \ddot{u}_n = -f(u_n - u_{n-1}) + f(u_{n+1} - u_n) \quad$ mit $\quad n = 0, \pm 1, \pm 2,...$
wobei u_n die Verschiebung der n-ten Masse aus ihrer Gleichgewichtslage $z_G = n\,a$ bedeutet.

Diese Gleichung kann auch dargestellt werden mit Hilfe der Federkraft F und ihres Potentials Φ:
(8.8 - 1a) $\qquad r_n = u_{n+1} - u_n$
(8.8 - 1b) $\qquad F(r_n) = -\Phi'(r_n)$

(8.8 - 1c) $\quad m \cdot \ddot{u}_n = F(r_{n-1}) - F(r_n) = \Phi'(r_n) - \Phi'(r_{n-1})$

Gemäss (7.4 - 1c) gilt für die *lineare Kette*
(8.8 - 2) $\quad \Phi(r_n) = (f/2) r_n^2 \quad$ und $\quad F(r_n) = -f r_n$

Die *Toda-Kette* ist dagegen gekennzeichnet durch das Potential und die Federkraft:
(8.8 - 3a) $\quad \Phi(r_n) = \left(f/b^2\right)\left[\exp(-b r_n) + b r_n\right]$
und $\quad F(r_n) = (f/b)\left[\exp(-b r_n) - 1\right]$,
mit $\quad f > 0; -\infty < b < +\infty$

Für kleine r_n^2 entspricht die Toda-Kette der linearen Kette:
(8.8 - 3b) $\quad \Phi(r_n \to 0) \approx \left(f/b^2\right) + (f/2) r_n^2$
und $\quad F(r_n \to 0) \approx -f r_n$

Für grosse r_n^2 verhält sich die Federkraft verschieden für $\pm r_n$
(8.8 - 3c) $\quad \lim_{b r_n \to +\infty} F(r_n) = -(f/b) \quad$ und $\quad \lim_{b r_n \to -\infty} F(r_n) = \infty \cdot \text{sign } b$

Lösungen der Bewegungsgleichung der Toda-Kette umfassen sowohl *Solitonen*, als auch *periodische anharmonische Wellen*, in Englisch "cnoidal waves". Diese werden in den folgenden beiden Unterkapiteln beschrieben.

8.8.2 Toda - Solitonen

Die Bewegungs-Gleichung der Toda-Kette hat als Lösung *Solitonen* in der Form (Toda 1981 B).
(8.8 - 4a) $\quad \exp(-b r_n) - 1 = A^2 \, \text{sech}^2[\beta(a n \pm \upsilon t)]$
mit der Amplitude
(8.8 - 4b) $\quad A = sh(\beta a)$
und der Geschwindigkeit
(8.8 - 4c) $\quad \upsilon = \omega_0 A/\beta = (\omega_0/\beta) sh(\beta a) \geq \upsilon_0 = \omega_0 a$
mit $\quad \omega_0 = +\sqrt{f/m}$

Das Toda-Soliton (8.8 - 4a) wird als hell, in Englisch "bright" bezeichnet [Toda 1981 B]. Ein dunkles, in Englisch "dark" Toda-Soliton vom Typus
(8.8 - 5) $\quad \exp(-b r_n) = C^2 - B^2 \text{sech}^2[\beta(a n \pm \upsilon t)]$
existiert nicht.

8.8.3 Toda - Wellen

Lösungen der Bewegungs-Gleichungen der Toda-Kette in Form von periodischen anharmonischen Wellen, in Englisch "cnoidal waves", sind

(8.8 - 6a) $$\exp(-br_n) - 1 = A^2 \left\{ dn^2 (2K(m) \left[\frac{na}{\lambda} \pm \frac{t}{T} \right] | m) - \frac{E(m)}{K(m)} \right\}$$

In dieser Gleichung bedeuten K(m) und E(m) die vollständigen elliptischen Integrale erster und zweiter Art, sowie dn(x | m) eine Jacobische elliptische Funktion [Abramowitz & Stegun 1965 B]. Die Wellenlänge λ und die Periode T dieser Toda-Welle sind verknüpft durch die Dispersionsrelation [Toda 1981 B].

(8.8 - 6b) $$\omega_0 T = 2K(m) \left[sn^{-2} (2K(m)a/\lambda | m) - 1 - \frac{E(m)}{K(m)} \right]^{1/2}$$

sn(x) ist der Jacobische elliptische Sinus [Abramowitz & Stegun 1965 B]. Die Amplitude A^2 und die Periode T bestimmen den Parameter m in K(m) und E(m) durch die Relation

(8.8 - 6c) $\quad 2K(m) = \omega_0 T \cdot A \geq \pi$

Diese Beziehung beschränkt den Wertebereich von A und T.

Für kleine Parameter m gilt [Abramowitz & Stegun 1965 B]
(8.8 - 7a) $\quad sn(x|m \to 0) \approx \sin x$

$$dn^2(x|m \to 0) \approx 1 - \frac{m}{2} + \frac{m}{2} \cos 2x$$

$$E(m)/K(m) \approx 1 - \frac{m}{2}$$

Somit geht die Toda-Welle für kleine m über in die harmonische Welle

(8.8 - 7b) $$-br_n(m \to 0) \approx \frac{m}{8} (a/\lambda)^2 \cdot \cos 2\pi \left[\frac{na}{\lambda} \pm \frac{t}{T} \right]$$

Die Wellenlänge λ und die Periode T sind verkoppelt durch die Beziehung [Toda 1981 B]
(8.8 - 7c) $\quad \lambda / T \approx v_0 = \omega_0 a$

Vergleicht man die Geschwindigkeit v_0 mit der Geschwindigkeit $v \geq v_0$ des Toda-Solitons (8.8 - 4c), so stellt man fest, dass sich das Soliton rascher bewegt als die langwellige Welle.

9. STEHENDE WELLEN

9.1 Stehende Wellen und Randbedingungen

Stehende Wellen, in Englisch "standing waves", sind Lösungen $u(\vec{r},t)$ von Wellengleichungen, die sich als Produkt eines nur von der Zeit t abhängigen Faktors g(t) mit einem nur vom Ort $\vec{r}$ abhängigen Faktor $U(\vec{r})$ darstellen lässt [Courant & Hilbert I, 1968 B]:

(9.1 - 1a) $\qquad u(\vec{r},t) = g(t) \cdot U(\vec{r})$

Der zeitabhängige Faktor g(t) beschreibt im Normalfall eine *Schwingung*. Der ortsabhängige Faktor $U(\vec{r})$ wird als *Schwingungsform* oder als Gestaltsfaktor bezeichnet. Bei *eindimensionalen stehenden Wellen* gilt entsprechend (9.1 - 1a) die Beziehung

(9.1 - 1b) $\qquad u(z,t) = g(t) \cdot U(z)$

Die Gleichungen (9.1 - 1a&b) zeigen, dass stehende Wellen als *Schwingungen von kontinuierlichen Medien mit ortsabhängigen Amplituden und Phasen* betrachtet werden können.

Die Schwingungsform $U(\vec{r})$ oder $U(z)$ wird einerseits bestimmt durch die *Wellengleichung* und andrerseits durch die *Randbedingungen*. Stehende Wellen sind deshalb *nur dann definiert*, wenn sowohl die Wellengleichung als auch die Randbedingungen vorgegeben sind. Die Randbedingungen definieren auch den *Bereich der stehenden Wellen*.

Bei *eindimensionalen stehenden Wellen* betreffen die Randbedingungen die Verhältnisse an den beiden Ende z = a und z = b ihres Bereichs a ≤ z ≤ b. Somit handelt es sich um *Endpunkt-Bedingungen*, in Englisch "endpoint conditions" [Birkhoff & Rota 1989 B]. Typische Beispiele von Endpunkt-Bedingungen für Wellengleichungen in Form von linearen Differentialgleichungen zweiter Ordnung sind die *homogenen Bedingungen*

(9.1 - 2a) $\qquad$ feste Enden:
$\qquad\qquad\qquad u(a,t) = u(b,t) = 0$

(9.1 - 2b) $\qquad$ freie Enden:
$\qquad\qquad\qquad u_z(a,t) = u_z(b,t) = 0$

(9.1 - 2c) $\qquad$ festes und freies Ende:
$\qquad\qquad\qquad u(a,t) = u_z(b,t) = 0$

(9.1 - 2d) $\qquad$ Sturm - Liouville - Bedingungen:
$\qquad\qquad\qquad A \cdot u(a,t) + A' \cdot u_z(a,t) = 0 \quad \text{und} \quad B \cdot u(b,t) + B' \cdot u_z(b,t) = 0$

und die *inhomogenen Bedingungen*

(9.1 - 3) $\qquad\qquad U(a) \neq 0 \quad \text{und} \quad U(b) \neq 0$

Für den Fall, wo der *Bereich der stehenden Wellen* unendlich ist, zum Beispiel für
a = – ∞ und b = + ∞ benützt man oft die *Normierungs-Bedingungen*.

(9.1 - 4a) $$\int_{-\infty}^{+\infty} U(z)^2 \, dz = 1$$

oder

(9.1 - 4b) $$\int_{-\infty}^{+\infty} U(z)^2 \, \rho(z) \, dz = 1$$

wobei ρ(z) die *Gewichtsfunktion*, in Englisch "*weight function*", bezeichnet.

Klassische stehende Wellen sind die Schwingungen der eingespannten homogenen Saite
wie bei der Geige, der Harve und dem Klavier, der eingespannten Membran, oder wie bei
der Trommel und beim Mikrophon, der Luft in Schallresonatoren wie Flöten und
Orgelpfeifen sowie elektromagnetische Schwingungen in Mikrowellen-Resonatoren.
Charakteristisch für diese stehenden Wellen ist, dass sie nur für bestimmte Frequenzen,
die *Eigenfrequenzen* auftreten.

Stehende Wellen spielen ebenfalls eine wichtige Rolle in der nicht-relativistischen
Wellenmechanik [Baym 1969 B, Blochinzew 1966 B, Fick 1968 B, Flügge 1990 B,
Landau & Lifschitz 1979 B, Messiah 1960 B, 1969 B, 1990 B, Schubert & Weber
1980 B] als Lösungen der zeitunabhängigen Schrödinger-Gleichung. Auf Grund der
Planckschen Beziehungen (7.2 - 5) treten hier anstelle der Eigenfrequenzen die *Energie-
Eigenwerte*.

9.2 Die freie schwingende homogene Saite

Die homogene schwingende Saite, in Englisch "*homogeneous vibrating string*", ist das
Musterbeispiel für stehende Wellen [Courant & Hilbert I 1968 B, Kneubühl 1994 B]. Die
Wellengleichung dieser Saite ist die Hertz-Gleichung:

(9.2 - 1) $$u_{tt} = v^2 \cdot u_{zz} \quad \text{mit} \quad v = (F / \rho A)^{1/2} = const$$

wobei F die Spannkraft der Saite mit dem Querschnitt A und der Dichte ρ bedeutet.

Mit Hilfe des für stehende Wellen charakteristischen Ansatzes

(9.1 - 1b) $$u(z,t) = g(t) \cdot U(z)$$

findet man die Beziehung

(9.2 - 2a) $$\ddot{g} / g = v^2 \, U'' / U = -\omega^2 = const$$

Diese beiden Quotienten müssen konstant sein weil links eine Funktion der Zeit t und rechts eine Funktion des Ortes z steht. Die Beziehung (9.2 - 2a) ergibt somit die zwei Differential-Gleichungen

(9.2 - 2b) $\qquad \ddot{g} + \omega^2 \cdot g = 0 \quad$ und $\quad U'' + \beta^2 U = 0 \quad$ mit $\quad \beta = \omega / \upsilon$

Die Lösungen dieser Gleichungen können geschrieben werden als

(9.2 - 2c) $\qquad g(t) = sin(\omega t - \varphi)$

und $\qquad U(z) = R\cos(\beta z - \Theta) = C\cos\beta z + S\sin\beta z$

mit $\qquad \beta = \omega / \upsilon, \quad \tan\Theta = S/C \text{ und } R^2 = C^2 + S^2$

Bei dieser Lösung kann die Kreisfrequenz ω beliebig gewählt werden. Diese Freiheit wird eingeschränkt durch die *Randbedingungen*:

α) Nimmt man an, dass die Saite bei $z = a = 0$ und $z = b = L$ fest eingespannt ist, dann sind die Randbedingungen gemäss (9.1 - 2a) gegeben durch

(9.2 - 3a) $\qquad u(0,t) = U(0) = 0 \quad$ und $\quad u(L,t) = U(L) = 0$

Berücksichtigt man diese Bedingungen in der zweiten Gleichung von (9.2 - 2c) so findet man für die Parameter der Lösungen (9.2 - 2c):

(9.2 - 3b) $\qquad C = 0 \quad$ und $\quad \beta L = n\pi \quad$ mit $\quad n = 0, \pm 1, \pm 2, \ldots$

und nach Elimination überflüssiger Werte des Parameters β:

(9.2 - 3c) $\qquad u_n(z,t) = sin(\omega_n t - \varphi_n) \cdot U_n(z) = sin(\omega_n t - \varphi_n) \cdot U_n \cdot sin\beta_n z$

mit $\beta_n = n\pi / L$ und $\omega_n = n\pi \upsilon / L$ für n = 1, 2, 3, ...

mit U_n und φ_n beliebig. Die Lösungen (9.2 - 3c) entsprechen den *Eigenschwingungen* und ω_n den *Eigenkreisfrequenzen*. Beide werden durch die Randbedingungen (9.2 - 3a) bestimmt. Da Schwingungsformen $U_n(z)$ der ersten vier Eigenschwingungen n = 1, ..., 4 sind in Figur 9.2 - 1 abgebildet.

Weil die Wellengleichung (9.2 - 1) der homogenen Saite linear ist, gilt für die Lösungen (9.2 - 3c) des *Superpositions-Prinzip*. Deshalb ist die *allgemeine Lösung*

(4.2 - 4a) $\qquad u(z,t) = \sum_{n=1}^{\infty} sin(\omega_n t - \varphi_n) \cdot U_n \cdot sin\beta_n z$

mit U_n und φ_n beliebig. Diese werden von den *Anfangsbedingungen* bestimmt. Die Lösung (9.2 - 4a) repräsentiert eine *Fourier-Reihe* sowohl in bezug auf die Zeit t als auch in Hinsicht auf den Ort z.

(9.2 - 4b) $\qquad u(z,t) = \sum_{n=1}^{\infty} U_n sin(n\omega_1 t - \varphi_n) sin(n\beta_1 z)$

Somit ist sie *periodisch* in der Zeit t und im Ort z. Periode T und Wellenlänge λ sind

(9.2 - 4c) $\qquad T = 2\pi / \omega_1 = 2L / \upsilon \quad$ und $\quad \lambda = 2\pi / \beta_1 = 2L$

β) Ersetzt man die einfachen Randbedingungen (9.2 - 3a) durch die etwas komplizierteren

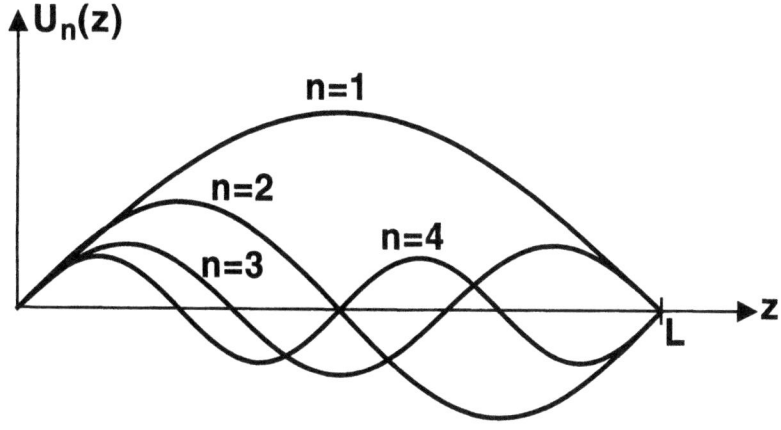

Figur 9.2 - 1: Schwingungsformen $U_n(z)$ der ersten Eigenschwingungen n = 1 - 4 der beidseitig eingespannten homogenen Saite.

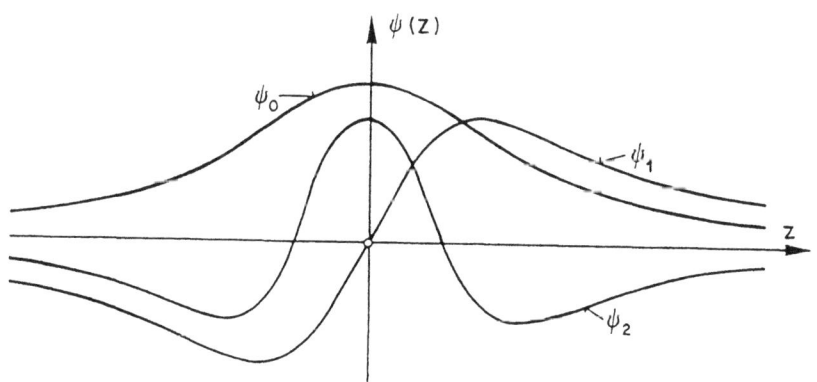

Figur 9.3 - 1: Wellenfunktionen $\Psi_n(z)$ der tiefsten Eigenzustände n = 0, 1, 2 des harmonischen Oszillators gemäss (9.3 - 10 abc)

(9.2 - 5a) $\quad u(0) = U(0) = 0 \quad$ und $\quad u_z(L)/u(L) = U'(L)/U(L) = h$,

welche einen Spezialfall der Sturm-Liouville-Bedingungen (9.1 - 2d) darstellen, so findet man die folgenden Gleichungen für die Parameter β und S der Lösung (9.2 - 2c)

(9.2 - 5b) $\quad C = 0 \quad$ und $\quad \tan\beta L = \beta/h$

Kennt man die Lösungen $\beta_m > 0$ für die zweite transzendente Gleichung, so kann man für die Eigenschwingungen und Eigenkreisfrequenzen schreiben

(9.2 - 5c) $\quad u_m(z,t) = \sin(\omega_m t - \varphi_m) \cdot U_m \cdot \sin\beta_m z$

mit $\quad \omega_m = \beta_m / v$

γ) Inhomogene Randbedingungen gemäss (9.1 - 3) sind

(9.2 - 6a) $\quad U(0) = U_0 \neq 0 \quad$ und $\quad U(L) = U_L \neq 0$

Stellt man der Lösung (9.2 - 2c) diese Bedingungen, so resultieren die Gleichungen

(9.2 - 6b) $\quad U_0 = R\cos\Theta \quad$ und $\quad U_L = R\cos(\beta L - \Theta)$

Somit sind die Eigenkreisfrequenzen ω_m abhängig von der Amplitude R:

(9.2 - 6c)
$$\omega_m(R) = v\beta_m(R) = \frac{v}{L}\left[2m\pi + \arccos(U_0/R) + \arccos(U_L/R)\right]$$

Die entsprechenden Eigenschwingungen sind

(9.2 - 6d) $\quad u_m(z,t) = \sin(\omega_m(R)t - \varphi) \cdot R \cdot \cos[\beta_m(R)t - \Theta(R)]$

mit $\quad \Theta = \arccos(U_0/R)$

9.3 Sturm - Liouville - Systeme

Häufig untersuchte Schwingungsformen U(z) erfüllen die *Sturm-Liouville-Gleichung* [Birkhoff & Rota 1989 B, Courant & Hilbert I 1968 B, Hairer et al. 1987 B, Madelung 1943 B, Zwillinger 1989 B]:

(9.3 - 1)
$$\frac{d}{dz}\left[p(z)\frac{d}{dz}U'(z)\right] + [\Lambda\rho(z) - q(z)]U(z) = 0$$

Diese Gleichung wird als im abgeschlossenen Intervall a ≤ z ≤ b *regulär* bezeichnet, wenn p(z), ρ(z) und q(z) begrenzt sowie p(z) und ρ(z) positiv sind.

Der *Eigenwert* Λ wird durch die *Randbedingungen*, wie zum Beispiel (9.1 - 2a/d), (9.1 - 3) oder (9.1 - 4) bestimmt. Als *Sturm-Liouville-System* bezeichnet man die Sturm-Liouville-Gleichung im Verband mit den Randbedingungen [Birkhoff-Rota 1989 B].

Ein Sturm-Liouville-System ist *regulär* wenn einer regulären Sturm-Liouville-Gleichung die Randbedingungen

(9.3 - 2) $\quad AU(a) + A'U'(a) = 0 \quad$ und $\quad BU(b) + B'U'(b) = 0$

auferlegt werden.

Als *singulär* bezeichnet man ein Sturm-Liouville-System, wenn mindestens ein Randpunkt z = a, b des Intervalls a ≤ z ≤ b ausgeschlossen werden muss [Birkhoff & Rota 1989 B]. Dafür gibt es verschiedene Ursachen: Einer oder beide Randpunkte liegen im Unendlichen, das heisst a = - ∞ und/oder b = + ∞. In einem Endpunkt, zum Beispiel z = a, ist eine der Funktionen p(z), q(z), ρ(z) singulär. Oder es gilt

$$lim_{z \to a} p(z) = 0, \quad lim_{z \to a} \rho(z) = 0.$$

Die Sturm-Liouville Gleichung ist *selbstadjungiert*, in Englisch "self-adjoint" [Birkhoff & Rota 1989 B]. Setzt man

(9.3 - 3a) $\qquad R(z) = 1/p(z) \quad \text{und} \quad Q(z) = \Lambda \rho(z) + q(z)$

so kann man die Sturm-Liouville Gleichung durch das (4.5 - 18a) entsprechende selbstadjungierte Differentialgleichungs-System

(9.3 - 3b) $\qquad U' = -R(z) \cdot V$
$\qquad\qquad V' = +Q(z) \cdot U$

ersetzen. Deshalb erfüllen U und V die *konjugierten Differentialgleichungen* entsprechend (4.5 - 18b&c):

(9.3 - 3c) $\qquad \dfrac{d}{dz}\left[\dfrac{U'}{R(z)}\right] + Q(z)U = 0$

(9.3 - 3d) $\qquad \dfrac{d}{dz}\left[\dfrac{V'}{Q(z)}\right] + R(z)V = 0$

wobei (9.3 - 3c) die vorgegebene Sturm-Liouville-Gleichung (9.3 - 1) darstellt.

Schwingungsformen U(z), welche eine Sturm-Liouville-Gleichung erfüllen, haben verschiedenen *Ursprung*:

α) Sie treten auf bei *harmonisch oszillierenden stehenden Wellen* mit Wellengleichungen vom Typus

(9.3 - 4a) $\qquad u_{tt} = v^2(z) \cdot u_{zz} + \delta(z) \cdot u_z - \kappa(z)u$

wobei δ(z) den Dämpfungs- und κ(z) den Klein-Gordon-Term kennzeichnet.
Für harmonisch oszillierende stehende Wellen gilt der Ansatz

(9.3 - 5a) $\qquad u(z,t) = g(t) \cdot U(z) = sin(\omega t - \varphi) \cdot U(z)$

und somit die Beziehung

(9.3 - 5b) $\qquad u_{tt} = -\omega^2 u = -\Lambda u$

Benützt man diese Beziehung für u_{tt} in der Wellengleichung (9.3 - 4a) und eliminiert g(t), so findet man folgende Gleichung für die Schwingungsform U(z) der stehenden Welle

(9.3 - 4b) $\qquad v^2(z)U'' + \delta(z)U' + [\Lambda - \kappa(z)]U = 0$

Durch die Koeffizienten-Transformation

(9.3 - 4c) $$p = p_0 \cdot exp \int_0^z \frac{\delta}{v^2} dz, \quad \rho = p/v^2, \quad q = p\kappa/v^2$$

verwandelt sich die Gleichung (9.3 - 4b) in die Sturm-Liouville-Gleichung (9.3 - 1).

β) Sturm-Liouville-Gleichungen (9.3 - 1) werden erfüllt von Schwingungsformen *hochsymmetrischer mehrdimensionaler stehender Wellen*. Als Beispiel dienen die kreissymmetrischen stehenden Wellen, welche der *zweidimensionalen Hertz-Wellengleichung*

(9.3 - 6a) $$u_{tt} = v^2 (u_{xx} + u_{yy})$$

entsprechen. Derartige stehende Wellen treten bei einer kreisförmig eingespannten *Membran*, also bei einer Trommel auf. Die Wellengeschwindigkeit v auf einer dünnen Membram ist [Kneubühl 1994 B]

(9.3 - 6b) $$v = (T/\rho d)^{1/2}$$

wobei T die gesamte Oberflächenspannung, ρ die Dichte und d die Dicke der Membran darstellen.

Beschreibt man die Wellengleichung (9.3 - 6a) in Polarkoordinaten, so findet man

(9.3 - 6c) $$u_{tt} = v^2 [u_{rr} + r^{-1} u_r + r^{-2} u_{\varphi\varphi}]$$

mit $\quad x = r \cdot cos\, \varphi \quad$ und $\quad y = r \cdot sin\, \varphi$

Für harmonische oszillierende kreissymmetrische stehende Wellen gilt einerseits die Beziehung (9.3 - 5b) und andrerseits U = U(r). Somit ist die Schwingungsform U(r) bestimmt durch die Sturm-Liouville-Gleichung.

(9.3 - 6d) $$\frac{d}{dr}\left[r \frac{dU}{dr}\right] + \beta^2 r U = 0$$

mit $\quad \beta = \omega/v = \Lambda^{1/2}/v$

γ) Sturm-Liouville-Gleichungen sind ebenfalls die *zeitunabhängigen Schrödinger-Gleichungen* der nichtrelativistischen Wellenmechanik, welche das Verhalten eines Teilchens mit der Masse m in einem zeitunabhängigen eindimensionalen Potential V(z) beschreiben [Flügge 1990 B]. Die eigentliche Wellengleichung ist die *zeitabhängige Schrödinger-Gleichung* [Baym 1969 B, Blochinzew 1966 B, Fick 1968 B, Flügge 1990 B, Landau & Lifschitz 1979 B, Messiah 1960 B, 1969 B, 1990 B, Schubert & Weber 1980 B]

(9.3 - 7a) $$i\hbar \psi_t = -(\hbar^2/2m)\psi_{zz} + V(z)\psi$$

Weil V(z) unabhängig von der Zeit t ist, existieren stationäre Zustände mit bestimmten Energien. In Hinblick auf die Planckschen Beziehungen (7.2 - 5) und die de Broglie-Welle (7.2 - 4a) postuliert man unter dieser Voraussetzung eine stehende Welle in der Form

(9.3 - 7b) $\psi(z,t) = g(t) \cdot \Psi(z) = exp(-i\omega t) \cdot \Psi(z) = exp(-iEt/\hbar) \cdot \Psi(z)$

Verwendet man diesen Ansatz für die Lösung der Wellenfunktion (9.3 - 7a) so erhält man die *zeitunabhängige Schrödinger-Gleichung als Gleichung der Schwingungsform*:
(9.3 - 7c) $\Psi''(z) + (2m/\hbar^2)[E - V(z)]\Psi(z) = 0$

Dies ist eine Sturm-Liouville-Gleichung mit $E = \Lambda$. Die Energie-Eigenwerte $E = \Lambda$ werden durch die Randbedingungen bestimmt.

Für *Eigenwerte* und *Eigenfunktionen* von Sturm-Liouville-System gilt eine Reihe von *allgemeinen Gesetzen* [Courant & Hilbert I 1968 B, Birkhoff & Rota 1989 B]:

α)   Jedes *reguläre* Sturm-Liouville-System hat eine unendliche Reihe von nichtentarteten positiven Eigenwerten $\Lambda_0 < \Lambda_1 < \Lambda_2 < \Lambda_n <<$ mit $\lim_{n \to \infty} \Lambda_n = \infty$.

Die Eigenfunktion $U_n(z)$, welche zum Eigenwert Λ_n gehört, hat exakt n Nullstellen im Intervall $a < x < b$ und ist ausserdem bis auf einen konstanten Faktor eindeutig bestimmt.

Die Eigenfunktionen $U_m(z)$ und $U_n(z)$, welche zu verschiedenen Eigenwerten Λ_m und Λ_n; $m \neq n$, gehören, bilden in bezug auf die reelle Gewichtsfunktion $\rho(z)$, in Englisch "weight function", ein *vollständiges Orthogonalsystem*, das man stets auf 1 *normieren* kann [Madelung 1943 B]. Dann gilt

(9.3 - 8) $\int_a^b U_m(z) \cdot U_n(z) \cdot \rho(z) dz = \delta_{nm} = \begin{cases} 1 \text{ für } n = m \\ 0 \text{ für } n \neq m \end{cases}$

β)   Bei den *singulären* Sturm-Liouville Systemen sind die *quadratisch integrierbaren Funktionen* wegen der Wellenmechanik von besonderem Interesse. Eine Funktion U(z) ist in bezug auf die reelle Gewichtsfunktion $\rho(z)$ quadratisch integrierbar wenn gilt

(9.3 - 9a) $\int_{-\infty}^{+\infty} U(z)^2 \rho(z) dz < +\infty$

Für diese Funktionen gilt:
Zwei in bezug auf $\rho(z)$ quadratisch integrierbare Eigenfunktionen $U_m(z)$ und $U_n(z)$, welche zu verschiedenen reellen Eigenwerten Λ_m und Λ_n; $m \neq n$ gehören, sind orthogonal in bezug auf $\rho(z)$:

(9.3 - 9b) $\int_{-\infty}^{+\infty} U_m(z) \cdot U_n(z) \rho(z) dz = 0$

vorausgesetzt, dass

(9.3 - 9c) $\qquad U_k(\pm\infty) = 0$ und $\dfrac{d}{dz}U_k(\pm\infty) = 0$ für $k = m, n$

Auch diese Funktionen können auf 1 normiert werden, so dass gilt

(9.3 - 9d) $\qquad \displaystyle\int_{-\infty}^{+\infty} U_m(z)U_n(z)\rho(z)dz = \delta_{nm}$

Als *Beispiel* für derartige Funktionen $U_n(z)$ sind in Figur 9.3 - 1 die *Wellenfunktionen* $\Psi_n(z)$ für n = 0, 1, 2 des *harmonischen Oszillators* dargestellt [Blochinzew 1966 B, Fick 1968 B, Messiah 1960 B, 1969 B, 1990 B]. Der harmonische Oszillator ist gekennzeichnet durch die Masse m und das Potential

(9.3 - 10a) $\qquad V(z) = \dfrac{f}{2}\cdot z^2$

Die Energie-Eigenwerte $E_n = \Lambda_n$ sind

(9.3 - 10b) $\qquad E_n = \hbar\omega_0\left(n + \dfrac{1}{2}\right)$ mit $\omega_0 = (f/m)^{1/2}$

und die entsprechenden Eigenfunktionen haben die Form

(9.3 - 10c) $\qquad \Psi_n(z) = N_n \cdot H_n(x/x_0) \cdot exp\left(-x^2/2x_0^2\right)$

mit $\qquad x_0 = (\hbar/m\omega_0)^{1/2}$

wobei $H_n(z)$ die Hermite'schen Polynome und N_n die Normierungsfaktoren darstellen.

Die Sturm-Liouville-Gleichung (9.3 - 1) kann in die einfache *Liouville-Normalform* transformiert werden, welche die gleichen Eigenwerte Λ aufweist. Diese Tranformation ist [Courant & Hilbert I 1960 B, Birkhoff & Rota 1989 B]

(9.3 - 10a) $\qquad w = u[\rho(z)\cdot p(z)]^{1/4}$

$\qquad\qquad y = \displaystyle\int^{z}[\rho(z)/p(z)]^{1/2}dz$

Sie verwandelt die Sturm-Liouville-Gleichung (9.3 - 1) in

(9.3 - 10b) $\qquad \dfrac{d^2}{dy^2}w(y) + [\Lambda - r(y)]w(y) = 0$ mit

(9.3 - 10c) $\qquad r(y) = (q/\rho) + (\rho p)^{-1/4}\dfrac{d^2}{dy^2}\left[(\rho p)^{1/4}\right]$

wobei $\qquad d/dy = (p/\rho)^{1/2}d/dz$

In der Literatur werden zahlreiche *Sturm-Liouville-Systeme* beschrieben, zum Beispiel *orthogonale Polynome* [Abramowitz & Stegun 1965 B, Madelung 1943 B], harmonische Funktionen, Bessel Funktionen, etc. Deswegen wird hier auf deren Darstellung verzichtet und auf die Literatur verwiesen [Abramowitz & Stegun 1965 B, Birkhoff & Rota 1989

B, Courant & Hilbert 1968 B, Gradshteyn & Ryzhik 1965 B, Hairer et al. 1989 B, Madelung 1943 B, Sommerfeld 1947 B, Zwillinger 1989 B].

9.4 Nichtlineare stehende Wellen

Als Beispiel einer Art stehende Welle, welche durch eine nichtlineare Wellengleichung bestimmt wird, darf der oszillierende Puls, in Englisch *"breather"* erwähnt werden, welcher die Sine-Gordon-Gleichung erfüllt. Er wird durch die Formel (8.5 - 1) und Figur 8.5 - 4) beschrieben.

Harmonisch oszillierende nichtlineare stehende Wellen, existieren zum Beispiel für Wellengleichungen vom Typus

(9.4 - 1a) $\quad uu_{zz} + (a-1)u_z^2 + f(z)uu_z - g(z)uu_{tt} = 0$

Harmonische oszillierende stehende Wellen werden beschrieben durch die Gleichungen (9.3 - 5a&b). Verwendet man

(9.3 - 5b) $\quad u_{tt} = -\omega^2 u = -\Lambda u$

in der Gleichung (9.4 - 1a) und eliminiert g(t), so resultiert die folgende Gleichung für die Schwingungsform:

(9.4 - 1b) $\quad UU'' + (a-1)U'^2 + f(z)UU' + \omega^2 g(z)U^2 = 0$

Für a ≠ 0 lässt sich diese Gleichung in eine lineare Differentialgleichung durch die Transformation [Kamke 1957 B, Gl. 6. 129]:

(9.4 - 2a) $\quad V = U^a$

Das Resultat der Transformation ist

(9.4 - 2b) $\quad V'' + f(z)V' + \omega^2 \cdot a g(z)V = 0$

Mit der zusätzlichen Koeffizienten-Transformation

(9.4 - 3a) $\quad p(z) = p_0 \int_0^z f(z)dz \quad \text{und} \quad \rho(z) = a g(z) \cdot p(z)$

verwandelt sich die Gleichung (9.4 - 2b) in

(9.4 - 3b) $\quad \dfrac{d}{dz}[p(z) \cdot V'] + \omega^2 \rho(z)V = 0$

Die Randbedingungen bestimmen die Eigenkreisfrequenzen ω_n als Eigenwerte $\Lambda_n = \omega_n^2$ dieser Sturm-Liouville-Gleichung.

9.5 Erzwungene stehende Wellen

Als Beispiel für erzwungene stehende Wellen dient die erzwungene Bewegung der auf beiden Seiten eingespannten homogenen Saite. Diese wird beschrieben durch die *inhomogene Wellengleichung* [Courant & Hilbert 1968 B]

(9.1 - 1) $$u_{tt} = v^2 u_{zz} + F(z,t)$$

mit den Randbedingungen

(9.2 - 3a) $$u(0,t) = U(0) = 0 \quad \text{und} \quad u(L,t) = U(L) = 0$$

F(z, t) repräsentiert die zeit- und ortsabhängige Kraft, welche auf die Saite einwirkt.

Die freien Eigenschwingungen der Saite haben gemäss Unterkapitel 9.2 die Form

(9.2 - 3c) $$u_n(z,t) = sin(n\omega_1 t - \varphi) \cdot U_n \cdot sin n\beta_1 z$$

mit $\beta_1 = \pi / L$ und $\omega_1 = \pi v / L$

Dementsprechend nimmt man an, dass die Kraft F(z, t) sich über den Wirkungsbereich $0 \leq z < L$ periodisch fortsetzt und zerlegt sie in eine Fourier-Reihe

(9.5 - 2a) $$F(z,t) = \sum_{n=1}^{\infty} F_n(t) \, sin \, n\beta_1 z = F(z + 2L, t)$$

mit $$F_n(z) = \frac{2}{L} \int_0^L F(z,t) \cdot sin n\beta_1 z \cdot dz$$

Ebenso zerlegt man die noch unbestimmte erzwungene Schwingung:

(9.5 - 2b) $$u(z,t) = \sum_{n=1}^{\infty} w_n(t) \, sin \, n\beta_1 z$$

mit $$w_n(t) = \frac{2}{L} \int_0^L u(z,t) \cdot sin n\beta_1 z \cdot dz$$

Verwendet man die Ansätze (9.5 - 2a&b) für die Lösung der inhomogenen Wellengleichung (9.5 - 1) so erhält man die Bewegungsgleichungen der einzelnen Eigenschwingungen.

(9.5 - 2c) $$\ddot{w}_n(t) + n^2 \omega_1^2 w_n(t) = F_n(t)$$

Die Lösung dieser Gleichungen ist [Courant & Hilbert I 1968 B]

(9.5 - 3a) $$w_n(t) = \frac{1}{n\omega_1} \int_0^t F_n(\tau) \cdot sin n\omega_1(t-\tau) \cdot d\tau + U_n sin(n\omega_1 t - \varphi_n)$$

Somit ist die Lösung für die erzwungenen stehenden Wellen mit der inhomogenen Wellengleichung (9.5 - 1) insgesamt

(9.5 - 3b)
$$u(z,t) = \sum_{n=1}^{\infty} \sin n\beta_1 z \left[\frac{1}{n\omega_1} \int_0^t F_n(\tau) \cdot \sin n\omega_1(t-\tau) \cdot d\tau + U_n \cdot \sin(n\omega_1 t - \varphi_n) \right]$$

wobei die beliebigen Konstanten U_n und φ_n den Anfangsbedingungen angepasst werden müssen.

Das vorgeführte Verfahren zur Berechnung der erzwungenen stehenden Wellen, welche durch die inhomogene Hertz-Gleichung (9.5 - 1) bestimmt sind, kann auch zur Berechnung der erzwungenen stehenden Wellen, welche durch andere inhomogene lineare Wellengleichungen bestimmt sind, verwendet werden. Voraussetzung ist die Kenntnis der Eigenschwingungen der freien stehenden Wellen.

REFERENZEN

B. Bücher

Ablowitz, M. J., Clarkson, P. A. (1991):
"Solitons, Nonlinear-Evolution Equations and Inverse Scattering"
Cambridge University Press, Cambridge, UK

Abramowitz, M., Stegun, I.A. (1965): "Handbook of Mathematical Functions"
Dover, New York

Andronov, A.A., Witt, A.A., Chaikin, S.E. (1965): "Theorie der Schwingungen"
Akademie Verlag, Berlin

Arnold, V.I. (1978): "Mathematical Methods of Classical Mechanics"
Springer, Berlin

Arnold, V.I. (1984): "Catastrophe Theory"
Springer, Berlin

Ashcroft, N.W., Mermin, N.D. (1976): "Solid State Physics"
Holt, Rinehart & Winston, New York

Bai-Lin, Hao (1984): "Chaos"
World Scientific, Singapur

Bainov, D. D., Mishev, D. P. (1991):
"Oscillation Theory for Neutral Differential Equations with Delay"
IOP Publishing, Bristol

Baym, G. (1969):
"Lectures on Quantum Mechanics", Benjamin Kummings, Reading, Mass.

Baker, G.L., Gollub, J.R. (1990): "Chaotic Dynamics"
Cambridge Univ. Press, Cambridge, UK

Barnett, St. (1990): "Matrices, Methods and Applications"
Clarendon Press, Oxford

Bellman, R. (1960): "Introduction to Matrix Analysis"
McGraw Hill, New York

Bellman, R. (1966): "Perturbation Techniques in Mathematics, Physics, and Engineering"
Holt, Reinhart & Winston, New York

Beltrami, E. (1987): "Mathematics for Dynamic Modeling"
Academic Press, Boston/Orlando

Bergé, P., Pomeau, Y., Vidal, Ch. (1984): "L'Ordre dans le Chaos"
Hermann, Paris

Bethe, H., Sommerfeld, A. (1967): "Elektronentheorie der Metalle"
Springer, Berlin

Birkhoff, G., Rota, G.-C. (1989): "Ordinary Differential Equations"
4th ed., Wiley, New York

Bhatnagar, P. L. (1979): "Nonlinear Waves in One-Dimensional Dispersive Systems"
Clarendon Press, Oxford

Blakemore, J.S. (1974): "Solid State Physics"
2nd ed., Saunders, London

Blochinzew, D.I. (1966): "Grundlagen der Quantenmechanik"
5. Aufl., Harry Deutsch, Frankfurt / M & Zürich

Bloembergen, N. (1965): "Nonlinear Optics"
Benjamin, New York

Bogoljubow, N.N., Mitropolski (1965):
"Asymptotische Methoden in der Theorie der nichtlinearen Schwingungen"
Akademie Verlag, Berlin

Bohl, W. (1980): "Technische Strömungslehre"
4. Aufl., Vogel, Würzburg

Bracewell, R.N. (1986): "The Fourier Transform and its Applications"
2nd ed., McGraw Hill, New York

Brackbill, J.U., Cohen, B.L. eds. (1985): "Multiple Time Scales"
Academic Press, New York

Brillouin, L. (1946): "Wave Propagation in Periodic Structures"
McGraw Hill, New York

Brillouin, L. (1960): "Wave Propagation and Group Velocity"
Academic Press, New York

Bronson, R. (1979): "Differential Equations" 2500 solved problems
in Schaum's Solved Problems Series, McGraw Hill, New York

Bronstein, I.N., Semendjajew, K.A. (1991):
"Taschenbuch der Mathematik"
B.G. Teubner Verlagsgesellschaft, Stuttgart-Leipzig

Bullough, R. K., Caudrey, P. J., eds. (1980): "Solitons"
Springer, Berlin

Champeney, D.C. (1973): "Fourier Transforms and Their Physical Applications"
Academic Press, New York

Chow, S. N., Hale, J. R. (1982) "Methods in Bifurcations Theory"
Springer, New York

Coddrington, E.A., Levinson, N. (1955): "Theory of Ordinary Differential Equations"
Krieger Publ. Comp., Malabar, Florida

Cohen-Tannoudji, C.; Diu, B.; Laloë, F. (1977): "Quantum Mechanics I & II"
Wiley, New York; Hermann, Paris

Collet, P., Eckmann, J. P. (1983): "Iterated Maps on the Interval as Dynamical Systems"
Birkhäuser, Basel

Courant, R., Hilbert, D. (1968): "Methoden der Mathematischen Physik I & II"
2./3. Aufl., Springer, Berlin

Critanovic, P. (1984): "Universality in Chaos"
Hilger, Bristol

Darboux, G. (1989): "Leçons sur la théorie générale des surfaces II"
Paris

Doetsch, G. (1970): "Theorie und Anwendung der Laplace Transformation"
Birkhäuser, Basel

Dobrinski, P., Krakau, G.; Vogel, A. (1993): "Physik für Ingenieure"
8. Aufl., Teubner, Stuttgart

Dodd, R.K., Eilbeck, J.C., Gibbon, J.D., Morris, H.C. (1982):
"Solitons and Nonlinear Wave Equations"
Academic Press, New York

Drazin, P.G. (1983): "Solitons"
Cambridge Univ. Press, Cambridge, UK

Drazin, P.G. (1992): "Nonlinear Systems"
Cambridge Univ. Press, Cambridge, UK

Drazin, P. G., Johnson, R. S. (1989): "Solitons: an Introduction"
Cambridge Univ. Press, Cambridge, UK

Duffing, G. (1918): "Erzwungene Schwingungen bei veränderlicher Eigenfrequenz"
Vieweg, Braunschweig

Erdelyi, A., Magnus, W., Oberhettinger, F., Triconi, F.G. (1952-1954):
"Higher Transcendental Functions I-III"
McGraw Hill, New York

Erdelyi, A, Magnus, W., Oberhettinger, F., Tricomi, F.G. (1954):
"Tables of Integral Transforms I & II, McGraw-Hill, New York

Feigenbaum, M. J. (1980): "Universal Behavior of Nonlinear Systems"
Los Alomos Science

Fick, E. (1968): "Einführung in die Grundlagen der Quantentheorie"
Akademische Verlagsgesellschaft, Frankfurt / M

Flügge, S. (1990): "Rechenmethoden der Quantenmechanik"
4. Auflage, Springer, Berlin

Froyland, J. (1992): "Introduction to Chaos and Coherence"
Institute of Physics, Bristol, UK

Gantmacher, F.R. (1959): "Application of Matrices"
Wiley, New York

Gaponov-Grekhov, A.V., Rabinovich, M.I. (1992): "Nonlinearities in Action"
Springer, Berlin

Gleick, J. (1990): "Chaos"
Droemer Knaur, München

Goldberg, H. (1978): "Klassische Mechanik"
Akad. Verlagsgesellschaft, Wiesbaden

Gradshteyn, I.S., Ryzhik, I.M. (1965): "Table of Integrals, Series and Products"
Academic Press, New York

Guckenheimer, J., Holmes, Ph. (1983):
"Nonlinear Oscillations Dynamical Systems and Bifurcation of Vector Fields"
Springer, New York/Berlin

Hahn, W. (1959): "Theorie und Anwendung der direkten Methode von Ljapunov"
Springer, Berlin

Hairer, E., Norsett, S.P., Wanner, G. (1980):
"Solving Ordinary Differential Equations I (Nonstiff Problems)
Springer, Berlin

Haken, H. (1978): "Synergetics"
2nd ed. Springer, Berlin

Haken, H. (1983): "Advanced Synergetics"
Springer, Berlin

Haken, H. (1983: "Synergetics"
3rd. ed. Springer, Berlin

Haken, H. (1984: "Laser Theory"
Springer, Berlin

Haken, H. (1985): "Light", Vol. 2 "Laser Light Dynamcis"
North-Holland, Amsterdam

Hale, J.K. (1969): "Ordinary Differential Equations"
Wiley, New York

Hasegawa, A. (1989): "Optical Solitons in Fibres"
2nd ed., Springer, Berlin

Ince, E.L. (1926): "Ordinary Differential Equations"
Longman-Greens, London

Infeld, E., Rowlands, G. (1990): "Nonlinear Waves, Solitons and Chaos"
Cambridge Univ. Press, Cambridge, UK

Iooss, G., Joseph, D.D. (1980): "Elementary Stability and Bifurcation Theory"
Springer, New York/Berlin

Jackson, J.D. (1975): "Classical Electrodynamics"
Wiley, New York

Jahnke, E., Emde, F. (1952): "Tafeln höheren Funktionen"
Teubner, Leipzig

Jakubovic, V.A. Starzinski, V.M. (1975):
"Linear Differential Equations with Periodic Coefficients"
Wiley, New York

Kachhava, C.M. (1990): "Solid State Physics"
Tata McGraw Hill, New York

Kamke, E. (1956): "Differentialgleichungen, Lösungsmethoden und Lösungen:
I. gewöhnliche Differentialgleichungen"
5. Aufl., Akadem. Verlagsgesellschaft, Geest & Portig, Leipzig

Karpman, V.I. (1975): "Nonlinear Waves in Dispersive Media"
Pergamon Press, Oxford

Kittel, Ch. (1971): "Introduction to Solid State Physics"
4th ed., Wiley, New York

Klages, G. (1956): "Einführung in die Mikrowellenphysik"
Steinkopff, Darmstadt

Kneubühl, F.K. (1993): "Theories on Distributed Feedback Lasers"
Harwood Acad. Publ., Chur

Kneubühl, F.K. (1994): "Repetitorium der Physik"
5. Auflage, Teubner, Stuttgart

Kneubühl, F.K., Sigrist, M.W. (1989): "Laser"
3. Aufl., Teubner, Stuttgart

Kober, H. (1957): "Dictionary of Conformal Representations"
2nd ed. Dover, London

Kreher, K. (1976): "Festkörperphysik"
Vieweg, Braunschweig

Kunik, A., Steeb, W.-H. (1986): "Chaos in dynamischen Systemen"
Bibliograph. Inst., Mannheim

Kuypers, F. (1982): "Klassische Mechanik"
Physik Verlag, Weinheim

Landau, L.D.; Lifschitz, E.M. (1965):
"Lehrbuch der Theoretischen Physik III: Quantenmechanik"
Akademie-Verlag, Berlin

Landau, L. D., Lifschitz, E. M. (1979):
"Quantenmechanik" = "Lehrbuch der Theoretischen Physik", Bd III
Akademie Verlag, Berlin

LaSalle, J., Lefschetz, S. (1961): "Stability by Ljapunov's Direct Method with Applications"
Academic Press, New York

LaSalle, J., Lefschetz, S. (1967): "Die Stabilitätstheorie von Liapunow"
Bibiograph. Institut, Mannheim

Ljapunow, A.M. (1892/1992): "The General Problem of the Stability of Motion",
englische Übersetzung der russischen Originalarbeit
Taylor & Francis, Basingstoke

Lotka, A.J. (1925): "Elements of Physical Biology"
Williams & Wilkins, Baltimore

Lüst, R. (1978): "Hydrodynamik"
Bibliographisches Institut, Mannheim

Lyapunov, A. M. (1982 / 1992): "The General Problem of the Stability of Motion"
englische Übersetzung der russischen Originalarbeit
Taylor & Francis, Basingstoke

Madelung, E. (1943): "Die mathematischen Hilfsmittel des Physikers"
Dover, New York

Magnus, W., Winkler, S. (1966): "Hill's Equation"
Interscience, New York

Mahnke, R., Schmelzer, J., Röpke, G. (1992):
"Nichtlineare Phänomene und Selbstorganisation"
Teubner, Stuttgart

McLachlan, N.W. (1950): "Ordinary Non-Linear Differential Equations"
Clarendon Press, Oxford

Mandelbrot, B.B. (1983): "The Fractal Geometry of Nature"
Freeman, New York

Marcuvitz, N. (1948): "Waveguide Handbook"
MIT Rad. Lab. Series 10, New York

Margenau, H., Murphy, G.M. (1956): "The Mathematics of Physics and Chemistry"
Van Nostrand, Princeton

Messiah, A. (1960): "Mecanique Quantique I et II"
Dunod, Paris

Messiah, A. (1969): "Quantum Mechanics I & II"
North-Holland, Amsterdam

Messiah, A. (1990): "Quantenmechanik I & II"
Gruyter, Berlin

Meystre, P., Sargent III, M. (1990): "Elements of Quantum Optics"
Springer, Berlin

Milne-Thomson, L. M. (1931): "Die elliptischen Funktionen von Jacobi"
Springer, Berlin

Montgomery, C.G., Dicke, R. H., Purcell, E.M. (1948): "Principles of Microwave Circuits"
MIT Rad. Lab. Series 8, New York

Moon, F.C. (1987): "Chaotic Vibrations"
Wiley, New York

Morse, Ph.M., Feshbach, H. (1953): "Methods of Theoretical Physics"
McGraw Hill, New York

Myskis, D. (1955): "Lineare Differential Gleichungen mit verzögertem Argument"
Deutscher Verlag, Berlin

Naslin, P. (1968): "Dynamik linearer und nichtlinearer Systeme"
Oldenbourg Verlag, München & Wien

Nayfeh, A.H., Mook, D.T. (1979): "Nonlinear Oscillations"
Wiley, New York

Nemytskii, V.V., Stepanov, V.V. (1960): "Qualitative Theory of Differential Equations"
Princeton University Press, Princeton, New Jersey

Ott, E. (1993): "Chaos in Dynamical Systems"
Cambridge University Press, Cambridge, UK

Pauli, W. (1950): "Die allgemeinen Prinzipien der Wellenmechanik"
Edwards, Ann Arbor & Handbuch der Physik, Band 24, 1. Teil

Penney, E. (1959): "Ordinary Difference - Differential Equations"
Univ. of California Press, Berkeley

Percival, I., Richards, D. (1982): "Introduction to Dynamics"
Cambridge Univ. Press, Cambridge, UK

Pöschl, K. (1956): "Mathematische Methoden in der Hochfrequenztechnik"
Springer, Berlin

Pontrjagin, L.S. (1985): "Gewöhnliche Differentialgleichungen"
Deutscher Verlag der Wissenschaften, Berlin

Poston, T., Stewart, I. (1978): "Catastrophe Theory and its Applications"
Pitman, London

Prandtl, L., Tietjens, O.G. (1957): "Applied Hydro- and Aeromechanics"
Dover, New York

Rajaraman, R. (1982): "Solitons and Instantons"
North Holland, New York

Rasband, S.N. (1990): "Chaotic Dynamics of Nonlinear Systems"
Wiley, New York

Ruelle, D. (1989 I): "Elements of Differentiable Dynamics and Bifurcation Theory"
Academic Press, Boston

Ruelle, D. (1989 II): "Chaotic Evolution and Strange Attractors"
Cambridge University Press, Cambridge, UK

Saathy, T.L. (1981): "Modern Nonlinear Equations"
2nd ed., Dover, New York

Saaty, T.L., Bram, J. (1964): "Nonlinear Mathematics"
McGraw Hill, New York

Schetzen, M. (1989): "Volterra-Wiener Theories of Nonlinear Systems"
Wiley, New York

Schroeder, M. R. (1991): "Fractals, Chaos, Power Laws"
Freeman, New York

Schubert, M.; Weber, G. (1980): "Quantentheorie I"
Deutscher Verlag der Wissenschaften, Berlin

Schuster, H.G. (1984): "Deterministic Chaos"
Physik-Verlag, Weinheim

Slotine, J.-J.- E.; Li, W. (1991): "Applied Nonlinear Control"
Prentice-Hall, London

Smirnow, W.I. (1954): "Lehrgang der höheren Mathematik"
Deutscher Verlag der Wissenschaften, Berlin

Sommerfeld, A. (1947): "Partielle Differentialgleichungen der Physik"
Dieterich, Wiesbaden

Sparrow, C. T. (1982): "The Lorenz Equations"
Springer, Berlin

Steele, D. (1971): "Theory of Vibrational Spectros copy"
Sanders, Philadelphia

Stoker, J.J. (1957): "Nonlinear Vibrations"
3rd printing, Interscience, New York

Strutt, M.J.O. (1932): "Lamé'sche Matthieusche und verwandte Funktionen"
Springer, Berlin

Thom, R. (1975): "Structural Stability and Morphogenesis"
Benjamin, New York

Toda, M. (1981): "Theory of Nonlinear Lattices"
Springer, Berlin

Tu, P.N.V. (1992): "Dynamical Systems"
Springer, Berlin

Verhulst, F. (1990): "Nonlinear Differential Equations and Dynamical Systems"
Springer, Berlin

Volterra, V. (1931): "Leçons sur la théorie mathematique de la lutte pour la vie"
Gauthier-Villars, Paris

Webster, A.G. (1927): "Partial Differential Equations of Mathematical Physics"
Teubner, Leipzig

Webster, A.G., Szegö, G. (1930):
"Partielle Differentialgleichungen der mathematischen Physik", Teubner, Leipzig

Wilson, E. B. jr., Decius, J.C., Cross, P.C. (1955): "Molecular Vibrations"
McGraw Hill, New York

Witham, G.B. (1974): "Linear and Nonlinear Waves"
Wiley, New York

Whittaker, E.T., Watson, G.N. (1946): "A Course of Modern Analysis"
4th ed., Cambridge University Press

Wygodski, M.J. (1973): "Höhere Mathematik, griffsbereit"
Vieweg, Braunschweig

Wyld, H.W. (1976): "Mathematical Methods of Physics"
Benjamin, Reading, Massachusetts

Ziman, J.M. (1964): "Principles of the Theory of Solids"
Cambridge University Press

Zwillinger, D. (1989): "Handbook of Differential Equations"
Academic Press, Boston

2. Publikationen in Zeitschriften

Acheson, D.J. (1993),
Proc. Roy. Soc. Lond. **A 443**, 239

Anderson, G.M., Geer, J.F. (1982),
SIAM, J. Appl. Math. **42**, 678

Borgnis, F.E., Papas, Ch.H. (1958),
Encydopedia of Physics, XVI, 423

Burgers, J. M. (1948),
Adv. Appl. Mech. **1**, 171

Boussinesq, J. (1871),
Comptes Rendus Acad. Sci. Paris **72**, 755

Cole, J. D. (1951),
Appl. Math. **9**, 225

Delamotte, B. (1993),
Phys. Rev. Lett. **70**, 3361

Duhamel (1833),
Journal de l'Ecole Polyt. **14**, 20

Feigenbaum, M. J. (1978/79),
J. Stat. Phys. **19**, 25; **21**, 669

Froyland, J., Alfsen, K. H. (1984),
Phys. Rev. **A29**, 2928

Gnepf, S., Kneubühl, F.K. (1986),
In Infrared & Millimeter Waves **16**, Ch. 2, 35, Academic Press, New York

Goel, N.S., Maitra, S.C., Montroll, E.W. (1971),
Rev. Modern Phys. **43**, 231

Haken, H. (1975),
Phys. Lett. **53A**, 77

Harrison, R. G. und Biswas, D. J. (1985),
Progress in Quantum Electronics, **10**, 147

Hirota, R. (1971),
Phys. Rev. Lett. **27**, 1192

Hopf, E. (1942),
Math. Naturwiss. Klasse, Sächs. Akademie der Wiss., Leipzig, 94, 1

Hopf, E. (1950),
Pure Appl. Math. **3**, 201

Ippen, E.P. (1994),
Appl. Phys. **B58**, 159

Keller, U., t'Hooft, G.W., Knox, W.H., Cunningham, J.E. (1991),
Optics Lett. **16**, 1022

Kneubühl, F. K., Feng, J. (1991),
Chinese J. of Infrared and Millimeter Waves **10**, 386

Kogelnik, H., Shank, C.V. (1971),
Appl. Phys. Lett. **18**, 152

Kogelnik, H., Shank, C.V. (1972),
J. Appl. Phys. **43**, 2327

Korteweg, D. J., de Vries, G. (1895),
Philos. Mag. Ser. 5, **39**, 422

Kramers, H.A. (1926),
Zeitschrift für Physik, **39**, 828

Kronig, R.L., Penney, W.G. (1931),
Proc. Roy. Soc. London, Ser. A **130**, 499

Kurz, T., Lauterborn, W. (1988),
Phys. Rev. **A37**, 1029

Lamb, G. L. (1971),
Rev. Mod. Physics **43**, 99

Lauterborn, W., Meyer-Ilse, W. (1986),
Physik in unserer Zeit **17**, 177

Liénard, A. (1928),
Revue Générale de l'Electricité **22**, 1051; **23**, 901 & 946

Lindstedt, A. (1883)
Mém. Acad. Sci. St. Petersbourg Vol. XXXI

Lorenz, E. N. (1963),
J. Atmos. Sci. **20**, 130

Lotka, A. (1920),
Proc. Natl. Acad. Sci. (Washington) **6**, 410

Lugiato, L. A., Narducci, L. M., eds. (1985),
"Instabilities in Active Optical Media", J. Opt. Soc. **B2**, Heft 1

Maiman, T. H. (1960),
Nature **187**, 493

McCall, S. L., Hahn, E. L. (1967),
Phys. Rev. Lett. **18**, 908

McCall, S. L., Hahn, E. L. (1969),
Phys. Rev. **183**, 457

Meiman, N.N. (1977),
J. Math. Phys., **18**, 834

Meissner, E. (1918),
Schweizerische Bauzeitung
14. Sept., **72**, 95

Minden, M. L., Casperson, L. W. (1985),
J. Opt. Soc. Am. **B2**, 120

Morse, P.M. (1930),
Phys. Rev. **35**, 1310

Newhouse, S., Ruelle, D., Takens, F. (1978),
Comm. Math. Phys. **64**, 35

Poincaré, H. (1885),
Acta Mathematica (16.9.1885), **7**, 259

Rayleigh, Lord (1876),
Phil. Mag. (5), **1**, 257

Ruelle, D., Takens, F. (1971),
Comm. Math. Phys. **20**, 167, **23**, 343

Salin, F., Squier, J., Piché, M. (1991),
Optics Lett. **16**, 1674

Schötzau, H. J., Kneubühl, F. K. (1994),
European Trans. on Electrical Power Engineering **4**, 89

Scott-Russell, J. (1844),
Rep. 14th Meeting of the British Assoc. for the Advancement of Science, London, John Murray

Shohat, J. (1994),
J. Appl. Phys. **15**, 568

Smith, R.A. (1961),
J. London Math. Soc. **36**, 33

Strutt, M.J.O. (1949),
Proc. Roy. Soc. Edinburgh **62**, 278

Toda, M. (1967),
J. Phys. Soc. Jpn, **22**, 431; **23**, 501

van der Pol, B. (1926)
Phil. Magazine **2**, 978

van der Pol, B. (1927),
Phil. Magazine **3**, 65

van der Pol, B. (1934),
Proc. Inst. of Radio Engineers, **22**, 1051

Verhulst, P.F. (1838),
Correspondance mathématique et physique **10**, 113

Volterra, V. (1937):
Acta Biotheoretica **3**, 1

Weiss, C. O., Godone, A., Olafson, A. (1983)
Phys. Rev. **28**, 892

Weiss, C. O., Klische, W., Ering, P. S., Cooper, M. (1985)
Opt. Comm. **52**, 405

Wentzel, G. (1926),
Zeitschrift für Physik **38**, 518

Zabusky, N. J., Kruskal M. D. (1965),
Phys. Rev. Lett. **15**, 240

Zakharov, V. E., Shabat, A. B. (1972),
Trans. Soviet Phys., JETP **34**, 62

SACHREGISTER

Abbildung, konforme, 243
Abbildung, logistische, 228
Abel-Liouville-Jakobi-Ostrogradskii-Identität, 178
Abhängigkeit, lineare, 32
Abschwächer, 313
Ähnlichkeits-Faktor, 67, 70
Ähnlichkeits-Transformation, 160, 171, 177
Airy Funktion, 38, 260
Airy Kosinus, 39, 72
Airy Oszillator, 38
Airy Sinus, 39
Airy-Puls, 260
amplifier, 315
Amplituden-Frequenz-Relation, 129, 134
Anfangswert - Problem, 33
Anregung, 106
Anregung, breitbandige, 116
Anregung, harmonische, 106, 109
Anstossen eines Lasers, 191
Anstossen eines Systems, 193
antikink-Soliton, 300
Anwerfen von Motoren, 191
attenuator, 313
attractor, 185
Attraktor, 162
Attraktor im Ursprung, Satz über den, 197
Aufenthaltswahrscheinlichkeit, 261, 280
averaging, 100
Bäcklund - Transformation, 291
Bahnlinie, 147
Bänderstruktur, 273
Bedingung, homogene, 318
Bedingung, inhomogene, 318
Bendixson - Theorem, 194
Beschleunigungsfeld, 140
Bessel - Differentialgleichung, 183
Bessel - Oszillator, 39
Bessel - Funktion, 39, 71, 258
Bifurkation, 133, 217
Bifurkationspunkt, 217
bion, 297, 303

Bistabilität, 130
bistability, 130
Bloch - Funktion, 46
Bloch-Theorem, 281
Bragg - Ordnung, 48
Bragg-Bedingung, 51, 63, 275
Bragg-Effekt, 48, 276
Bragg-Fortpflanzungskonstante, 278
Bragg-Kreisfrequenz, 278
breather, 297, 303, 327
Brechungsindex, 245
Brechungsindex, nichtlinearer optischer, 306
Brechungsindex-Modulation, 276
Bremskraft, 27
Brillouin-Zone, 48, 262, 265, 269, 283
Bromwich-Wagner-Integral, 119
Burgers Gleichung, 290
carrying capacity, 201
Cauchy-Verfahren, 260
center, 166
Chaos, 225
Chaos, deterministisches, 200, 224, 231
Chaos, Kriterium für, 225
Chaos, Routen zum, 227
chirp, 36, 311
Chirp-Oszillator, 123
cnoidal wave, 285, 293, 316
Cole - Hopf - Transformation, 291, 292
companion system, 161
Compton - Wellenlänge, 256
Compton-Kreisfrequenz, 256, 298
Compton-Kreiswellenzahl, 298
conservation law, 286
convolution, 120, 205, 206
Coulomb - Oszillator, 42
Coulomb Reibung, 77
Coulomb - Funktion, 42
coupled waves, 272
curl, 146
cut-off circular frequency, 248, 256
d' Alembert-System, 142, 158
d'Alembert-Gesetz, 255

Dämpfung, 14
Dämpfung, kritische, 23
Dämpfung, überkritische, 23
Dämpfung, unterkritische, 19
Darboux-Modulation, 61
Darboux-Oszillator, 42
Darstellung, kinematische, 159
de Broglie-Welle, 241
Debye-Dispersion, 25
Debye-Relaxation, 25
Deformationsmatrix, 147
delay equation, 213
detuning, 135
Differentialgleichung, hyperbolische, 240
Diffusion, lineare, 243
Diffusion, nichtlineare, 290
Dipolquelle, 151, 153
Dirac-δ-Funktion, 21, 117, 119
Dirac-δ-Puls, 259
Diskriminante, 158
Dispersion, 290
Dispersion, anomale, 249
Dispersion, normale, 249
dispersionsfrei, 244, 289
Dispersionsrelation, 242, 258
Dispersionstypen, 249
Dissipation, 290
distributed Bragg reflector, 270
distributed feedback, 45, 270, 276, 278
Divergenz, 1451
down-chirp, 36, 123
drag coefficient, 80
drag, 79
Dreiecks-Funktion, 290
Druckwiderstand, 79
dry friction, 77
Duffing-Gleichung, inhomogene, 128
Duffing-Näherungsverfahren, 130
Duffing-Oszillator, 88, 128
Eichung, 153
Eigenfrequenz, 319
Eigenfunktion, 325
Eigenkreisfrequenz, 320
Eigenschwingung, 320
Eigenwert, 44, 46, 158, 325

Eindeutigkeitsgesetz, 33
Einheitsstoss, 117, 118, 122
Einschaltprozess, 119, 121
Einschaltvorgang, 106
Einschwingvorgang, 108
Elementarzelle, kristallographische, 267
elliptisches Integral erster Art, 91
endpoint condition, 318
Endpunkt-Bedingung, 318
Energie, elektrische, 29
Energie, kinetische, 15, 89
Energie, magnetische, 29
Energie, potentielle, 15, 89
Energie, totale, 15, 96
Energie-Eigenwert, 319
Energie-Impuls-Relation, 256, 261, 283
Energieabnahme, relative, 28
Entartung, 176
Enveloppe, 251
Enveloppen-Dispersion, 252
Enveloppen-Gleichung, 252, 261, 307
Enveloppen-Operator, 252
Enveloppengeschwindigkeit, 245
Episitie, 201
Erhaltungssatz, 286
erlaubte Bänder, 283
Euler- Differentialgleichung, 65, 183
Faltung, 120, 205, 206
Faser, optische, 306
Federkonstante, 15
Federpendel, 15
feedback, 30, 209
feedback, distributed, 45, 270, 276, 278
Feigenbaum-Diagramm, 231
Feigenbaum-Konstante, 227
Festkörperphysik, 283
Ficksche Gleichung, 243, 258
Flachwasserwelle, 285, 293
Floquet - Lösung, 46
Floquet - Theorem, 281
Floquet - Theorie, 45
Floquet-Formel, 46
Fluid, 143
focus, 166
Formwiderstand, 79

Forsyth - Oszillator, 39
Fourier - Transformation, 117
Fourier-Reihe, 116, 320
Fourier-Transformation, 25, 208
Freiheitsgrad, 175
frequency gap, 269
Frequenz, 17
Frequenz-Dreiteilung, 125
Frequenz-Halbierung, 124
Frequenzbereich, erlaubter, 53, 60
Frequenzbereich, verbotener, 39
Frequenzlücke, 262, 269, 276
Frequenzspektrum, 25
Frobenius-Reihe, 65
gain function, 109
gain, 310
Galilei-Transformation, 289
gauge, 153
Gauss'scher Satz, 145
Gegenkopplung, 30
gekoppelten Wellen, Theorie der, 272
Geschwindigkeitsfeld, 140, 143
Gewichtsfunktion, 319
Gitterdynamik, 263, 267
Gradient, 150
Green - Funktion,
   121, 122, 126, 259, 261
Grenzkreisfrequenz, 248, 256
Grenzzyklus, 87, 98, 185, 222
Grenzzyklus, halbstabiler, 193
Grenzzyklus, instabiler, 189
Grenzzyklus, stabiler, 187
Gruppendispersion, 249, 250, 308
Gruppengeschwindigkeit, 244
Gruppenindex, 245, 247
Gruppentheorie, 176
Halbwertsbreite, 27
Hamilton - Funktion, 96, 156, 197
Hamilton-Mechanik, 89
Hamilton - System, 88, 156
Hängeschaukel, 57
Heaviside - Funktion, 21, 106, 119
Heaviside-Anregung, 121
Helmholtz'sche Wirbelsätze, 153
Hermite'sches Polynom, 326

Hertz - Gleichung, 240, 242, 255, 319
Hertz-Gleichung, periodisch
   modifizierte, 271
Hertz-Gleichung, reduzierte, 255, 289
Hertz-Gleichung, zweidimensionale, 324
Heugabel-Bifurkation, 217, 231, 234
Hill'sche Differentialgleichung, 45, 271
Hirota-Gleichung, 292
Hohlleiter, metallischer, 248
Hohlrohrwelle, 248, 256
Hopf-Bifurkation, 217, 221, 234
hyperbolic point, 167
Hysterese, 77, 85
Impulskoordinate, 15
Index-Gleichung, 72
Indexmodulation, 271
indicial equation, 72
instabil, strukturell, 221
Integral, vollständiges elliptisches, 134
Integraltransformation, 122
Invariante, 31, 45
Iteration, 228
Iterations-Periode, 230
Jacobi-Matrix, 217, 223, 233
Jacobische elliptische Funktion,
   91, 96, 285, 301
Jacobischer elliptischer Kosinus,
   91, 134, 296
Jacobischer elliptischer Sinus, 97
jump phenomenon, 130
Kamm-Potential, 283
kanonische Matrix, 160
Kapazität, harmonisch modulierte, 60
Kapillarwelle, 250
Katastrophen-Mannigfaltigkeit, 221
Katastrophen-Theorie, 217
Katastrophenlagen, 221
Kausalitätsprinzip, 205
Kern, 122
Kernresonanz, 312
Kerr-Medium, 306
Kette, 236, 263
kink - Soliton, 300
Klein - Gordon - Gleichung, nichtlineare,
   297

Klein-Gordon-Gleichung, lineare, 248, 256
Knoten, 166
Knoten-Attraktor, 166
Kollision, 286
Kombinations-Modulation, 276
Kontinuitätsgleichung, 143, 286
Korteweg-de- Vries-Gleichung, 286, 287, 291
Korteweg - de Vries - Gleichung, verallgemeinerte, 297
Korteweg - de Vries Gleichung, linearisierte, 259
Korteweg-de Vries - Welle, 296
Kraftfeld, konservatives, 195
Kreiselung, 146
Kreisgüte, 14, 27, 111
Kristallgitter, 262
kritische Punkte, 218
LA-Wellen oder - Zweige, 265
Lagekoordinate, 15
Lagrange-Funktion, 173
Lagrange-Gleichungen, 173
Lagrange-Mechanik, 173
Lagrange-Stabilität, 127
Laguerre - Oszillator, 41
Laguerre -Differentialgleichung, 183
Landau-Hopf-Modell, 227
Laplace Integral, 119
Laplace-Operator, 150
Laplace-Transformation, 119, 206, 211
Laplace-Transformierte, 206
Laser-Ratengleichungen, 233
Laurent-Reihe, 67
Legendre - Differentialgleichung, 183
Legendre'sche elliptische Integrale, 91
Levinson - Smith - Theorem, 87
Liénard-Gleichung, homogene, 87
Liénard-Gleichung, inhomogene, 127
Liénard-Oszillator, 87, 127, 199
limit cycle, 185
Linearkombination, 32
Liouville-Neumann-Reihe, 127
Liouville-Normalform, 326
Ljapunow - Stabilitätssatz, 196

Ljapunow-Exponent, 225
Ljapunow-Funktion, 195
LO-Wellen oder - Zweige, 268
logistic map, 228
logistisches Modell, 200
Lorentz-Dispersion, 27
Lorentz-Linienform, 27
Lorentz-Linienspektrum, 27
Lorenz-Attraktor, 234
Lorenz-Gleichungen, 233
Lorenz-Modell, 225, 231
Lösung, partikuläre, 108
Lotka-Volterra Modell, 201
Luftwiderstand, 79
Malthus-Modell, 200
Manneville - Pomeau - Route, 228
Matrix-Methode, 272
Maxwell - Bloch - Gleichungen, 311
Maxwell-Bloch-Modell, 225
Maxwell-Gleichungen, 237, 270
Medium, anisotropes, 238
Medium, optisches, 270
Methode der Mittelung, 100
Mikrowellen, 248
Mitkopplung, 30
mode-splitting, 227
Modell, kontinuierliches logistisches, 201
Modell, logistisches, 200, 228
Modell, quadratisches, 200
Moden-Aufspaltung, 227
Modulation, harmonische, 60, 278
Modulations-Kreisfrequenz, 45
Modulationsstärke, 63
Molekülschwingung, 175
Newhouse - Ruelle - Takens -Modell, 227
NKG-Gleichung, 297
NLS-Gleichung, 305
node, 166
Normalkoordinaten, 175
Normierungsfaktor, 326
Nyquist-Diagramm, 113
Oberflächenwelle, 236, 249
Operator der Fortpflanzungskonstante, 241
Operator der Kreisfrequenz, 241
Operator, wellenmechanischer, 241

Optik, geometrische, 74
Optik, physikalische, 75
ordinary point, 64
Orthogonalsystem, vollständiges, 325
Oszillation, Absenz der, 35
Oszillator, harmonischer, 326
Oszillator, parametrischer, 45
oszillatorischer Puls, 297, 303
Partner-System, 161
Pendel, mathematisches, 95, 218
Periode, 17
Perioden-Verdoppelung, 227
phase lag, 109
Phase, 21
Phasen-Frequenz-Relation, 129
Phasendiagramm, 16, 21, 22, 23, 24
Phasendispersion, 249
Phasenebene, 15, 21
Phasengeschwindigkeit, 244
Phasenindex, 245, 247
Phasenraum, 14, 15, 283
Phasenverschiebung, 109
Phonon, 236, 242
pitchfork bifurcation, 217
Plancksche Beziehung, 241, 281
Plancksche Konstante, 241
Poincaré - Bendixson - Theorem, 194
Poincaré - Index-Theorem, 194
Poincaré-Lindstedt-Lighthill-Verfahren, 94, 97, 132
Poisson-Gleichung, 150
Poisson-Integral, 151, 153
Pol, 65
Polarisation, 238
Polarisationsrichtung, 238
Polarkoordinaten, 156, 159
Polynom, orthogonales, 326
Population, 200
Potential, periodisches, 280
Potential, skalares, 155
Potentialströmung, 150
Potentialwirbel, 157
Propagator, 17, 34, 43, 177
Propagator-Matrix, 17, 49
Prüfer-Substitution, 183

Puls, 285
Puls, oszillierender, 327
Puls-Flächen-Theorem, 313
pulse-area theorem, 313
Pulslaufzeit, 251
Pulsmodulation, 49
Punkt, kritischer, 141, 163
Punktquelle, 151, 157
quasi - Kreisfrequenz, 19
quasi-Periode, 19
Quelle, 143
Quellendichte, 143
quellenfrei, 153, 156
Rabi-Kreisfrequenz, 312
Randbedingung, 318
Rayleigh-Gleichung, 99
Reaktion, 118
Rechteck - Modulation, 55, 272, 275
Rechteck-Generator, 102
Regelkreis, 209
regular singular point, 65
Reibung, trockene, 77
Relais, 75
Relaxation, 207
Relaxations-Oszillation, 102
Relaxationsfunktion, 206
Relaxationszeit, longitudinale, 312
Relaxationszeit, transversale, 312
Resolvente, 177
Resonanz, parametrische, 45, 49, 52
response function, 205
Riccati Differentialgleichung, 31
Rotation, 182
Rotation, eigentliche, 145, 157
Rotation, lokale, 145
Rotation, mathematische, 146
Rotation, momentane, 145
Routh-Hurwitz-Bedingung, 172
Rückkopplung, 29, 125, 209
Rückkopplung, Geschwindigkeits-proportionale, 210, 214
Rückkopplung, integrierende, 213
Rückkopplungs-Funktion, 126
Rückstellkraft, 81
Ruhelage, 79

saddle, 167
Saite, 319
Säkular-Gleichung, 174, 268
Sattel, 167
Schall, 238
Schallwelle, 236
Schalter, 75
Schaltfunktion, 75
Schaltgerade, 79, 83
Schiffschaukel, 57
Schockwelle, 290
Schrödinger - Gleichung, zeitabhängige, 253, 261, 280, 325
Schrödinger-Gleichung, lineare, 287
Schrödinger-Gleichung, nichtlineare, 305
Schrödinger-Gleichung, zeitunabhängige, 281, 324
Schwebung, 47
Schwellenverstärkung, 278, 280
Schwerewelle, 249
Schwingkreis, 209
Schwingkreis, elektrischer, 29
Schwingung, erzwungene, 127
Schwingungsform, 318
Seilwelle, 236
selbstadjungiert, 323
Selbstähnlichkeit, 67
self trapping, 306
self-adjoint, 183, 323
Senke, 143
shear point, 167
Shohat-Approximationsverfahren, 101
silent zone, 134
similarity transform, 160, 177
Sine - Gordon - Soliton, 300
Sine-Gordon-Welle, 303
Singularität, Exponent der, 72
Smith-Oszillator, 98
solitary wave, 285
Soliton, 293, 308
Soliton, bright, 306, 308
Soliton, dark, 306, 309
Soliton, Pseudo-, 310
Spektrallinie, homogen verbreiterte, 27
spiral attractor, 166

spiral, 166
Spur, 44
square-wave modulation, 55 272, 275
stabil, 162
stabil, asymptotisch, 162
stabil, exponentiell, 162
stabil, nach Hurwitz, 181
stabil, nach Lagrange, 127, 135
Stabilität, 162, 180
Stabilitäts-Diagramm, 163
Stabilitätsproblem, 45
Stabquelle, 157
standing wave, 318
star, 167
step modulation, 272
Stern, 167, 182
Stokes'scher Satz, 147
Stokes-Gesetz, 28
Störung, periodische, 53
Stossanregung, 106, 117
Stossantwort, 118, 205
strange attractor, 234
Stromfunktion, 89
Stromlinie, 149
Strömung, 143
Strömungspotential, 150
Strömungswiderstand, 27
Strudel-Attraktor, 166
Stufenmodulation, 43, 272
Sturm-Liouville-Bedingung, 318
Sturm-Liouville-Gleichung, 322
Sturm-Liouville-System, 322, 325
Sturm'sches Separationsgesetz, 34
Sturm'sches Vergleichsgesetz, 35
Subharmonische, 113, 128, 132, 139, 231
Substitution, wiederholte, 127
Superpositions-Prinzip, 32, 239, 320
System, autonomes, 141
System, dynamisches, 141
System, homogenes, 142
System, inhomogenes, 142
System, kausales, 107, 118, 122, 124, 207, 211
System, konservatives, 89, 173
System, rotationssymmetrisches, 186

System, rotierendes, 182
System, selbstadjungiertes, 183
Systeme, äquivalente, 160
Systems-Kreisfrequenz, 14
Systems-Propagator, 169, 177
Taylor-Reihe, 64, 71, 263
Taylor-Schock-Profil, 291
Teilchen, relativistisches, 256
Telegraphen-Gleichung, 257
threshold gain, 280
Toda - Soliton, 316
Toda-Kette, 315
Toda-Oszillator, 224
Toda - Welle, 317
Totzeit, 77
Totzeit-Gleichung, 13
Totzeitsystem, 212
Totzone, 83
trace, 44
Trägerwelle, 247
Trägerwelle, 251
transfer function, 205
Transferfunktion, 113, 116
Translations-Matrix, 273
Translations-Operator, 263, 275
transparency, self-induced, 311
Transparenz, selbstinduzierte, 311
travelling wave, 298
triangle function, 290
Tschetajew - Instabilitätssatz, 197
Überlagerung, Prinzip der ungestörten, 239
Übertragungsfaktor des Regelkreises, 211
Übertragungsfunktion, 113, 205
Übertragungsoperator, 205, 213
Übertragungssystem, lineares, 205
Übertragungssystem, nichtlineares, 209
Ultraharmonische, 113, 128, 139
Umpolen, 75
unimodular, 34, 43, 273
up-chirp, 36
Vakuum-Lichtgeschwindigkeit, 240
Vakuum-Wellenlänge, 247
van der Pol-Gleichung, 99, 134
van der Pol-Oszillator, 99, 134, 223

Variation der Konstanten, 184
Variation der Parameter, 122
Vektor-Gleichung, 140
Vektorpotential, 153, 155
Verbreiterung, inhomogene, 311
Verlustleistung, 28
Verstärker, 315
Verstärkung, 14, 19, 310
Verstärkung, kritische, 23
Verstärkung, überkritische, 23
Verstärkungs-Modulation, 271, 276
Verstärkungsfunktion, 109
Verstimmung, 135
Verzögerungsgleichung, 213
Vibrationsspektrum, 176
Volterra-Integralgleichung, 127
vortex, 166
Wärmeleitung, 243, 258
Wärmewelle, 244, 258
Watt'scher Zentrifugal-Resonator, 218
wave packet, 262
Weber - Oszillator, 39
Weber-Funktion, 39
weight function, 319
Welle, akustische, 236
Welle, ebene, 237
Welle, elektromagnetische, 236
Welle, erzwungene stehende, 328
Welle, harmonische, 240
Welle, lineare, 239
Welle, longitudinal akustische, 265
Welle, longitudinale, 237, 263
Welle, nichtlineare, 285
Welle, skalare, 237
Welle, solitäre, 285
Welle, stehende, 244, 318
Welle, stehende nichtlineare, 327
Welle, transversale, 237
Welle, vektorielle, 237
Wellen, gekoppelte, 272
Wellenbrechung, 290
Wellendämpfung, 243
Wellenfunktion, 281, 326
Wellengruppe, 245, 285
Wellenlänge, effektive, 243

Wellenmechanik, 305, 319
Wellenpaket, 262, 285
Wentzel-Kramers-Brillioun Methode, 73
Whittaker-Funktion, 42
Whittaker-Oszillator, 42
Widerstand, elektrischer, 29
Widerstandsbeiwert, 80
Wirbel, 145, 153, 166
Wirbelfaden, 153
wirbelfrei, 150, 156
Wirbelstärke, 147, 153, 158
Wirkungsfunktion, 206
WKB-Approximation, 73
Wronski - Determinante,
 32, 107, 123, 126, 178, 185
Wronski-Matrix, 178
Zeitdilatation, 103
Zeitkontraktion, 102
Zeitpunkt, regulärer, 64
Zeitpunkt, schwach singulärer, 65
Zeitpunkt, wesentlich singulärer, 67
Zentralkraft, 81
Zirkulation, 147, 158
Zone, ruhige, 134
Zone, verbotene, 48
Zustand, eingeschwungener, 108
Zwei-Solitonen-Lösung, 294
Zweig, longitudinal akustischer, 268
Zweig, longitudinal optischer, 268
Zweiniveaux-System, 311

Kneubühl / Sigrist
Laser

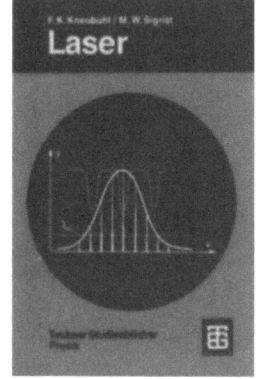

Das Buch behandelt knapp und präzise sowohl klassische als auch aktuelle Themen der Theorie und der Praxis des Lasers. Es enthält wichtige Formeln, zahlreiche Figuren und umfangreiche Tabellen mit neuesten Daten. Jedem Kapitel folgen spezifische Literaturangaben. Ein breitgefächertes Literaturverzeichnis befindet sich zudem im Anhang. Vorausgesetzt werden die physikalischen Kenntnisse eines Hochschul-Studenten nach dem Vordiplom, also das Wissen über Elektrizität und Magnetismus, Optik, Quantenphysik, Atom-, Molekül- und Festkörperphysik.

Aus dem Inhalt:

Elektromagnetische Strahlung von thermischen Quellen und Lasern – Wechselwirkung von elektromagnetischer Strahlung mit atomaren Systemen – Das Prinzip der Laser – Ratengleichungen – Spektrallinien – Spiegelresonatoren Wellenleiter und optische Fasern, periodische Laserstrukturen – Moden-Selektion – Laserpulse: Q-Switch, Modenkopplung, ultrakurze Pulse, pulsierende Instabilitäten und Chaos – Lasertypen: Gaslaser, Farbstofflaser, Halbleiterlaser, Festkörperlaser, chemische Laser, Free-Electron-Laser

Von Prof. Dr.
Fritz K. Kneubühl,
Eidg. Technische
Hochschule Zürich,
und Priv.-Doz. Dr.
Markus W. Sigrist,
Eidg. Technische
Hochschule Zürich

3., überarbeitete Auflage.
1991. 410 Seiten mit
zahlreichen Bildern und
Tabellen.
13,7 x 20,5 cm.
Kart. DM 44,80 / ÖS 350,– /
SFr 44,80
ISBN 3-519-23032-1

(Teubner Studienbücher)

Preisänderungen vorbehalten

B. G. Teubner Stuttgart

Mahnke/Schmelzer/Röpke
Nichtlineare Phänomene und Selbstorganisation

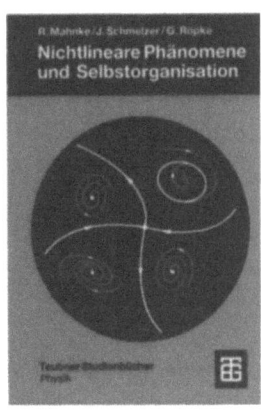

Das vorliegende Buch basiert auf einem Vorlesungszyklus, der von den Autoren im Studienjahr 1991/92 für Hörer aller Fachbereiche der Mathematisch-Naturwissenschaftlichen Fakultät der Universität Rostock gehalten wurde. Ziel dieser Veranstaltung war es, die grundlegenden Begriffe und Methoden einzuführen, die für das Studium nichtlinearer Prozesse notwendig sind, die resultierenden faszinierenden Effekte zunächst an einfachen Modellbeispielen zu erläutern und darauf aufbauend zu zeigen, wie derartige Nichtlinearitäten die Eigenschaften verschiedenster Systeme ob in der Physik, Chemie, Biologie oder der Gesellschaft beeinflussen. Stichwörter, die die Breite der behandelten Probleme reflektieren, sind: Diskrete und kontinuierliche dynamische Systeme, Fraktale, Juliamengen, KAM-Theorem und die Stabilität des Planetensystems, Thermodynamik und Evolution, Stochastische Prozesse und Strukturbildung, Reversibilität-Irreversibilität, Entstehung der chemischen Elemente und Entwicklung des Weltalls, Evolution in Chemie und Biologie, Aggregation, Zelluläre Automaten, Solitonen.

Von Dr. **Reinhard Mahnke**, Dr. **Jürn Schmelzer** und Prof. Dr. **Gerd Röpke**, Universität Rostock

1992. IX, 222 Seiten.
13,7 x 20,5 cm.
Kart. DM 27,80
ÖS 217,– / SFr 27,80
ISBN 3-519-03089-6

(Teubner Studienbücher)

Preisänderungen vorbehalten.

 B. G. Teubner Stuttgart

If you have any concerns about our products,
you can contact us on
ProductSafety@springernature.com

In case Publisher is established outside the EU,
the EU authorized representative is:
**Springer Nature Customer Service Center GmbH
Europaplatz 3, 69115 Heidelberg, Germany**

Printed by Libri Plureos GmbH
in Hamburg, Germany